人们往往倾向于避免思考死亡，但死亡能让我们更加珍惜人生。

谨以此书献给柯琳·德斯佩尔德（Coleen DeSpelder，1954.4.2—2001.5.17），即使在癌症晚期时，她依然快乐生活。

同时，也以此书向我们的父母致敬：
布鲁斯·欧文·德斯佩尔德（Bruce Erwin DeSpelder）
和桃乐茜·罗迪格·德斯佩尔德（Dorothy Roediger DeSpelder）

以及路德·利安德·斯特里克兰（Luther Leander Strickland）
和伯莎·维滕伯格·斯特里克兰（Bertha Wittenburg Strickland）

The Last Dance
Encountering Death and Dying

死亡图书馆

［美］林恩·安·德斯佩尔德（Lynne Ann DeSpelder）_著
［美］艾伯特·里·斯特里克兰（Albert Lee Strickland）_著

梁泓 周芳芳_译　戴尊孝_审校

中信出版集团｜北京

图书在版编目（CIP）数据

死亡图书馆 /（美）林恩·安·德斯佩尔德，（美）艾伯特·里·斯特里克兰著；梁泓，周芳芳译. -- 北京：中信出版社，2023.6
书名原文：The last dance
ISBN 978-7-5217-5498-8

Ⅰ.①死… Ⅱ.①林… ②艾… ③梁… ④周… Ⅲ.①死亡 – 心理 – 通俗读物 Ⅳ.① B845.9-49

中国国家版本馆 CIP 数据核字 (2023) 第 071275 号

LYNNE ANN DESPELDER & ALBERT LEE STRICKLAND
THE LAST DANCE
ISBN: 978-1-259-87048-4
Copyright © 2020 by McGraw-Hill Education.

All Rights reserved. No part of this publication may be reproduced or transmitted in any form or by any means, electronic or mechanical, including without limitation photocopying, recording, taping, or any database, information or retrieval system, without the prior written permission of the publisher.

This authorized Chinese translation edition is published by CITIC Press Corporation in arrangement with McGraw-Hill Education (Singapore) Pte. Ltd..This edition is authorized for sale in the People's Republic of China only, excluding Hong Kong, Macao SAR and Taiwan.

Translation Copyright © 2023 by McGraw-Hill Education and CITIC Press Corporation.
版权所有。未经出版人事先书面许可，对本出版物的任何部分不得以任何方式或途径复制传播，包括但不限于复印、录制、录音，或通过任何数据库、信息或可检索的系统。

本授权中文简体字翻译版由麦格劳 - 希尔教育出版公司和中信出版集团合作出版。此版本经授权仅限在中华人民共和国境内（不包括香港特别行政区、澳门特别行政区和台湾）销售。

翻译版权 © 2023 由麦格劳 - 希尔教育出版公司与中信出版集团所有。

本书封面贴有 McGraw-Hill Education 公司防伪标签，无标签者不得销售。

死亡图书馆
著　者：[美] 林恩·安·德斯佩尔德　[美] 艾伯特·里·斯特里克兰
译　者：　梁　泓　周芳芳
出版发行：中信出版集团股份有限公司
　　　　（北京市朝阳区东三环北路 27 号嘉铭中心　邮编　100020）
承印者：　北京诚信伟业印刷有限公司

开本：787mm×1092mm　1/16　　印张：33.5　　字数：550 千字
版次：2023 年 6 月第 1 版　　　　印次：2023 年 6 月第 1 次印刷
京权图字：01-2023-2879　　　　　书号：ISBN 978-7-5217-5498-8
定价：118.00 元

版权所有·侵权必究
如有印刷、装订问题，本公司负责调换。
服务热线：400-600-8099
投稿邮箱：author@citicpub.com

目录

前言

第一章　对待死亡的态度：时代变迁

表达对死亡的态度 / 003
大众媒体 / 语言 / 音乐 / 文学 / 视觉艺术 / 幽默

带着死亡的意识生活 / 020
思考死亡 / 死亡学的维度 / 死亡焦虑和对死亡的恐惧 / 恐惧管理

研究死亡和临终 / 026
死亡教育的兴起 / 死亡研究的先驱

影响对死亡熟悉程度的因素 / 030
预期寿命和死亡率 / 死亡原因 / 地理流动性和代际接触 / 延长生命的技术 / 互联网和数字时代

审视假设 / 039
国际化社会中的死亡 / 探索你自己的失落感和态度

第二章　死亡认知：社会化

儿童的推理 / 044

成熟的死亡概念 / 046

通过生命历程了解死亡 / 048
婴儿期和幼儿期 / 童年早期 / 童年中期或学龄期 / 青春期 / 始成年期 / 成年早期 / 成年中期 / 成年晚期 / 成熟的死亡观念的演变

社会化的推动者 / 062
家庭 / 学校和同伴 / 大众传媒与儿童文学 / 宗教

施教时刻 / 068

宠物之死 / 070

重新审视死亡的成熟概念 / 074

第三章　如何看待死亡：历史与文化的角度
　　　　传统文化 / 085
　　　　死亡的起源 / 死者的名字 / 死亡的原因 / 死者的力量
　　　　西方文化 / 091
　　　　临终病榻场景 / 丧葬风俗 / 死亡之舞 / 死亡面具 /
　　　　隐形的死亡？
　　　　文化观点 / 100
　　　　美国原住民 / 非裔人 / 西班牙裔人 / 亚裔人 / 犹太人 / 凯尔特人 /
　　　　阿拉伯人 / 大洋洲人的传统
　　　　混合：夏威夷的文化多样性 / 122
　　　　夏威夷人的特点 / 死亡与本地身份
　　　　当代多元文化社会中的死亡观念 / 125

第四章　死亡系统：死亡和社会
　　　　死亡认证 / 129
　　　　验尸官和法医 / 130
　　　　尸检 / 131
　　　　评估杀人 / 133
　　　　死刑 / 136
　　　　定义死亡 / 137
　　　　传统的死亡体征和新技术 / 概念和经验标准 /
　　　　定义和确定死亡的四种方式
　　　　《统一死亡判定法案》/ 146
　　　　器官移植和器官捐献 / 148
　　　　医学伦理：一个跨文化的例子 / 152
　　　　死亡系统的影响

第五章　医疗护理：患者、医护人员和机构

现代医疗护理 / 157

医疗护理融资 / 分配稀缺资源

医患关系 / 162

披露致命疾病的诊断 / 实现清晰的沟通 / 提供全面治疗

照顾临终患者 / 167

临终关怀和姑息治疗 / 家庭护理 / 社会支持

长者护理 / 179

创伤和紧急护理 / 181

死亡通知 / 184

照顾者的压力和同情心疲劳 / 186

不断变化的医疗护理系统 / 188

第六章　生命末期的问题和决定

医学伦理的原则 / 193

治疗知情同意书 / 194

知情同意原则 / 关于知情同意的偏好

选择死亡 / 199

不提供或撤除治疗 / 医生协助的死亡 / 双重效应原则 /

安乐死 / 姑息治疗和死亡的权利 / 营养和补水 / 重症新生儿

预先医疗指示 / 210

使用预先医疗指示 / 预先医疗指示和紧急护理

遗产：遗嘱、遗嘱认证和生前信托 / 218

遗嘱 / 遗嘱认证 / 生前信托

保险和身故保险金 / 228

思考生命末期的问题和决定 / 230

第七章　面对死亡：与致命疾病共生

致命疾病的个人和社会意义 / 236

应对致命疾病 / 237
　　认知死亡 / 适应"生存 – 临终"应对模式 / 维持应对能力
治疗方案和问题 / 245
　　手术 / 放射治疗 / 化疗 / 替代疗法 / 疼痛管理
临终轨迹 / 256
临终患者的社会角色 / 260
和临终者在一起 / 263

第八章　葬礼和遗体安置

临终仪式的心理因素 / 269
　　宣布死讯 / 互相支持 / 应对丧亲之痛的动力
美国葬礼 / 273
　　专业殡葬服务的兴起 / 对葬礼习俗的批评 /
　　纪念新选择、新发现
选择葬礼服务 / 279
　　葬礼服务费用 / 葬礼和纪念协会
遗体安置 / 287
　　下葬 / 火葬 / 纪念 / 规范尸体处置的法律
葬礼和遗体安置新趋势 / 295
纪念仪式和连接物品 / 297
做出有意义的选择 / 299

第九章　幸存者：感悟失去

丧失、悲痛和哀悼 / 303
悲痛的任务 / 307
悲伤的模式 / 308
　　克服悲痛 / 继续和逝者之间的联系 / 讲"故事"：故事重构 /
　　双加工模型 / 丧失的双轨模型 / 哀伤综合模式
悲痛的体验 / 316

理智和情感反应 / 悲痛过程 / 悲痛持续的时间 /

悲痛的复杂性 / 丧亲之痛的死亡率

影响悲痛的因素 / 324

丧亲者世界观 / 性别和应对模式 / 死亡方式 /

多重丧失和沮丧疲惫 / 社会支持和被剥夺的悲痛 /

未竟之事

悲痛的咨询和治疗 / 336

对丧亲者的支持 / 338

作为成长机会的丧亲之痛

第十章　儿童和青少年对死亡的感受

死亡经历 / 345

作为儿童直面死亡的幸存者 / 346

丧亲儿童的悲伤经历 / 父母一方过世 / 兄弟姐妹之死

重症儿童 / 352

儿童对重病的感知 / 儿童应对机制 / 提供和组织全方位护理

儿童支持小组 / 360

帮助孩子应对变化和丧失 / 362

在危机发生前讨论死亡 / 在家庭成员身患重病时探讨死亡 /

丧失发生后探讨死亡

第十一章　成年人的生命中的死亡

死亡和大学生 / 370

朋友去世 / 372

父母一方去世 / 373

丧子之痛 / 375

难产胎儿死亡 / 为"不曾活过"的生命悲痛 / 大

孩子的死亡 / 成年子女的死亡 / 夫妻共同应对丧子之痛 /

丧子父母得到的社会支持

丧偶之痛 / 388
丧偶之痛的影响因素 / 丧偶一方得到的社会支持

衰老和老年人 / 391

第十二章 自杀

理解自杀 / 399
统计问题 / 心理解剖

自杀的解释性理论 / 403
自杀的社会背景 / 关于自杀的精神分析 / 综合解读自杀

几种自杀的类型 / 410
逃避型自杀 / 求助型自杀 / 蓄意和慢性自杀

影响自杀的危险因素 / 415
文化因素 / 个人因素 / 个人生活情境

人生不同阶段的自杀观 / 419
儿童 / 青春期和成年早期 / 成年中期 / 成年晚期

出现自杀念头 / 423

遗书 / 425

自杀预防、干预和事后处理 / 427
自杀预防 / 自杀干预 / 自杀事后处理

帮助有自杀倾向的人 / 430

第十三章 风险、危机以及创伤性死亡

意外事故和受伤 / 435

冒险 / 437

灾难 / 439
降低灾难的影响 / 灾后救援和安置

暴力 / 445
随机暴力 / 连环杀手和大规模谋杀者 / 家庭惨案 / 如何减少暴力

战争 / 449
技术异化 / 士兵的变化 / 应对战争后果 / 战争与和平

骇人的死亡 / 458

新型传染病 / 459
如何应对艾滋病

带着艾滋病生活 / 461
新兴疾病的威胁

创伤性死亡 / 463

第十四章　超越死亡 / 来世

关于来世的传统观念 / 467
犹太人关于死亡和复活的信仰 / 古希腊人的永生概念 /
基督教的来世观 / 伊斯兰教传统中的来世 /
亚洲宗教中的死亡和永生 / 印度教义中死亡和重生概念 /
佛教对死亡的理解

宗教的慰藉 / 481

世俗对永生的理解 / 483

濒死体验：在死亡的边缘 / 485
濒死体验：合成图 / 濒死体验的维度 / 解读濒死体验

梦境体验中的死亡主题 / 492

死亡信仰：墙还是门？ / 493

第十五章　前路：个人和社会的选择

探索死亡和濒死 / 497

文化素养 / 499

死亡学研究新趋势 / 501
获得全球视野 / 理论联系实际

创建富有同情心的城市 / 505

与死亡和濒死共存 / 508

死亡和濒死的人性化 / 定义善终

未来的死亡 / 513

附言及告别 / 517

前言

在《死亡图书馆》一书中，我们用简单易懂的语言，对死亡和濒死做了详尽介绍，探讨了该领域的主要问题。"thanatology（死亡学）"一词源自希腊语"Thanatos"，意为"死亡"——是一门以经验为核心，探讨死亡相关问题的学科。了解、探索死亡和濒死知识，从某种程度上来讲，也是一段探索自己的人生之旅。这是一段既需要理智，又包含了丰沛情感的旅途。研究死亡和濒死过程中，本书结合了理智和情感、社会学和心理学，以及经验和理论，从多方面进行了探讨。

卡洛斯·卡斯塔尼达（Carlos Castaneda）的一本著作讲述了中美洲亚基印第安部落勇士的故事。勇士随时都有可能死亡，在面对死亡时，他们会跳力量之舞。卡斯塔尼达指出，要想真正活着，需要反向理解死亡。换句话说，视死亡为生的一部分，由于我们随时都有可能死去，因此时刻都应舞动生命。

经常有人问我们，怎么想到要编写一本介绍死亡和濒死的大学教材的？林恩回答说："原因很简单，在研究死亡和濒死的话题时，需要阅读很多相关书籍，但学生们并不乐意购买。而我也讨厌给学生指定一大堆必读书目。在新学期开始的某一天，当我再次听到学生们的惯常抱怨时，就对艾尔说：'为什么没有一本书，可以涵盖所有死亡相关话题，学生只需一本就可以了呢？'艾尔（艾伯特的昵称）回答道：'嗯，那我们来写一本？'"

于是，经过五年的研究与写作，它最终问世。多年过去了，本书出版了多个版本，每一版本都密切关注死亡研究领域的变化，及时进行了修订。本书不仅为死亡研究提供了坚实的理论基础，同时也提供了灵活方法，方便个人或专业人士根据自身情况应用本书所学内容。阅读本书不啻一段自我发现过程，这是一个非常有意义的过程。本书并非专门介绍一家观点，而是为了和大家分享不同观点，重点强调了同情、倾听以及包容不同声音的价值观。读者可能会形成自己的观点，但我们希望，在大家这样做之前，能以开放的心态充分考虑其他可能性。偏见会让我们错失很多可能性，看问题需公正客观。

本书最新版第9版不仅延续了前几版的特色，也反映了死亡研究领域正在发生的演变。尽管人们有时会觉得，死亡能发生什么变化？但本书告诉你，近几十年来，死亡发生了很多变化，而且现在，变化依然在继续。正因为如此，本书每一章都进行了修订，以整合最新的研究成果、实践经验和观点，同时增强了表述的清晰度。

纵观全书，我们不仅介绍了文化和种族在塑造我们和死亡关系中的重要作用，同时也详细探讨了各个民族关于死亡的观点和传统，如非洲人、西班牙人、美国原住民、犹太人、凯尔特人、阿拉伯人、大洋洲人以及亚洲人，后者包括菲律宾在内的东南亚的各个文化以及印度、中国、日本、韩国等国家和中国台湾等地区的人。在本书中，你还会了解到：

- 重病及濒危患者护理的发展，特别是在临终关怀及姑息治疗方面
- 人生各个阶段都会遇到的死亡，从婴儿期到成年后期，包括群体死亡事件和大学生死亡
- 殡葬服务的新趋势，包括个性化葬礼、"绿色葬礼"，以及遗体处置和纪念的创新方式
- 医疗体系变化及其对濒死和死亡的影响
- 数字时代，互联网和社交媒体如何影响我们与死亡、濒死和丧亲的关系
- 通过双过程模型、丧亲之痛的双轨模型以及其他有助于理解伤痛和进行悼念的模型（包括讨论如何克服悲伤，继续保持与逝者的联系，讲述"故事"应对悲痛），获得对悲伤的感悟
- 如何实现"关爱型社会"，打造充满激情的城市，进而增强我们应对死亡的能力

此外，新版还包含很多和死亡相关的其他方面的最新资料，如器官捐赠、通过社交媒体进行哀悼、艾滋病、医生协助死亡、在疼痛管理中使用阿片类药物和

医用大麻等，以及校园枪击和大规模杀人等。另外，新版介绍了《精神疾病诊断与统计手册》第五版（DMS-5）最新统计数据和变化。

毫无疑问，死亡研究是一门跨学科的研究，因此，不可避免地会借鉴到医学、人文科学和社会科学的成果。全书通过具体实例和概念阐述相关原则和概念，意义重大。本书还借助方框文字、照片和其他说明性材料对死亡进行了详细论述，与纯文本写作形成鲜明对比。另外，在必要时，还对一些特殊术语给出明确定义。

章节介绍

在阅读本书前，可以先快速浏览下面章节简介，了解各章主要内容。

- 在第一章中，我们首先探讨了大众媒体、语言、音乐、文学和视觉艺术对死亡的不同表述。并提出一个问题：死亡意识对生活有什么影响？随后探讨了因死亡产生的焦虑和恐惧情绪。本章最后探讨了现代大都市中，人们对死亡感觉陌生的种种原因。
- 第二章主要探究在人生不同阶段对死亡的理解。
- 第三章我们主要探索了死亡及濒死相关态度和习俗形成的文化和历史因素。
- 第四章主要介绍了政府政策对人们应对死亡和濒死的影响，重点探讨了一个社会的"死亡系统"，涵盖了很多重要方面，如死亡证明、验尸官和法医、尸体解剖、法律上界定和确定死亡的程序、杀人和死刑的法理学观点，以及器官捐献和移植的规定。最后，通过一个跨文化案例，介绍了日本是如何处理脑死亡和器官移植的伦理、道德和法律问题的，极具启发意义。
- 第五章聚焦于濒死者的护理问题。这一章主要探讨的主题包括卫生保健筹资，卫生资源的分配，护理人员与病人之间的关系，临终关怀、姑息治疗和家庭护理，照顾老人，创伤和紧急护理，死亡讣告程序，以及护理者面临的压力和"同情疲劳"。

- 第六章探讨了与生命末期相关的各种问题和决定。其中一些问题对诊断和治疗非常重要,如知情同意权。而有一些问题则在死亡来临时才会出现,例如继续或放弃治疗,是否采取医师协助死亡或安乐死,是否补充营养和水分等。本章还讨论了双重效应规则,即为减轻病人痛苦所采取的措施可能会导致死亡。此外,还介绍了其他一些在生命末期需提前处理好的问题,如立遗嘱、设立生前信托、购买人寿保险,以及完成预立指示——表明在丧失行为能力时的医疗意愿。

- 第七章主要探讨了罹患重病后如何生活,重点关注了从疾病最初确诊到进入临终状态整个过程中,与疾病相关的心理和社会意义,并为个人和家庭深入了解应对死亡的方法提供帮助。本章还介绍了各种疾病治疗方案以及面对的问题,以及疼痛管理和其他补充疗法。在本章最后,介绍了濒死者的社会角色,并给出一些临终陪伴的建议。

- 第八章探讨了人去世后,个人或集体举行的丧葬仪式。丧葬仪式和风俗给人们提供了表达悲伤和整合损失的机会。本章研究了临终仪式的性质和功能,重点介绍了美国的殡葬服务历史。本章最后提供了一些殡葬服务和遗体处置的信息,以及如何做出正确选择的建议。

- 第九章旨在帮助读者对丧失、悲痛以及哀悼相关问题有一个全面认识。本章介绍了多种重要的悲伤模式,并指出并不存在"一刀切"的哀痛方式。了解人们体验和表达悲伤的方式,以及影响悲伤的因素,有助于找到多种应对悲痛方法,为丧亲的人提供支持。在本章最后想要告诉大家的是,虽然丧亲会带来巨大痛苦,但对生者来说,这也是一个成长的机会。

- 第十章和第十一章从生命周期的角度,探讨了从幼儿到老年的不同人生阶段与死亡相关的问题。

  第十章聚焦生命垂危的儿童以及遭受丧亲的儿童,并提供了指导方法,帮助孩子应对疾病和丧亲之痛。

  第十一章探讨了成年人面临的丧失,如自然或人工流产、死胎、新生儿死亡,孩子、父母、配偶或亲密朋友的死亡,以及因衰老而带来的死亡。

- 第十二章探讨自杀及其风险因素,包括自杀和自杀行为的社会和心理背景,不同人生阶段对自杀的看法,心理解剖,遗书,自杀预防、干预和事后处理。本章最后就如何帮助有自杀危机的人给出了建议。
- 第十三章详细论述了可能导致死亡的风险和威胁，如意外事故和伤害、灾难、暴力、战争、种族灭绝、恐怖主义、新型传染病，以及其他可怕的创伤性死亡风险。
- 本书最后两章探讨了人终将一死及其意义。

  第十四章描述了不同宗教和世俗传统对死亡的看法以及濒死体验，综合论述了永生和来世的概念和信仰。无论把死亡视作"一堵墙"还是"一扇门"，都对我们如何生活有着重要影响。

  第十五章强调了了解死亡有助于提高个人和社会价值。本章探讨了死亡学研究新方向，如加强研究和实践相结合，明确死亡教育的目标，获得全球视野，创建富有同情心的城市，以及提高对不同文化的理解。与死亡和濒死共存意味着什么？以前面章节内容为基础，本章最后内容引人深思，鼓励读者思考如何定义"善终"。

若读者想对某个特定话题做进一步研究，我们在每章最后提供了"扩展阅读"。同时我们也对每章引文提供了来源和出处。尽管本书对死亡诸多主题做了详尽介绍，但依然希望读者对自己感兴趣的话题做深入探究。

第一章

对待死亡的态度：
时代变迁

死亡教育帮助我们所有人，无论长幼，去更好地理解和处理失落和终结。

来看看英语中 dead 一词的一些含义。它们是正面的还是负面的？当你走进死胡同（dead end）的时候，你就无路可走了，而且当你错过最后期限（dead line）的时候，通常后果并不让人愉快。然而，与之相反的是，航迹推算（dead reckoning）给我们指明了行进的方向。

这个语言方面的例子指出了死亡和临终研究中的一个悖论。我们的社会和文化是如何对待死亡和亡者的？我们是否有意或无意地把死亡当作要规避的事情？还是死亡这个决定性的时刻吸引了我们的注意力，启发我们反思和思索？

在人类所有的经历中，没有什么比死亡的影响更为巨大。然而，我们倾向于把死亡放逐到我们生活的边缘，好像这样就能让我们"眼不见心不想"。要想对死亡做出新的选择，第一步就是要认识到，避免思考死亡会使我们疏远人类生活一个不可或缺的方面。正如一位作家所说："从我们生而为人的那一刻起，就已经到了死亡的年龄。"

对死亡的研究可以"引导我们认真对待生命的有限性，认识到人终有一死，是死亡让我们的人生有意义"。死亡学的正式定义是对死亡的事实或事件以及处理这些事件的社会和心理机制的研究。这个词源自希腊神话中的桑纳托斯（Thanatos），通常是指"死亡的化身"。死亡学的实践定义包括伦理和道德问题，以及文化因素。它不仅涉及医学和哲学，还涉及许多其他学科，例如历史、心理学、社会学和比较宗教学等。苹果公司创始人史蒂夫·乔布斯于 2011 年 10 月 5 日逝世，享年 56 岁。他在斯坦福大学毕业典礼上说："死亡很可能是生命中最好的发明。"他称死亡为"生命的变革推动者"。

表达对死亡的态度

直接、亲身体验死亡是很罕见的。然而，死亡在我们的社会和文化世界中占有重要的地位。大众媒体描绘死亡的方式和人们谈论死亡时使用的语言，以及音乐、文学和视觉艺术，都揭示了这一点。请注意这些不同的表达方式是如何揭示在个人和文化层面上人们对死亡的想法和感受的。

大众媒体

现代通信技术使灾难、事故、暴力和战争的消息迅速传遍世界，这让我们所有人都成了死亡的幸存者。当人们感到安全可能受到威胁时，就会通过大众媒体获取信息。例如，2001年9月11日，全世界有20多亿人实时观看了袭击或有关袭击的新闻报道。互联网不仅提高了新闻报道的速度，它还让我们能够跟踪国际新闻机构的最新消息，以及社交媒体的评论，这些消息和评论提供了更多的细节和观点。这些间接获得的信息让我们了解了死亡和临终的哪些方面呢？

新闻热点

阅读报纸或在线新闻时，哪些关于死亡的内容吸引了你的注意力？你很可能会读到各种各样的关于事故、谋杀、自杀和灾难的报道，其中包含着突然、暴力的死亡。学校发生枪击事件时，新闻会以大标题报道。你还会看到一家人被困在燃烧的房子里，继而死去，或是一家人在州际公路上遭遇致命车祸而不得不提前结束假期。

还有名人的死亡，这很可能会在头版上公布，紧接着是长篇的讣告。在头版大标题之后，讣告背后传达的信息是，编辑们认为名人的死亡具有新闻价值。新闻机构保存着他们认为具有新闻价值的人的待定讣告，这些讣告会随时更新，以便在需要时可以随时刊登。

相比之下，普通人的死亡通常只发布一个死亡通告。死亡通告是一份简短的标准化声明，小字体印刷，按字母顺序列在人口统计一栏中，"就像一排小小的墓地一样整齐划一"。一些报纸刊登"平民讣闻"，给"普通人"的讣闻更多关注，目的是"快速确定当某人去世时，我们将失去什么"。然而，我们大多数人都会经历的平淡无奇的死亡，通常只会被泛泛提及。壮观掩盖了平凡。

无论是泛泛而谈还是浓墨重彩，我们在新闻媒体中读到的死亡影响了我们思考和应对死亡的方式。报道可能与事件无关，而与人们如何认知事件有关。这一点体现在杰克·卢莱的叙述中，他描述了全国各地的报纸是如何报道黑人活动家休伊·牛顿之死的。牛顿作为公众人物，活动时间长达二十年，然而大多数报道都集中在牛顿之死的暴力性质上，并忽视了他生活的其他方面。

人们不仅从媒体上寻找有关事件的信息，而且还寻找关于事件意义的线索。在报道死亡和幸存者的悲痛时，确定什么是适当的报道可能是个问题。媒体对骇人听闻的死亡事件的报道有时会在事件本身造成最初创伤之后，导致"再次伤害"或者"第二次创伤"。记者可能会试图刻画悲惨事件的经历和牺牲受害者或幸存者。"流血事件会成为头条新闻"的新闻工作的立场常常会设定优先级。媒体究竟帮助我们探究死亡的意义，还是仅仅通过耸人听闻的新闻片段来吸引我们的注意力？罗伯特·富尔顿和格雷格·欧文指出，媒体可能"湮没了死亡的人道主义意义，同时在商业广告或其他世俗事务之间夹带报道死亡事件，进一步使死亡事件去人性化"。公众事件和个人失落之间的区别有时会变得模糊，幸存者经历的悲痛或他们生活受到的干扰通常很少得到关注。

癌症和心脏病导致的死亡似乎并不像飞机失事、过山车事故或美洲狮袭击造成的死亡那样让我们感兴趣。奇异或戏剧性的离场才能够吸引我们的注意力。尽管死于心脏病的概率约为 1/4，但我们似乎对蜜蜂蜇伤（1/62950）、电击（1/81701）或烟花（1/479992）导致的死亡更感兴趣。

媒体专家说，电视新闻中的"真人秀暴力"始于 20 世纪 50 年代后期对越南战争的报道。这是一场"起居室"战争，十多年来每天都充斥着暴力画面，它对之后新闻的呈现方式产生了持久的影响。观众们看到了一系列暴力画面：敌我双方的战争伤亡、中尉在西贡街上被枪决、被凝固汽油弹烧焦的孩子和自焚的僧人。这是"动作新闻"，是一种畅销的新闻形式，常见于报道学校枪击事件和展现在公众面前的死亡事件。比如在洛杉矶的一座立交桥上，一名男子端起猎枪，"把自己的半个脑袋崩开，警用和新闻直升机在他的上方盘旋"。艾伦·凯莱赫说："媒体对死亡的报道并不罕见……然而，死亡往往只是暴力。"他补充说："只要死亡和失落在'问题'和'悲剧'的背景下出现在报纸和电视节目中，我们对死亡和失落的理解就将被问题和悲剧这样的术语和概念所影响。"

媒体分析师乔治·格伯纳观察到，大众媒体对死亡的描述往往深陷于暴力，传达了"高度危险、不安全和不信任感"。这样的描述反映了格伯纳和他的同事所说的"险恶世界综合征"，对死亡的象征性使用导致了"对死亡的非理性恐惧，从而降低了生命活力和自我认定"。

格伯纳认为，媒体中的暴力图片起到的并非是让观众变得更加暴力的效果；相反，观众可能会把世界看作一个令人恐惧和恐怖的地方，这个世界充斥着谋杀与混乱、疾病与瘟疫、战争威胁，充斥着精神病杀手、儿童绑架者、恐怖分子和威胁性动物。在这个险恶的世界里，各类捕食者——每一个物种——似乎总是到处游荡，随时准备攻击，这种感觉造成了与现实不成比例的焦虑和恐惧。

死亡的娱乐化

电视对我们生活的影响是毋庸置疑的。像《六尺之下》《识骨寻踪》和《犯罪现场调查》这样的节目可能会挑战一些关于死亡的禁忌，但一些评论家认为，它们对死亡和临终的兴趣使尸体成为流行文化的新"色情明星"。大众媒体影像并不能增进我们对死亡的理解，因为它们甚少讨论人们如何应对亲人的离世或自己的临终阶段。

除了在本周精选电影和犯罪与冒险系列剧中出现，死亡也是其他大众传媒的常客，例如：新闻广播（通常每个广播中都会包含几个有关死亡的事件）、自然节目（动物王国中的死亡）、儿童漫画（关于死亡的漫画）、肥皂剧（似乎总有一些角色会死）、体育（"成为死球"和"对方球队把他们逼入绝境"之类的描述）、宗教节目（包括神学和逸事中提到的死亡）。尽管如此，由于大众媒体中描绘死亡、临终和丧亲之痛的故事缺乏现实主义题材，这意味着"一种死亡象征主义的贫困"。

让我们来回想一下儿童卡通节目中对死亡的描述。达菲鸭被压路机压成一张薄片，但片刻后就弹了起来。爱发先生用猎枪对准兔八哥，扣动扳机，砰！兔八哥的身上看不到猎枪子弹的印记，他抓住喉咙，转了几圈，喃喃道："爱发先生，我眼前变得一片漆黑……我要离开了。"兔八哥瘫倒在地上，两脚还在空中。他闭上眼睛，脚终于落下。但是等等！兔八哥又弹了起来，完好如初。死亡是可逆的！

在西部片中，用坏人"踢水桶"这样的描述来弱化死亡现实，尸体会被抛到城镇边缘的靴丘，坟头"长满雏菊"。镜头从垂死者的脸转移到抽搐的手部的特写，然后所有的动作都停止了，呼吸随着音乐的响起逐渐消失。在西部片中更有可能发生的是暴力死亡，例如《龙虎双侠》和《正午》。拔枪较慢的男子被击中，跟跄着倒下，身体抽搐，随后完全静止。

死亡目击者描述的是完全不同的情景。许多人回忆道，最后一口气通过临终者的喉咙时发出咯咯的喘息声；身体由肉色变为淡蓝色；曾经温暖柔韧的身体逐渐变冷、松弛。他们对这一现实感到惊讶，说："死亡根本不是我想象的那样；它看起来、听起来或感觉上都不像我在电视或电影里看到的！"

> 在美国，我们首先教给新闻系学生的就是用"死"而不是"逝去"或"离开人世"这样的词，这就是为什么大多数人一看就能区分出讣闻是葬礼主持人写的还是报社工作人员写的。即使是在美式英语中，为了避免说出显而易见的事情而费尽心机，这几乎算得上是无礼；轮到我的时候，我希望自己预先写好讣告，大意是说，"威尔科克斯老头儿死了。他已经不存在了。他已过期，去见创造他的造物主去了。他变成了僵硬的尸体。他失去了生命，安息了。仪式将在星期三举行；将提供鸡尾酒。"
>
> 哈洛·威尔科克斯

对暴力死亡的不现实的描述没有显示对受害者的真正伤害、他们的痛苦或对施暴者的适当惩罚。

以极端暴力和所谓的"死亡色情"为特点的惊悚片已成为电影制作人有利可图的电影类型。流行电影变得"极度血腥"，在一定程度上是由于此前经典的"杀人狂恐怖片"或"死亡的青少年"类型的电影的成功。比如《猛鬼街》(1984)，电影中展现了从杀手视角拍摄的镜头。在传统的恐怖电影中，观众通过受害者的角度来了解发生的事情，从而认同其命运。然而，在杀人狂恐怖电影中，观众则被要求认同袭击者（类似的身份认同也在暴力电子游戏中出现）。这类电影对暴力的描绘表明，人类进化过程中的残余倾向可能会使"对残暴和恐怖的展示"具有吸引力。

并非所有与死亡有关的电影都强调暴力。虽然僵尸电影在20世纪30年代就已经出现，但它们重获追捧，并被纳入视频游戏、应用程序、玩具和服装等领域。僵尸类型也超越了恐怖和惊悚风格，发展出喜剧、爱情和科幻等独特的子类型。探索僵尸和已死但能复生的人的世界让我们思考生命和来生之间的领域。一个七岁的男孩听到祖父去世的消息时，问道："是谁干的？"在电视或电影中，死亡来自外界，通常具有暴力色彩，因而强化了这样一种观念，即死亡是"发生"在我们身上的事情，而不是我们自己"做"的事情。死亡是意外而不是自然的过程。由于我们对死亡和暴力的第一手体验减少，媒体对死亡和暴力的呈现更为耸人听闻。

电影以深刻而独特的方式激发我们的心理能力。想想你最近看的电影、DVD和电视节目，你觉得有关死亡和临终的正面和负面形象各占多少比例？

语言

倾听人们在谈论死亡或临终时使用的语言，你可能会发现提到死亡时人们通常闪烁其词，避免使用死亡和濒死等字眼。亲人死亡是"去世"，对遗体进行防腐处理是"准备"，死者是"被安葬"的，埋葬变成"收容"，尸体是"遗骸"，墓碑是"纪念碑"，送葬人变成了"殡仪承办人"。

用间接或模糊的词语代替那些通常认为是严厉或生硬的词语和短语，这种委婉语暗示了一场精心设计的围绕死亡的演出。死亡教育先驱汉内洛尔·沃斯指出，用委婉语取代直白"表达死亡的词汇"甚至出现在了死亡和临终专家的语言中，临终关怀变成了"姑息治疗"，临终病人被描述为"生命受到威胁"。死亡可能被描述为"一种消极的病人护理结果"，而空难变成"波音727飞机的非自愿转换"。

当直截了当地谈论死亡被替代方式所颠覆，现实就会被贬低和去人性化。例如，人们往往用委婉语来掩盖对战争中死亡的恐怖描述，用"死亡人数统计"来描述在战争中阵亡的人，用"附带损害"来描述平民的死亡。人们在谈论死亡时使用的语言往往反映了一种逃避直白现实的愿望。委婉语、隐喻和俚语构成了大部分的死亡用语（见表1–1）。

表1–1　死亡用语：隐喻、委婉语和俚语

断气	不再与我们同在	毁灭	回到故乡
踢水桶	在土里打个盹	成为过往的人	绊倒
走了	在来世	倒下	绝境
过期了	在另一边	歼灭	摆脱他/她的痛苦
屈服	在基督里睡着了	清算	结束这一切
离开我们	离开了	终结	安息
失去了	超越了	见阎王	舍弃身体
浪费了	买下农场	抹掉	突然的意外终止
签出	与天使在一起	断气	加入了祖先的行列
安葬	兑现	跌倒	对象刚刚遭受致命一击
长出雏菊	越过约旦河	完成了最后的旅程	上西天

然而，委婉语和隐喻的使用并不总是意味着否认死亡的现实或避免谈论死亡。这些表达方式也体现出比直白的表达更微妙或更深层的意义。例如，像"过世"或"去往来世"这样的词汇可能体现出了把死亡理解为一种精神的过渡，尤其在一些宗教和族裔的成员之间使用时。

同样，慰问卡让人们不直接提及死亡来表达对死者的哀悼。有些慰问卡用隐喻的方式提到死亡，比如"死亡只是长眠"。而另一些慰问卡则明显否认死亡，比如"他没有死，他只是离开了"。日落和鲜花的图像创造了一种平和、宁静或许是回归自然的印象。人们通常只会在回忆或用时间来愈合伤痛时，才会提及丧亲之痛和失去所爱之人的事实。你可以浏览一下慰问卡架，看看是否能找到一张直截了当使用"死去"或"死亡"的慰问卡。慰问卡以一种温和的方式提到失落感，意在安慰丧亲者。

某人去世后，我们提到某人的时候通常会从现在时转到过去时，例如："他曾喜欢音乐""她曾在自己的领域非常出色"。语法学家把这种用法称为"指示性语态"，使用这种语态既承认死亡的现实，同时又使我们与亡者保持距离。继续把死者的"声音"包含在当下的一种方式是使用虚拟语气，表达"似乎""可能"或"本可以"的意思。这是一个"可能性的领域"，而不是确定的领域。人们说，"他本会为你感到骄傲"，或者"她本会喜欢今晚的聚会"，这些就是使用虚拟语气的例子。

语言也让我们了解人们遭遇死亡受到的强烈和直接的冲击，例如，以"死亡威胁"的叙事形式，讲述与死亡擦肩而过的故事。在这样的故事中，当叙述者讲到故事的关键时刻，死亡似乎迫在眉睫且不可避免时，时态就会发生变化。思考下面这个例子：一个人在暴风雪中驾车时经历了可怕的意外，他在开始讲述故事的时候，用过去时描述当时的情况。但当他讲到车在结冰的弯道失去控制，开始滑入对面车道时，突然转用现在时，就像是在"再次体验"对面车辆正径直迎面驶向他，他相信在那一刻自己即将死亡。

词语的选择也能反映不同时期人们对死亡事件的感受。例如，灾难发生后，随着救援工作的重点发生变化，用于描述紧急救援和搜救队工作的语言也会发生变化。随着数小时变成了数天，救援工作逐渐变成了恢复工作。

学者们指出，语言似乎影响着人类思维的众多方面。事实上，我们通常所说的"思考"是语言和非语言描述和过程之间的一系列复杂的协作。请再看一遍谈到死亡时用到的词汇和短语（见表1-1）。请注意语言是如何告诉我们关于死亡方式的线索以及说话者对死亡的态度的。细微的差别可能反映了不同的态度，有时涉及文化框架。例如，让我们思考一下去世和往生的区别。注意人们在谈论死亡时使用的委婉语、隐喻、俚语和其他表达方式，这能帮助我们了解人们对临终和死亡各种不同的态度。

音乐

在《灵魂的音乐》一书中，乔伊·伯杰写道："几乎每一种文明、文化和宗教都是在失落和悲伤时使用音乐的典范。"欧里庇得斯在戏剧《海伦》中把风笛和长笛作为表现哀悼的辅助手段。伦纳德·伯恩斯坦的《第三号交响曲》（犹太诗文）是根据犹太人对亡者的祈祷文谱写的。理查·施特劳斯的《死与净化》描绘了一位艺术家的死亡。纪念2001年"9·11事件"的重要作品包括约翰·亚当斯的《轮回之魂》和史蒂夫·赖希的《世贸中心9·11》。音乐学者特德·吉奥亚提醒我们，音乐的影响力和变革力因其能够创造统一目标而增强。他指出："在传统文化中，人们相信声音的变革力，我们或许有理由将其称为普遍信仰。"

挽歌（一种悲伤的赞美诗）是与送葬和葬礼有关的音乐形式。新奥尔良的爵士葬礼就是对挽歌的著名的流行演绎之一。贝多芬、舒伯特、舒曼、施特劳斯、勃拉姆斯、马勒和斯特拉文斯基都写过挽歌。与挽歌相关的是哀歌以及恸歌，哀歌为纪念某人死亡的诗歌提供音乐背景。哀歌在情感上认可"万物无常，这本身就是一种深刻的灵性领悟"。

恸歌是在许多文化中存在的一种艺术性和仪式化的表达告别的方式。例如，在苏格兰的宗族葬礼仪式中，人们会吹奏苏格兰风笛。在声音上，典型的恸歌表达强烈的哀伤，这是一种对失落和渴望的情感表达，让人回忆起往事而哭泣。对古希腊人来说，哀悼的目的是"赞美逝者，同时为丧亲者提供情感的释放渠道"。听到恸歌的人"能够借用这些失落和悲伤的表达，从而减少痛苦迸发的可能性"。

恸歌能够帮助丧亲者认识到自己社会地位的改变，并寻求社区的同情和理解。意大利哲学家埃内斯托·德·马蒂诺描述了用语言、手势和音乐表达悲伤是如何在极端危急时刻（如至亲去世后）缓和情绪、避免精神崩溃的。通过这种方式，恸歌促进了哀悼者在文化上的重新融合，同时在生者和逝者之间重新建立了联盟。在一首著名的希腊恸歌中，一位母亲说她将把自己的痛苦交给金匠，让他把痛苦做成护身符，这样她就可以永远佩戴它。

安魂曲是在为死者举行弥撒时演奏的乐曲，和哀歌类似。这种音乐形式吸引了莫扎特、柏辽兹和威尔第等作曲家。《末日经》（"神谴之日"）是安魂曲中的一段，这是许多作曲家作品中死亡的音乐象征。在柏辽兹的《幻想交响曲》（1830）中，这个主题出现了，音乐在一开始伴随着不祥的钟声，而随后当音乐达到高潮时，与女巫们在夜宴上疯狂跳舞的场面形成了对比。柏辽兹的交响曲讲述了一个年轻音乐家的故事，他被心爱的人拒绝，试图服用过量的鸦片自杀。在麻醉性的昏迷中，他经历了奇异的梦境，其中包括噩梦般的走向绞刑架的过程。《末日经》也出现在卡米尔·圣桑的《死亡之舞》（1874）和弗朗茨·李斯特的《死亡之舞》（1849）中，这两首乐曲是死亡之舞最著名的音乐演绎（在第三章中讨论了死亡之舞的历史背景）。

悲剧和死亡在歌剧中很常见。这种戏剧与音乐相结合的艺术形式迷恋死亡，或者至少体现了在出现《阿依达》《卡门》《波希米亚人》《蝴蝶夫人》《托斯卡》和《茶花女》等经典作品的时期，西方文化中流行的浪漫主义死亡观。

这些例子表明，死亡主题在宗教和世俗作品中都能听到。平克·弗洛伊德的《时光》用音乐提醒人们，生命是有限的，每一天的流逝都让我们"更接近死亡"。埃里克·克莱普顿的《泪洒天堂》是为他四岁的儿子所写，他的儿子在曼哈顿从高层建筑坠落身亡。蒂姆·麦格劳在他的父亲去世后，以一曲《生如将逝》庆祝自己得以重生。

据说，猫王早期的热门歌曲《伤心旅馆》的歌词，其灵感来自一封自杀遗书，其中的一句话是"我走在孤独的街道上"。"死亡金属"是重金属音乐的一个分支，它的歌词表达了蓄意杀人、灾难性破坏和自杀的画面，由名为"病态天使""死亡汽油弹""尸体"和"埋葬"的死亡金属乐队演绎。事实上，摇滚乐中的死亡意象可能有助于打破公众对死亡的禁忌。一些权威人士把民权运动的起源追溯到一次音乐事件，它发生在罗莎·帕克斯在亚拉巴马州蒙哥马利的公共汽车上拒绝让座的 16 年前：比莉·哈乐黛演唱的《奇异果实》，其歌词描述了处死非裔美国人的恐怖意象。

音乐用于为战争争取爱国支持，例如乔治·M.科汉在第一次世界大战期间谱写的《那边》。音乐也用于对战争的合法性提出疑问。在越南战争期间，听众们听到了乡村歌手乔·麦克唐纳的《注定死于战场》，其中著名的副歌是"我们为什么而战"。

混乱和痛苦一直是音乐的主题。民歌描述了死亡预兆、临终场景、临终遗愿、哀悼者的悲伤以及来生。例如，《花落何处》（战争）、《飘逸黑面纱》（哀悼）、《凯西·琼斯》（意外死亡）和《约翰·亨利》（安全隐患）。

自杀的主题也很常见，尤其是在爱情和死亡的故事中。有些歌曲，如《杰西·詹姆斯民谣》，颂扬了亡命徒和其他反面人物。格雷姆·汤姆森观察到，"史德格"和"杰西·詹姆斯"类似，但是"史德格没有对正义的伟大追求；他简直坏透了"。这种音乐类型在墨西哥流行文化中也以毒品歌谣的形式出现，是描述走私者和毒枭生涯的叙事歌谣。

在美国蓝调音乐中，失落、分离、苦难和死亡是常见主题。灾难激发了蓝调歌曲的灵感，比如"泰坦尼克"号的沉没和1927年密西西比河的洪水。盲人莱蒙·杰弗逊在《让我的坟墓清洁》中表达了希望死后被人记住的愿望。在《我想回家》中，穆迪·沃特斯告诉我们，死亡有时会带来解脱。蓝调主题的其他例子包括贝西·史密斯的《落魄潦倒无人理》（经济逆转），沃克的《风暴星期一》（失去的爱），约翰·梅耶尔的《J.B. 勒努瓦之死》（朋友死于车祸）和奥蒂斯·斯潘的《布鲁斯永不消亡》（对失落的安慰）。总而言之，蓝调表达了"一种深深的坚忍的悲伤和绝望，一种悲伤的黑暗情绪，还有一种带有揶揄和粗俗的幽默"。

福音音乐有时被当作蓝调的另一面，描述了众多失落和悲伤的画面。例如，《玛丽你别哭泣》（哀悼）、《仅为他所知》（面对自己的死亡）、《圣者的行进》（来世）、《如能再次听到母亲祈祷》（父母的去世），以及《珍贵的记忆》（适应失落和维持与亡者的联系）。

查尔斯·里根·威尔逊认为乡村音乐中的六种死亡类型，包括：（1）死亡的普遍性；（2）暴力和悲惨的死亡；（3）爱与死亡的歌曲；（4）死亡与家庭；（5）名人的死亡；（6）宗教对死亡的影响。《未完的缘聚》这首歌既可被归为福音歌曲，也可被归为乡村歌曲，它非常写实地描述了母亲的去世和孩子的悲痛。阿巴拉契亚的挽歌《死亡》反映了死亡象征的传统，是一种对死亡现实的提醒。正如威尔逊所说，乡村歌曲"继续体现着这样一种理念，即我们不应将死亡与生命的其他部分隔离开来，且死亡应作为自然而深刻的人文关怀得到坦率对待"。

在夏威夷传统文化中，人们吟唱"梅里卡尼考"挽歌来哀悼死亡。一些"梅里卡尼考"是经过精心作曲的，还有一些则是在送葬过程中即兴吟唱的。填词者用自然世界的意象来描绘自己的失落感。作者回忆了在自然中的共同经历："我在寒冷的马诺瓦山谷的同伴"或"我在玛基基森林中的同伴"。这样的吟唱深情地回忆起那些将亡者和生者紧密相连的事情。它传达的信息不是"我失去了你"，而是"我珍惜关于你的一切"。

想想音乐是如何在我们失去至亲时给我们提供慰藉的。当我们面对一生中困扰我们的失落感时，某些歌曲和音乐作品会勾起我们感伤的回忆，使我们更加悲痛。无论是莫扎特的《安魂曲》还是当代歌曲，音乐都能唤起人们回忆起与至亲共度的快乐时光，他们的离去让我们感到凄凉。而有时候，歌词或旋律会让我们反思自己必死的命运。

在所有的音乐风格中都能听到关于失落和死亡的主题（见表1-2）。在你听不同风格的音乐时，应注意它们如何提到临终和死亡，并思考这传达了什么信息以及表达了什么态度。无论你喜欢什么样的音乐，都会从中发现许多个人和文化对死亡的态度。

表1-2 流行音乐中的死亡主题

表演者	歌曲	主题
披头士乐队	《埃莉诺·里戈比》	衰老和死亡
男孩与男人	《与昨日告别》	悲伤
杰克逊·布朗	《致舞者》	悼词
玛丽亚·凯莉	《甜蜜的一天》	思念心爱的人
约翰尼·卡什	《复苏》	审判日
埃里克·克莱普顿	《泪洒天堂》	幼子死亡
乔迪菲	《快到家了》	父亲去世
迪翁	《亚伯拉罕、马丁和约翰》	暗杀
门户乐团	《结束》	杀人
鲍勃·迪伦	《敲开天堂之门》	忏悔
感恩而死	《黑彼得》	社会支持
吉米·亨德里克斯	《地球母亲》	死亡的必然性
埃尔顿·约翰	《风中之烛》	玛丽莲·梦露和戴安娜王妃之死
佩蒂·拉伍莱斯	《如何帮你说再见》	母亲去世
戴夫·马修斯	《掘墓人》	预期死亡
西妮德奥康娜	《我躺在你的墓前》	哀悼
平克·弗洛伊德	《战争推手》	战斗死亡
警察乐队	《谋杀》	政治死亡
猫王	《在贫民窟》	暴力死亡
史诺普·道格	《谋杀案》	城市杀人
布鲁斯·斯普林斯汀	《费城街道》	艾滋病
詹姆斯·泰勒	《火与雨》	朋友之死
史提夫·汪达	《我的爱与你同在》	儿童之死
沃伦·泽方	《我的时限已到》	灵车和死亡的到来

文学

从荷马史诗《伊利亚特》、索福克勒斯的《俄狄浦斯王》和莎士比亚的《李尔王》等古典戏剧，到列夫·托尔斯泰的《伊凡·伊里奇之死》、詹姆斯·艾吉的《失亲记》、威廉·福克纳的《我弥留之际》和欧内斯特·盖恩斯的《刑前一刻》等现代名著，死亡在人类的经历中被赋予重要意义。泰德·鲍曼认为，文学资源丰富了表达丧亲之痛和悲伤的语言，帮助人们讲述自己失落的故事。

死亡的不确定性经常出现在哀悼逝者的诗歌中，贾汗·拉马扎尼说："在现代，哀悼逝者的诗歌极为多样、广泛，包含了比以往更多的愤怒和怀疑以及更多的冲突和焦虑。"在前文中，我们在对死亡态度的音乐表达中讨论了挽歌。文学中也有挽歌的形式。请注意，挽歌不能与悼词（为纪念死者而发表的演说或赞美）或碑文（纪念死者的简短声明，通常刻在墓碑上以示纪念）混淆。

挽歌一词指的是纪念死者的诗歌或歌曲。它通常是哀愁的、沉思的或悲哀的，是一种对痛苦或悲哀的表达。挽歌通常描述悲伤、伤感、悲哀、忧郁、怀旧、悲痛，或这些特质的某种相互的融合。挽歌被描述为"在告别的同时向失去的人或物致敬的一种方式"。

英国文学中挽歌类的早期作品包括约翰·弥尔顿的《利西达斯》（1637）和托马斯·格雷的《墓园哀歌》（1750）。美国文学中的挽歌作品包括瓦尔特·惠特曼为亚伯拉罕·林肯总统之死所写的挽歌《哦，船长，我的船长》，以及罗伯特·洛威尔根据罗伯特·肖上校的故事写成的挽歌《献给联邦烈士》，肖上校在美国内战期间领导了第一个全部由黑人组成的步兵旅。

挽歌表达了一种个人的悲伤感，以及一种普遍的失落感和形而上学的伤感。例如：德语诗人赖内·玛利亚·里尔克的《杜伊诺哀歌》的十首挽歌系列；切斯瓦夫·米沃什哀叹极权政府残酷的诗歌。其他的例子还包括：威尔弗雷德·欧文的诗歌从道德角度讨伐工业化战争带来的痛苦，艾伦·金斯堡在母亲去世后创作了颂歌，谢默斯·希尼悼念爱尔兰政治暴力所造成的苦难，以及西尔维娅·普拉斯、安妮·塞克斯顿和阿德里安娜·里奇诗歌中的"父母挽歌"。诗歌以抚慰和治愈的方式让我们洞察到失落感的普遍性。爱德华·赫希告诉我们："诗歌中隐含着这样一种观念，我们会因心碎而变得更为深邃，我们不会因悲伤变得渺小，而会因悲伤变得更加强大，因为我们拒绝不留下任何文字记录就消失，或让他人消失。"

死亡的意义经常在文学中被探讨，因为它与社会及个人均有关系。战争小说会描述个人和社会如何在创伤和失落的重大打击中寻找意义。在以第一次世界大战为背景的小说《西线无战事》中，埃里希·玛利亚·雷马克讲述了一个年轻战士迅速从天真到幻灭的故事，以此来描述现代战争的毫无意义。第二次世界大战中战争技术带来的恐怖经历，尤其是原子弹造成的破坏，是约翰·赫西所著的《广岛》一书的焦点。迈克尔·赫尔的《派遣》和蒂姆·奥布莱恩的《追寻卡西艾托》等书关注的越南战争的超现实主义方面引起了人们的注意，有关最近的伊拉克和阿富汗的战争的类似的书籍也在出版。

在大屠杀文学中，受害者的日记、小说和心理研究中都描绘了恐怖和大规模死亡的毁灭性经历。其中包括查姆·卡普兰的《华沙日记》、夏洛特·德尔波的《我们谁也不会回来》、埃利·威塞尔的《夜》和安妮·弗兰克的《安妮日记》。

> 约翰·奥哈拉在《相约萨马拉》中提醒我们，我们无法逃避死亡，也无法逃避它所引起的普遍焦虑。在这个故事中，仆人从市场归来，受到惊吓。主人问是什么让仆人如此恐惧。仆人回答说，当人群中有人推他时，他转过身来，发现死亡天使在召唤他。惊恐万分的仆人向主人要了一匹马，这样他就能骑到离这儿有些距离的萨马拉去，让死亡天使找不到他。主人同意了，仆人动身去萨马拉。当天晚些时候，主人去了市场。他也遇到了死亡天使，于是问，为什么天使对他的仆人做出威胁的手势。据说，死神回答："这不是威胁的手势，这只是表示惊讶。我没有想到今天会在这里见到他，因为我今晚约好在萨马拉和他见面。"
>
> 吉恩·李普曼－布卢门，《我们易受糟糕领导的影响》

现代文学经常在一些看似不可理解的情境中探究死亡的意义。主人公试图接受突然的暴力死亡，没有时间或空间让他表达悲痛或哀悼死者。主题可能突出"暴力景象"，例如，在侦探小说和一些西部片等"自发维持治安"的故事中，主人公本打算惩恶扬善，但这种寻求正义的方式会被自我辩护的道德破坏，进而只会让暴力持久化。在死亡中寻找意义会造成很多问题，因为暴力会把人物化。

美国军事学院（西点军校）的学员学习诗歌在塑造文化、态度和价值观方面的历史作用，目的是"消除这样一种错觉，即在这个充满歧义的世界里，总有事先准备好的答案"。

视觉艺术

在视觉艺术中，死亡主题通过象征、符号和图像来展现。爱德华·蒙克的《生命之舞》代表了艺术家对人类命运的总结："爱与死，开始与结束，汇成一个圆，将个人生活和欲望与更广泛的必然的代际轮回结合在一起。"

艺术往往是一种表达个人失落的影响的载体。恐怖分子炸毁泛美航空103号航班时，苏塞·洛温斯坦的儿子是遇难者之一。苏塞是雕塑家，她制作了一系列裸体女性形象，组成名为《黑暗挽歌》的作品，以此表达自己和其他因坠机而失去亲人的女性的悲伤。在大地色调中，通过剧烈的悲痛表现这些具有传奇色彩的人物。有些人看起来沉默。其他人显然在尖叫。有些看起来像是被掏空了。洛温斯坦希望《黑暗挽歌》能够"提醒人们，生命是脆弱的，我们可以如此轻易地失去那些对我们来说最珍贵的东西，在我们生命的余下的时间里不得不与失落感共生"。

艺术为我们提供了一扇了解其他时代和地点的习俗和信仰的窗户。例如，查尔斯·威尔逊·皮尔的《蕾切尔的哭泣》（1772和1776）描绘了美国殖民时期，艺术家的妻子哀悼死去孩子的临终场景。孩子的下颌用布带包裹起来，让它可以保持闭合。孩子的胳膊被绳子捆在身体两侧。药物无法挽救孩子，此时药就放在床边的桌子上。母亲望着天空，用手帕拭去脸上流淌的泪水，她的悲伤和死去的孩子平静的面容形成了鲜明的对比。

弗朗西斯科·何塞·德·戈雅的《与阿雷塔医生的自画像》是描绘临终场景和临终人物的艺术流派的典范。这幅画为阿雷塔医生所绘，因为他挽救了戈雅的生命。在画中，医生把药放在戈雅的嘴唇上，与此同时，在戈雅的牧师和管家身旁，描绘了死亡的形象。自杀是几乎所有时代和文化的艺术家都关注的另一个主题，一幅众所周知的画作就是伦勃朗的《卢克蕾提亚之死》，在画作中，卢克蕾提亚用匕首刺伤自己，眼中含着一滴泪水。

最引人注目的表达临终和死亡的绘画作品之一出现在中世纪的西欧。由于人们对鼠疫蔓延感到恐惧，与死神之舞相关的图像展示了死亡的鲜明特征和人们对突然、意外死亡的恐惧。意大利艺术家加埃塔诺·朱利奥·宗博创作的三尊蜡像就是典型代表，蜡像陈列在佛罗伦萨的巴杰罗国家博物馆，描绘了尸体从新鲜尸体到被蠕虫完全吞噬的分解过程。病态的死亡也引起了近代艺术家的关注，比如弗里茨·埃森伯格的木刻作品描绘了我们在这个时代所惧怕的事物：战争造成的毁灭、环境灾难以及诸如艾滋病之类的疾病。

一些艺术作品表现出对死亡异想天开的态度，例如墨西哥艺术家何塞·瓜达卢佩·波萨达的版画，描绘了日常生活中从事各行各业的工作的骷髅人物形象，或是美国雕塑家理查德·肖的《行走的骨骼》，骨架由树枝、瓶子、扑克牌和类似物品构成。

在19世纪，美国各地的人们结合古典和基督教的死亡象征来纪念公众人物和家庭成员。客厅是房子最重要的空间，在这里挂着纪念逝者的刺绣制品，精细的被子被缝上各种图案，向逝者的生命致敬。这种哀悼艺术不仅提供了一种延续对所爱之人的记忆的方式，还提供了一种身体上应对悲伤的方式，即通过做一些事情来更积极地面对悲伤。

类似的动机使人们为纪念死于艾滋病的人制作了一条巨幅被子，叫作"名称项目艾滋病纪念被子"。在民间艺术中，被子代表家庭和社区。艾滋病纪念被子是美国正在进行的最大的社区艺术项目，这进一步说明了创意表达是应对失落感的重要方式。

> 被子象征着人们通过分享他们与朋友和爱人之间持续的联系来分担悲伤，这样，遗族就成了一个哀悼者的社团。

玛克辛·荣格指出，

> 面对死亡时的创造力提供了一系列增进生命意义的可能性。这些可能性可以避免生命无意义的终结，给生者的生活和未来带来意义和希望，逝者通过生者的记忆在未来继续存在。

通过艺术手段纪念逝者、安慰丧亲者的想法也促使人们自制慰问品，送给在伊拉克和阿富汗阵亡军人的亲属。金星旗行动是由一群军人的妻子发起的，这一行动恢复了始于"一战"期间的制作旗帜的传统。那时候家里如果有亲属参军，家人会在窗前挂一面小旗，白底红边，居中再配一颗蓝星，如果军人阵亡，中间就会变为黄星。其他团体，例如海军陆战队安慰棉被和自制棉被行动，棉被的中心位置会有为了纪念每位遇难者而做的特别设计。

一位女士得到了一条海军陆战队安慰被子，她描述说，当她想念哥哥时，她把自己裹在被子里哭到凌晨。"人们把这叫作'安慰被子'，"她说，"的确是这样；它体现了众人的爱意，他们甚至从来没有见过我的哥哥。"一位母亲的儿子死于友军的炮火，她说："你有朋友和家人的支持，但是当素不相识的人表达善意时，你会觉得自己并不孤单。"

与艾滋病纪念被子一样，由建筑师林璎设计的位于华盛顿特区的越战老兵纪念墙也是当代悼念艺术的代表，这种悼念艺术旨在赋予逝去的生命姓名。人们称它为"逆转无名者之墓的意象"，其"巨大的抛光表面"充当着"有名者的墓碑"。在纪念墙上，亡者的姓名是按死亡日期而不是按字母顺序排列的，就像一部编年史生动地描述了阵亡的规模。参观者留下的纪念品由国家公园管理局收集，这些物品已经在史密森美国国家历史博物馆展出了。

同样，在阿灵顿国家公墓，在伊拉克和阿富汗阵亡士兵的坟墓前摆放着手写便条和物品，令人辛酸地纪念着个人之间的联系。在伊拉克和阿富汗战争之前，人们仅限于用花圈和鲜花在阿灵顿国家公墓进行哀悼。现在，美国陆军军事历史中心的工作人员每周都会来这里收集藏品，未来这些藏品可能会成为博物馆的展品，专门向人们讲述战争的故事以及战争的代价。关于战争博物馆的纪念功能，安德鲁·惠特马什说：

> 记忆和纪念是根据社会、文化和政治，以及产生这些制度的社会和个人的需要和经验来构建的。战争博物馆经常被指责通过对"英雄"和死亡的描绘来美化战争，战争博物馆的纪念功能直接影响了他们诠释这些概念的风格。

死亡、濒死和丧亲之痛问题国际工作组在声明中表达了艺术对于全面了解人们如何应对失落感的重要性：

人文艺术以图像、符号和声音表达着生、死、超越的主题。它们是心灵的语言，能使人表达和欣赏每个人经历的普遍性和特殊性。

在视觉艺术中，这些主题和这样的语言表现在众多类型的作品中，有些来自个人失去亲人的经历，如苏塞·洛温斯坦的雕塑，她的雕塑描绘了父母在孩子去世后的悲伤；有些成为更大规模的纪念个人和社区失落感的记忆场所，例如艾滋病纪念被子和越战纪念墙。无论规模大小，正如桑德拉·伯特曼指出的，艺术的主要功能之一是调动我们的意识，"使我们更接近语言无法表达的东西"。

幽默

幽默减轻了我们对死亡的焦虑。它把可怕的可能性置于可管理的角度。詹姆斯·索尔森说："我们嘲笑威胁我们的东西。"与死亡有关的幽默有很多不同的形式，从有趣的碑文到所谓的黑色幽默或绞刑架下的幽默。不协调是幽默的组成部分之一。例如，有一个笑话描述一位项目经理用演示文稿写自杀字条。这个笑话讲到了他的同事们如何忽视了字条的悲剧性内容，与此同时，只是批评他的演示文稿。同样，在高速公路上，司机们被一辆闪闪发光的白色灵车吓了一跳，灵车的车牌隐晦地写着"尚未发生"。有了喜剧性的缓解，严肃和忧郁的事情会更容易得到处理。

"死亡和笑之间有着密切的联系，"玛丽·霍尔注意到，"我们每个人觉得幽默取决于我们特定的文化背景、我们自己的经历和个人喜好。"幽默常常是对与社会规范或观点不协调或不一致的一种评论。例如，一个小女孩写信问上帝，"与其让人死，再造新人，您为什么不保留现有的人呢？"正如索尔森指出的那样："对将毁灭我们的幽灵进行肆意抨击，可能并不能解决最终的问题，但讽刺至少在某种程度上让我们对人类共同的命运感觉好一些。这就是应对的本质。"

一群人愉快分享的笑话可能会让其他人感到震惊，特定的人或群体所能接受的幽默类型是有限的。无论如何，幽默帮助我们应对痛苦的情况。在越南战争中被关押的战俘认为幽默对应对困境非常重要，他们会"冒着遭受酷刑的风险，隔着墙对另一个需要鼓舞的囚犯讲笑话"。幽默是对抗我们的恐惧和获得对未知事物的掌控感的重要辅助手段。

幽默与死亡在几个方面有关：第一，它帮助我们了解禁忌话题，为我们提供了谈论这个话题的途径。第二，它提供了超越悲伤的机会，提供了让我们从痛苦中解脱的机会，并且加强了对创伤的掌控感，即使我们无法改变它。第三，幽默是一个伟大的平衡器；它对每个人都一视同仁，告诉了我们无人可以免于遭遇困境。因此，它把我们凝聚在一起，促进亲密感，帮助我们面对未知或痛苦。幽默可以是一种"社会黏合剂"，促进我们同情他人。在一个人去世后，幽默能够安慰活着的亲人，因为他们可以回忆起所爱之人生活中的有趣和痛苦的事情。幽默感能够缓和生活中负面事件带来的影响。

在患者与医疗服务提供者的互动中，幽默是"保证医院病房安定的重要手段之一"。对于重症患者，幽默为他们提供了一种应对令人遭受打击的诊断结果的应对方式。它为人们提供了另一个角度看待痛苦，比如开玩笑说，"口臭总比没有呼吸好"。当糟糕的事情发生时，幽默可以起到保护心理的作用，帮助人们保持心态的平衡。

紧急服务人员和其他在工作中与死亡打交道的人用幽默使自己与可怕的死亡保持距离，以及以团队的方式凝聚在一起，避免在创伤性事件后独自悲痛。一群医疗中心的医生在患者去世时避免使用死亡一词，因为他们担心会惊动其他患者。一天，当一个医疗小组正在为病人做检查时，一位实习生出现在病房门口，要报告一位病人死亡的消息。她知道死亡是个禁忌词，但是找不到现成的替代词，于是她问道："猜猜谁不会再去沃尔玛购物了？"这句话很快成为工作人员在公共场合相互间传达病人死亡消息的标准方式。对护理者来说，幽默可以传达重要信息，促进社会关系，减少不适感，处理微妙的处境，人们把幽默称为"社会的润滑油"。

带着死亡的意识生活

据说，"人类经验中最重要和最独特的方面之一是意识到自己终将一死"。最终，人不能忽视或否认死亡。"传统上，各个社会都非常重视生命向死亡的共同转变，因为面对死亡带来的诸多混乱时，社会有责任保持日常生活的连续性和稳定性。"在我们这个时代，全球化使我们可以接触到与自己相去甚远的死亡信息。我们似乎每时每刻都能遇到死亡。

伴随着环境破坏、核灾难、暴力、战争和恐怖主义的威胁的，还有可能出现大流行病的幽灵。今天的全球人口被称作"核爆幸存者"（hibakusha），这是一个日语单词，意思是"受到爆炸的影响的人"。这个词最初用来描述广岛和长崎原子弹爆炸的幸存者，现在它暗指我们对于"世界主义时代"的毁灭性威胁的普遍焦虑。

> 显然，没有人能免受生命周期的影响，这决定了年老、疾病和死亡是我们的共同命运。克里希那穆提也经常谈到它，开玩笑地引用一句意大利谚语，"Tuttigli uomini debbeno morire, forse anch'io"。当我问他这句话是什么意思时，他翻译成了："人皆有一死，也许我也是。"
>
> 迈克尔·克劳宁，《厨房编年史：与 J. 克里希那穆提的 1001 次午餐》

思考死亡

为什么死亡会存在？放眼全局，我们看到死亡通过物种进化促进了物种的多样性。人类的正常寿命足够长，让我们可以繁衍后代，确保我们的血脉世代延续。然而，生命又足够短，让新的基因能够组合，提供了适应环境变化的手段。从物种生存的角度来看，死亡是有意义的。但当死亡触及我们自己的生命时，这种解释并不能给我们带来多少安慰。诺曼维尔兹巴观察到：

> 我们所知的生命依赖于死亡，需要死亡，这意味着死亡不仅仅是生命的终止，更是生命的先决条件……吃饭使我们置身于一场日常的生死剧中，牺牲一些生命来换取另一些生命的繁荣，这让人无法理解。

在一篇名为《人类的存在如同爱神厄洛斯和死神桑纳托斯的华尔兹》的文章中，作者提出了这样的观点：

爱是死亡的恰当解药，但在人们接受死亡无处不在、力量强大、在我们学会"与死亡共舞"之前，爱将继续作为只适合浪漫和主日学校的主题。

为了纠正这种误解，延伸我们对爱与死亡之间关系的理解，我们需要走出快节奏的生活，花时间通过思考人类存在的基本问题来学习如何"与死亡跳一曲华尔兹"。

死亡学的维度

正如意大利死亡学家先驱弗朗西斯科·坎皮奥内指出的，死亡不仅是一个反思、分析和研究的主题；它也是一个"存在问题"，涉及人类存在的各个方面和各个知识领域。有关存在的问题，例如：我是谁？我在这里做什么？我在这个世界上处于什么位置？这些有关存在的问题关注生命的意义。这些问题"涉及真实性的本质和选择的责任"，它们是"通过一个人对现实和意义的感知而找到答案的"。

罗伯特·卡斯滕鲍姆指出，虽然死亡学通常被定义为"对死亡的研究"，但也许更恰当的定义是"对包含死亡的生命的研究"。因此，死亡学作为一个研究领域，包含各种学科和关注的领域（见表1-3）。在此之上，这个清单中还可以增加其他维度和例子。例如，宗教死亡学的关注点与哲学死亡学的关注点相似，但具体地说，这些观点产生于对一系列关于终极存在（通常涉及神）本质的信念的信仰的背景中；在死亡学的这一领域里，诸如人死后灵魂或精神会发生怎样的变化以及来世的本质等问题很重要。

表 1-3 死亡学的维度

关注点	主要关注领域	研究问题举例
哲学和道德	死亡在人的生命中的意义；价值观和伦理的问题	"好"与"坏"的死亡；死亡的概念；自杀和安乐死
心理学	死亡对个人的精神和情感上的影响	悲伤；应对绝症；死亡焦虑
社会学	群体如何让自己组织起来处理与死亡有关的社会需求和问题	应对灾难；处置死者的遗体；儿童的社会化

续表

关注点	主要关注领域	研究问题举例
人类学	跨越时空的文化和环境在个人和社会如何看待和对待死亡和临终方面扮演的角色	葬礼仪式；纪念；祖先崇拜
临床	医疗机构中对临终和死亡的管理；诊断和预后；患者和医生、护士及其他照顾者之间的关系	治疗方案；安宁照护和姑息治疗；疼痛和症状控制
政治	与临终和死亡有关的政府行动和政策	死刑；器官移植规则；战争行为
教育	死亡教育；公众对与死亡有关的问题和关注点的认识	学校教学大纲；社区项目

要掌握死亡学的核心知识，就必须熟悉所有这些维度及它们的各个方面。它们一起构成了"死亡学"这个学科。从事与临终者或丧亲者相关工作的专业人员除了应掌握医疗护理或咨询方面的专业知识，还需要在死亡学方面建立坚实的知识基础。

卡斯滕鲍姆回顾了死亡研究的范围和任务，他指出，主流死亡学努力致力于改善面临致命疾病或丧亲之痛的人们的生活，也许是时候把视野扩大到"大规模死亡"和"通过复杂和多范畴过程发生的死亡"。这一视角不仅包括人类在战争和其他形式的暴力中相互造成的"可怕的死亡"，而且还包括威胁或导致其他物种灭绝的人类活动。

死亡焦虑和对死亡的恐惧

正如赫尔曼·费菲尔观察到的那样："我们与死亡的关系在生命的所有阶段都对思考和行为具有深远的影响。"费菲尔说，我们预期死亡的方式在很大程度上决定我们如何对待"现在"。这不仅适用于身患绝症的人、战争中的士兵或是我们认为死亡风险可能更高的人，例如老年人或有自杀倾向的人。而且，这一点对每个人、"对各种各样的人"都是如此。死亡挑战了人类生命是有意义的和有目的的这一观念。

个人应对这个挑战的方式"与他们所处文化的死亡精神密不可分"。特定文化中对死亡的独特看法会影响其成员在日常生活中的行为,例如,影响他们冒险的意愿或购买保单的可能性,以及他们对器官捐赠、死刑、安乐死或是否相信来世等问题的态度。我们的文化通过各种方法帮助我们"否认、操纵、歪曲或伪装死亡,以降低应对死亡的困难"。比如,想想关于健康的宣传对我们的影响,它告诉我们如果人们的行为恰当,比如吃对东西、锻炼、戒烟,等等,就可以避免死亡和不幸。作家托马斯·麦克加恩在他的评论中强调了我们对待死亡的态度的悖论:"每个人都知道自己会死;却没有人相信这会发生。"

艾弗里·韦斯曼指出,直面现实对于我们理解死亡至关重要:"大多数人都承认死亡是不可避免的,这是自然规律。但他们并没有准备好接受现实。我们推迟、搁置、拒绝、否认死亡与我们有关。"事实上,个人和社会必须同时接受和否认死亡。如果我们想掌控现实,就必须接受死亡。然而,如果我们想过一种对未来充满希望的正常生活,尽管未来不可避免地受到死亡的限制,我们就必须否认死亡。根据塔尔科特·帕森斯的观点,现代社会看待死亡的独特之处不是断然否认,而是"为了延长积极和健康的生活利用一切可能的资源",仅在"感觉不可避免"时才接受死亡。

大量的死亡学实证研究包含对死亡态度——尤其是死亡焦虑——的测量。当我们害怕死亡时,我们害怕什么?罗伯特·尼迈耶和他的同事认为,死亡焦虑一词可以理解为"对一系列死亡态度的简称,其表现为恐惧、威胁、不安、不适和类似的负面情绪反应,以及心理动力学意义上的焦虑,即一种没有明确对象的模糊性恐惧"。

总的来说,这项研究的结果表明,女性的死亡焦虑往往高于男性,黑人的死亡焦虑高于白人,青年和中年人的死亡焦虑高于老年人。自称信仰宗教的人所表达的死亡焦虑少于那些自称无宗教信仰的人。认为自己有更高程度的自我实现和内心控制感的个人报告的死亡焦虑程度低于自我实现和内心控制感较低的人。这个总结大致描述了死亡焦虑研究的整体情况。然而,重要的是我们要清楚,这些研究中人们的回答"并没有充分体现人们对死亡终将到来以及生存意义的意识"。

尽管众多研究累积了大量数据,但仍存在重大问题,尼迈耶总结如下:第一,各种测试工具暗示的死亡的定义是什么?第二,死亡焦虑研究中使用的各种工具的优点和局限性是什么?第三,基于前两个问题的答案,对未来研究的影响是什么？最后，回顾一下到目前为止收集的数据，我们真正知道的是什么？

尼迈耶和他的同事得出的一个结论是："那些接受死亡过程和把有朝一日终有一死作为生命的自然组成部分的人不那么恐惧死亡过程和死亡。"简而言之，他们"把死亡置于一个总体背景下，可能比其他人更能看到死亡中的意义"。

卡斯滕鲍姆把对死亡焦虑的研究描述为"病理学自身的生产线"。他说，死亡焦虑研究的吸引力部分在于它"允许研究人员（以及读者，如果他们愿意的话）享受死亡已被详尽研究的错觉"。这些研究的数据如何应用于实际问题尚不确定。例如，如果可以确定死亡焦虑高的医生无法体谅临终患者，那么这一发现可以被建设性地应用在医疗护理领域。但是，在大多数情况下，我们无法充分衡量死亡焦虑对现实世界问题的影响。

我们应该如何理解女性的死亡焦虑得分高于男性这一研究结果呢？这种性别差异是否意味着女性对死亡过于焦虑或者男性不够焦虑？回顾这一领域的研究，赫尔曼·费菲尔说：

> 对死亡的恐惧不是单一的或统一的变量……面对个体死亡时，人类的大脑表面上同时在不同的现实层面或意义的有限领域中运作，每个层面在一定程度上都是独立的。因此，我们需要谨慎地接受在意识层面确认的死亡恐惧程度。

恐惧管理

恐惧管理理论指出，人类的行为主要是由对死亡的无意识恐惧引起的。换句话说，对自己死亡的意识会影响个人和群体的决策，这就是所谓的死亡凸显性。因为死亡对我们来说总是一种可能性，所以对死亡的恐惧是人类生活的一部分。为了应对这种恐惧，我们对死亡意识建立起防御，这种防御建立在否认的基础上，包括非理性地认为"我是例外的"以及"存在终极拯救者"。

恐惧管理理论认为，人们通过寻找生命的意义和自身的价值来学会减轻对死亡的恐惧，而这种意义和价值是由人们所处的文化所提供的。认为自己是有意义的宇宙中有价值的一员会带来自尊；而自尊是文化发挥其否认死亡这一功能的主要心理机制。尽管不同文化在具体的信仰上有所不同，但他们"都声称宇宙是有意义、有秩序的，不朽的，无论是从字面上（通过灵魂和来世的概念），还是从象征意义上（通过持久的成就和身份认同）都可以实现"。

恐惧管理研究的发起者欧内斯特·贝克尔去世前几天接受了一次采访，他谈到了与恐惧管理理论相关的"四条线索"：

1. 世界是一个可怕的地方。
2. 人类行为的基本动机是需要控制我们的基本焦虑，否认对死亡的恐惧。
3. 因为对死亡的恐惧如此强烈，我们合谋让这种恐惧处于无意识状态。
4. 我们旨在消灭邪恶的伟大计划，引起了矛盾的结果，给这个世界带来了更多的邪恶……我们能够把任何可感知到的威胁，无论是对人、政治或经济意识形态，还是种族、宗教，在心理上扩大，变成一场与终极邪恶的生死搏斗……这种让暴力升级的方式在人类历史上层出不穷。

对恐惧管理理论的一个常见反应是，这不可能，因为人们不会经常想到死亡。然而，研究表明，"对死亡的恐惧是一种推动力，无论人们目前是否在思考这个问题；推动因素是隐性的对死亡的了解，而不是当前有意识的思考"。在评论恐惧管理理论的观点时，罗伯特·卡斯滕鲍姆指出，我们生活在悲伤和焦虑之中，焦虑和悲伤之间是有联系的。他说："关于人类经历中悲伤和焦虑的交织，我们还有很多东西要研究。"罗伯特·所罗门是这样总结恐惧管理理论的观点的，他说："用最直白的方式表达，我们可以说我的死亡是一件坏事，因为它剥夺了我的整个宇宙。"

研究死亡和临终

学习死亡与临终的课程或阅读像本书这样的书籍时，有人可能会问："你为什么要上关于死亡的课程？"或者"你为什么要阅读关于死亡的书？"尽管公众对与死亡相关的问题很感兴趣，但在公开讨论死亡时，每个人的回避和接受程度都不同。一位哲学老师说，主办方告诉他讲座可以自选主题，于是他提交了"直面死亡"这个题目。他说，主办方感到震惊，迫使他把题目改为"不朽：利与弊"。

我们与死亡的关系似乎正处于过渡时期。

人们对死亡的矛盾态度显而易见：一位教育者赞扬对死亡的研究是"最后一个古老禁忌的坍塌"，而另一位教育者则认为死亡"不适合作为课程的一部分"。面对这种争论，帕特里克·迪安指出，如果一些人把死亡教育当作"课程设置的私生子，只能藏在壁橱里"，那么赞成进行死亡教育的人应该感谢这样的批评，因为他们创造了机会，强调死亡教育对为人生做好准备的重要性。迪安说，事实上，死亡教育也许可以重新命名为"生命与失落教育"，因为"只有意识到我们一生中的失落，认识到我们终有一死，我们才能自由地活在当下，活得充实"。

死亡教育的兴起

非正式的死亡教育是在日常生活事件中出现"教育时机"时发生的。这样的事件可能是沙鼠在小学教室里死去，也可能是大众经历的事件，如学校枪击、恐怖袭击、毁灭性的海啸或飓风，或一位名人的突然死亡。

美国大学的第一门正式的死亡教育课程是由罗伯特·富尔顿于1963年春季在明尼苏达大学开设的。第一次死亡教育会议于1970年在明尼苏达州的哈姆林大学举行。从这些起点开始，死亡教育已经包含了广泛的问题和主题，从选择殡葬服务或遗嘱认证等具体问题，到哲学和伦理问题，如死亡的定义和对死亡后发生的事情的思考。

由于死亡教育既涉及客观事实，又涉及主观关注点，因此得到了广泛的学术支持，学校也开设了各学科的课程。在大多数课程中，讲述人类如何面对和应对死亡的故事帮助学生更好地掌握了事实。人文科学平衡了科学和技术的观点。图像、符号和声音表达了生命、死亡和超越的主题，提供了众多认识和学习的方式。

总的来说，死亡教育对医生、护士、医疗护理辅助人员、葬礼承办人和其他在工作中涉及死亡和丧亲者的专业人员（包括警察、消防员和紧急救护人员）进行了培训。他们在工作中目睹人类悲剧，常常需要去安慰受害者和幸存者。人们通常认为，警察、紧急救护人员或消防员"对一切都只是默默承受"，而不去表达自然的情感，但他们这种坚忍克己的形象受到了挑战，因为人们意识到这种策略可能会对身心造成伤害。

死亡研究的先驱

　　现代死亡研究的建立可以追溯到弗洛伊德和其他精神分析学派对死亡的探索，以及对偏远社会中死亡习俗的人类学描述。20世纪40年代和50年代关于死亡和临终的重要论述包括西尔维亚·安东尼对儿童的研究（1940）、埃里希·林德曼对一场夜总会火灾幸存者的极度悲痛的分析（1944）和杰弗里·戈勒的散文《死亡的色情》（1955年出版，1963年再版）。埃德加·杰克逊撰写了《理解悲伤：根源、动力和治疗》（1957）和《你和你的悲伤》（1961）等关于悲伤的通俗作品和学术著作。20世纪50年代可能是一个新时代的开端，因为死亡和临终"被重新发现"了。由此，问题变成了"死亡对你意味着什么？"

　　对死亡的研究——或称为死亡学——的现代科学方法通常可以追溯到1956年赫尔曼·费菲尔在芝加哥召开的美国心理学协会会议上组织的一场研讨会。这次研讨会的论文随后结集出版，由费菲尔编辑，这就是《死亡的意义》（1959）。这本里程碑式的著作汇集了来自不同学科的专家，他们的文章包含理论方法、文化研究和临床观点。死亡成为公众和学者思考的一个重要话题。考虑到当时人们普遍反对讨论死亡，这并非易事。关于费菲尔早期在死亡研究方面所做的努力，他回忆道，自己被明确告知，"永远不能和病人讨论死亡"。

　　伊丽莎白·库伯勒－罗斯也传达了同样的信息，她在1969年出版的《死亡与临终》"吸引了公众的想象"，因为这本书"让人们憧憬不被科技左右的自然死亡"。临终关怀的先驱西塞莉·桑德斯在她早期的作品《临终关怀》（1959）中也提到了类似的问题。巴尼·G.格拉泽和安塞姆·L.施特劳斯运用社会学分析的工具进行研究，重点研究死亡意识如何影响病人、医院工作人员和家庭成员，以及死亡的"时机"是如何在医院的环境中确定的。这些包含在《死亡意识》（1965）和《死亡时间》（1968）上的研究表明，护理者不愿讨论死亡，也避免告诉患者他们即将死亡。与格拉泽和施特劳斯合作的珍妮·昆特·贝诺利尔出版了《护士和临终患者》（1967），呼吁对护士进行系统的死亡教育。

　　20世纪60年代是死亡研究硕果累累的时期。约翰·辛顿的《濒临死亡》（1967）阐明了当代的做法，并提出了如何改善临终患者的护理。在《美国社会的死亡》（1963）一书中，社会学家塔尔科特·帕森斯研究了健康和医学方面的技术进步对死亡的影响。哲学家雅克·肖龙在《死亡与西方思想》(1963)和《死亡与现代人》(1964)中追溯了关于死亡的观念和态度的历史,研究了对死亡的恐惧及其对人类的意义。罗伯特·富尔顿在他汇编的《死亡与身份》(1965)中召集了一批学者和实践者,讨论理论和实践问题。在同一时期,文学作品,例如 C.S. 刘易斯的《卿卿如晤》(1961)引起了人们对丧亲和哀悼等问题的关注。

死亡研究在20世纪60年代取得的进展一直持续到了70年代,众多专著涌现了出来,例如艾弗里·D. 韦斯曼的《濒临死亡的精神病学研究》(1972)将研究技能和照顾临终患者的临床经验巧妙地结合在一起;厄内斯特·贝克尔的《反抗死亡》(1973)借鉴了广泛的心理学和神学观点,以便更好地了解人类生活中对死亡的"恐惧"。理查德·卡里什和戴维·K.雷诺兹在《死亡与种族:心理文化研究》(1976)一书中开创了多元文化研究。20世纪70年代初,死亡研究领域的第一家同行评审期刊《欧米茄:死亡与临终期刊》蓬勃发展。《欧米茄:死亡与临终期刊》在1966年创办之时只是时事通讯,韦斯曼在第一期上发表了题为《死亡学人的诞生》的文章。这是一个十年合作和联系的成果,学者们从死亡学基金会、死亡艺术(死亡、临终、丧亲之痛国际工作小组的前身)和死亡教育和咨询论坛(现为死亡教育和咨询协会)这样的组织中了解到彼此拥有共同的兴趣。

在这些开创性研究发表之后的几十年里,除《欧米茄》之外,还出现了其他学术期刊,包括《死亡研究》《个人和人际失落期刊》《疾病、危机和失落》以及《生命有限》(一份在英国出版的国际期刊),死亡学教科书也已出现。与此同时,一些通俗读物已经成为畅销书,如米奇·阿尔博姆的《相约星期二》和琼·狄迪恩的《奇想之年》,关于死亡和临终的信息现在在互联网上随处可见。1971年,《今日心理学》题为"你与死亡"的问卷调查得到的读者回复超过了之前的关于性的问卷调查。最近对这份问卷答复的研究结论是,"对死亡话题的兴趣不是一时的风潮,它仍是美国民众感兴趣的话题"。

几部涵盖死亡研究的百科全书的出版是代表这个研究领域成熟的另一个标志。显然,几十年前先驱者的播种已经成长为对临终、死亡和丧亲之痛的浓厚兴趣,这在学术界和更大的公众范畴都很显而易见。

在追溯死亡学的兴起时,卢恰娜·丰塞卡和伊内斯·泰斯托尼写道:"死亡学的理论形成于对死亡的学习和研究，而死亡学的实践主要表现为正式的死亡教育、临终关怀和丧亲咨询。"汉内洛蕾·瓦斯观察到，死亡学可以帮助个人和社会超越自身利益而关注他人。死亡研究"是关于爱、关心和同情的……是关于帮助和治愈的"。

影响对死亡熟悉程度的因素

在过去的一百年里，美国人口的规模、形态和分布发生了巨大的变化，也就是人口统计特征发生了巨变。这些变化中，最显著的是预期寿命的延长和死亡率的降低，这极大地影响了我们对死亡的预期。过去，典型的家庭包括父母、叔叔、婶婶和年迈的祖父母，以及不同年龄的孩子。这样几代人同住一个屋檐下的大家庭如今已经很少见了。这样导致的一个后果就是，我们大多数人很少有机会亲身体验亲人的死亡。

思考一下有关临终和死亡的经历是如何改变的。19世纪末和20世纪初，人们通常在跨越几代人的大家庭的陪伴下，在家中去世。随着死亡临近，亲友们聚集在病床前守夜。随后，他们清洁遗体，为葬礼做准备。自制棺材放在客厅，亲友们参加守灵，共同哀悼死者。死亡是一种家庭经历。

在关系密切的社区中，丧钟会敲响，其敲响的次数代表死者的年龄，表示有人去世，以便社区中的其他人参加纪念亡者离世的仪式。儿童参与到与亡者有关的活动中，和成年人待在一起，有时和遗体睡在同一个房间。随后，在家中或附近教堂墓园的家庭墓地里，人们把灵柩放到墓穴里，与死者最亲近的人铲土盖住灵柩，填满墓穴。在整个过程中，从照顾临终者到下葬，与死亡有关的一切始终被限制在家庭范围之内。

> 所有的活动都停止了，人们数着钟声，你可以感觉到整个社区慢慢沉寂下来。一声、两声、三声，一定是梅尔发烧的孩子。不，还在敲钟——四声、五声、六声。敲到二十下的时候停顿下来，那会是莫莉·希尔兹吗？她的孩子随

> 时都会出生——不，还在响呢。它永远不会停止吗？三十八、三十九，又一次停顿——会是谁呢？不可能是本，他昨天还在这儿，说他感觉很好——不，钟声又响起来了。七十、七十一、七十二。沉默。你侧耳倾听，却没有声音，只有寂静。艾萨克·蒂普敦。他已经病了两个星期了。一定是艾萨克。

如果你生活在那个时代，突然穿越到现在，当你走进一个典型的停尸房的"睡房"时，你可能会体验到文化冲击。在那里，你看到的不是简单的木棺，而是一个精致的棺材。遗体体现了殡葬师的美容修复技巧。在葬礼上，你会看到亲朋好友悼念逝者。啊，这很熟悉，你会说——但死者在哪儿呢？在稍远一点的地方，棺材闭合，死亡被优雅地隐藏着。在墓地，当仪式结束时，你惊奇地看到哀悼者离开，而灵柩还没有被埋葬；真正的下葬将由墓地工作人员完成。最让你印象深刻的可能是死者的家人和朋友是旁观者而不是参与者。为死者准备下葬和组织葬礼仪式的任务都由聘请的专业人员来完成。

我们对死亡的熟悉程度也受到复杂的医疗技术的巨大影响，这些技术既影响了死亡最经常发生的地方，也影响了大多数人死亡的方式。前几代人通常在照顾临终者和亡者方面扮演着重要角色，与他们不同，我们通常依赖专业人士，从心脏病专家到验尸官再到火葬师，来充当我们的中间人。最终导致的结果是，对我们大多数人来说，死亡是陌生的。

预期寿命和死亡率

自 1900 年以来，美国的人均预期寿命从 47 岁增加到近 79 岁（见图 1-1）。中国香港特别行政区的人均预期寿命最高，为 84 岁，紧随其后的是日本、意大利、西班牙和瑞士，它们的人均预期寿命都超过了 83 岁。这些数字反映了人口学家所称的"队列预期寿命"，即某一特定群体的婴儿在一生中经历他出生年份的普遍死亡率后，他们可以达到的平均寿命。例如，2011 年，美国人口总体的出生预期寿命为 78.7 岁，但 2016 年预期寿命略有下降，为 78.6 岁。详细观察 2015 年的数据，我们发现西班牙裔女性的预期寿命最长（84.3 岁），其次是非

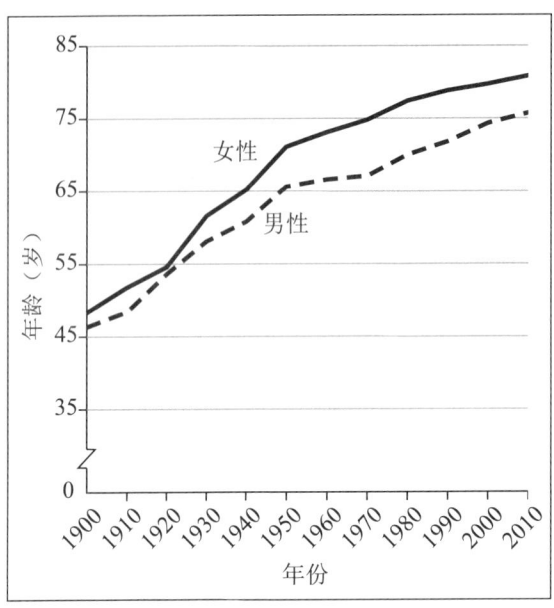

图 1-1　1900—2010 年美国人出生时预期寿命

西班牙裔白人女性（81.1 岁）、西班牙裔男性（79.3 岁）、非西班牙裔黑人女性（78.5 岁）、非西班牙裔白人男性（76.3 岁）、非西班牙裔黑人男性（72.2 岁）。除了出生群体之间的差异，还应该认识到，这些数字反映了统计上的预期寿命，某个人的实际寿命很可能比他们所在群体的平均寿命短或长得多。

尽管存在一定的局部和区域差异，但普遍的人类长寿是近期才出现的，大约发生在 20 世纪。正如一位作家所说："不管时尚杂志怎么说，40 岁并不是新的 30 岁。70 岁才是。"今天，我们会认为新生儿能活到 70 或 80 岁，也许更久。1900 年的情况并非如此。1900 年，半数以上的死亡发生在 14 岁及以下的儿童中。这一事实影响了我们如何思考（或忽略）死亡。

了解死亡不断变化的影响的另一种方法是查看死亡率（通常表示为某一年每 1000 人死亡的人数）。1900 年，美国的死亡率约为 15‰；2011 年约为 7.4‰（见图 1-2）。死亡率比较稳定，2016 年约为 7.3‰。想象你自己处在一个早逝的环境中。思考一下，在人们认为相对较高的婴儿死亡率是无法改变的"命运"时，临终和死亡的经历有多么不同。年轻人和老年人都熟悉死亡，把它作为生活的自然组成部分。

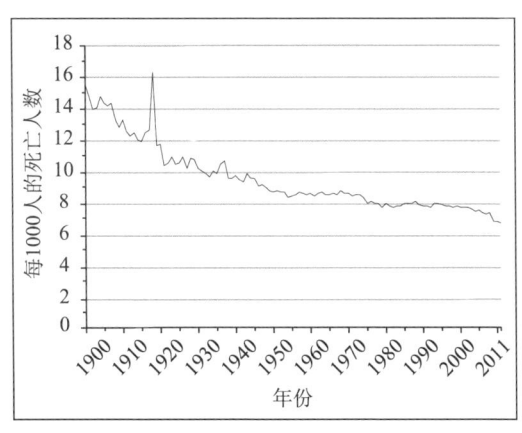

图 1-2 美国人死亡率（1900—2011年）

在19世纪70年代，超过15岁的美国人中，每10人就有9人失去了父母或兄弟姐妹。母亲死于分娩，婴儿胎死腹中，父母一方或双方可能会在孩子成长到青春期之前去世。活下来的兄弟姐妹通常会展示一张死去的兄弟姐妹去世时拍摄的肖像照，这既是对死者的纪念，又是家庭完整性的证明。我们的祖先生活在对死亡习以为常的环境中，无法回避死亡的事实。当然，最终，我们无人能够幸免。尽管预期寿命增加，死亡率降低，但从统计数据来看，死亡的概率最终还是达到了100%。

死亡原因

预期寿命和死亡率的变化主要是由于最常见的死亡原因发生了变化。20世纪初，主要的死亡原因与急性传染病有关，如肺结核、伤寒、白喉、链球菌败血症、梅毒或肺炎。大多数这类疾病发生得很突然，感染者很快就会死亡。如今，大多数死亡都是由慢性疾病造成的，如心脏病、癌症或中风，而且往往是一个持续数周、数月甚至数年的缓慢渐进过程（见表1-4）。在美国，十大死亡原因约占所有死亡人数的74%，其中最主要的两大死因——心脏病和癌症——占所有死亡人数的近一半。（值得注意的是，虽然心脏病和癌症是导致死亡的两大主要原因，但意外死亡造成的潜在寿命损失略多。也就是说，意外死亡人数较少，但失去的寿命年数较长。）

表 1-4　2016 年美国人主要死亡原因

死因	死亡人数	占总死亡人数的百分比（%）
所有原因	2,744,248	100
心脏病	635,260	23
癌症	598,038	22
事故	161,374	6
呼吸道疾病	154,596	5.5
中风	142,142	5
阿尔茨海默病	116,103	4
糖尿病	80,058	3
流感和肺炎	51,537	2
肾脏疾病	50,046	2
自杀	44,965	1.5
所有其他原因	710,129	26

这种疾病和死亡原因模式的历史转变，也就是人口学家所说的流行病学转变，它的特征是死亡从年轻人到老年人的再分配（流行病学的研究对象是健康和疾病模式）。随着年轻时死于传染病的风险降低，越来越多的人活到了老年，他们往往死于退行性疾病。这导致人口中老年人的比例不断上升。

1900 年，65 岁及以上的人占美国总人口的 4%；而现在他们占 15% 多一点。换句话说，中老年人占总人口的比例自 1900 年以来几乎翻了两番，到 2030 年 65 岁及以上的成年人预计将占美国总人口的五分之一。1900 年，65 岁及以上的人约占死亡人数的 17%；2014 年，在美国每年 260 万的死亡人口中，大约 72.5% 集中在这个年龄段。总之，人们活得越来越久，死亡时的年龄越来越大。这使得我们往往把死亡与老年人联系在一起，而实际上死亡并不局限于生命中的任何一个特定阶段。

地理流动性和代际接触

历史上，与朋友、邻居和亲戚的关系是与地点紧密相连的。如今，人际关系更多地依赖于一个人目前的角色或职责，而不是一生的共同经历。孩子们一旦长大，就很少打算和父母住在一起，更不用说和兄弟姐妹同住在一个大家庭里。高中或大学时期的友谊很少能从婚姻、养育儿女时期延续到退休后。由于社会和地理流动性，人们在亲人或朋友离世时不太可能在场。这就导致失去了共同参与死亡仪式的机会。

> 我常常想知道，在相同邮政代码的地区出生、长大、生活一辈子会是什么样子。我想知道不加拨区号就能给所有的家人和朋友打电话是什么感觉。不总是牵挂另外一些人、思念另外一些地方会是什么样子。回到自己长大的家里，阁楼上还存放着自己的东西是什么感觉。
>
> 我的家人的居住地区号是405，我最好的朋友所在地的区号是415，而我住的地方区号是212。公婆住的地方区号是203。还有其他的朋友的居住地的区号是213和202、412和214。
>
> 贝弗莉·斯蒂芬，《寻根的流动一代》

当然，即使不住在一起或住在同一个城镇，有些家庭也保持着密切的联系，尤其是通过移动通信设备。个人和群体的流动模式也各不相同。尽管社会普遍趋势如此，一些族裔和文化群体仍然非常重视维持牢固的家庭关系。与亲属减少的接触可能会通过与朋友和邻居增加的接触而得到部分补偿。

一般来说，在现代社会中，人与人之间的面对面交流越来越少，而这在早期是日常生活中很正常的一部分。想想两个小孩在万圣节的时候挨家挨户敲门的经历。在一个老年人专用的移动房屋营地，几户人家门口亮着灯，他们敲了这几家的门，但没有人回应，他们大喊："不给糖就捣蛋！"一位女士答道："你们不会在这里得到万圣节糖果。只有老人住在这里，他们把灯开着是为了安全，不是为了在万圣节欢迎孩子们！"

延长生命的技术

重病或受重伤的人可能会发现自己被一大堆机器包围着。精密的仪器可以监测诸如脑电波活动、心率、体温、呼吸、血压、脉搏和血液化学成分等生物学功能。通过光、声音和计算机打印文件来传递身体功能变化的信号，这些设备可以

马查多家族四世同堂,这是今天很少见到的大家庭。在这样的家庭中,关于死亡的亲身体验来自几代人的亲密生活。

Source: Library of Congress Prints and Photographs Division (LC-DIG-ppmsca-51498)

在生死关头起到至关重要的作用。与以往认为死亡是不可避免的不同,我们现在倾向于"过分相信医学科学能够延长生命"。这种信念被称为"夸张的乐观主义"和"非理性繁荣"。

先进的医学技术对一个人来说也许是天赐之物,可以延长生命,但对另一个人来说可能只是让临终过程变得更长的诅咒。在仅仅重视生物有机体的技术中,尊严会被贬低。将医疗技术应用到生命的最后阶段需要权衡什么?传统上对死亡的定义是"生命的停止,所有重要功能完全、永久地停止",这一定义可能被一个法医学定义取代,它认为可以人为地维持生命。简而言之,死亡的定义并不总是像"死了就是死了"这句话那么直截了当。

因此,医疗技术是降低我们对临终和死亡的熟悉程度的另一个因素。现代医学使家人和朋友与临终病人保持距离。"竭尽所能"的态度使人们更可能尝试使用技术方法解决问题,即使在成功或治愈不太可能的情况下。

当死亡真的来临时,似乎出乎意料。医学技术让人们认为,死亡是一件可以无限期推迟的事情,而不是生命中正常、自然的一部分。简而言之,死亡已经成为"一种极不自然的现象"。

"死亡的医学化"是死亡从公共领域消失的一个重要表现。虽然对死亡的讨论在一定程度上发生在公共空间，但死亡是隐藏在公众视线之外的。同时，正如克里斯·希林指出的那样，"人们越来越需要对死亡的描绘：从战争纪录片和新闻，到以医院急诊科为背景改编的暴力电影和电视剧"。所有这些人口统计和社会变量都是社会文化力量，它们影响着我们在童年及之后认识死亡的方式。

互联网和数字时代

目前影响我们对死亡的态度和理解的另一股力量是信息和通信技术。这是指电信和计算机以及必要的软件、中介软件、存储和视听系统的整合，使用户能够访问、存储、传输和操纵信息。这些技术在世界范围内迅速传播，正在影响全球的人们对死亡、临终和丧亲之痛的意识。学者们指出，"利用互联网获取与死亡相关的信息和教育，已经扩展到包括专门应对失落感的网站、提供支持的社交网络、互动咨询、艺术表达、博客、网络纪念和离世后的继续联系"。智能手机和平板电脑等设备增加了连接互联网的机会。托尼·沃尔特和他的同事们说，证据表明"互联网对目前死亡研究中的许多概念都有重大的影响"。的确，信息和通信技术在许多方面影响着医学，不仅在获取信息方面，而且在支持重症患者和丧亲者方面。

在"网络世界"早期，一本关于死亡的书籍的编辑写到了下面的故事：

> 一名年轻男子没能及时订到机票参加祖母的葬礼，但他还是参与了葬礼。他是音乐家，于是为祖母谱写了一首曲子，以数码方式录制下来，并通过电子邮件发给了他的姑姑，她把这首曲子刻录在CD上，不到12个小时后在追悼会上播放了这首曲子。

今天，我们可以观看葬礼直播或在葬礼上实现视频通话。社交网站便于人们与家人、朋友和社区建立联系，是丧亲者重要的支持力量的来源。丧亲者可以通过在脸书等网站上发布信息继续保持与逝者的关系。悲伤的人经常给亡者发信息，仿佛他们能读到这些信息。尽管人们通常认为青少年和年轻人是"有线连接"的一代，但老年人和残疾人也大量使用这样的社交网站，网络让他们足不出户就能保持社交联系。正如罗伯特·尼迈耶所说："在无常的世界里，我们相互连接建立依恋。"

危机短信热线正在成为一种新的热线形式，青少年和其他处于危机中的个人可以通过短信来求助，而不是拨打热线电话或使用其他形式的计算机聊天。一位青少年通过热线寻求帮助来避免自杀的想法，他说："我认为如果可以发短信，青少年肯定会使用这样的热线，大多数青少年会把他们的感觉隐藏起来。"

社会媒体也被纳入应急准备工作。基于网络的平台利用从网上社区收集的信息（通过"众包"方式）来支持危机管理、联络医疗护理提供者、向需要的人提供物资以及援助被困的受害者。互联网可以成为对危机和失落做出即时反应的途径。

互联网活动可以减少社会孤立感和被剥夺的权利，因为它允许个人针对特定的失落感——比如宠物离世——建立在线社区。虚拟世界提供了在"真实"世界中不存在的哀悼机会。然而，社交媒体也有消极的一面，因为哀悼者会感觉缺乏隐私。在线曝光可能会让一些用户感到痛苦和受到侵犯。

最后，如何看待"数字来世"呢？一位观察员评论道："在虚拟世界中，如果你上网，在为最终离世做准备时，要考虑你的'数字遗产'问题。"一个人去世后，在线账户或存储在云端的数据该怎么办？在获取数字资产（社交媒体账户、在线照片和其他记录、电子邮件、帖子和博客）的争夺战中，家庭和网络公司成为对立方。想象一下自杀造成的死亡。早期，人们可以通过日记和信件来寻找这个人精神状态或导致其死亡的情况的线索。现在，纸质物品正被数字文件所取代。银行的保险箱会成为死者遗产的一部分，控制遗产的人可以打开保险箱，但网上资产的情况就不那么清晰了。隐私仍然是网络世界的一个大问题，而亡者可能不希望他们的家人或其他人有权访问互联网文件。遗属可能不知道亲人希望如何处理他们的在线账户。

一些社交媒体提供商同意让账户保持活跃状态，这样朋友和家人就可以发帖纪念。另一些提供商认为账户不可转让，在收到死亡证明后就会关闭账户。

审视假设

死亡是我们生命中不可避免的一部分。不思考或不谈论死亡并不会让我们免受它的影响。这种鸵鸟式的行为只会限制我们面对临终和死亡时的选择。正如死亡教育家罗伯特·卡瓦诺所说："未经审视的死亡不值得经历。"历史学家大卫·斯坦纳德告诉我们，在每个人都是独一无二、重要且不可替代的社会中，死亡不会被忽视，而会表现为"整个社区因真正的社会损失而流露出的悲痛"。相反，在人们感到"失去一个人对社会结构几乎没有损失"的社会里，在亡者的小圈子之外几乎无人关注他的离世。

在保留传统信仰、价值观和习俗的社区中，死亡是生命自然节奏的一部分。死亡的行为，是每个人都能经历的最私人的行为，是一种社区活动。死亡会引发对死者家属和更广泛的社区的社会支持。我们的价值观和偏好在审视假设和清晰思考死亡的过程中扮演着不可或缺的角色。

国际化社会中的死亡

在洛杉矶的加州科学中心，一场展出200多具尸体的公开展览吸引了超过65万名参观者（是之前"泰坦尼克"号物品展览创下的纪录的两倍）。此前由于展出塑化的人体标本，该展览在欧洲和亚洲引发了抗议（塑化过程是用透明、柔韧的塑料替换体液，从而能够以各种姿势展示整个躯体、骨骼和内部系统，例如血管）。展览主题为"躯体世界：真实人体的解剖展览"，旨在向观众展示"肺病、动脉硬化、肿瘤和溃疡等疾病的影响"。生物塑化过程的发明者、德国内科医生冈瑟·冯·哈根斯称这些标本为"解剖艺术品"。

一些人认为，这个展览之所以如此受欢迎，是因为"病态一直都是一种观赏性的运动"，这也暗指了这个展览恐怖的一面。另一些人则称赞它为儿童和成人提供了一次教育机会，让他们能直接欣赏人体的神奇之处，以及人体在疾病的摧残下退化的过程。这些截然不同的反应如何让我们了解我们对死亡所持的态度？在观察者眼中，死亡幽灵是积极的还是消极的？你认为自己的反应会是什么样的？

寻求人类死亡问题的有意义的答案，需要我们思考生活在一个被学者们描述为"后现代"和"世界主义"的社会意味着什么。这种观点鼓励我们审视"理所当然"的信仰，思考来自其他历史时期和文化的思想和实践，从而重视多样性和多元性。在当代，每个人都接触到多样的文化和"多元化的生活世界"。

后现代思想关注的是人类生活的偶然性、脆弱性和任意性。正如一位学者所言："后现代主义是对建构西方生活的众多（如果不是绝大多数）文化确定性的拒绝。"它反映了对文化及其目标的怀疑，包括对人类各个领域都在进步的信念。

在一个国际化的世界里，人们被迫面对三个相关的社会过程：全球化、加速的个性化和消费社会。正如一位作家所说，"加速的个性化在很大程度上把个人从许多归属的社会联系中解放了出来"，导致了"前所未有的自由，但同时也创造了前所未有的应对个性化后果的任务"。

德国学者、"世界主义社会"的敏锐观察者乌尔里希·贝克认为，21世纪的人类状况不能理解为国家或局部的问题，而只能被理解为全球问题。英国社会学家安东尼·吉登斯说，

> 在一个全球化的世界里，信息和图像经常在全球传播，我们经常接触到与我们想法和生活方式不同的人。

对越来越多的人来说，全球关注的问题正成为当地经历的一部分。

在寻求对死亡的适当反应时，你的同学可能会得出不同的结论。有些人可能更喜欢快速、低价的遗体处理方式，而不是传统的葬礼。另一些人可能会选择传统的葬礼，因为他们觉得这为满足遗属的社会和心理需求提供了必要的途径。思考一下，在生命末期的医疗护理和决定是否停止维持生命的治疗等问题上，可能存在着不同价值观和态度。只允许一种观点可行吗？或是我们需要不同意见和实践的空间吗？

医疗技术、人口变化、疾病模式的转变、城市化和专业化以及其他因素，都影响着我们如何死亡、哀悼死者。意大利死亡学家玛丽娜·索齐观察到，希望"自然"死亡的愿望，把这看作由基因决定的生命周期的终结，已经成为一个现代神话。随着我们把与死亡的关系委托给专业人士——医生、护士、殡仪服务

员，等等——我们试着避免去考虑死亡，"梦想某个拥有必要技能的人"将保证我们"甜蜜"地死去，而不会真正失去自我。"我们的文化，"她说，"已经失去了让死亡经历变得丰富的能力；因此，死亡成为身体的一个非个人的最后期限，一个铭刻在身体里的宿命，一个纯粹的生物学事件。"

现代死亡故事的最新一章，最恰当的名称或许是"管理的死亡"。即使医务人员和家属已经接受了对死亡的预测，不再进行原本意在治愈的进一步治疗，人们仍可能强烈希望控制局势，让死亡变得"正确"。然而，正如罗伯特·卡斯滕鲍姆所说的那样："从存在的角度正确管理死亡的原则尚未出现。"管理死亡的一种表现是，希望在适当的时候结束治疗，使人能够平静安详地死去。另一种表现是试图通过医生协助的自杀或安乐死来更彻底地控制死亡时间。对于这些努力，丹尼尔·卡拉汉说，死亡似乎正在成为"又一个'选择和效率'问题，和交通堵塞和其他无节制的现代生活一样，需要驯化"。

探索你自己的失落感和态度

社会科学家使用"文化滞后"这个词来描述社会在应对快速技术和社会变革带来的新挑战时"落后"的现象。也许我们正处于一个关于临终和死亡的文化滞后的时期。最近，一个讨论死亡和生命终结问题的新论坛——死亡咖啡馆——在世界各地（主要是在欧洲和美国）迅速兴起。在这个活动中，人们会在轻松的环境中享用咖啡和蛋糕，大家聚在一起开始谈论和死亡相关的话题。组织者的目标是创造一个让谈论死亡变得自然和舒适的环境。这个活动的目标是"提高对死亡的意识，帮助人们充分利用他们（有限）的生命"。格莱尼丝·豪沃思观察到："在我们生活的时代，似乎对死亡的研究和认识死亡变得越来越流行。"

安德鲁·齐内说，

> 就像我们生活中的几乎所有其他方面一样，我们对临终和死亡的理解和感受来自我们对无数团体、组织和机构的参与，这些团体、组织和机构代表着我们的社区，最终构成了我们的社会。随着这些宗教、经济、法律和家庭结构随时间而变化，我们也在改变。这是因为，作为社会人，我们赋予个人

和文化问题的所有意义——包括临终和死亡——都与我们的社会世界不可分割地联系在一起。例如，当你听到死亡这个词的时候，你有什么感觉？如果你早出生一个世纪，你会有同样的感觉吗？这种差异是由个人因素还是社会因素造成的？

以连通性和社区价值观为基础的视角，认可并欣赏差异和多样性，可以帮助我们发现对我们生存和死亡的时代具有个人意义且适合社会的选择，让我们拥有一种"理解和存在于世界中的多元方式"。在回顾了几十项研究后，研究人员发现思考生命的有限性会带来积极的结果，比如更好的健康选择、利他主义和乐于助人，以及减少军国主义态度。

我们对死亡的态度是在一生中经历重大失落的过程中形成的，从童年开始一直持续到老年。探索这些失落的意义及其对我们的态度和做法的影响是对死亡和临终的全面研究的一部分。建立一个"失落记录"会很有帮助，记录我们经历的失落，给我们时间调查和反思失落发生时的情况，以及我们和周围重要的人应对这些失落的方式。

有人说过："生命最宝贵的东西正是它的不确定性。"

有关本章内容的更多资源请访问 www.mhhe.com/despelder11e.

第二章

死亡认知：社会化

依据传统，小女孩把花放在棺椁上。宗教和文化传统通过这样的社会化过程传递给后代，这对社区生活的延续至关重要。

现在请把自己当作一个孩子。有人说:"总有一天,每个人都会走。它发生在我们所有人身上。你也会走。"或者,有一天你正在玩,有人告诉你:"别碰它,它走了!"你是个敏锐的孩子,你注意到,一个人走的时候,其他人会哭,而且似乎很伤心。随着时间的推移,当你把所有"走"的经历放在一起时,就会开始形成自己对"走"的感受和看法。

对死亡的理解也是这样发展的。随着儿童长大,经历各种和死亡相关的事情,他们对死亡的概念和反应就会和自己所处文化中的成年人类似。正如儿童对"钱"的理解随着时间的推移而变化:首先,他们很少或根本不关注钱;后来,钱几乎魔法般地进入了儿童的生活;最后,儿童以各种方式和钱打交道。同样地,儿童也不断对死亡的意义产生新的理解。与人类发展的其他方面一样,随着新的经历促使对先前掌握的知识、信仰和态度进行重新评估,人们对死亡的理解也在不断发展。

儿童的推理

一个 27 个月大的幼儿每晚醒来几次,歇斯底里地尖叫,要喝糖水。这样持续了两个月。他的父亲在某个晚上第二次、第三次起床之后,和妻子决定要坚决拒绝孩子的要求。他走进儿子的房间告诉他,你已经长大了,不能再要糖水了,必须重新入睡。父亲觉得已经受够了，转身离开房间。

这时，他听到了一声惊叫，这是绝望的声音，听起来像是对死亡的恐惧。父亲想知道是什么让孩子这么害怕，他回到房间，把儿子抱出婴儿床，问道："如果不给你糖水会怎么样？"孩子不再歇斯底里，但仍然眼泪汪汪，他抽泣着答道："我'不能接通'！"父亲问："'不能接通'是什么意思？"儿子回答说："如果我的汽油耗尽，我就不能接通，我的发动机不会运行。你懂的！"

父亲想起去年夏天，有几次家庭旅行时，车已经耗尽了汽油。"如果你的汽油耗尽，你害怕会发生什么？"孩子一边哭一边回答："我的发动机不会转，然后我就会死。"这时候，父亲回忆起儿子见过的另一件事情。他们之前出售一辆旧车时，准买家试着启动发动机，但电池没有电，发动机无法启动。孩子听到过"可能无法接通""发动机死了""我猜电池死了"这样的评论。

想到这里，父亲问："你害怕糖水会和汽油一样，如果汽车的汽油耗尽，汽车会死，同样如果你的食物耗尽，你就会死，是吗？"孩子点了点头。父亲解释道："这根本不是一回事。你知道，你吃东西的时候，身体会储存能量，这样你就有足够的能量让你度过一整夜。你一天吃三顿饭，我们每周只给汽车加一次油。当汽车的汽油耗尽时，没有任何其他应急储备。但人不一样，你可以两三天不吃东西。而且，即使你饿了，你仍然不会死，人和汽车不同。"

这个解释似乎并没有减轻孩子的焦虑，所以父亲尝试了不同的方法。"你担心你有发动机，就像汽车一样，对吧？"孩子点点头。"所以，"父亲继续说道，"你担心，如果你的汽油耗尽或食物用尽，你就会死，就像汽车的发动机一样，对吧？"孩子又点了点头。"嗯，但汽车有钥匙，对吧？我们可以随时启动和停止，对吧？"

现在孩子的身体开始放松。"但你的钥匙在哪儿呢？"父亲在男孩的肚脐周围戳了一下，"这是你的钥匙吗？"孩子笑了起来。"我可以关掉发动机吗？看，你根本就不像汽车。没有人可以启动和关掉你。你的发动机启动后，就不必担心它会死掉。你整晚都可以睡觉，你的发动机会继续运转而不必加油。你明白我的意思吗？"孩子说："明白。"

"好的。现在你可以放心睡觉了。早晨醒来时，你的发动机仍会运转。好吗？"孩子之后再也没有半夜醒来要温糖水。

父亲后来推测，有两个经历让孩子担忧：首先，孩子认为糖水会给他汽油，因为他听到父母告诉小弟弟小妹妹，喝糖水会"有气"。另外，孩子的长尾小鹦鹉死去时，他问："发生了什么？"父亲回答道："每个动物都有一个发动机，让它不停运转。它死去时，就像汽车发动机停止运转一样，它自己的发动机不再运转了。"

在孩子和父亲的这段对话中，父亲善于倾听，对孩子的行为敏感，这有助于他和孩子谈话。另外还要思考儿童大脑中令人惊讶的推理过程——他把多种概念串联起来的方式以及认识到语言和死亡之间存在着复杂的联系。

成熟的死亡概念

有人认为，儿童不会在婴儿期、幼儿期和学前阶段思考死亡。然而，这个故事告诉我们，事实上孩子从很小的时候开始就会有和死亡相关的经历。马克·斯佩斯研究了死亡经历如何影响1～3岁的儿童，他的研究也证实了这一点。斯佩斯说："似乎可以肯定地说，这个年龄段相当高比例的儿童在生活中经历过和死亡相关的事情。这些孩子努力应对和死亡有关的经历，并把这种经历融入对整个世界的理解中。"

在斯佩斯的研究中，有一半的孩子都有过和死亡相关的经历：有时候是人类的死亡（例如祖父母、堂兄妹、邻居），有时候是非人类的死亡，例如宠物的死亡。斯佩斯发现幼儿以某种方式对死亡做出反应。有些孩子积极地寻找已故的宠物或人。发现死去的宠物鸟不会复活时，一个孩子生气了。孩子们询问为什么死者不动、死后会发生什么，还对生者的生活表示担忧。

通过观察和与不同年龄的儿童互动，心理学家描述了儿童如何获得对死亡的成熟看法。回顾100多项此类研究，马克·斯佩斯和桑多尔·布伦特总结道："现在人们普遍认为死亡的概念不是单一、一维的概念，而是由几个相对不同的子概念组成的。"关于死亡的经验性或可观察到的事实的正式陈述包括四个主要组成部分：

1. 普遍性。所有生物终将死亡。死亡是包罗万象、终将发生、不可避免的

（尽管死亡的确切时间不可预测，也就是说，死亡可能随时发生在任何生物身上）。

2. 不可逆性。死亡无法挽回，是终极的。死亡的生物无法再复活（这有别于相信精神上的来世）。

3. 非功能性。死亡意味着所有生理功能的停止。所有界定生命的身体功能和能力都会在死亡时停止。

4. 因果关系。死亡的发生有生物学原因。这部分包括识别导致死亡的内部（例如疾病）和外部（例如物理创伤）原因。

个体死亡性可以作为第五个组成部分添加到死亡特征列表中。个体死亡性可归于普遍性之下，即认识到不但所有生物都会死亡，而且每个生物都会死亡（"我会死"）。

此外，对死亡有成熟理解的个人通常也会对死亡持一些非经验性的观点。这种非经验性的观点——无须科学证明的观点——主要是关于在身体死亡后人类以某种形式继续存在这一概念。一个人死亡后，他的"人格"会发生什么变化？身体死亡后，自我或者灵魂会继续存在吗？如果存在，那么"来世"的本质是什么？对许多人来说，找到对自己有意义的答案，也就是斯佩斯和布伦特所说的"非肉体的连续性"，是对死亡产生成熟理解的过程中的一步。

大多数儿童在大约三四岁时就会明白死亡是改变了的状态。在5～10岁之间，儿童以相对固定的顺序掌握关于死亡的成熟概念的主要方面。有关这一顺序的研究普遍表明，在5岁或6岁时，儿童最先理解死亡的不可逆性，他们认为死者无法复活。在5～8岁期间，儿童看待生物现象，特别是人体如何运转来维持生命的方式，会发生重大转变。在小学低年级，儿童逐渐认识到死亡会影响所有生物，当各个身体过程停止运转时死亡就会发生。在7～10岁期间，儿童已经掌握了成熟的死亡概念的所有基本组成部分。"死亡从根本上说是生物学事件，它不可避免地发生在所有生物身上，最终由身体机能不可逆转的崩溃引起。"当然，有些儿童会比其他儿童花更长的时间理解这一点，有些甚至可能抵制或不愿承认与死亡的成熟理解相关的信息。

人们思考死亡对亲密关系的社会和情感影响，以及对死亡的意义进行宗教或哲学讨论的价值，因此，在童年时期形成的对死亡的不断扩大的理解会在青春期和成年早期时得到进一步的完善。这样，对死亡的成熟理解超越了对死亡的生物

儿童对死亡的思考和理解在小学时期发生快速的变化。

学关注，人们进一步领会失去的生命，还有那些使生命的逝去成为悲剧的元素。

一个人对死亡的"了解"可能会不时发生变化。我们对死亡的观念可能相互冲突或矛盾，特别是关于我们自己的死亡。当面对令人悲痛的情况时，天真的想法可能会取代对事实的认识，例如我们可以在死亡问题上讨价还价。一位得知只能再活 6 个月的患者可能会想象，通过一些神奇的行为，可以与上帝或宇宙达成某种妥协，死亡判决可以被推迟。因此，虽然获得对死亡的成熟理解主要发生在童年，但是一个人如何理解死亡在一生中会在不同的认识方式之间波动。稍后在本章中，我们将讨论成年时期独特的发展转变。

通过生命历程了解死亡

对死亡的理解是一个不断调整和完善的过程。它是人类发展的一部分，即一生中经历的身体、心理和社会行为的变化。通过观察儿童的行为，发展心理学家设计了一些理论或模型，来描述各个年龄段的儿童关注的事情和兴趣。这些模型就像地图，描述了不同发展阶段的儿童的主要特征。这些模型有助于描述不同年龄阶段——例如 2 岁或 7 岁——儿童的典型特征。

儿童的个体发展速度各不相同，不仅在身体上，在情感、社交和认知方面也是如此。因此，在儿童对死亡的理解方面，关注发展的顺序比尝试将对死亡的理解与特定年龄相关联更为重要。经历起着重要作用。亲身经历过死亡事件的儿童可能比其他同龄孩子更能理解死亡。

儿童是积极的思考者和学习者。低龄儿童似乎对世界做出理论式的假设，他们使用基本推理对身体、生物和心理事件做出因果解释。近几十年来的研究表明，婴儿和幼儿的行为方式暗示，他们对身体和感知现象的理解比以前认为可能发生的年龄更早。

在追踪儿童对死亡的理解如何发展时，需要一个框架来了解儿童在童年不同阶段独特的态度和行为。有关儿童对死亡的理解的正式研究最早可以追溯到保罗·席尔德和戴维·韦克斯勒（1934）的开创性工作。但是，20世纪40年代早期，西尔维娅·安东尼在英格兰和玛丽亚·纳吉在匈牙利进行的研究得到了更多的关注。

概括来说，根据安东尼的观点，2岁以下的孩子对"死亡"一无所知，5岁时他们的概念有限，9岁时他们可以对死亡做出一般性解释；此外，幼儿常有奇幻思维（例如，他们认为愤怒的想法或感受会导致人的死亡）。

纳吉发现在3~10岁之间的儿童对死亡的理解有三个发展阶段。她的研究表明，在第一阶段（3~5岁），儿童认为死亡就是某种程度上不那么活跃；死者在变化了的情景下继续"活着"，并且可以回到正常生活。在第二阶段（5~9岁），儿童认为死亡是最终的，但是是可以避免的，并且不是必然发生的，也不会发生在自己身上（"我会死"）。在第三阶段（9岁及以上），儿童认为死亡是最终的、不可避免的、具有普遍性并且和个人有关的生物过程的结果。

尽管研究普遍表明，大多数儿童在9岁左右就已经掌握了成熟的死亡概念，但最新研究表明，儿童在构建人体如何运作的"生物模型"的同时，开始将死亡概念化为一种生物事件。在学前阶段，有生命/无生命之间的区别处于"众多概念差异的中心地位"，这些概念包括一个天真的生物学理论。只有在儿童开始有目的地思考维持生命的身体器官的生物学功能之后（例如心脏用于泵血），他们才成为"生命理论家"，能够进行推理，即失去这些器官，人就会死亡。年龄较大的儿童比幼童更能清楚地说明，死亡时身体功能就停止了。在接下来的讨论中，我们把儿童的发展置于人类发展的两个主要理论或模型的框架内，即埃里克·

埃里克森和让·皮亚杰设计的框架。

埃里克森设计的人类发展模型侧重于社会心理发展阶段，即社会心理的里程碑。

> 我们正在纽约一家酒店套房的露台上看报纸。这是一个完美的秋日。两岁的女儿满足地坐在我们旁边喝奶。她从椅子上爬下来，蹲下来看地上的东西。她把奶瓶从嘴里拿出来，叫我过来，指着一只一动不动的蜜蜂。她惊慌失措，来回摇头，仿佛在说："不，不，不！""蜜蜂停了下来。"她说。然后她命令道："让它动起来吧。"
>
> 卡罗尔·布卢，《死亡》

这些阶段在一生中连贯发生（见图2-1）。每个阶段都包含一个危机或转折点，个体需做出回应，以便解决各种问题并进一步培养身份认同。对埃里克森来说，关联性和独立性的基本需求在每个阶段成功解决危机的过程中相互补充和支持。在思考各个阶段和与之相关的危机时，请记住，埃里克森认为，围绕身份发展的所有问题和对各种任务和技能的掌握会出现在一个人生命的每个阶段。这意味着成年人也面临出现在童年时期的问题或危机。当个体生活中的事件引发它

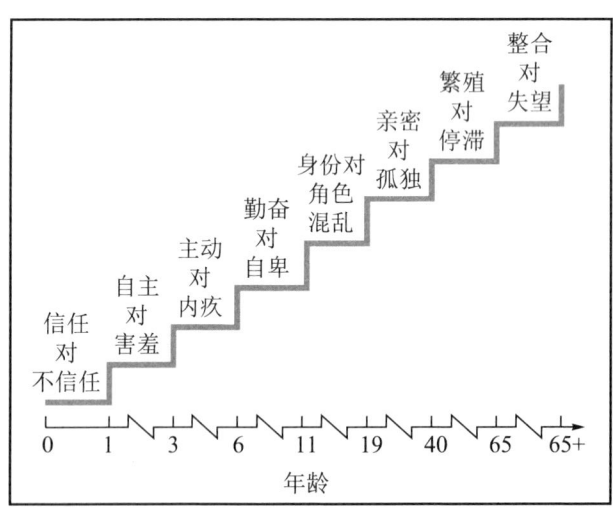

图2-1 埃里克森提出的社会心理发展阶段

时，心理发展中的主要问题会"重新出现"。

让·皮亚杰关注的重点是童年时期发生的认知转变（见表2-1）。皮亚杰认为，理解的基本单位是图式，其定义为"了解某事的模式"。发展通过两个互补的过程——同化和适应——产生。同化意味着我们将现有方式应用于新信息，并将此信息纳入现有方式。适应是指调整或修改我们当前处理新信息的方式的过程。

表2-1　皮亚杰的认知发展模型

年龄（近似值）	发展期	特点
从出生到2岁	感知运动阶段	专注于感官和运动能力；理解物体即使在观察不到时也存在（物体恒存性），开始记得和想象思想和经验（心理表征）。
2～4岁	前运算阶段	发展象征性思维和语言来理解世界。（2～4岁）前概念次阶段：神奇的全能感；自我是世界的中心；以自我为中心的思想；所有自然物体都有感情和意图（意志）。
4～6岁	前运算阶段	（4～6岁）前逻辑次阶段：开始解决问题；眼见为实；反复试验；了解其他观点；更加社会化的言论；逐渐偏离自我，发现正确的关系。
7～12岁	具体运算阶段	运用逻辑能力来理解具体的想法；组织和分类信息；以象征的方式操纵思想和经验，能够回顾和超前思考；可逆性的概念；可以从逻辑上思考经历的事情。
12岁以上	形式运算阶段	有逻辑性地对抽象概念和经验进行思考；可以通过假设思考从未经历过的事情；演绎和归纳推理；知识的复杂性；问题的多种答案；对道德、政治、社会科学的兴趣。

尽管我们不断达到新的理解高度，但皮亚杰认为，当众多新的理解高度汇集在一起时，我们的思维结构会发生重大重组。因此，皮亚杰根据个体组织人生经历的特别方式划分了四个不同的认知发展时期：感知运动阶段、前运算阶段、具体运算阶段和形式运算阶段。虽然儿童按照相同的顺序经历这些阶段，但每个儿童的发育速度都是独一无二的。

在下面关于童年和青春期的讨论中，我们利用埃里克森和皮亚杰两人的理论来描述发展模式。

婴儿期和幼儿期

如图 2-1 所示，埃里克森把从出生到大约 1 岁的阶段描述为主要是对环境产生基本信任感的时期。这种发展性"危机"的积极结果是希望。如果婴儿的需求没有得到满足，结果可能会导致不信任。环境中的其他人，通常是父母，在婴儿发展中起着重要作用，婴儿会获得对他人的信任，认为他们可靠，并且充满关爱。而且，婴儿不仅要学会信任他人，还要了解世界是可预测的。照顾者的死亡可能会破坏信任他人和信任环境的基础。同样，影响其他家庭成员并使他们处于压力之下的死亡可能会对婴儿对世界的可预测性的意识的发展产生不利影响。当儿童的环境中发生死亡时，成年人需要注意，儿童可能理解的非语言暗示或隐含暗示比成年人认为的更多。

根据埃里克森的理论，在下一阶段，幼儿时期（1～3 岁），孩子正在努力解决自主与羞耻和怀疑的问题。积极的结果体现为意志。这是社会心理和身体发展中的"放手"和"扶持"的时期。

> 我在上班前送 3 岁的女儿去日托，我注意到路上有一群死去的浣熊。我加速通过，希望她不会发现它们。事与愿违。
>
> "妈妈，那是什么？"
>
> "一定是一些木头从卡车上掉了下来。"我撒了个小谎。
>
> "哦，"她说，"是它们杀死了这些浣熊？"
>
> 塔米·马斯

如厕训练通常在此期间进行。幼儿在 18～24 个月之间会在物体识别和思考方面取得巨大进步。他们在假扮游戏方面有一个发展上的飞跃（例如，假装洗衣篮是一辆汽车），这是象征性思维的基本形式。当幼儿探索环境并更为独立时，不可避免地会发生意志冲突，也就是儿童自己想做什么和别人想让他们做什么之间的冲突。行事独立是这一阶段的标志。重要的人，特别是主要照顾者的死亡，会影响孩子完成追求独立性的任务，并可能导致向早期行为的退化，例如要求抱抱、哭泣和提出更多要求。

皮亚杰的模型将生命的前两年描述为感知运动阶段，儿童在这个阶段发展和增强他们的感知和运动（也就是身体）能力。这一时期始于婴儿出生时的反射反应，以简单象征行为结束。大约12～18个月，我们看到"婴儿科学家"在行动，他们把周围的环境作为实验室。"他们进行微型实验，故意改变一个行为，看看这种变化如何影响结果。"随着孩子积累环境中接连发生的事件的经验，他们逐渐开始感知到模式被概括为各种体系，将不同时间发生的行为的共同特征联系在一起。梅格·杰伊说：

> 在生命的最初18个月里，大脑经历了第一次快速发育，产生的神经元数量远远多于婴儿能够使用的神经元。婴儿的大脑进行了过度准备，为生活中出现的任何事情做好准备，例如讲任何听得到的语言。这就是我们从1岁时会说不到100字到6岁时掌握10000多词汇的过程。

约14～24个月之间，大多数儿童会进入下一个阶段。他们开始表现出顿悟学习、开始使用符号并进行简单的假扮游戏。随着符号的使用，儿童不再与此时此地联系在一起，他们也不需要完全依赖环境来思考因果关系和事物的运作方式。

起初，父母只是离开房间消失了；他们不会多想什么，"我的父母在另一个房间"。最终儿童获得了物体恒存性的概念；即使一个人无法看到、听到或感觉到，物体仍然存在。皮亚杰说，"哥白尼革命正在发生"，其结果是"在这种感知-运动进化之后，出现恒存物体，构成了一个宇宙，儿童自己的身体也存在其中"。

童年早期

在埃里克森的模型中，幼儿园和学前班时期（3～6岁）涉及主动对内疚的问题。积极的结果是目的。儿童确信自己是一个人；现在，他们必须搞清楚自己将成为什么样的人。孩子寻求自己的方向和目的，但也关心父母（和其他重要的成年人）如何看待这些表达个性的尝试性努力。婴儿的自我中心取向让位于大一点的孩子的融入社会的自我。

儿童往往在学龄前时期意识到死亡。孩子们可能会对"消失"或"全部消失"的想法着迷。对年幼的儿童来说，死亡是活着的另一种状态或生命的弱化形式。一个4岁的女孩告诉罗伯特·卡斯滕鲍姆："他们只能和死亡的人交谈，死亡的人不会聆听，他们不会玩耍，他们想念曾经喜欢的所有电视节目。"这个时期的儿童通常认为死亡只发生在病人或老年人身上，可以通过健康的生活和避免致命事件（例如车祸）来避免死亡。

在这一时期，儿童开始具有道德感，即在社会认可的行为模式中生活的能力。这个时期会出现诱发内疚感的情况。例如，一个幻想抛弃父母的孩子——可能沮丧地尖叫，"我希望你死了！"——可能会因为有这样的想法而感到愧疚或羞耻。儿童对死亡的观念在幼儿园和学龄前期间迅速扩展，这反映了他们新习得的沟通技巧。

随着他们骑着三轮车飞奔，学会精确地剪小纸片，能够更好地控制自己的身体，身体对于儿童的自我形象变得很重要。在这个时期，身体的残缺是与死亡有关的恐惧之一。这个例子可以说明对身体的关注：一个5岁的孩子目睹了弟弟的死亡，卡车车轮轧过他的头，导致他的死亡。想在家中守灵的父母问幸存的儿子，如果弟弟的尸体带进屋里进行守灵，他会怎么想。他的问题是"他是不是看起来受伤了？"对身体残缺的关注是这一社会心理发展阶段的特征。这个年龄段的儿童需要获得关于死亡及其原因的准确信息，以便不会得出错误的结论。在这个时期悲伤的常见表现包括难过、倒退、重现和奇幻思维。

在皮亚杰的模型中，幼儿期属于前运算阶段。认知发展的核心是学习使用语言和符号来表示物体/对象，这是人类发展的巨大转变。由于在从学龄前到小学的过渡期间出现了众多的思维变化，这一时期被称为"5岁到7岁的转变"。

皮亚杰的模型如何应用于儿童的死亡概念？杰拉尔德·库彻进行的一项研究部分回答了这个问题。孩子们被要求回答四个关于死亡的问题（你可能也想自己试着回答这些问题）。第一个问题是，是什么让事物死亡？处于前运算阶段的儿童用到了奇幻推理、魔法思维和死亡的现实原因（有时以自我为中心的方式表达）。以下是其中一些回答：

吉亚:"当他们吃坏东西的时候,就好像你和陌生人在一起,他们给你一个涂毒药的棒棒糖。[研究人员问道:"还有别的吗?"]是的,如果你吞下一个肮脏的虫子,你就会死。"

埃米利奥:"他们吃毒药,吃药。你最好等你的妈妈拿给你。[还有呢?]喝有毒的水或者独自去游泳之类的。"

路易斯:"如果你抓到一只鸟,它可能会病得很重,然后就会死。[还有呢?]他们可能吃了像铝箔这样不对的食物。这是所有我能想到的。"

海伦·斯温在一项研究中也说明了孩子在童年时期对死亡的理解。这个研究中的大多数儿童都表达了死亡是可逆的这样的观念,生命回归是因为可以神奇地召唤救护车、医院或医生,让他们发挥作用,就好像死人可以打电话给医院说:"你能给我派一辆救护车吗?我死了,我需要你来解决我的问题。"大约三分之二的儿童说死亡不太可能发生或可以避免,或者死亡仅仅是由于事故或灾难等异常事件造成的。大约三分之一的儿童表示不相信死亡可能发生在他们或他们的家人身上。近一半人不确定他们是否会死,或者认为他们只会在遥远的未来死去。

童年中期或学龄期

在埃里克森的模型中,从大约 6 岁到青春期开始的那几年对应勤奋对自卑的阶段。这个阶段的积极成果是能力。这是"努力的时代",儿童忙于上学,以各种方式与同伴互动。主题是"我就是我学到的东西"。随着儿童的努力开始获得认可并带来满足感,他们可能会对缺乏控制或感到不足的领域感到焦虑。孩子们对 2001 年恐怖袭击的反应就是一个例子。根据格蕾丝·克里斯特的说法,年龄在 8～11 岁之间的孩子很难找到适当的方法应对发生的事情,因为他们的年龄还不够大,无法以青少年的方式完全掌握全局。她说,在这个年龄,孩子们需要细节和具体的信息来拥有控制感,但是"9·11事件"的细节令人毛骨悚然,使得整个事件令人恐惧,几乎无法理解。

童年中期常见的悲伤反应包括学校和学习问题、恐惧症、愤怒和疑病症。在学龄期间，父母的死亡很可能剥夺了儿童获得认可的重要来源。在这几年的发展中，随着儿童学习新的任务，他们也在与同龄人进行比较。母亲去世后不久，一个9岁的孩子转入另一所学校，她不希望新认识的人知道母亲去世这件事。被问到这个问题时，她回答道："母亲去世使我与其他孩子大不相同。"

在皮亚杰的框架中，这一时期用具体运算来描述。孩子开始使用逻辑来解决问题，对事物进行逻辑思考，而不必直接证明它们之间的关系。例如，算术的能力要求认识到数字是数量的符号。这个阶段的儿童能够以逻辑方式操控概念，尽管通常他们不会进行抽象思考。换句话说，逻辑思维的能力应用于客体，但尚未应用于假设，而假设需要"对运算进行运算"的能力。在这个发展时期，思维的特征模式强调现实生活中的情况或问题的具体实例，而不是假设或理论问题。

在此期间，孩子们会指出人可能死亡的有意和无意的方式，他们也熟悉各种死亡原因。死亡发生时，儿童可能会担心自己的安全以及其他家庭成员的安全。以下是在库彻的研究中，孩子们在被问及死亡原因时的一些回答：

> 比阿特丽斯："刀、箭、枪和很多东西。您要我说出所有原因吗？[尽可能多吧。]斧头和动物，还有着火和爆炸。"
>
> 何塞："癌症、心脏病、毒药、枪支、子弹，或者有人将巨石砸在你身上。"
>
> 凯瑟琳："事故、汽车、枪支或刀。年老、疾病、服用毒品或溺水。"

青春期

被称为青春期的时期划分为三个阶段：青春期早期，即11～14岁，从进入青春期开始，对父母依恋转变为对同龄人的依恋；青春期中期，即15～17岁，以个人自我形象的发展、实验和努力获得能力、掌握和控制为标志；青春期后期，即18～20多岁，以自我接纳、关心他人和日益面向未来的世界观为特征。肯·多卡说，青春期的关键发展问题通常被称为"三个I"：身份（identity）、独立性（independence）和亲密性（intimacy）。一位作者说道：

童年很重要，但我越来越好奇高中发生了什么。高中时期和20多岁时不仅是我们唯一最能够自主定义自己的经历的时期，众多研究表明，这也是我们拥有最能够自主定义自己的记忆的时期。

有人指出，青春期是"年轻人借鉴成年和童年特征的时期"。

在埃里克森的模型中，青春期的特征是身份对混乱的危机（有时被称为角色混乱或认同性扩散）。这场危机的积极结果是忠诚。身份被定义为"我们采取某些行动策略以与他人、我们的过去以及我们的愿望保持联系的方式"。

青春期与青春期带来的身体和激素变化有关。这也是一个和生命最初的18个月相关的时期，大脑的结构中"成千上万的新连接在大脑线路中萌芽"，"我们学习新事物的能力以指数级增长"。大脑再一次过度准备，这次是为了"成人生活的不确定性"。

通常这是更换学校的时候，青少年从小学到初中再到高中，在那里他们面临不同的政策和焦点。罗宾·帕莱蒂说："青少年面临许多独特的过渡问题。"除了身体上的变化，"青少年还必须解决围绕获得独立性、同伴接纳和自尊的紧迫的社会心理问题"。另一位研究者说道："这个阶段的社会心理形态是坚持自我还是随波逐流。"当他们长大成人、接近学生生涯末期时，他们意识到很快将不得不

一旦青少年获得了抽象思考的能力，他们就会意识到死亡的终结性及其留下的空白。

离开家，对大学的教育和职业道路做出重大决定。"随着独立的迫在眉睫，青少年必须与家庭产生某种距离，进而引发失落感。"

一座桥梁架在了过去（童年和依赖感）与未来（成年和独立感）之间。核心问题是，作为有情感、思想、身体和性的人，我是谁？

还记得青葱少年时的感觉吗？要成为更像自己的人吗？努力表达自己的想法和观念？厘清所有发生在自己身上的混乱？确定一生想要什么？青春期可能令人困惑，充满挑战。实现目标和梦想似乎掌握在自己手中，而死亡威胁着这一状态。当险些发生死亡的时候，青春期的常见悲伤反应包括拒绝、沮丧、愤怒、躯体化（将心理状态转变为身体症状）、情绪波动和哲学质疑。在险些经历死亡后幸存也可能导致更快的"成长"。

在皮亚杰的模型中，青春期的特征是使用形式运算。这是皮亚杰理论的第四个也是最后一个阶段，这一阶段大约从11或12岁开始，直到成年，尽管人们认为到15岁左右，看待世界的基本方式已经相当成熟。随着形式运算思维的到来，个体能够"思考思想"，即阐述抽象或象征性的概念。同时还可以感知复杂语句之间的对应关系或隐含关系，识别类比，并且可以进行假设或推论，无须在现实世界中尝试就可以预测结果。例如，在国际象棋中，形式运算思维使棋手可以考虑许多复杂的策略并预测每一步的可能结果，而无须触摸棋盘上的棋子。

在库彻的研究中，大多数使用形式运算的儿童都在12岁或12岁以上，尽管少数儿童只有9岁或10岁。库彻采访的儿童在回答"什么东西会导致死亡"这一问题时，反映出对死亡的成熟理解。

> 安东尼奥："你是说肉体上的死亡？［是的。］我们内部重要器官或生命力量的破坏。"
>
> 乔治："他们变老了，身体全部耗尽，器官无法像以前那样运转。"
>
> 宝拉："当心脏停止跳动时，血液停止循环。你停止呼吸，就是这样。［还有其他吗？］嗯，有很多方法可以引发这个过程，但实际发生的就是这样。"

尽管青少年通常表现出对死亡的成熟理解，但这并不一定意味着青少年和成年人理解和应对死亡的方式没有差异。例如，青少年理解死亡的普遍性，但同时可能相信自己无法受到伤害（"这不可能发生在我身上"）。他们可能不容易接受个体死亡的概念。在塑造认同感时，青少年面临"以最终的解体而不是存在来调和这种认同"的需求。

始成年期

尽管历史上将青春期定义为 11 岁、12 岁到 18 或 20 岁的年龄，但一些发展主义者却提出了一个新的概念——从十几岁到二十几岁，尤其是 18 岁至 25 岁的年龄段——始成年期对于当今的大多数年轻人来说，青春期结束后不再迈向成年。社会科学家指出："社会还没有完全意识到或开始充分解决更长和更多样化地过渡到成年生活的后果。"

这个年龄段的许多人都暂停成长，推迟了承诺和对身份的决定。这种延迟通常与获得教育或选择职业所需的时间有关。在这一时期，可以想象工作、爱情和世界观的许多可能性和方向。这个年龄段的人不再把自己视为青少年，但他们也可能不会完全将自己视为成年人。"人们在始成年期比青少年时期更能自由地追求新奇而强烈的经历，因为他们不太可能受到父母的监控，能够比成年人更自由地追求这些经历，因为他们不受角色的约束。"某些类型的风险行为的普遍存在——包括无保护的性行为、滥用药物、危险驾驶和酗酒——在始成年期的几年中似乎达到了顶峰。和青少年一样，处于始成年期的人可能会认为自己"超越了死亡"。

成年早期

人类的成长并不止于童年的终结。在一个人的一生中，应对失落感的方式不断发展。我们把某些发展任务和能力与不同年龄的儿童相关联，同样，我们也区分了成人生活中不同的阶段和转变。很多时候，我们对儿童的发展阶段很敏感，但往往忽略了生命的后 60 年或更长时间所发生的变化。

在本章的前面，我们讨论了埃里克·埃里克森提出的社会心理发展的前五个阶段，即与童年和青春期有关的阶段。根据埃里克森的模型，社会心理发展的最后三个阶段发生在成年期。与儿童时期一样，成年生活的每个阶段都需要特殊的成长反应,并且每个阶段都以先前的阶段为基础。

成年早期(19～40岁)的特点是亲密和孤立之间存在紧张关系。积极的结果是爱。这个阶段包括各种形式的承诺和互动,包括性、友谊、合作、伙伴关系和归属关系。肯·多卡将这个时期描述为"一个向外看、开创家庭和职业生涯的时期"。由于成熟的爱情存在承担承诺的风险,因此在这个阶段和下一阶段,亲人和爱人的死亡可能是最致命的。

成年中期

根据埃里克森的说法,下一个社会心理阶段是成年中期(40～65岁),其特点是创生与停滞的危机和自我专注的危机。积极的结果是关心。"对未来的信念,对人类的信仰以及对他人的关心似乎是现阶段发展的先决条件。"而自我放纵、无聊和缺乏心理成长则意味着缺乏创生感。这个阶段的特点是人们更多地照顾需要照料的人、事物和想法。肯·多卡将这一时期描述为"稳定下来的品质",即"工作、职业、家庭和友谊网络可能已经稳定下来"。米歇尔·帕卢迪说:"成年中期似乎是死亡恐惧的最高时期,因为父母的去世通常发生在这个阶段。"

成年晚期

在成年晚期,即生命周期的第八个也是最后一个阶段,要解决的危机是整合对失望。该人生阶段的积极成果是智慧。"人们必须生活在自己的一生建构的东西中。"如果说中年人从一般意义上了解死亡,那么可以说老年人已经了解了自己的局限性。帕特里夏·米勒认为,整合包括"接受生活的局限性,感觉自己能够成为包括前几代人在内的更广泛的历史的一部分,感觉拥有时代智慧以及对所有先前阶段的最终融合"。她补充说,整合的对立面是失望,可以描述为"对一个人的一生所做的或未做的事情感到遗憾,对即将死亡的恐惧以及对自己的厌恶"。关于这一点,心理学家 M.布鲁斯特·史密斯说:"对我而言,死亡的恐惧在某种程度上反映了被生活欺骗的感觉。"

如果我们把发展阶段联系在一起看待,每个阶段都建立在前一阶段之上,由于身体衰弱、衰老的外部迹象、易得慢性病以及死亡即将到来的确定性，这一时期的危机尤为重大。人们在这个阶段会想："这就是我的生活，无他，仅此而已。我别无选择，无法让时间倒流，以任何重要的方式对发生的事情进行改变。"成功应对这一发展时期的挑战，使我们拥有了智慧的力量，埃里克森将其描述为"面对死亡时对生命的知情、超脱的关注"。

成熟的死亡观念的演变

通过连续的发展阶段，个体对死亡的理解逐渐成熟，并表现出对失落感的独特反应。在本章之前的部分，我们了解了儿童对"是什么使事物死亡"这一问题的回答。他们对库彻提出的其他问题的回答也与其发展阶段相对应。当被问到"你如何使死去的事物复活"时，认为死亡是可逆的儿童给出了如下答案："给他们提供热的食物并让他们保持健康，这样死亡就不会再发生了。"另一个孩子说："没人教给我怎么做，也许可以给他们吃药，送他们去医院让他们恢复健康。"处于发育后期的儿童认为死亡是永久的："如果是一棵树，可以浇水。如果是一个人，可以把他们迅速送到急诊室，但如果他们已经死了，那就没用了。"另一个孩子说："也许有一天我们可以做到，但现在不行。科学家正在研究这个问题。"

被问到"你什么时候会死"时，低龄儿童回答的范围从"我7岁时"（这是6岁的孩子说的）到"300岁"。相反，大龄儿童给出的都是正常范围内的数字，或是比正常范围内的数字稍高一些，并预期死亡通常会发生在80岁左右。

在回答研究人员的问题"死后会发生什么"时，一位9岁半的儿童说："他们将帮助我复活。"研究人员问："是谁呢？"儿童回答："我的父亲、母亲和祖父。他们会让我卧床休息、喂我吃东西，让我远离鼠药和其他有害的东西。"根据某些模型，9岁的孩子会明白这些措施都不起作用。因此，这个例子说明了年龄和阶段的相关性仅仅提供了关于儿童成长方式的经验法则。

> 我的孙女在帮我切洋葱，她的眼睛被辣到了。我说："你会活着的。"斯凯拉回答道："我当然会活着。我只有6岁……"

在回答同样的问题时，一个 8 岁半的儿童回答说："你去天堂了，剩下的一切将成为骨骼。我的朋友有一些化石，化石就是骨骼。"请注意，这个孩子是如何通过比较来帮助解释死亡时发生的情况。一位 11 岁的儿童说："我会感到头昏眼花、疲倦无力，然后晕倒，随后他们会把我埋葬，我会腐烂的。你会解体，只剩下骨头。"

一名 12 岁的儿童答道："我将拥有一场体面的葬礼，我被埋葬，然后我把所有的钱都留给儿子。"一名 10 岁的儿童说："如果我告诉你，你会笑的。"研究人员向儿童保证："不，我不会笑。我想知道你的真实想法。"儿童得到了鼓励，继续说道："我想我将被变成植物或动物，取决于那时候他们需要什么。"从这个儿童的回答中可以看出，他有能力想象将来可能发生什么事情。

社会化的推动者

获得对死亡的成熟理解是发展过程的一部分，这个发展过程称为社会化，社会化是指个人被认同为特定文化的成员，并学习和内化社会的规范、价值、规则和行为的过程。传统上，初级社会化是指对儿童参加成年社会所做的准备。但是，社会化并不是"获得统一文化的过程"，而是发展在整个生命过程中参与多种文化实践的能力。对于生活在现代工业化国家的人们来说，可以比较确定地说，生命会持续 50～70 年，甚至更久。我们的社会化似乎与有一天我们会死亡的事实密切相关。"由于死亡是普遍和不可避免的，它在影响人生的安排和经历方面发挥着作用。"

尽管社会化的主要阶段发生在儿童时期，但并没有随着成年而结束。相反，随着个体形成新的态度、价值观和信念以及新的社会角色，社会化贯穿着整个人生。这也不是一个让个体简单地学会融入社会的单向过程。随着成员重新定义其社会角色和义务，社会的规范和价值观也随之改变。这些是"双向的社会化过程，随着社会环境的变化而产生个性化的安排"。

社会化会产生多种影响，从家庭开始，一直延伸到同龄人群体、学校和工作环境、社交俱乐部，再到通过大众媒体和全球"跨文化"环境进行的间接社会化。正如汉内洛蕾·瓦斯所说，"儿童采纳了许多在他们的生活中重要的成年人的价值观和观念，比如父母、老师、公众人物、体育英雄和著名演艺人员。"如今，儿童和成人的社会化比历史上任何时候都受到了更广泛的影响。

重新社会化是指"连根拔起和重组基本态度、价值观或身份"，发生在当成人承担新角色、需要替换现有价值观和行为方式时。比如，皈依宗教、开始新工作、结婚、生子或配偶去世的时候。再比如，丧偶之后人们要承担新角色，做新的事情，生活中许多方面都会变化。理查德·塞特斯滕表示："在快节奏且不断变化的世界中，寿命可以达到70年甚至更长，重新社会化似乎越来越有必要。"

次级社交化描述了当一个人作为少数成员加入较大的团体时，例如参军、从事某个职业、加入城市群体或新社区，对新规则和行为的学习。当儿童进入有着新规则和期望的新学校时，也会发生这种情况。与初级社会化相比，通常认为次级社会化包含的变化较小。

人们倾向于临时获得对临终和死亡的了解，即没有计划、即兴而为。课程、研讨会等方式可以提供关于死亡的正规教育，但大多数人并不是通过这些社会化途径来了解死亡的。策略性社会化一词是指临终关怀等人员以非正式的方式让人们了解死亡和临终的策略。策略性社会化包括积极尝试改变人们对社会某些方面的看法和行为。

家庭

家庭是所有社会的基本社会制度，尽管"家庭"的定义因地因时而异。在日常生活中，父母的观念和价值观会传递给孩子。家庭是我们生命中死亡教育的第一源头，其影响贯穿于我们的一生。认识到亡者，尤其是死去的家庭成员，也可以作为社会化的推动者，以多种方式影响生活是十分重要的。理查德·塞特斯滕指出："亡者可能与生者具有同等的影响力，甚至更大。"

请你回想一下自己的童年。你获得的对死亡的了解是不是至今仍在脑海中出现？有些信息是直接传达的，"这就是死亡"或者"这是我们对待死亡的方式"。也许有些信息是间接的，"我们不要谈论它……"这句话中没有说出来的部分是什么？我们不要谈论它，是因为这不是人们会谈论的话题？一位女士小时候在高速公路上遇到一只死去的动物时，人们告诉她："你不该去看它。"她的母亲告诫她:"低下头,小孩不应该看到这一幕。"这是父母在教她对待死亡的适当行为。

父母在不知不觉中传达了其他关于死亡的信息。思考一下可替换性的概念。孩子的宠物死了,父母说:"没关系,亲爱的,我们会再养一个。"孩子们在情感上对家庭宠物死亡的反应各不相同。当心爱的宠物死去时,有些孩子会非常悲伤。快速替换宠物可能导致没有足够的时间来确认失去的东西。这传递了关于死亡的什么信息?想象一下这种情况,一位母亲对同伴的死亡感到悲痛时,孩子说:"别担心,妈妈,我们再给你一个。"

我们往往通过意外事件了解死亡,而非通过系统教育。人们并不总是能够明确指出个体关于死亡观念的起源。比如,要求一对10岁和8岁的姐弟为葬礼画张画。他们拿出彩色铅笔,沉浸在任务中。很快,希瑟(10岁)对马特(8岁)说:"嘿,你画的脸露出了笑容!这应该是一场葬礼。他们为什么会面带微笑?"在她认为与死亡相关的适当的行为模式中,人们在葬礼上不会笑;对她弟弟来说,微笑是完全可以接受的。我们只能猜测是什么影响了他们对葬礼上的恰当行为有如此不同的观念。

在家庭中学到的关于死亡的经验通过行动和言语传达。一位30多岁的女性讲述了这样一个故事:"我记得母亲有一次撞到猫。我当时不在车上,但我记得母亲回家后完全崩溃了。她跑进卧室哭了几个小时。从那时起,我一直非常注意不杀死任何东西。如果我身上或房子里有昆虫,我会把它捡起来带到外面去。"父母的态度,以及其他家庭成员的态度,不仅塑造儿童的价值观和行为,也塑造儿童成年后的价值观和行为,并影响他们如何向自己的孩子传达对死亡的态度。

> "妈妈,如果我们家中有只死兔子,我会问你是不是可以戳它。然后,当你说不可以时,我还是会这样做,因为我想看看它是否还活着。"
>
> ——一名4岁儿童

学校和同伴

学校教授的不仅仅是"阅读、写作和算术"。在校期间,儿童的社交世界得到广泛扩展。兴趣爱好和体育活动也将儿童与社区和一系列社会规范联系在一起。

"儿童相互学习得到的绝大部分知识，比他们从大人那里学到的东西更真实，更实用，更富娱乐性。"甚至在上学之前，与同龄和相似社会地位的其他孩子一起玩时，儿童就进入了社交世界，成为同辈群体的一部分。回想一下，在追逐游戏中，用指尖轻触就能造成危害，好像追逐者是邪恶、魔幻或患病的，并且这种触摸具有传染性。随着儿童社交网络的扩大，对死亡的了解也在增加。

在此后的人生里，教育和工作场所、俱乐部和各种组织、休闲活动、朋友和邻居，等等，提供了更多的机会，使同辈群体和其他社交网络在整个生命历程中对社会化产生强大的影响。

大众传媒与儿童文学

电视、电影、广播、报纸、杂志、书籍、CD、DVD 和国际互联网——这些媒体具有强大的社会化影响力。尽管针对儿童的媒体中与死亡有关的内容的表现方式良莠不齐，但这些媒体仍是了解死亡的途径。媒体的信息向儿童传达了对死亡的文化态度，即使有时候信息不是特意传递给他们的，例如关于灾难的新闻报道。

小红帽

……"哎呀，奶奶，您的胳膊真粗！。"

狼回答道："孩子，胳膊粗才能好好抱你！"

"哎呀，奶奶，您的腿真粗！"

"那是为了跑得更快，我的孩子！"

"但是，奶奶，您的耳朵真长！"

"那是为了听得更清楚，我的孩子。"

"但是，奶奶，您的眼睛真大！"

"这样就能好好看你，我的孩子。"

小女孩现在非常害怕，她说："哦，奶奶，您的牙齿真尖！"

"这样才能吃掉你！"

说完这些话，恶狼扑向小红帽，一下子就把她吃掉了。

《穿越书海的旅程》第一卷

在这个特殊时刻,祖母和孙女一起读有关失落的故事。我们在与儿童的互动中自然而然引发了讨论死亡的机会。通常,成人为孩子的学习所做出的最重要的贡献就是做一名好的倾听者。

当约翰·肯尼迪总统遇刺时,一项经典的研究发现,孩子们倾向于从媒体提供的细节中选择关注与他们的成长问题相关的方面。低龄儿童担心总统遗体的外观以及死亡对其家庭的影响,较大的儿童对肯尼迪之死对政治体系的影响表示担忧。

许多经典的儿童故事和童话故事都描述了死亡、临终或死亡威胁。这些故事讲述了"被遗弃在树林中的孩子;母亲亲手毒死的女儿;儿子被迫背叛兄弟姐妹;人被狐狸扑倒,或者被囚禁在没有窗户的高塔中"。死亡常常在儿童文学中占有一席之地,尤其是在父母和其他成年人与孩子们分享的熟悉的故事的早期版本中。伊丽莎白·拉默斯说道:"阅读《麦格菲读本》等教科书的美国儿童发现,死亡具有悲剧色彩,但是不可避免,许多与死亡有关的故事传达了某种道德上的寓意。"在19世纪,儿童故事中的暴力通常栩栩如生、充满血腥,意图给人留下预期的道德印象。

与死亡有关的文化价值观同样出现在儿童故事中。例如,我们来对比"小红帽"的不同版本。一种版本是"小红胭脂",小红帽置身于路易斯安那州的沼泽和河口,另一种版本是"美丽的萨尔玛",她出现在非洲的市场里。在传统版本中,狼吃掉了小红帽,但她被樵夫所救,樵夫杀死狼并剖开了狼的肚子,让小红帽安全脱险。在最近的版本中,小红帽的尖叫声引起了樵夫的注意,樵夫把狼赶走,随后回来告诉小红帽狼不会再惹她(杀狼发生在视线以外,没有提及)。

中国的"狼外婆"源于一个流传1000多年的故事。在这个故事中,三个小孩独自在家,而他们的妈妈去看望外婆。伪装成"外婆"的狼说服孩子们打开锁着的门。孩子们开门之后,狼迅速熄灭了灯。但是,经过一番盘问,年龄最大的孩子巧妙地发现了狼的真实身份,和弟弟妹妹一起爬到了银杏树的顶端。孩子们说服狼钻进篮子,骗它说要把狼拉起来享受银杏果。孩子们齐心协力开始拉起篮子。但当篮子快要到达树顶的时候,他们松手让篮子掉到了地上。故事说,"狼不仅撞到了头,而且心摔成碎片"。孩子们爬到狼上方的树枝上,确认它"真的死了"。西方版本讲述的故事是一个孩子独自面对狼的威胁,并最终被其他人救出,与西方版本不同,这个中国民间故事强调了通过共同努力除掉狼的意义。

一些儿童故事的目的是回答他们有关临终和死亡的问题。在许多此类书籍中,尤其是针对幼儿的书籍,死亡是自然循环的一部分。这些故事表达的是,就像从一个季节过渡到下一个季节一样,每个人生中的终结点都伴随着更新。在选择与低龄儿童亲子阅读的书或为大龄儿童推荐书籍时,自己先略读一下很重要,这样可以评估书籍如何呈现有关死亡的信息。书籍应适合特定情况。例如,小男孩的幼儿园老师意外去世,此时选择的书是《恐龙死亡时:理解死亡指南》。每次他与父母一起阅读或重读这本书时,他都会对老师的死亡提出不同的疑问。出版的书籍包括了解和理解父母、祖父母、兄弟姐妹、其他亲朋以及宠物的死亡等主题(适合儿童和青少年阅读的关于死亡主题的书籍推荐,请参阅本章末)。

请注意作者用来描述临终、死亡和失去亲人的语言也很重要。诸如"终结继续生活"或"克服失落感"之类的委婉语可能表明作者不熟悉适用于理解失落感的理论和见解。一个把死亡当作睡眠的故事应该让人警惕这个故事传达给孩子的想法。诸如死亡、死了、悲伤和葬礼之类的直截了当的词表明作者使用了诚实和准确的术语。书可以为成人和儿童提供机会,谈论彼此的经历。

摇篮曲也包含死亡和暴力主题。在每种文化中和每个历史时期,成人都对孩子歌唱。据说,母亲第一次对孩子唱摇篮曲,就开始了死亡教育。思考一下这个著名的摇篮曲中传递的信息:

摇呀摇呀宝贝，摇篮挂树梢。

风儿吹，摇篮摇。

树枝断，摇篮落。

婴儿和摇篮全部落下来。

有些摇篮曲是哀悼歌曲，描述了孩子的死亡或葬礼；其他的歌曲带有威胁意味，警告儿童如果不按预期方式入睡或做其他事情，大人就会采取暴力行为。

一项研究调查了 200 首童谣，约有一半描述了生命的奇观和美丽，而另一半则描述了人类和动物死亡或遭受虐待的方式。这些童谣中与死亡有关的主题包括谋杀、窒息致死、折磨与残酷对待、致残、痛苦和悲伤，有的故事描述了走失或遭到遗弃的孩子，以及贫穷和欲望。

宗教

思考人类在宇宙中的位置是人类发展的关键方面，传统上，各种宗教都为这种思考提供了沃土。宗教不仅是道德和人际关系的基础，它还可能赋予生命意义。作为文化的基本要素，宗教以及更广泛的灵性，有可能塑造个体生活和性格。许多宗教传统的核心观念"并不像通常想象的那样对儿童来说难以理解"。有人指出，"尽管与以往相比，更多的年轻人声称自己没有宗教信仰，但他们对'灵性'的兴趣似乎在日益增长"。

在 20 世纪 90 年代的美国，有 90% 以上的人声称信仰宗教，但在 2014 年，这一数字下降到了 71%。对参与宗教活动的家庭来说，他们的宗教传统会影响孩子的社会化。（第十四章会详细讨论宗教和宗教信仰的作用。）

施教时刻

在日常生活中，孩子们有很多学习临终和死亡的机会。例如，一位妈妈发现 11 岁的儿子坐在新计算机前写遗嘱。妈妈大吃一惊，各种问题出现在脑海中，他为什么写遗嘱？11岁的孩子怎么会想到送走他最喜欢的东西？他认为自己快死了吗？我该怎么办？我能说什么？妈妈鼓起勇气，谨慎地调整语调表示中立，问道："是什么让你想到写遗嘱？"

孩子转向她，脸上充满成就感，男孩说："我在看您计算机上的菜单，发现立遗嘱这个程序。程序启动，我要做的就是填空。很简单，是吧？然后我可以打印出自己的遗嘱。"

此时，我们遇到施教时刻这个概念，教育工作者用这个词组形容由普通经历产生的学习机会。由于它们的即时性，这种自然发生的事件非常适合学习。学习者的问题、热情和动力指导着教育过程。如果我们假设学习总是单向流动的，即从成人到儿童，那么我们就会错过教育作为互动过程的典型特性。在小男孩在计算机遗嘱程序上填空这个例子中，母亲似乎清楚地扮演了学习者的角色。她了解到儿子在探索新计算机，更重要的是，她还学到了重要的一课，即在做出反应之前要收集信息。

假设这位妈妈对儿子对死亡的明显兴趣感到震惊，然后仓促做出反应："停！孩子不应该考虑遗嘱或临终！"她当然可以告诉孩子关于死亡的知识，但这不会促进对死亡的有益理解。应该问这样一个问题：教的是什么？"教育"是否源于有意识的设计？还是无意间传达了有关死亡的不良信息？

让我们回到母子的故事。妈妈并没有因为最初的焦虑而仓促行动，而是了解了信息，因此可以以这次谈话为契机，和儿子讨论死亡。她可能会提醒儿子注意"未成年儿童指定监护人"的条款，告诉儿子她为确保他的生活所做的事情（"我告诉过你，玛莎姨妈和约翰叔叔被列在我的遗嘱中，将担任你的监护人吗？"），并且回应他的担忧（"不，我在很久以后才会死去"）。他们可能会花几分钟谈论死亡的其他方面以及人们如何做好准备。成人和儿童之间交换信息时，会促进开放的氛围，通过简短的对话可以学到很多东西。

施教时刻通常是在计划外或意外出现的，但父母、教育者和其他成年人也可以故意创造机会，促进对死亡的了解。我们无须等到死亡事件发生时才谈论死亡。的确，在前面给出的示例中，妈妈利用儿子用计算机程序写遗嘱的事情开始关于死亡的讨论。同样，在为儿童制作的电影中，死亡常常是情节的一部分，这可以自然而然地引发人们的讨论，例如在各个角色之间如何描述悲伤。充分利用此类机会的关键在于，孩子信任的成年人需要在孩子熟悉的环境中做好充分准备。

施教时刻不仅发生在成人和儿童之间，还发生在成人之间。乘飞机旅行时，一家大公司的高管与本书的一位作者进行了交谈。在了解这本教科书的主题之后，他的语气发生了变化，他说："我能问您关于我个人事情的看法吗？"问题有关家庭争议，关于他5岁的儿子是否应参加祖父的葬礼，仪式在阿灵顿国家公墓举行。他担心军事仪式（包括制服、士兵和21门礼炮）会吓坏儿子。在他分享了有关家人和孩子的更多信息之后，作者提出了在葬礼期间父母如何向孩子提供支持的建议。听了这些建议后，他可能重新考虑他早先不允许孩子参加仪式的决定。在了解了具体建议后，他认为儿子应该参加祖父的葬礼。你不必成为教科书的作者，就可以向对死亡有疑问的人提供有用的信息。在阅读本书时，你将获得可以分享给他人的信息。

> 最近我7岁的儿子坐在我的腿上，我们一起看了晚间新闻。一则关于环境污染的报道在结尾引用了联合国科学家预测，他们认为20年后世界将无法居住。当电视切换到广告歌曲，推荐购买不油腻的护发素时，我的儿子转向我，用非常小的声音问道："爸爸，我们所有人都要死去的时候我几岁？"
>
> 罗伯特·D.巴尔，社会研究专业人员

宠物之死

一位母亲描述了她的女儿对新出生的一窝小兔子死亡的反应。得知这一消息后，7岁的孩子放声痛哭，高声喊道："我不想让它们死。"5岁的孩子起初默默地站着，然后要求打电话给正在上班的爸爸。女儿说："爸爸，如果您在这儿，您可以做兔子的医生。"这反映出一种与她的年龄相称的信念，即应该有可能以某种方式拯救小兔子或让它们恢复生命。后来，当孩子们开始挖坟墓，埋葬死去的兔子时，7岁的孩子自得知兔子死了这一消息后第一次停止哭泣，而5岁的孩子不断用单调的声音重复说："小兔子死了，小兔子死了。"

在兔子死后的几天，女孩们问了许多问题。7岁的孩子特别热衷于问一位家庭友人———位寡妇——关于她去世的丈夫的问题。小女孩想知道，她多久想她丈夫一次，为什么人会被从爱人的身边带走呢？同时，5岁的孩子继续默默地哀悼兔子，直到妈妈鼓励她表达自己的感受。然后她开始抽泣。最后，她说："我很高兴我只有5岁，人只有在老的时候才会死。"

小孩子最关心的是自己，担心自己会死。大孩子则担心关系的持久性。尽管每个孩子对失落感都有独特的反应，但两个孩子都表现出在兔子死后的几天需要和父母亲近，他们在这个过程中一次又一次地讲述了兔子死去的故事。

成人可能想知道如何以最好的方式帮助孩子应对心爱的宠物的死亡。是否应该尽量减少失落的感觉？给他们替代动物？还是应该把宠物的死亡当作机会，帮助孩子理解死亡意味着什么，探索他们对失落的感受？"寿命短于人类的宠物可以教给孩子有关生命周期的知识，包括失落感。"

当然，受宠物死亡影响的不仅是儿童。凯利·麦卡琴和斯蒂芬·弗莱明指出："失去宠物通常涉及对生命和死亡的责任，这会使悲伤变得特别困难。如果宠物患了重病，主人将面临一个重大决定，那就是宠物的生命是否值得延续，还是应该对它实施安乐死。"

宠物对它们的"宠物父母"可能有许多不同的意义。一些人把宠物当作最好的朋友。宠物可能是通向过去的桥梁，让人联想到更快乐的时光或辛酸的往事。宠物在人们经历失落或其他压力时为他们提供支持。对于身患重病的人来说，宠物可能既为他们提供安慰，也是他们活下去的理由。"与某个宠物的独特联系永远无法复制"，这句话非常有道理。我们可能会再次与另一只宠物建立联系，但新的宠物永远无法取代我们失去的那只宠物。

芭芭拉·安布罗斯描述了日本人对动物灵魂的看法发生的变化。在日本，直到20世纪90年代中期，人们都认为死去的宠物具有复仇、威胁的灵魂，而如今，大约10年后，人们认为动物是充满爱心、忠实的精神伴侣。安布罗斯说道："宠物作为家庭成员，人们在宠物死后，会举行仪式埋葬并纪念它们。"她指出，许多宠物主"似乎强烈地希望他们与宠物之间的纽带永存，即使在宠物死亡后也是如此"。米歇尔·林-古斯特也描述了类似的转变，尽管她的描述没有神秘的暗示，她描述了狗在家庭中的角色是如何从狩猎者和保护者转变为家庭中的"成员"的。

一名女性描述了她的丈夫对一个叫伊基的沙漠鬣蜥死亡的反应。鬣蜥死后，她的丈夫"把它放在鞋盒里，埋葬在后院，并且在整个过程中哭泣"。他后来说，他"为每只曾经爱过而后失去的宠物哭泣"。宠物的死亡会引起呆滞、难以置信、完全处于失落的情绪中、总是注意到能够让人们想到宠物的东西、愤怒、沮丧以及经历重大失落后与悲伤相关的全部心理和情感特质。许多人没有将宠物视为财产，他们认为宠物不仅是同伴，还是"家庭的一部分"。

为因失去宠物而感到悲伤的人提供咨询的人士强调，成年人和儿童都应表达自己的感受。动物死亡的不同方式会影响悲伤的反应。例如，与宠物自然死亡或安乐死相比，因事故失去宠物，人们感到悲伤的时间可能更长。"宠物父母"可能会对选择让宠物进行安乐死感到内疚，他们认为自己是负直接责任的。毕竟，动物无法像人类那样在生前立遗嘱或预先做出指示，通过语言明确表达死亡的愿望。

当决定对动物实施安乐死时，一些专家建议告知儿童这个过程。我们可以告诉他们宠物濒临死亡，而兽医将给宠物打一针，这样可以帮助宠物无痛死去。我们还应告知儿童，这种注射剂是仅对动物使用的强效药物，以免让儿童在接种疫苗或接受其他注射时担心。

尽管人与宠物之间的依恋关系可能非常牢固，但哀悼失去的宠物有时会引起别人的嘲笑甚至导致更糟的情况。卡特里娜飓风过后，一些当权者对陷入困境的陪伴动物毫不关心，认为它们不重要。据报道，一些地方当局没有与幸存者讨论是否要救宠物犬，而是直接开枪射杀宠物，无视许多与自己珍视的动物同住的人会冒着生命危险保护宠物免受伤害。观察表明，"经历灾难的人往往是在他们最需要彼此的时候，偶然或被迫与宠物分开，有时是永久与宠物分离"。

人们有时会认为失去宠物的人过于悲伤或反应过度，毕竟，"那只是一个动物，只是一只宠物"。但是，正如艾伦·凯勒希尔和简·福克指出的："尽管人们普遍倾向于轻视失去宠物的失落感，但有关宠物与人类关系的一般文献却描绘了当宠物主人在失去宠物时，与失去其他人一样，被同样的力量与情况所困扰。"

在美国许多地方都有宠物墓园，它们为如何最终处置陪伴动物的遗体提供了选择。例如，位于南加州的盖特威宠物公墓既提供土葬，也提供火葬。兽医学校可以提供宠物死后的处置方法以及陪伴动物的临终关怀（包括"宠物的安宁照

这个自制的墓碑和墓地显示了对陪伴动物的强烈依恋。人们会在失去宠物后自然而然地感到悲伤，并纪念他们挚爱的宠物。

护"）的相关信息。

当动物与其照顾者之间的纽带因宠物死亡而被破坏时，这种失落感的重要意义使得哀悼自然而然。成人和儿童均是如此。切里·巴顿·罗斯解释说，

> 孩子可能决定佩戴猫的项圈，让他感觉亲近死去的猫。一些孩子选择拥抱宠物的床上用品或搂着它入睡。一位女士分享说，她保存了爱犬的项圈，把它当作吊袜带，这个蓝色的东西隐藏在她的婚纱下，纪念陪伴她长大的爱犬。

在得到新宠物之前，应给人们足够的时间去哀悼宠物的离去。"一些宠物主人的悲伤可能会因另一只宠物的存在而减少，但对另一些宠物主人而言，更换宠物永远是不合适的。"当悲伤已经充分愈合，人们可以在情感上再次接纳新的宠物时，才是接纳新宠物的恰当时机。正如埃弗里·韦斯曼观察到的那样："人与动物之间的纽带关系通常比人与亲戚之间的纽带关系更加深厚。"

重新审视死亡的成熟概念

社会化的过程是复杂且持续的。经历新的失落和死亡之后，我们改变了先前持有的观念，用新的观念将其替换，这些观念更加符合我们当前对死亡及死亡在我们生活中的意义的理解。童年时期获得的"成熟"死亡概念成为成年后进一步发展的基础。桑德尔·布伦特和马克·斯佩斯指出，对死亡的基本理解是"儿童在内涵领域的稳定核心的基础上，通过加入各种例外、条件、问题、疑问等，在其余生中不断丰富和阐述这个内涵领域"。与"关于事实的正式科学理论中整齐、清晰、明确界定的概念"不同，这个过程的最终结果可能是产生一个"模糊"的概念，这个概念承认死亡的现实，同时也为阐述死亡的意义留有余地。

> 我特别喜欢美国的小镇公墓，孩子们来这里野餐和玩耍，就像我小时候一样，我们独自在墓碑之间徘徊，没有成人在场，思考死亡的神秘性和必然性，死亡的意义和我们的意义。我记得我们会带着一种敬畏远远地观看葬礼，我相信从那时候开始我不仅沉迷于死亡本身，还沉迷于死亡和生命的结合体，以及生命的秘密、生命的恐惧和生命的惊喜。
>
> 威利·莫里斯，《转变的插曲》

因此，幼童用来理解成熟死亡概念核心要素的二元的、非此即彼的逻辑是后来理解之后人生中更为复杂的死亡概念的基础。

戴维·普拉思写道，

> 我们独自出生，独自死亡，每个都是基因独特的有机体。但是，我们会共同成熟或衰老：在他人的陪伴下，我们共同驯化我们的野性，成为符合群体传统期望的人。也许一个有机体的生长和衰老可以用个体经历的阶段和转变来描述，但是对于社会动物，生命过程必须通过自我的集体制造来描述，这是共同的生命历程建构。

有人说，影响婴儿成长的最重要的一件事情，就是"决定婴儿到底在什么样的社区成长"。把自己作为文化意义上的人，我们就能够更好地把他人当作文化存在。即使我们认同一个特定的群体（或被他人认同），我们还是有时以自己的方式行事的个人。心理学家告诉我们，每个人都是由"多种身份"组成的，并且管理不同身份的能力是自我存在的一个重要方面。文化并不能决定行为，而是赋予我们"各种思想和可能的行动"。通过它，我们了解自己、我们的环境和我们的经历。

阿尔伯特·班杜拉说道："从生命周期的角度看待人类发展的理论家们并不将环境视为情境实体，而是视作一系列不同的生命事件，这些生命事件影响着生命的发展方向。"人们在不同时期身处的社交圈以及社交圈中的人的类型使某些"轨迹相交"更可能发生。班杜拉举例说明，一个生活在高犯罪率社区中的儿童很可能和在预备学校住校的儿童经历完全不同的不期而遇。

花点时间考虑一下自己的情况。你居住在农村、城市还是小镇中？你居住在国家的哪个地区，北部、东部、南部还是西部？你的学校在种族和宗教上是否多样化？你对死亡的态度可能会受到以上因素的影响。生活经历在塑造一个人对死亡的态度和观念方面具有强大的作用。直到成年之前，一个人可能无法完全意识到儿童时期有关死亡的经历对他的影响。一个10岁的孩子痛苦地说，"这令人生厌，不要谈论它！"，这句话可能到成年后还会说。

适合低龄儿童的书籍

Cathy Blanford. *Something Happened*. Illustrated by Phyllis Childers. Western Springs, Ill.: Cathy Blanford, 2008. 这本书图文并茂，用幼儿容易理解的语言讨论了流产，也含有悲伤的父母如何帮助孩子的信息。适合3~7岁的儿童阅读。

Marc Brown. *When Dinosaurs Die: A Guide to Understanding Death*. Illustrated by Laurie Krasny Brown. Boston: Little, Brown, 1996. 这本书就像漫画一样，用简单的语言解释人们在亲人去世时的感受，以及纪念逝者的方式，通过设法消除孩子们对死亡的恐惧，安慰他们，打消他们的疑虑。适合3~8岁的儿童阅读。

Margaret Wise Brown. *The Dead Bird*. Illustrated by Remy Charlip. New York: Morrow, 2004.
这是一个简单的故事，孩子们发现一只鸟死了，为它进行葬礼，把它埋葬。适合4~8岁的儿童阅读。

Bill Cochran. *The Forever Dog*. Illustrated by Dan Andreasen. New York: HarperCollins, 2007. 迈克和他的狗柯基制订了一个"永恒计划"，永远做最好的朋友；计划一直顺利进行，直到柯基意

外死亡。悲痛中的迈克对柯基违背诺言感到愤怒。在妈妈的帮助下，迈克意识到"永恒计划"将会有所不同。柯基将永远活在他心中。适合4～8岁的儿童阅读。

Bill Cosby. *The Day I Saw My Father Cry*. Illustrated by Varnette P. Honeywood. New York：Scholastic, 2000. 一位家庭朋友的突然去世带来了体验和表达悲伤的机会。适合4～10岁的儿童阅读。

Mary Newell DePalma. *A Grand Old Tree*. New York：A. A. Levine, 2005.

这是一本关于生命周期的图文并茂的绘本。古树慢慢变成碎屑，成为大地的一部分。她的"孙辈"的根系深入地下，是许多生物的家园。适合4～8岁的儿童阅读。

DyAnne DiSalvo-Ryan. *A Dog Like Jack*. New York：Holiday House, 2001. 这是一个关于爱和失去年长宠物的故事。后记中有给父母的关于失去宠物的建议。适合4～8岁的儿童阅读。

Joan Drescher. *The Moon Balloon：A Journey of Hope and Discovery for Children and Families*. Waltham, Mass.：Arvest Press, 2005. 这是一本关于热气球的彩页书，每个气球中包含一种孩子在应对变化时可能会有的情绪，包括愤怒气球、眼泪气球、压力气球、爱心气球和咯咯笑气球。这本书让孩子有机会画出或写出他们的感受，并为家长提供了有益的建议。适合6～11岁的儿童阅读。

Wolf Erlbruch. *Duck, Death and the Tulip*. Wellington, New Zealand：Gecko Press, 2008. 这本书以色彩斑斓的彩铅风格讲述了鸭子和死亡之间的故事。鸭子和死亡成为朋友；他们一起去了池塘，死亡（画成穿衣服的骷髅的样子）冻僵了。鸭子展开羽毛，用身体盖住死亡，温暖他。鸭子早上醒来时，他还活着，故事继续下去，直到季节变化，鸭子很冷，在夜里死去。死亡将她带到大河，将一朵郁金香放在她的胸前。"他长久地注视着她。当她消失不见，他几乎有点感动。但这就是生活，死亡认为。"这是一本揭开死亡神秘面纱、开始讨论死亡的好书。适合4岁以上儿童阅读。

Anne Fontaine. *Ocho Loved Flowers*. Illustrated by Obadinah. Seattle：Stoneleigh Press, 2007. 这是一个关于安妮和她的猫奥乔的故事。奥乔生病了，兽医告诉安妮和她的妈妈，奥乔只有一个月的生命了。在奥乔生命的最后一个月中，安妮学会了如何帮助妈妈照顾奥乔。奥乔死后，安妮买花来纪念奥乔。适合4～8岁的儿童阅读。

Eiko Kadono. *Grandpa's Soup*. Illustrated by Satomi Ichikawa. Grand Rapids, Mich.：Eerdmans, 1999. 奶奶死后，爷爷为他的朋友们修改了奶奶留下的汤的食谱，包括他的老鼠朋友们。适合4～8岁的儿童阅读。

Laurie A. Kanyer. *25 Things to Do When Grandpa Passes Away, Mom and Dad Get Divorced, or the Dog Dies*. Seattle：Parenting Press, 2004. 这本书教父母或其他成人如何帮助处于悲伤中的儿童。书的后半部分包括25项帮助儿童应对失落感的活动，包括绘画和手工活动以及高能量的户外活动。适合6～11岁的儿童阅读。

Essie Laflamme. *Caring for Mama Bear：A Story of Love*. Illustrated by Marie Crane-Yvon. Naples, Fla.：Quality of Life Publishing, 2010. 尽管健康状况每况愈下，熊妈妈的生活中仍然充满了笑声、

家人和爱,这都要归功于她的儿子小熊兄弟。熊妈妈生命中的最后几周是在临终关怀疗养院里度过的,她感觉良好,得到关爱。有亲人在临终关怀机构的家庭会从这个故事中受益,书中还包含给父母的提示和资源。适合7~10岁的儿童阅读。

Marisol Muñoz-Kiehne. *Since My Brother Died: Desde que Murio Mi Hermano*. Illustrated by Susanna Pitzer. Omaha, Neb.: Centering Corporation, 2008. 一个小男孩谈到自从哥哥死后,他的生活发生了怎样的变化,但让他感到安慰的是,他知道他将永远爱哥哥,永远记得他。男孩的心路历程是用英语和西班牙语讲述的,书中还有父母和专业人士可以利用的资源。适合5~12岁的儿童阅读。

Ellen Sabin. *The Healing Book*. New York: Watering Can Press, 2006. 这是一本关于记忆的书,每一页都让儿童有机会面对自己和悲伤有关的感受,同时记住死去的人。对帮助处于悲伤中的儿童的成人来说,这本书是绝佳工具。适合6~13岁的儿童阅读。

Harold Ivan Smith and Joy Johnson. *What Does That Mean?* Omaha, Neb.: Centering Corporation, 2006. 这是一本关于死亡、临终和悲伤术语的儿童辞典。为悲伤的儿童听到但可能不理解的单词提供符合他们年龄的定义。适合6~12岁的儿童阅读。

Patricia Smith. *Janna and the Kings*. Illustrated by Aaron Boyd. New York: Lee and Low Books, Inc., 2003. 这是一个温柔的故事。非洲裔美国女孩迦娜每周六都和祖父以及祖父的朋友金先生一家一起度过。祖父去世后,迦娜悲痛欲绝。但是当祖父的老朋友们欢迎她,和她谈到祖父并分享关于他的故事时,她再次感受到了祖父的爱。适合5岁及以上的儿童阅读。

Pat Thomas. *I Miss You: A First Look at Death*. Illustrated by Lesley Harker. Hauppauge, N.Y.: Barron's, 2001. "每天都有人出生,每天都有人死亡",这本坦率而敏感的谈论死亡的书是这样开始的。书中谈到人们是如何死亡的、葬礼、活着的家人的感受,以及不同文化背景的人是如何参与死亡仪式的。适合4~8岁的儿童阅读。

E. B. White. *Charlotte's Web*. Illustrated by Garth Williams. New York: Harper & Row, 1952. 这是一个经典故事,描述了小猪威尔伯在密友蜘蛛夏洛特死后经历的悲伤,以及夏洛特的生命如何通过后代得以延续。适合3岁以上的儿童阅读。

Jeanette Winter. *September Roses*. New York: Farrar, Straus & Giroux, 2004. 2001年9月11日,种植玫瑰的南非姐妹来到纽约。这本书讲述了恐怖袭击的悲痛和经历灾难的人们的反应。虽然是绘本,但由于使用草书,儿童可能无法读懂它。适合4~8岁的儿童阅读。

Harriet Ziefert. *Ode to Humpty Dumpty*. Illustrated by Seymour Chwast. New York: Houghton Mifflin, 2001. 这是理解葬礼仪式的终极之书,讲述了小镇居民聚在一起纪念汉普蒂的死亡。适合5~13岁的儿童阅读。

适合大龄儿童和青少年的书籍

The Dougy Center (Portland, Ore.). *After a Death: An Activity Book for Children/Después de un fallecimiento*, 2007; *After a Murder: A Workbook for Grieving Kids*, 2002; *After a Suicide: A Workbook* for Grieving Kids, 2001. 这些是从经历过死亡的其他儿童那里学习的互动练习册。这些练习册鼓励儿童通过各种活动来表达他们的想法和感受,包括绘画、拼图、文字游戏、有意义的故事以及来自其他孩子和成人的建议。适合 9 岁以上的儿童和青少年阅读。

Dina Friedman. *Playing Dad's Song*. New York: Farrar, Straus & Giroux, 2006. 格斯 9 岁时,他的父亲死于对纽约世贸中心的袭击。格斯苦苦思念着父亲,同时也不想让任何人问他关于父亲的事情。他感到孤立无援,因为他是他所知道的唯一一个父母在"9·11 事件"中遇难的人。他用音乐来安慰自己、纪念父亲。适合 9~12 岁的儿童阅读。

Carole Geithner. *If Only*. New York: Scholastic Press, 2012. 科林纳是一个典型的八年级学生,她的母亲刚刚死于癌症,在这本敏感而诚实的书中,她讲述了自己的经历,包括失去至亲、悲伤、与朋友的关系以及其他青少年问题。12 岁及以上的青少年阅读。

Marc Gellman and Thomas Hartman. *Bad Stuff in the News: A Guide to Handling the Headlines*. New York: SeaStar Books, 2002. 看到办公大楼倒塌或看到青少年在学校向其他孩子开枪后,你可能会认为这个世界太可怕了,唯一安全的做法就是藏在床下。这本书的目的是帮助孩子们理解和应对世界上的危险,包括恐怖主义、儿童杀害儿童、自然和人为灾难、虐待致死、危险运动、致死疾病等。这本书简单易读。适合 10~13 岁儿童和青少年阅读。

Earl Grollman and Joy Johnson. *A Complete Book About Death for Kids*. Omaha, Neb.: Centering Corporation, 2006. 这本书提供的综合信息有助于向大龄儿童解释死亡,对复杂的概念进行了明确定义,语言通俗易懂。适合 9~12 岁的儿童阅读。

Amy Hest. *Remembering Mrs. Rossi*. Illustrated by Heather Maione. Somerville, Mass.: Candlewick Press, 2007. 安妮·罗西的妈妈是六年级老师,她去世时,安妮 8 岁。她的爸爸尽全力做妈妈做过的所有事情,但是没有人能代替安妮的妈妈。安妮妈妈教过的班级制作了一本关于她的特殊纪念册(附在小说结尾),这对安妮有很大的帮助。有关于母亲死亡的书很少,因此这本书很突出。适合 9~12 岁的儿童阅读。

Gloria Horsley and Heidi Horsley. *Teen Grief Relief*. Highland City, Fla.: Rainbow Books, 2007. 这本易读的书提供的信息帮助青少年和父母了解如何帮助悲痛中的青少年。内容包括"有过这样的经历"的青少年的小故事,以及一些青少年可以做的应对悲伤、愤怒和内疚的活动。适合 12 岁以上的青少年阅读。

Carrie Stark Hugus. *Crossing 13: A Memoir of a Father's Suicide*. Denver: Affirm Publications, 2008. 一个十几岁的女孩发现父亲死于自杀。年轻的自杀者遗族会理解困惑且恐惧的悲伤反应是正常的,并从中受益。适合 12 岁以上的青少年阅读。

Davida Wills Hurwin. *A Time for Dancing*. New York: Puffin, 1997; reissued 2009. 这本小说讲述了绝症如何影响朋友和周围其他人的生活,富有感染力。两个十几岁的女孩从小就是最好的朋友,当其中一个女孩被诊断出患有组织细胞淋巴瘤(一种致命的癌症)时,她们面临着死亡问题。适合 12 岁及以上青少年阅读。

Amy Goldman Koss. *Side Effects*. New Milford, Conn.: Roaring Brook Press, 2006. 这是青少年伊

西与癌症抗争的故事,详细描述了伊西和家人的应对机制。青少年会认同伊西,无论是因为自己或认识的人患有癌症,或者只是对致命疾病感到好奇。适合9~12岁的孩子阅读。

Erika Leeuwenburgh and Ellen Goldring. *Why Did You Die: Activities to Help Children Cope with Grief and Loss*. Oakland, Calif.: Instant Help Books, 2008. 为经历过死亡的儿童提供详细、有益的活动建议。这本书的第一部分为父母和其他成年人提供了帮助悲伤儿童的实用信息,后半部分包含帮助悲伤儿童的活动。适合9岁及以上的孩子阅读。

Wendy Mass. *Jeremy Fink and the Meaning of Life*. New York: Little, Brown, 2006. 杰里米8岁时,父亲死于车祸。他在差几个月到13岁时,收到了一个神秘的木盒子,这是父亲生前为他制作的。据杰里米的父亲说,这个盒子里装着生命的意义。只是有一个问题:没有钥匙!杰里米整个夏天都在寻找钥匙,打开挚爱的父亲送给他的珍贵礼物。适合9~12岁的孩子阅读。

Sheryl McFarlane. *The Smell of Paint*. Brighton, Mass.: Fitzhenry & Whiteside, 2006. 故事讲述了高一新生杰斯的妈妈被诊断出患有无法治愈的骨癌。杰斯试图独自应对母亲的疾病,甚至不想让她最亲密的朋友知道。这本书讨论了杰斯与临终母亲的复杂关系。适合12岁及以上的青少年阅读。

Katherine Paterson. *Bridge to Terabithia*. Illustrations by Donna Diamond. New York: HarperTrophy, 1987; reissued HarperTeen, 2009. 这本书获得了纽伯利奖,生活在乡村的五年级学生杰斯遇到了新邻居,一个像男孩一样的顽皮女孩莱斯利,从此杰斯的世界变得更加宽广。他们成为最好的朋友,在树林里建立了一个秘密王国,名叫特拉比西亚。莱斯利溺水后,杰斯的生活永远改变了。适合11岁及以上的青少年阅读。

Lila Perl. *Dying To Know: About Death, Funeral Customs, and Final Resting Places*. Brookfield, Conn.: Twenty-First Century Books, 2001. 这本小书通过照片和文字向读者介绍美国和世界其他地方的有关死亡的习俗和实践。全书分为几部分,讨论不同宗教和国家的态度和实践,也包含历史信息。适合12~18岁的青少年阅读。

Margo Rabb. *Cures for Heartbreak*. New York: Random House, 2008. 这本书以一种直白的方式,用智慧和些许讽刺来讨论悲伤和典型的青少年问题。15岁的米娅·珀尔曼努力理解母亲的死亡、父亲的疾病,以及她与姐姐的关系。米娅和其他角色的表达真诚、有力、真实。适合14岁及以上的青少年阅读。

Jordan Sonnenblick. *Drums, Girls, and Dangerous Pie*. New York: Scholastic, 2006. 杰弗里被诊断出患有白血病。总是保护他的大哥史蒂文说:"为什么在我一不注意时,杰弗里就得了癌症。"这个故事是从长兄的角度讲述的,谈到与患有致命疾病的家人生活的方方面面,包括对整个家庭的压力。适合11~14岁的青少年阅读。

Staff of the New York Times. *A Nation Challenged: A Visual History of 9/11 and Its Aftermath (Young Reader's Edition)*. New York: Scholastic, 2002. 这本书综合了报刊文章和普利策奖获奖照片,以适合孩子的方式描述了恐怖事件。适合9~14岁的孩子阅读。

Peter Lane Taylor and Nicola Christos. *The Secret of Priest's Grotto: A Holocaust Survival Story*.

Minneapolis：Kar-Ben, 2007. 这个不同寻常的故事讲述了一个犹太家庭为了逃离盖世太保，在乌克兰一个名为波普瓦山的石膏洞里住了344天才得以幸存。书中摘录了埃斯特·斯特默个人出版的回忆录《我们为生存而战》，讲述了那个黑暗的时代，黑暗既有字面意义，也有比喻意义。适合9～12岁的孩子阅读。

Terry Trueman. *Hurricane：A Novel*. New York：HarperCollins, 2008. 来自洪都拉斯拉鲁帕的何塞讲述了在灾难性的飓风中幸存的故事。何塞描述了他在飓风前后的生活。适合9～12岁的孩子阅读。

Jamie Lee Wheeler. *Weird Is Normal When Teenagers Grieve*. Naples, Fla.：Quality of Life Publishing, 2010. 珍妮在谈论她14岁时父亲生病和死亡的经历时，既引人入胜又坦诚直率。她的睿智和独特风格超越了她的实际年龄，使这本书成为青少年和成年人可利用的极好资源。在这本书中，每一章的末尾都有通俗易懂的要点和建议。适合12岁及以上的青少年阅读。

Kazumi Yumoto. *The Friends*. Translated by Cathy Hirano. New York：Farrar, Straus & Giroux, 1996; reissued, 2005. 这个故事既植根于故事发生的国家和文化，又具有普遍性。三个男孩对死亡的迷恋使他们与一位长者建立了意想不到的友谊，通过这种友谊，他们学会了面对自己的恐惧，以及以喜悦之心接受不可避免的事情。适合9岁及以上的孩子阅读。

Nan Zastrow. *Ask Me . . . 30 Things I Want You to Know：How to be a Friend to a Survivor of Suicide*. Omaha, Neb.：Centering Corporation, 2008. 这本书以直接明了的方式介绍如何帮助自杀者遗族。当自杀者遗族的家人和朋友不知如何帮助他们时，这些建议会很有用。适合16岁及以上的人阅读。

注：由佛罗里达州迈阿密儿童丧亲中心的联合创始人卡罗尔·F. 伯恩斯博士协助编写。

有关本章内容的更多资源请访问 www.mhhe.com/despelder11e.

第三章

如何看待死亡：
历史与文化的角度

与死亡有关的习俗是从共同的文化传统和当地习俗发展而来的。在美国，出席葬礼通常身着黑色服装，这种做法与照片中所显示的印度人在葬礼上身着鲜艳披肩的做法大不相同。

尽管从根本上来说死亡是生物学事件，但由于社会原因形成的观念和假设却造就了死亡的意义。例如，思考一下居住在英格兰的印度教徒和他们面对的与死亡仪式相关的文化的要求。在印度，殡仪员或葬礼主持人很少，因为葬礼通常由死者的家人安排。火葬是一项公共事件，葬礼的主要哀悼者点燃火葬柴堆的神圣火焰。而在英国，遗体放置在棺材里，之后放入焚尸炉内，人们看不到发生了什么，这一切都是由火葬场的员工完成的。"哀悼者既没有感受到浓烟刺激眼睛、火烧到头发，也没有闻到尸体烧焦的味道，没有什么让他感受到痛苦的直接体验与现实。"

这个例子说明了当今社会的多元文化如何给传统文化身份带来挑战。这些挑战不仅适用于移民，也适用于一般人群。现在，世界上大多数人都拥有二元文化身份或"混合"身份，"将其本地文化身份和与全球文化要素相关的身份结合起来"。

文化可被定义为"人类社会中通过社会而不是生物进行的所有传播"。拓宽我们的视野，接纳我们自身以外的其他文化，这丰富了我们在与死亡相遇时可以做出的选择。通过增强文化能力，我们就能够适当且巧妙地应对文化多元社会中存在的多样性。

人们倾向于从一个单一的角度（自己的角度）看待世界，并运用自己的文化标准作为判断其他社区价值的基准。模式化观念有时是组织和解释信息的学习策略，但实际上，文化群体内部的差异可能大于文化群体之间的差异。了解其他文化的观念和习俗能够矫正种族中心主义,这是指根据自己的文化假设和偏见对他人做出判断的谬误。

社会的定义是"具有共同文化、共同领土和共同身份的一群人;他们认为自己构成了一个统一而独特的实体,通过社会关系互动"。在研究人体时,我们研究各种器官的结构和功能及其相互关系,与研究人体一样,我们可以将社会视为一个有机整体,各个组成部分相互协作以维护彼此和整个社会。社会的结构性观点是指"持续而有规律的方面,为人们提供了日常生活的环境和背景"。

社会制度相互关联,一种制度的改变会导致其他制度的改变(见图3-1)。例如,在巴西东北部,那里有许多人生活在极端贫困中,历史上,政府一直没有对穷人的婴儿死亡率进行准确的统计。从社会结构的角度来看,这个例子说明了经济如何对政治体系产生影响,继而又影响了巴西贫困家庭的社会现实。

这种社会观有助于我们理解对待死亡的态度和行为的制度化基础。在北美,对死亡的文化期望反映了与技术导向和官僚社会一致的社会现实。正常的死亡是自然发生并且发生在正确时间的死亡,也就是在老年时期发生的死亡。现代社会中,死亡的有序旨在防止混乱并保持社会生活的平衡。在这种结构框架中,人们倾向于把死亡推到社会生活的边缘。

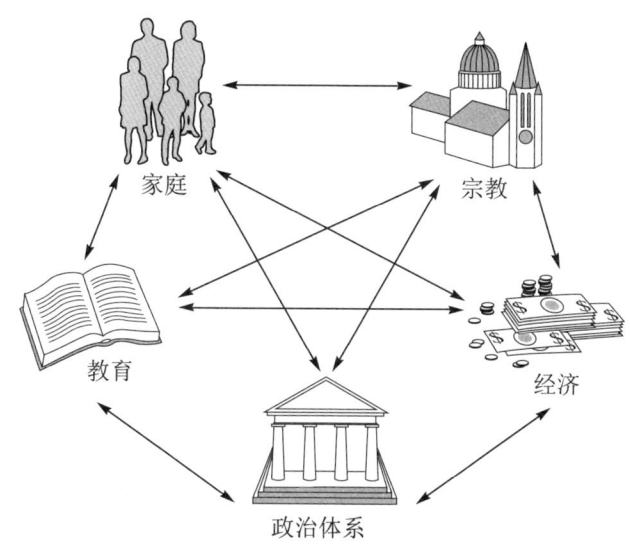

图3-1 社会结构

象征性互动主义是指人们积极响应生活中的社会结构和过程，甚至成为社会结构和过程的创造者。一项调查研究了城市医院中加拿大"第一民族"原住民临终患者和悲痛的家人，研究人员发现，欧洲裔的加拿大护理人员和加拿大原住民患者对适当护理的理解有所不同。相互了解以解决不同观点之间的冲突，这使得护理人员和患者的态度和行为都发生了变化。随着新的"意义"的出现，医院的"文化"发生了改变。

当我们遵守社会规范时，我们的行为就会得到巩固或奖励；当我们不服从社会规范时，我们的行为将受到惩罚或得不到回报。社会学习也会通过替代性强化发生，替代性强化是指一个人不直接参与某项活动，通过观察他人因某种行为而受到奖励或惩罚，从而使自己也受到相应的强化。我们甚至可能没有意识到我们正在遵守某些社会规范，因为它们已根植于我们的生活方式中。我们把这些社会规范视为自然的，也就是"事情运作的方式"。

例如，在当今社会中，人们不太可能把亲戚的遗体放在户外的支架上，让遗体自然分解。然而，对19世纪居住在大平原上的美洲原住民来说，平台葬是他们社会规范的自然组成部分。

在文化多元社会中，我们有足够的机会运用这些见解，增进对与临终、死亡和痛失亲人相关的习俗和行为的理解。一位拉美裔年轻女性最近第一次参加了欧洲裔白人的葬礼。她说自己感到"非常困惑"，因为没有人讲故事，也没有人对死者的一生开个小小的玩笑。她说："每个人都尊重这个家庭，但令我感到惊讶的是，葬礼如此严肃。我已经习惯了人们在葬礼上谈笑风生。"社会规范的功能很像游戏规则或戏剧剧本，意识到这一点，我们就能够观察它们如何影响人们表达悲伤以及为纪念死者举行的仪式。

不同文化对死亡的态度汇成"欢迎死亡"到"拒绝死亡"的连续统一体。保罗·库德纳利斯提醒我们，

> 尽管我们倾向于认为死亡代表着一种明确、无法改变和不可还原的状态，但它的定义和解释却取决于语境。在现代西方世界中，我们已经开始把死亡视为边界。在许多其他文化中，它不是一种边界。人们认为死亡是一种过渡，生与死之间的对话构成了社会话语的重要组成部分。

在获悉各种文化时，请想想你会把每种文化放在欢迎－拒绝的连续统一体上的什么位置。也请考虑一下，你自己的文化（你所属的国家、民族或亚文化以及家庭群体）可能处在这个连续统一体的什么位置。

传统文化

人类对亡者的关注早于有文字记载的历史。目前尚不清楚最早的葬礼是为了保持与死者的联系或沟通，还是为了避免受到未埋葬的死者或游荡的灵魂的伤害。埋葬死者可能是为了避免令人不愉快的气味、疾病或危险的食腐肉的鸟兽。无论如何，人们认为，在欧洲出土的4万到1万年前的、旧石器时代晚期的人类遗骸是有意埋葬的，与它一同被埋葬的还有人工制品、个人物品和其他陪葬品。

在某些墓葬中，尸体被红赭石染上颜色，摆成胎儿的姿势，暗示身体得以重生。有时，随尸体入葬的还有装饰贝壳、石质器具和食品，表明人们相信这些物品在从生活之地到死亡之地的旅程中会有用处。这些证据让我们想起这句话："亡者不会埋葬自己，而是由生者处理和处置。"意大利哲学家詹巴蒂斯塔·维科将埋葬亡者归类为基本的社会制度，并指出英语中的"人类"一词源自拉丁语，词根的意思是"埋葬"。

死亡的起源

人类的态度、价值观和惯例首先出现在神话中，也就是说，神话故事解释了人类世界观中共同的思想或信念。关于死亡如何成为人类经历的一部分，这些故事告诉了我们什么？在某些神话中，死亡成为人类经验的一部分，因为先祖或某个原型人物由于判断力差或者拒不服从，违反了神圣或自然法则。这些故事有时包含对某些人或团体的考验。考验失败时，死亡变成现实。非洲卢巴人讲的一个故事描述了上帝为第一批人类创造了一个天堂，赋予了它维持生计所需的一切；但是，上帝不允许人类吃在田野中间的香蕉。当人类吃香蕉时，就注定要在一辈子辛劳之后死去。此类主题和亚当、夏娃在伊甸园中违背规则的故事类似，这种对死亡起源的描述，在犹太教、基督教和伊斯兰教的宗教传统中一直存在。

> 当第一个人——人类之父——被埋葬时，一位神从坟墓旁经过，他询问为什么要这么做，因为他从未见过坟墓。当神了解到他们埋葬父亲的地点时，神说："不要埋葬他，把尸体挖出来。"他们回答道："不，我们不能那样做。他已经死了四天了，散发出难闻的气味。"神恳求道："不是这样的，把他挖出来，我向你们保证他会活过来。"但是他们拒绝执行神的命令。神便宣布："你们不服从我，就已经决定了自己的命运。如果你们把祖先挖出来，会发现他还活着，当你们离开这个世界时，你们会被埋在地下四天，然后被挖出来，就像埋在地下的香蕉一样，不会腐烂，只会成熟。但是现在，因为你们不听从我的劝告，你们将受到的惩罚就是死后腐烂。"每当他们听到这个悲伤的故事时，斐济人都会说："哦，如果那些孩子把尸体挖出来该多好！"
>
> 斐济的故事（传统）：死亡的起源

在一些神话中，一个本可以确保永生的关键行动没有得到适当的执行；一个疏忽而不是采取某种行动会给人类带来死亡。一些故事讲述了使者本应传递永生的信息，但由于恶意或健忘而使信息混乱，或者信息没有按时到达。在北美的温尼巴戈地区，骗子野兔就是这类主题的一个例子。野兔一时忘记了自己的意图，因此未能传达拯救生命的信息。这类主题还有一种变体，被派出的两位使者，一位使人永生，另一位带来死亡，结果带来死亡的使者首先到达了。

> 当野兔听到死亡的消息时，它冲向小屋，到那儿的时候哭着、尖叫着说，我的叔叔和阿姨们不能死！然后它突然意识到：万物都会死亡！它把意念集中到悬崖上，悬崖开始坍塌。集中到岩石上，岩石粉碎了。它把意念集中到大地之下，生活在那里的所有事物都静止了，死亡让它们变得四肢僵硬。它把意念集中到天空，飞翔的鸟儿突然掉到地上，也死去了。
>
> 它进入小屋，拿起毯子包裹自己，哭着躺下。整个地球都装不下所有将要死去的东西。很多地方都没有足够的土地！它躺在角落里，包裹着毯子，沉默了。
>
> 温尼巴戈神话：野兔听到死亡之声

有一类主题是"包袱中的死亡"，当无意或错误地打开了包含全人类共同命运的包袱时，死亡就进入了人类生活。伊索讲述的一个希腊神话故事就体现了这类主题。

这些神话反映了一个人们非常熟悉的主题：死亡来自外部，它缩短了事物本来无限的生命。我们了解疾病和衰老的生物学过程，但仍然觉得，如果这一缺陷得到修正，我们就可以活下去。我们让自己相信死亡本不属于我们，不是我们的一部分。

> 那是一个闷热的夏日午后，爱神厄洛斯厌倦了玩耍，又因炎热而头晕，于是躲进了阴凉、黑暗的洞穴。这恰好是死神的洞穴。
>
> 厄洛斯只想休息，便随意躺下，一不小心所有箭都从箭袋中掉了出来。
>
> 他醒来时，发现自己的箭与死神的箭混在一起，死神的箭原本就散落在洞穴的地上。两种箭非常相似，爱神无法分辨出差异。但是，他知道自己的箭袋里有多少支箭，最终他收回了正确的数量。
>
> 当然，厄洛斯拿走了一些属于死神的箭，留下了一些自己的箭。因此，今天我们经常看到老人和临终者的心被爱情之箭射中。有时我们看到年轻人的心被死亡所俘获。
>
> 伊索：爱神与死亡

死者的名字

对待死者的一种常见做法是回避姓名。例如，死者可能被称为"那个"，或者用其生前的特点或特质指代死者。因此，很会钓鱼的"乔叔叔"在他去世后可能会被称为"那个捕许多鱼的亲戚"。勇敢无比的女性可能被称为"勇气可嘉的那个人"。在某些文化中，提到死者的时候不使用姓名，而是提死者与讲话者的关系。

有时候为了彻底回避死者姓名，与死者同名的生者必须启用新的名字。在加里曼丹岛中部的本南族中，所有形式的社会话语中都纳入了与死亡有关的命名实践。一个人死去时，最亲近的亲戚将得到"死亡姓名"。随着时间的推移，人们可能会有一系列的名字和头衔，表明与死者的不同类别的关系。

某些文化会特别强调死者的名字，而不是避免提到。例如，死者的名字可能用于为新生儿命名。这样的命名方式是因为人们渴望记住亲人，或是希望让死者的灵魂转世。例如，在传统的夏威夷人中，孩子可能以祖先的名字命名，甚至由众神命名。这些名字尤其重要，因为它们是神赐予的，而且是通过梦境传达的。据说用死去的亲戚给孩子取名可以使这个名字重生。

死亡的原因

艾伦·凯勒希尔描述并分析了临终的社会历史——从石器时代到定居人口增加的畜牧时代，到城市时代和"驯服的死亡"，最后是当前的大都市时代——让我们了解死亡的含义如何随着时间的推移而改变（见表 3-1a，3-1b）。

表 3-1a 临终的社会历史

石器时代 "死亡意识的黎明"	畜牧时代 "定居人口的增长"
死亡原因 遭受外伤、人和动物捕食者、生育、意外事故导致的突然死亡。	**死亡原因** 与动物居住在一起会导致生态病原的感染，来自牛、虱子、鸡、跳蚤的细菌。人群型疾病、感染、寄生虫病、肺结核和天花的传播。
对死亡有短暂认识 如果家人为死者的来世之旅做好充分准备，那么临终可以是好事或是坏事。	**对死亡有更长久的了解** 流行病让人们寻找社会或精神原因，因此被认为应负责任的人会被判入狱，或被烧死、溺死或折磨致死。
来世之旅 死者的家人为充满考验的来世之旅准备了墓穴用品。这样，共同体中的其他人代表"临终者"安排了社会责任。生物死亡不是死亡的终点，终点是一个人在来世中身份的终结。	**美好的死亡** 美好的死亡是美好生活的自然组成部分，临终具有特权和义务。临终者为活下来的家人提供了物品（遗产）。死是"驯服的"，也就是说，人们了解身体将受到的磨难和死亡的最终目的地，明白这是集体命运。
挑战 预期死亡，导致具有以下特征的行为： 防御性——寻找避开死亡的征兆、预测死亡的来临、识别带来死亡的风险并避免死亡。接受——计划、学习、准备。	**挑战** 为死亡做准备：分配遗产、进行宗教准备；物品的再分配以及作为共同体一部分的情感损失的影响。死亡对个人和社区是好事或坏事。

续表

石器时代	畜牧时代
"死亡意识的黎明"	"定居人口的增长"
死亡是幸运的（仁慈的）或不幸的（糟糕的），但这是对共同体而非个人而言。	

即使我们能够解释死亡如何进入人类世界，但仍然存在一个问题，那就是，是什么导致了个体的死亡？即使了解了战斗中受伤是导致死亡的直接原因，但对最终原因仍然存有疑问：为什么这一致命事件在这个特定时间发生在这个人身上？有可能是由于魔法产生的某种邪恶的影响吗？人们可能从超自然的原因中寻求解释。尽管无法证明这种解释的真伪，但这样的解释通过帮助理解原本似乎无法解释的事情，来安慰丧亲之人。寻找答案的过程发生在既包含生者也包含死者的情境中。这个人是否冒犯了祖先，或是忽略了纪念亡者的应有仪式？

例如，对非洲科特迪瓦的塞纽福人来说，幼童死亡会打扰整个共同体。疾病和死亡标志着某些事情"失去了平衡"。为了恢复安全感和适当的秩序，需要用动物祭祀来净化和保护社区免遭进一步的灾难。整个共同体都依赖于与环境保持适当的关系，包括肉眼不可见的方面。

死者的力量

在生者与死者之间保持联系的文化中，"土地回响着祖先的声音"。共同体体现着生者与死者的伙伴关系。生者与死者共同构成了宗族、部落和民族。例如，在巴厘岛社会中，村庄的领土属于祖先，共同体中活着的成员与他们保持联系，确保他们的生计和福祉。当人们提到国家或大学的"开创者"时，这种与祖先的联系被隐含了，他们"在精神上与我们同在"，团体中的在世成员与先人一起庆祝他们的共同目标。

在传统社会中，表达悲伤时人们可能会大声哭泣或默默落泪，但几乎总是对死者仍然强大的灵魂深表敬意。如果对灵魂不敬，可能会造成伤害。特别令人担心的是邪恶的灵魂，它们漫无目的地游荡，试图破坏生者的生活。这种灵魂通常与灾难性死亡有关，例如在分娩期间发生的死亡。举行规定的葬礼仪式，可以确保灵魂成功进入亡者的世界，这对生者有利。

表 3-1b 临终的社会历史

城市时代 "驯服的死亡"	大都市时代 "死亡作为考验"
死亡原因 主要退化性疾病：癌症、心脏病、神经系统疾病。 死亡过程变长。城市的社会复杂性已把临终从社区中分离，成为一种建立在私人服务和付费基础上的社会关系契约。越来越需要驯服临终过程中身体和社会方面的不适感。专业人员致力于缓解即将来临的死亡带来的混乱和不确定性。	**死亡原因** 死于艾滋病、虚弱；器官衰竭和痴呆。 死亡过程非常漫长，常与慢性疾病混淆。死亡时间不清晰。真正的"临终者"很难确定。富裕国家的预期寿命飙升。全球化带来"新的"或重新出现的感染：结核病、艾滋病、重症急性呼吸综合征。
处理得当的死亡 与签订合同的服务提供商在更长的临终过程中共享权力，并大量投资针对临终最后几小时或几天的医疗管理。	**可耻的死亡** 标志是"死亡时间不当"，对社会价值而言为时过早或过晚。全球社会和经济体系模糊了社会分工，例如地点、性别、宗教、种族和社会阶层。
挑战 驯服死亡：死亡的好坏取决于专业人士对死亡管理的好坏。如何驯服"狂野的事件"取决于富裕程度和可获得的医疗服务。 好／坏的死亡结果仅转移给个人。与专业人士签订的合同取代了社区。	**挑战** 确定死亡时间：很难为死亡做准备或确定死亡时间。寿命过长（富裕）或过早死亡（贫困）都可能造成死亡的污名化。死亡是好是坏取决于现世的考验（住院护理或贫穷经历）；在全球范围内，人们越来越担心失去对死亡时间的控制。

作为不断发展的社会秩序中隐形的成员，亡者通常是为生者提供服务的盟友，在我们的身体感知范围之外担任翻译、中介和大使。与死者的交流可以通过萨满法师——他们是社区中具有远见卓识的人——在催眠状态中，使自己进入现世之外的领域，成为生者与死者世界之间的中介。萨满法师与死者接触，传回有益于生者的信息。由于死者不受人类时间的束缚，因此亡灵巫术（源自希腊语，意思是"尸体预言"）让人了解过去和将来发生的事情。对社区生活而言，死者是社区整体的一部分，活着的时候如此，死后亦如此。

西方文化

从约公元 400 年中世纪初期开始，一直持续了一千年，西欧文化中的人们认为宇宙受自然法则和神圣之律的约束。教会影响了人们死亡的方式，并为来世带来了希望。这种观点一直盛行到欧洲文艺复兴时期为止。欧洲文艺复兴始于 14 世纪的意大利，一直持续到 17 世纪。

在中世纪早期，人们将死亡视为生命的自然组成部分，明白"我们都会死"。这反映出人们认为死亡是人类的共同命运。死者在教堂的守卫下"睡着了"，相信自己将在末日基督回归后复活。凭着这种信念，人们往往不惧怕死后将面临的事情。尽管这一时期被称为信仰时代，但一些学者认为，由于教会的普遍影响，应将其称为宗教文化时代。

在约公元 1000～1450 年的中世纪鼎盛时期，这种共同的、集体命运的观念开始发生变化，转变为强调个人命运。"每个人都会死"这一集体观念被个人的角度取代——"我会有自己的死亡方式"。这种变化的发生持续了几个世纪，伴随着生活和文化的全面丰富。

16 和 17 世纪的科学革命引发了 18 世纪的启蒙运动，其重点是理性和智力。各种不同的宗教观念以及科学家和探险家的革命性发现对传统智慧提出了挑战。这个时代标志着现代世界观的诞生。人们开始对死亡和来世感到更加矛盾。死亡不再是仅在神圣领域中考虑的问题，它变成了可以由人类操纵和塑造的事件。

随着约 1750～1900 年发生的工业革命，这些现代化趋势加速发展。这 150 年见证了快速的技术创新、机械化和城市化，以及同期公共卫生和医学的进步。在此期间，人们对死亡的态度强调他人的死亡，即"你的死亡"。

除了强调"你的死亡"外，死亡的含义还集中在与亲人的分离上，人们开始表达强烈的悲痛和追悼死者的愿望。因此，"美丽的死亡"的完美理想诞生了，失去至亲的悲伤之美引发了忧郁的情绪，人们相信最终会与爱人在天国重逢。1861 年阿尔伯特亲王去世，英国维多利亚女王推动了复杂的葬礼礼节、哀悼风俗和寡居习俗的潮流。她余生都戴着黑色的哀悼帽，经常在阿尔伯特亲王位于皇家陵墓的坟墓前与他谈心，女王 1901 年去世后也葬在那里。当时的一种风俗是佩戴"哀悼珠宝",例如戒指和胸针,有时是一束发丝,以纪念已故的亲人。

在西方文化的 1000 多年中,对死亡的态度反映了从强调"我们都将死"的集体命运发展到意识到"自己的死亡",再到关注亲人的离别、"你的死亡"。尽管强调的重点有所变化,但法国历史学家菲利普·阿利埃斯几乎将整个时期都描述为"驯服的死亡"时期。死亡是一种普遍的人生经历,不是隐藏在视线之外或排除在社会生活之外的事物。

丧钟

几个世纪以来,亲人去世时的一项费用是必须为灵魂之钟的钟声付费。中世纪基督教世界的每个大教堂和教堂都有这样的钟,几乎总是钟楼中最大的那个。

在约翰·多恩写下不朽的诗句"丧钟为谁而鸣"时,以某种独特的方式敲响丧钟仅仅是通知人们有人去世了,而丧钟的重要性出现在相对较晚的时期。

不仅在基督教欧洲,在原始部落和高度发达的东方非基督教文化中,钟声一直与死亡联系在一起。以特殊方式响起的钟声试图说服灵魂无须靠近一具无用的遗体。同时,人们认为钟声能够特别有效地驱散邪恶的灵魂,阻止他们抓住新近释放的灵魂或在灵魂前行的道路上设置障碍。

长久以来,人们一直认为丧钟的钟声至关重要,因此敲钟者收费高昂。17 世纪查理二世时代,英国人仍然普遍使用丧钟,敲钟人采用特定的敲击次数,公众可以听出死者的年龄、性别和社会地位。

韦布·加里森,《死亡趣闻》

根据阿利埃斯的说法,"驯服的死亡"的漫长时代在 20 世纪初结束了。第一次世界大战(1914—1918)是现代历史上的一个重要转折点。它标志着"全面战争"的来临,这场战争影响了平民和战士,还体现出技术在生活中方方面面的重要性日益提高。在医疗护理领域,技术将带来死亡的"医疗化"。临终前的情景从家搬到了医院。此前,临终是公共和社区事件,如今,它变成了私人事件。早已成为人们日常生活一部分的活动现在受到专业人员的控制。具有个人特点的哀悼几乎完全消失了。对死亡的普遍态度可以用诸如"禁忌死亡""无形死亡"和"否认死亡"之类的词来描述。

临终病榻场景

"我看到并知道我的死亡临近",中世纪的临终者是这样看待即将到来的死亡的。通过自然迹象或内心确定预见死亡,人们认为死亡是可以控制的。在病榻前,临终者虔诚地将他们的痛苦交给上帝,期望一切都会以一种习惯的方式发生。猝死很少见,甚至战斗中受伤也很少立即导致死亡(意外死亡的可能性是可怕的,因为它的突然而至会让受害者不知所措,无法从容地处理好尘世的琐事,然后奔向天国)。那些病床边的守夜人可以自信地说,临终者"感到自己大限已到"或"知道自己很快就会死去"。

通过简单而庄重的仪式,死亡发生在熟悉的场景中。阿利埃斯描述了中世纪早期典型的基督徒死亡情景:临终者躺着,头向东朝着耶路撒冷的方向,双臂交叉放在胸前,对即将结束的生命表示悲伤,并开始"谨慎地追忆心爱的人和物"。家人和朋友聚集在临终者的病榻前,接受临终者对他们曾经做过的任何错事的赦免,所有人都把自己托付给了上帝。接下来,临终者将他们的注意力从世间转向神的领域。惯例仪式结束后,无需多言,临终者已经为死亡做好了准备。

死亡或多或少是一种公共仪式,由临终者负责。直到19世纪晚期,临终的通常场景都是临终者躺在病榻上,被家人、朋友、孩子甚至路人包围,但随着时间的推移,临终场景发生了一些细微的变化。例如,随着个人命运在12世纪得到更多的重视,临终场景也发生了相应的变化。除公众参与者的陪伴外,还徘徊着大批隐形的天堂人物,比如天使和魔鬼,它们为争夺临终者的灵魂而战斗。一个人如何死亡变得极为重要。死亡变成了死亡之镜,死者可以通过计算生命的道德资产负债表来了解自己的命运。当时的死亡警告传达了一种观念,个人必须对自己的灵魂的最终命运负责:"记住,你必须死!"这个死亡警告铭刻在各种物品和饰品上,提醒人们死亡会降临在每个人身上,没有例外。

在随后的几个世纪,临终场景的外在形式几乎没有变化,家人和朋友仍然聚集在一起,参加某人临终的公共仪式。但是宗教不是临终者思考的重点,也不是活着的家人哀伤的重点。人们现在将死亡比作蝴蝶破茧而出。希望得到永生并最终与亲人重聚的世俗愿望变得比天堂和地狱的教堂形象更为重要。渐渐地,重点从临终者转向活着的亲属。

然而，到了20世纪中叶，死亡仪式已被一个技术过程所取代，在这个过程中，死亡是通过"一系列小步骤"发生的。阿利埃斯说："所有这些小的、无声的死亡已经取代并抹去了重大、戏剧性的死亡。"

丧葬风俗

随着中世纪初期基督教的兴起，信徒们接受了这样一种观点，即基督教殉道者的圣洁性是强大的，即使面对死亡时也是如此，而教会的圣徒可以帮助他人避开罪恶的陷阱和地狱的恐怖。埋葬在殉道者陵墓附近就变得非常有益，因为可以通过接近殉道者获得他们的帮助（如果用现代的情况做类比，可能就是影迷葬在影星附近，长眠于影星墓地所在的森林草坪墓园，或者是老兵要求葬在荣誉勋章得主附近，尽管中世纪的人们通常更关心灵魂的幸福而不是世俗的声望）。

随着基督教朝圣者开始朝拜受人尊敬的殉道者，祭坛、礼拜堂以及教堂最终都建造在殉道者们的墓园或者附近。最初，只有教会的知名人士和圣徒才能享受如此尊贵的待遇，但最终普通民众也可以被埋葬在教堂墓园以及教堂和大教堂周围的公共墓园中。

藏骸所

死者埋葬在教堂墓园催生了藏骸所，死者的遗骸被存于拱廊和长廊中，托付给教会。"藏骸所建在圣地上，骸骨就得到了赐福，人们相信他们会在基督再临时复活，沐浴在神圣光辉的照耀下。"肢体和头骨被安放在教堂墓园的各部分以及教堂内部和附近（巴黎的一些地下墓穴可以参观。一位游客说："大堆的股骨和头骨被堆成2.5米高、9米深，就像在俄勒冈州的磨坊院子里整齐堆放的木材。"）。这些藏骸所里的骸骨来自公共墓园，这些坟墓会定期打开，以便教会可以安全地保留这些骸骨直到耶稣复活。

在西西里岛，人们也发现了类似的尸体干燥和保存的做法，在那里，"生者和死者之间的关系特别牢固"。

为什么会有人展示腐坏的尸体？其中一个可能的原因是一种更古老的、前基督教信仰的"残余回声"，即对尸体的萨满教力量的信仰。另外，这样做是为了说明死亡是必然性的以及人类骄傲自负的愚蠢。

藏骸所和其他此类展品的公共特性反映了人们对死亡和死者的熟悉。正如罗马人聚集在公共集会场所一样，中世纪的人们聚集在对他们来说起着公共广场作用的藏骸所。这里有商店和商人，人们做生意、跳舞、赌博或者只是喜欢聚在一起。阿利埃斯说："把死者安置在自己永久所有或长期租用的房屋，一个他可以称为家、无人能把他驱逐出去的地方，这样的现代观念尚未出现。"

纪念亡者

大约在 12 世纪，由于日益强调个人主义，人们产生了保留埋葬在某个地点的人物身份的愿望。像"某男葬在这里"这样简单的墓碑开始出现，精心制作的画像也开始出现，例如在知名人士的葬礼中出现的死者的肖像或画像。13 世纪的让·达吕耶的陵墓雕像塑造了一位躺着的身披铠甲、携带佩剑的骑士的形象，盾牌放在骑士的身侧，骑士的脚踏在狮子上，生动地表现了骑士时代的思想和社会背景，突出了信仰和英雄主义之间的张力。尽管雕像只为社会地位最高的人制作，但它们为我们提供了了解当时的人们如何看待死亡的线索。

肖像反映了一种新的信念，丧亲者可以通过永远怀念亡者与他们保持联系。随着时间的流逝，这种怀念变得越来越重要。到了文艺复兴时期，世俗观念与宗教信仰竞争，人们开始被埋葬在与教堂无关的墓地。1804 年，巴黎郊外的拉雪兹神父公墓开放，这标志着西方人对生死态度的巨变达到了顶峰。

在美国，农村公墓运动始于 19 世纪 30 年代，目的是用草木茂盛的、维护良好的公墓代替清教徒简单、疏于维护的墓地，例如位于马萨诸塞州剑桥的奥本山公墓和位于纽约的伍德劳恩公墓。建于 1844 年的俄亥俄州辛辛那提的斯普林格罗夫公墓占地 733 英亩，中央有未开发的大片林地，这样的公墓促进了新的公墓设计理念的出现，即景观的重要性优先于纪念碑。墓地像公园一样，死者的亲属拜访死者的私人坟墓，追忆亡者。亲属想象亡者生活在天堂，希望最终和他们在天堂团聚。人们对降神会和与亡灵交流等神秘活动越来越感兴趣。这种多愁善感的情绪使死亡不再是最终形式，也不那么严酷。

如今，除少数纪念战死者的纪念碑外，墓地一般不会鼓励修建纪念碑，以免破坏嵌入式"墓碑"形成的平坦开阔的空间。在建筑历史学家詹姆斯·柯尔看来，疏于维护的墓地、设计不佳的火葬场和当代糟糕的墓碑设计是对生命的侮辱，因为死亡是出生的必然结果。如果把如何处置亡者等同于收集垃圾的问题，社会就是在贬低生命。

死亡之舞

死亡之舞的艺术主题起源于前基督教时期的狂喜舞蹈，在 13 世纪末、14 世纪初达到顶峰（使用了"死亡"一词，是因为这些舞蹈的主题令观众毛骨悚然）。死亡之舞在某种程度上是对战争、饥荒和贫穷的回应，它主要受瘟疫或黑死病造成的大规模死亡的影响，黑死病于 1347 年通过黑海的一个港口传入欧洲。当第一波瘟疫在 1351 年结束时，四分之一的欧洲人已经死亡。瘟疫打破了通常的死亡方式。"死亡不再是等待复活的灵魂的善良守护者。"瘟疫提醒人们，自己"对生命的掌握不堪一击"，这促使一些人尽情狂欢享乐，他们庆祝胜利战胜了死亡，无论胜利多么短暂。死亡之舞是一种文化和艺术现象，反映了关于死亡的必然性和公正性的观念。

死亡之舞通过戏剧、诗歌、音乐和视觉艺术得到了表达。有时它是一种假面舞表演，在这种简短的娱乐节目里，打扮成骷髅的演员轻快地和代表社会各阶层的人物跳舞。死亡之舞的美术作品描绘了人们被骨骼和尸体护送到墓地，赤裸裸地提醒人们死亡的普遍性。死亡之舞传达了一种观念，无论等级或地位如何，死亡会降临到每个人身上。在最古老的死亡之舞中，死神几乎不触碰生者，因为生者被单独挑选出来。死亡虽然具有个人意义，但它也是自然秩序的一部分。在之后的版本中，人们会被死神强行带走。

到大约 15 世纪，死亡被描述成彻底地、暴力地、完全地中断了生者和死者之间的联系。这体现在尸体和尸体腐化的可怕主题上。

中世纪晚期人们对死亡痴迷，死亡之舞是其中的一种表现形式。在 15 和 16 世纪，描绘埋葬基督的雕塑在整个西欧都很流行。与死亡之舞相反，这些雕塑通常都不可怕。但是，它们可能是对同一现象的回应——广泛存在的死亡和痛苦。约翰·马肯巴赫说：

埋葬展示了什么是有尊严的行为，在哀悼者自我克制的发展中发挥了作用。就像同一时期的临终艺术指导临终行为一样。直到约1540年，更加生动、巴洛克式的风格才发展起来，情感的表达也不再那么拘束。在后来的安葬过程中，玛丽晕了过去，人们张开嘴巴哭泣。

这也是公共解剖的时代，普通市民、外科医生和医科学生都参加了解剖。在莱顿大学，"解剖剧场"位于教堂东端的半圆形空间，在那里，人体遗骸像艺术品一样被展示，摆出戏剧性的姿势。弗兰克·冈萨雷斯－克鲁西举例说，儿童的手臂上"缠绕着婴儿的蕾丝袖子"，"拇指和食指之间"握着"连在视神经上的眼睛"，"就像模特优雅地握着花茎上的花朵"。

爱与死之间的关系此前主要限于宗教中的殉道，但到了18和19世纪，这一关系得到扩展，开始包含浪漫的爱情。像特里斯坦和伊索尔德或者罗密欧和朱丽叶这样的浪漫爱情倡导了一种观念，在有爱的地方，死亡可以是美丽的，甚至令人向往。

瘟疫流行而导致的猝死让人们感到恐惧，死亡之舞起初是对这种恐惧做出的反应，它强调了人类生存的不确定性，死亡会在人们毫无准备的情况下到来，并中断最亲密的人际关系。死亡的普遍性和必然性主题也体现在墨西哥亡灵节的纪念活动中，艺术家利用这些主题传达艾滋病的流行特性以及其他可能发生的灾难的威胁。更为微妙的是，与死亡之舞相关的图像仍以骷髅的形式出现在儿童的万圣节服装上。

死亡面具

制作死亡面具是一种古老的行为，可追溯到古代埃及和罗马文化。在古埃及，把尸体做成木乃伊是葬礼的重要组成部分，而死亡仪式的一个特殊要素是雕刻一副面具，这副面具将被放在亡者的脸上。最著名的例子是为图坦卡蒙准备的面具，图坦卡蒙是年轻的埃及法老，死于公元前1323年左右。

在中世纪的欧洲文化中，使用雕刻面具转变成制作真正的死亡面具。这些人通常是皇室贵族和其他名人，例如诗人和哲学家，其中包括但丁、帕斯卡和伏尔

霍华德·卡特1925年发现了法老图坦卡蒙的面具，这是知名的艺术品之一。

泰。死亡面具是在人死后不久以人脸为模型，用蜡、石膏或黏土铸成的。这个铸模用于复制脸部，为丧亲者制作纪念品，或制作死者的肖像。死亡面具也起到死亡象征的作用，提醒生者，死亡等待着我们所有人，我们终将一死，在这一点上死亡面具类似于在早期墓碑上发现的死者头部或人类头骨表达的意思。

艾萨克·牛顿（1643—1727）去世后，为他制作了死亡面具，此前作为皇室成员和贵族的特权——制作死亡面具，被推广到了普通公民身上，这既证明了牛顿的天才，也见证了启蒙运动中社会价值观的不断变化。

关于死亡面具的一件趣事是心肺复苏安妮，这是用于心肺复苏按压紧急救治的训练模型，自20世纪60年代开始进行心肺复苏培训以来一直在使用，至今仍是最受欢迎的心肺复苏面部模型。

心肺复苏安妮的设计师是挪威玩具制造商阿斯蒙德·莱达尔，他还设计了用于军事训练的人造伤口。他的朋友、心肺复苏术的创始人彼得·塞弗医生请他为新的心肺复苏培训设计一种设备，莱达尔欣然同意。

莱达尔认为学习复苏的最佳方法是在人体模型上练习，所需要的只是一张完美的脸。在父母家，莱达尔注意到墙壁上有一副女性脸部面具。这是一副死亡面具，人们称它为"塞纳河的未知女人"。

这是一位美丽的年轻女子的面具，据说她于19世纪80年代后期在巴黎的塞纳河自杀。当她的尸体从河里被打捞出来之后，巴黎停尸房的工人被她的美丽所震惊，决定制作一个死亡面具来纪念她。此后，随着死亡面具的复制品的出现，人们痴迷于她的美貌和不明身份，欧洲各地的人们开始在家中把面具作为艺术品展示。人们把她那迷人的笑容与意大利文艺复兴时期的艺术家和博学大师列奥纳多·达·芬奇绘制的《蒙娜丽莎》的神秘微笑相提并论。现在，由于她的死亡面具，这位溺水而死的不知名的年轻美女在世界各地的心肺复苏课程中一次又一次地象征性地复苏。

隐形的死亡？

在追溯有关临终和死亡的态度和行为的变化方式时，我们发现了一个共同的主

世界各地无数人在接受心肺复苏培训时用到了安妮。

题：人类总是寻求以适合其文化和历史环境的方式来管理死亡。与前几代人相比，临终和死亡越来越被排除在人们的视线之外，不再是普通经验的一部分。当代的许多人把死亡视为另外一种需要战胜的疾病。随着护理提供者寻求主导性，死亡被"管理"和"延后"了。然而，我们中的许多人都在寻求更有意义的面对死亡的方式。我们不满足于"一刀切"。

随着人们对临终和死亡的区分、专业化和医疗化的趋势感到不满，当前对死亡的态度和实践开始出现各种选择和选项。探索其他文化可以使我们更好地理解自己的态度和做法，或许还可以让我们认识对待死亡的新的可能性和新方式。即使与我们熟悉的文化相比，其他文化看起来很陌生，但仔细了解之后我们通常会发现"陌生"与"熟悉"之间存在明显的对应关系。

文化观点

在阅读以下各节对文化实践的介绍时，请记住特定文化传统中存在的个体多样性。例如，"亚洲人"一词包括中国人、日本人、韩国人、老挝赫蒙族、越南人、柬埔寨人和其他族裔，他们在具有独特传统的同时拥有某些共同点。在每个文化传统中，个体之间存在进一步的差异。

美国原住民

在美国，有超过五百个联邦认可的美洲原住民部族，每个部族都拥有独特的传统。不同地区原住民的死亡习俗千差万别，不同时期的习俗也是如此。我们需要认识到，白人社会的"西进扩张主义"造成了剧烈的社会动荡，影响了原住民的历史习俗。据估计，由于缺乏免疫力，在与白人接触的两代人中，美国西北部的原住民人口中有80%死于新传入的疾病。美国各地的原住民也经历了类似的模式。学者们注意到：

> 变化是如此全面，需要做出的调整如此巨大，人类遭受的苦难如此悲惨，

在大平原，美洲印第安人习惯将尸体暴露在地上的支架或平台上，或将其放在大树的枝干上。这加速了尸体的分解，帮助灵魂进入精神世界。随后，被太阳晒黑的骨骸将被送回圣地埋葬。

资料来源：美国国会图书馆图片和照片部（LC-USZ62-46939）

我们只能猜测人们可能经历了什么……可怕的、无法解释的、无法阻挡的死亡必须被视为美洲印第安人历史中永恒的背景。

玛丽亚描述了伴随这种代际创伤的"历史创伤"和"未解决的历史悲伤"。塔基尼网络（塔基尼一词在拉科塔语中的意思是"重生"）致力于解决这些问题，促进原住民的康复。

一般而言，美洲原住民将死亡视为持续的生命周期的正常部分。死亡并不会终止人的存在，它只是改变了人的存在。美洲原住民认为亡者的灵魂会进入一个精神世界，并成为影响他们生活各个方面的精神力量的一部分。但是，某些部落对死者非常恐惧，有些人不愿处理死者的尸体。一些部落在太平间为死者准备最后的仪式；其他人则尽可能保持传统做法。

对亡者的尊敬尤为重要，因为他们通常被认为是守护神或精神世界的特使。西雅图酋长（苏魁米什人的领袖）说："对我们来说，祖先的骨灰是神圣的，他们的安息之地是圣地。公正和友善地对待我的族人，因为亡者并非无能为力。我并不认为他们已经死亡。死亡不存在，只不过是世界改变了而已。"

土地，也就是整体自然环境，是美洲印第安人身份的基础和精神力量的最终来源。内兹佩尔塞人的老酋长约瑟夫临终时，对儿子说："永远不要忘记我临终所说的话。这片土地拥有你父亲的身体。永远不要卖掉父母的骨头。"

> 年轻的酋长约瑟夫记得这些话，他带领战士们加入战斗，保卫祖先长眠的神圣土地。（关于如何处置考古学家和其他人从神圣的墓地获取的文物和骸骨的争议使美国国会于1990年制定了《美洲原住民墓葬保护与赔偿法案》，目的是将美洲原住民的遗骸、丧葬物品和礼仪器物归还所属部族的现有成员。）

在美洲原住民社会中，人们强调要"一天一天地生活，生活要有目标，感激生命的祝福，因为生命可能会突然结束"。这种与死亡的关系体现在拉科塔族的战斗口号中："这是死亡的好日子！"斯蒂芬·莱文说：

> 这体现了重新审视和完成生命的可能性。这样的生命并不排斥死亡。我的意思是在完整的生命之后发生的完整的死亡。当一切都得到更新，内心专注自己时，这是死亡的美好日子。

死亡随时可能到来，我们为此明智地做好了准备。这一观点在克里人强调在将要踏上漫长或艰难的旅程之前要谨慎告别时，表现得尤其明显；因为不可预料的死亡可能会介入其中。

美洲印第安人的死亡之歌概括了人的一生，他们把死亡视作生命的完成，是世间人生大戏中的最后一幕。有时候，死亡之歌"是在死亡的那一刻自发完成的"，并且"临终者用最后一口气歌唱"。这些死亡之歌表达了彻底面对死亡的决心，全心全意接受死亡，没有失败和失望，有的只是平静坦然、镇定沉着。

通常，时间不是线性、单方向发展的，而是周期性的。阿克·赫尔特克兰茨说："美洲原住民对这种循环如何影响今生的人们非常感兴趣。"他们"对死后的另一种存在只有模糊的观念"。关于死者或来世状态的僵化信念几乎很少有或没有任何意义。相反，赫尔特克兰茨说："一个人可能同时对亡者有几种看法，因为针对不同的情况，需要对死后人类的命运做出不同的解释。"例如，风河肖松尼人对死亡有多种信念：死者可能会去往另一个世界，或者可能像鬼一样留在人间；它们可能会重生为人，或者可能会轮回成为"昆虫、鸟类甚至是无生命的物体，例如木头和岩石"。赫尔特克兰茨说："大多数肖松尼人对来世意兴索然，经常宣称他们对此一无所知。"

历史记载告诉我们，加利福尼亚海岸的欧隆人用羽毛、花朵和珠子装饰尸体，然后将其包裹在毯子和毛皮中。人们把死者拥有的舞蹈礼服、武器、药包和其他物品收集在一起，与尸体一起放在火葬用的柴堆上。销毁死者的物品有助于灵魂前往"亡者之岛"的旅程。这样做还会避免鬼魂在生者附近徘徊。在长达六个月到一年的危险时期内，欧隆人认为说出死者的名字是不敬的。马尔科姆·马戈林在《欧隆方式》中写道："虽然一想到亡者就会感到悲痛，但提到亡者的名字，绝对令人恐惧。"销毁已故者的物品并避免提到他们的名字，这有助于确认亡者与生者的分离。约库特人的葬礼吟唱也呼应了类似的信念："你要去你想去的地方；不要回头找你的家人。"

有人认为，定居的部落（例如普韦布洛人和纳瓦霍人）比游牧的狩猎采集者（例如苏人和阿帕奇人）对亡者更为恐惧。对可可巴人和霍皮人的一项研究体现了这种对比。当可可巴人去世时，活着的家庭成员在持续24小时或更长时间里，在"极度悲恸"中哭泣，直到遗体火化。衣服、食物和其他物品会随遗体火化。尽管死者在来世需要这些物品，但可可巴人依旧希望这有助于说服死者的精神从地球离开。随后人们举行纪念死者的仪式。尽管不能在其他时间说出死者的名字，但在这个特别的悼念仪式上，人们召唤那些已进入神灵世界的人，部落中的人也会模仿死者的样子。仪式不仅仅是为了纪念死者，也为了说服潜伏的鬼魂公开露面，离开尘世。前期的火葬仪式主要关注死者家属的悲痛，随后的悼念仪式则着重确认家庭和社区的完整性。

与可可巴人不同，霍皮人努力对死亡敬而远之。死亡威胁到秩序、控制和审慎考虑的"中庸之道"。这种态度反映在霍皮人的丧葬仪式上，参加人数很少，并且都是私下举行。哀悼者不愿表达悲伤。霍皮人希望整件事情"迅速结束，最好被遗忘"。他们无意邀请已故的祖先参加社区聚会。一旦一个人的灵魂离开了身体，就是另一种存在，不再是霍皮人。因此，重要的是要确保"明确区分生与死"。

正如对可可巴人和霍皮人的描述所示，即使文化处境相似，不同的社会群体对死亡的反应也可能不同。霍皮人和可可巴人都惧怕死者，但他们对这种恐惧的处理方式有所不同：霍皮人想完全回避死者，而可可巴人则邀请死者的灵魂参与他们的庆祝仪式，即使只是暂时的和在受控的情况下。

反思霍皮和可可巴社会关注的不同重点，能够帮助我们评估自己对死亡的态度和价值观。你觉得每种应对死亡的方式有什么价值？

非裔人

据说，对于非洲人，生命就是来世。许多非洲人相信，只要至少一个人认识死去的人并记住了他们的名字，那么他的灵魂就依然"活着"，而且是活跃的。死亡并不会终结人们参与家庭和社区的生活和活动，而是开辟了一种与世俗生活不同的联系和参与方式。祖先崇拜一词用于描述祷告、祭祀或奠酒等习俗以及其他对社区已故成员的尊重或尊敬。但是，对祖先的尊敬和祭祖仪式不是崇拜仪式，而是交流方式。

随着世代相传和记忆的消逝，社区中很久以前故去的祖先的地位被最近故去的人取代。因此，人们铭记的祖先组成了持续不断的"活着的亡者"群体。多米尼克·扎罕说：

> 祖先社区处于不断更新的状态，这受到两种方式的影响。首先，"新故去的人"总是使亡者世界中世俗的一面保持更新并站稳脚跟。其次，与天堂有关的一面不断消失，因为生者的集体记忆变得薄弱，祖先社区的这部分变得毫无用处。

年龄划分制度就说明了这一点：例如，肯尼亚的南迪人，在童年之后，部落中的男性成员会过渡到初级和高级武士级别，随后进入元老级。接下来，他成为老人，最终在去世时成为祖先，也就是活着的死者，他的品格被生者记住。当人们不再记得他时,他就成为众多无名死者中的一员。南迪人认为,到了这个时候,死者的"灵魂之物"可能会重新出现在部落的新生婴儿中,从而延续一个人经历各个年龄组的惯有模式。

科菲·阿萨雷·奥波库认为,非洲对待死亡的传统态度在本质上是积极的,因为"它已全面融入生命的整体之中"。死亡只是从人类世界到精神世界的通道。这种态度从非洲葬礼上吹奏的喜庆欢乐的号角声以及鼓声中可见一斑。弗朗西斯·贝贝说:"音乐是对人类命运的挑战;是一种对接受今生的短暂的拒绝;并试图将死亡的终结转化为另一种形式的生活。"

在当今的非洲,对死者的崇敬仍然很重要。当一名尼日利亚伊博族村民的遗体从美国空运到她的家乡时,棺材已损坏。在运输途中的某个地方,她的遗体被粗麻布包裹起来并且倒置,这种虐待遗体的行为触犯了严格的部落禁忌。尽管她的家庭提供了薯蓣、金钱和葡萄酒来平息侮辱,但部落成员说看到她的灵魂在游荡,亲戚开始经历命运的逆转,他们认为这是由于死去的亲戚被虐待而遭受的"诅咒"。女人的儿子说:"我的母亲遭受的对待就好像她一无是处。"因此,她的灵魂感到气愤,无法安息。在对那家航空公司提起诉讼时,她的儿子说:"如果有人对我们这么做,我们整个部落都将发起战争。如果我胜诉,就像是取人首级。这将证明我是个勇士……它将向诸神表明,我对羞辱了我母亲的人采取了行动。"

> 如果我们知道死亡的故乡,就将其纵火焚烧。
>
> 阿乔利人的葬礼歌曲

加纳北部洛达基人

洛达基人的葬礼至少持续6个月,有时持续数年,这说明了非洲传统丧葬习俗的丰富性。它们分四个不同阶段连续进行,每个阶段都侧重于关于死亡和丧亲之痛的某个方面。

第一阶段从有人故去开始,持续六七天。在最初的几天里,人们为遗体埋葬做准备工作,社区对死者进行哀悼,举行仪式确认死者与生者的分离,亲属关系得到确认,死者曾经承担的社会和家庭角色被重新分配。公共仪式大约持续3天,最后以遗体的安葬结束。第一阶段剩下的3~4天用来举行私人仪式,为重新分配死者的财产做准备。

大约 3 周后，在第二次仪式中，死亡原因得到了确认。例如，洛达基人并不认为蛇咬伤是导致一个人死亡的原因，他们认为蛇咬伤是一种中间媒介，而不是唯一的死亡原因。死亡的真正原因存在于精神和人际关系的网络中。他们进行调查，揭示死者和其他人之间可能存在的紧张关系。

在雨季开始时，葬礼进入了第三阶段。这些仪式标志着这个阶段处于死者从生者角色向祖先角色过渡的时期。在这个阶段，人们会在坟墓上摆放临时的祖先祠堂。

洛达基人的仪式的第四个也是最后一个阶段发生在收获之后。人们在坟墓上建造和放置最终的祖先祠堂，死者的近亲正式从悲痛中解脱出来。子女的抚育任务被正式移交给死者的部落"兄弟"，最后的仪式完成了对死者财产的重新分配。

举行这些长时间的悼念仪式有两个主要目的：首先，他们将死者从死者家属和更广泛的社区中分离出来；以前由死者担任的社会角色被分配给生者。其次，它们聚集在一起；也就是说，死者加入了祖先的行列，而丧亲者以新的身份重新融入社会。这种分离和聚集的节奏在所有文化的葬礼中都很常见。洛达基人的葬礼之所以值得关注，是因为这些仪式是以非常正式的方式完成的。它们提供了一种清晰的哀悼模式，可供我们用来与自己的哀悼方式进行比较和对比。

洛达基人使用皮革、织物和细绳制成的"哀悼约束物"可以说明哀悼方式的明确性。这些约束带通常系在人的手腕上，表明死者家属与死者的关系的远近程度。例如，在一个男人的葬礼上，他的父亲、母亲和遗孀都戴着用兽皮做成的约束带，他的兄弟姐妹戴着纤维束，他的孩子们戴着用绳子绑在脚踝上的约束带。与死者关系最亲密的悼念者会戴着最结实的约束带，他们通过血缘、婚姻或是友谊，与死者建立了亲密的关系。与死者关系不太亲密的人戴的哀悼约束带不那么牢固。在所有情况下，哀悼约束带的一端系在丧亲者的身上，而"哀悼同伴"拉住另一端，后者在丧亲者极度悲痛期间对丧亲者的行为负责。

洛达基人的哀悼约束带有两个相关联的目的。首先，这是一个可以看到和感觉到的物体，它们确保丧亲者悲痛的强度符合他们与死者的关系。其次，它们不鼓励超越社会规范表达悲伤。

和其他地方一样，在非洲，现代社会和经济力量威胁着传统。即便如此，风俗习惯还是以创新的方式被发扬光大。例如，刊登讣告为尼日利亚西南部的约鲁巴人的古代习俗提供了一种现代的表达方式。在由家人和朋友付钱刊登的报纸讣告中，讣告所占版面的大小是表示死者的地位和声望的方式之一，有时讣告可以占据一整页。奥拉通德·巴约·劳伊说，"（通过刊登讣告）每十年纪念死者的归来"是很常见的，尽管这种做法随着时间的推移逐渐减少了。劳伊说，发布讣告"表达了延续祖先信仰的可能性"，"象征性地表现了一种以新的文化形式出现的传统习俗"。

非裔美国人的传统

正如罗纳德·巴雷特指出的，西非传统习俗的某些因素对许多非裔美国人具有重要意义。非洲人与他们在美国的后代之间最密切的联系之一就是对葬礼传统的重视。在黑人教堂，葬礼被称为"回家"服务；布道和歌曲都是以"回家"为主题。家庭成员通常希望以精心准备的葬礼为亡者举行"盛大送别"。尊敬地展示遗体是很重要的。巴雷特说："历史上，大多数非裔美国人殡仪馆的成功和生存都依赖于在葬礼上看到的至亲的遗体的外观，这是非裔美国人回家庆祝活动的重要组成部分。"拉弗·黑兹尔说：

> 有时，对葬礼仪式所做的文化决定依赖于经济基础。一位正在安排葬礼的寡妇的话总结了非裔美国人群体的普遍情绪，她说："我丈夫一生如此努力工作，却没有多少东西能够展示他的努力。我能为他做的最后一件事就是好好地安葬他。"这样的想法促使她把丈夫的全部保单赔款都用在了葬礼上。

人们认为死亡是一种"过渡"，他们普遍相信，有可能与去世的人保持联系，并在某一天与故去的亲人团聚。家庭成员和大家庭成员可能非常重视聚在临终患者的病床边，并相信上帝会照顾大家的健康，希望尽可能长时间地与所爱的人在一起，这可能会使得家人坚持维持生命的治疗，同时避免为亲人去世做准备。非裔美国人不太可能像其他一些群体那样预先做出医疗指示或拒绝实施心肺复苏术。这可能部分是出于一种担忧，由于历史因素，卫生保健系统会放弃他们或提供的医疗护理不太理想。临终关怀和其他临终服务的使用率相对较低，也可能部分是由于类似的原因。"一些非裔美国人可能会认为疾病和死亡是另一种需要克服的困难。"此外，人们可能认为接受终将不治的预断是缺乏信仰。人们通常认为"上帝掌管着一切"，控制着命运和死亡的时间。因此，他们满足于"将它交到上帝的手中"。

非裔美国人是一个多元群体，他们拥有共同的历史遗产和塑造他们文化认同的被压迫和歧视的历史。这一遗产"源于深厚的非洲传统，在恐怖的大西洋中央航线中获得了看似矛盾的力量和韧性，在奴隶的葬礼上'开花结果'，这是一个极具价值和凝聚力的社会事件，美国的奴隶社区在奴隶主对他们的身体和意识形态的重压之下得以保存"。这一传统影响着非裔美国人的态度和信仰，这一群体包括各种非洲、加勒比和南美血统的个人。巴雷特指出，总的来说，"黑人对死亡和临终有一个整体观念，他们认为出生和死亡是循环或连续统一体中的一部分。"

西班牙裔人

西班牙裔（或拉丁裔）人是美国增长最快的群体之一。有些是近期来的移民；有些人在西南部成为美国的一部分之前就住在那里。相互联系和相互依存，特别是在家庭内部（家庭主义），受到高度重视。在有关医疗护理的决定中，家庭的呼声很重要。

在古巴裔族群中，丧亲之痛一般是公开表达的，包括大声哭泣和其他身体表现。有亲人去世后，家人和朋友聚在一起守夜，持续几天。这些守夜可能以祈祷的形式出现，包括连续9天的祷告，而最后一天充满了节日的气氛。波多黎各人和其他拉丁裔人也有类似的守灵和连续9天祷告的习俗。

在巴西的农村地区，人们很少见到灵车或太平间。死者的遗体可能一直被留在家里，直到遗体下葬，他们可能与其他家庭成员埋葬在同一块墓地中，以实现"家人团聚"。

在危地马拉，人们习惯把亡者放在简单的木制棺材里，由重要的家庭成员抬着穿过小镇，从教堂到墓地，旁观者则表达敬意、哀悼并献花。"在印第安人的葬礼上，玛雅祭司可能会在坟墓前旋转棺材来愚弄魔鬼，并将亡者的灵魂带往天堂。"

在美国，墨西哥裔是拉美裔人中最大的群体，超过60%的拉美裔有墨西哥血统。第二大族裔是波多黎各人，占拉美裔人口的9%。尽管拉美裔有许多共同的文化特征，但拉美裔人中的各个族群（古巴裔、墨西哥裔、波多黎各裔、南美裔、中美裔等）在文化和社会方面各不相同。

墨西哥人对待死亡的态度

墨西哥人倾向于将死亡视为生命的自然组成部分。墨西哥诗歌中充满了比喻，把生命的脆弱比作梦想、花朵、河流或吹过的微风。"因为许多墨西哥人相信宿命论，人们以坚忍地接受生活中的不幸为傲。"人们经常用幽默的讽刺来面对死亡。死亡会引发不耐烦、蔑视或讽刺的情绪。死亡面前人人平等，即使是最富有或最享有特权的人也无法逃脱。

骷髅被称为"墨西哥的国家图腾"。骷髅是亡灵节的核心标志，各行各业的人都被描绘成骷髅，无论是教授还是飞行员。穿着白色婚纱的骷髅新娘和穿着燕尾服的骷髅新郎是亡灵节常见的装饰图案之一，由此可见生与死的紧密联系。用糖、黏土、纸胶或用精致的剪纸制作的骷髅提醒我们，我们所有人总有一天会变成"亡者"。"每个人的皮肤下都有这些骨头，骷髅传递的信息是，我们需要认识并习惯于我们终将死去这一事实。"

墨西哥艺术家何塞·瓜达卢佩·波萨达的流行版画类似于中世纪的死亡之舞。波萨达创造了一具在所有的骷髅中最具代表性的人物——卡特里娜，这个女性骷髅穿着浮夸，讽刺墨西哥上层阶级的自命不凡。

汽车和公共汽车的涂鸦和装饰物表现出人们对死亡的强烈意识。教堂里，受苦的救世主鲜血淋漓、栩栩如生。讣告以醒目的黑色边框框起来。奥克塔维奥·帕斯说，墨西哥人被死亡包围："他们拿死亡开玩笑、抚摸它、与它同眠、庆祝它，把它做成最喜欢的玩具之一，死亡也是墨西哥人最坚定的爱。"帕斯补充道："更确切地说，死亡定义了生命。我们每个人都死于自己创造的死亡。死亡和生命一样，是不可转让的。""告诉我你是怎么死的，我会告诉你你是谁。"这句民间谚语说明了死亡和身份之间的联系。

亡灵节

西班牙神父抵达墨西哥时,试图压制阿兹特克人的宗教仪式,但没有成功。但是他们也带来了中世纪传统的"愚人节"的元素(与狂欢节有关,词源的意思是"告别肉体"),一切都可以被批评、嘲笑和嘲弄。幽默是亡灵节的元素之一,现在的亡灵节在天主教的诸圣节和诸灵节期间庆祝,这是基督教纪念亡者的节日。首先在11月1日纪念死去的孩子们。亡灵节结合了古老的本地习俗和引入的天主教传统。除了墨西哥部分地区,其他拉丁美洲国家也庆祝这个宗教节日,包括阿根廷、玻利维亚、厄瓜多尔、危地马拉、洪都拉斯、尼加拉瓜、巴拿马和秘鲁。

庆祝亡灵节是整个拉丁美洲民间文化的一部分,体现了人们相信自己的幸福在一定程度上取决于尊重和铭记亡者。"这些仪式根植于一种共同的对死者的道德责任感。"生者在讽刺死亡的同时,珍藏了对已故亲人的记忆。

10月下旬,乡村和城镇的市场上摆满了为庆祝节日而制作的特殊手工制品。例如,照亮墓地的长蜡烛和万寿菊(前哥伦布时代在中美洲用来纪念死者的黄色万寿菊),人们抛撒万寿菊的花瓣,指引死者回家的路。一些最有趣的有关亡者

用糖制成的骷髅在市场上随处可见。糖骷髅用糖和水制成,装饰着反光的眼睛和糖霜制成的面部纹饰,糖骷髅通常在顶部留有写下自己名字的位置(在吃自己的骷髅时,你象征性地成为死亡的朋友或同伴,而不是它的对手)。糖还被用来塑造动物,它们在亡者来往米克特兰地狱之间的旅途中陪伴亡者。

的物品是设计给生者吃的。亡灵节面包是祭典上的重要食物。它通常由清淡的甜酵母面糊制成,在不同地区会被烘焙成各具特色的形状。例如,典型的墨西哥城亡灵节面包是圆形,上面做成骷髅和交叉骨头的样子。糖果骷髅头、纸雕骷髅和硬纸板棺材都是对死亡的嘲笑。轻拉纸板棺材底端的绳子,顶部就会打开,骷髅头形状的亡灵会一下子坐起来。

斯坦利·布兰德斯指出了亡灵节艺术表现形式的一些特点:

1. 它是短暂的。它的存在是为了庆祝这一时刻,是为了短暂消费。
2. 它是幽默的。它唤起的是欢笑而不是悲伤,是愉悦而不是痛苦。
3. 它是滑稽的。玩具和糖果通常是为玩耍而设计的,它们通常有活动的部件。
4. 它体积小、重量轻且便于运输,一般正好可以拿在手上。
5. 它是为生者设计的,不是为亡者设计的。

节日期间,家家户户都会去墓地,为亡者的归来做准备。扫墓、重新粉刷十字架、拔草、重新装饰石头以及用鲜花装饰的仪式,既使墓地焕发生机,也是对死者的欢迎。即使是在美国用永久维护基金来维持的墓地,亡灵节期间,家人也会聚集在坟墓前清理和装饰,期待亡者的归来。墓地有一种聚会的气氛,家人(包括孩子)相聚,一起探望他们死去的亲人。在瓦哈卡的索索小镇,节日的晚上,墓地周围的长蜡烛让整个小墓园灯火通明。玛利亚奇传统民间音乐乐队在街头巡回演出,为生者和亡者演奏乐曲,小贩们则在出售食物和饮料。

节日期间,人们会在家里搭建祭坛,放置祭品。为亡者搭建祭坛的位置、大小和材料各不相同。祭坛上放置着亡者的照片、圣母玛利亚和耶稣的圣像或其他宗教名人(例如瓜达卢佩圣母)的圣像。摆上祭坛的食物可能包括摩尔辣酱烤鸡(摩尔辣酱由大约50种配料制成,包括红辣椒、花生和巧克力),还包括其他亡者最喜欢的菜肴。人们还会准备已故亲人熟悉的物品,如特定品牌的香烟或梅斯卡尔龙舌兰酒,这些都是为了在节日期间吸引亡者的灵魂回到家人身边。

在节日中使用的长蜡烛,既会被摆放在祭坛上,也会被摆放在坟墓上。人们相信亡灵在回归的旅程中需要光才能找到家人。在一些社区,蜡烛的数量表示需要被迎回家的亡者的人数。家家户户燃放大型鞭炮,向亡者宣布是时候回家了。在一些社区,亡者会和活着的亲人一起吃饭。祭坛上的糖果、面包和其他好吃的东西首先是给亡者的。只有在他们享用了食物后,生者才能最终吃掉食物。最传统的庆祝活动在米却肯州的哈尼齐奥岛上和瓦哈卡山谷的萨波特克村庄举行。

亡灵节是挑战常规思维和行为模式的时候，庆祝活动重新统一"相互矛盾的元素和原则，以带来生命的重生"。豪尔赫·巴拉德斯说：

> 尊敬和纪念死者的仪式不仅将社区成员聚集在一起，还强化了死亡是一个过渡阶段这样的信念，在这个阶段中，个体继续存在于不同的层面，同时与生者保持着重要的联系。

庆祝者对通常将亡者与生者分隔的界限提出挑战。戴维·卡拉斯科说："亡者的灵魂向生者保证会保护他们，生者向亡者保证会在日常生活中铭记并照顾他们。"家人要向亡者表达敬意，但同时被告诫不要流太多的眼泪；过度的悲伤可能会使亡灵回家的道路变得湿滑，让他们在这个特殊的庆祝时刻回到生者的世界时经历曲折的旅程。

亡灵节庆祝活动的主流化是美国文化"拉丁化"的一个例子，这是过去30年来发生的美洲大陆历史上最大规模移民潮造成的结果。在美国，亡灵节具有"墨西哥特性"的一个重要原因是，在20世纪60年代和70年代，加利福尼亚州的奇卡诺运动积极分子参与了争取公民权利的斗争。他们开始组织源于"亡灵节"的游行，摆设祭坛，以此纪念墨西哥裔美国人的传统。一名参与美国亡灵节活动的人解释说：

> 在美国传统中，没有任何让我们纪念和颂扬亡者的途径。一旦人们去世，关于他们的记忆就会成为家人的私事。葬礼过后没有公众追思活动。就好像亡者们被扫到地毯下面，我们继续做下一件事。通过亡灵日，整个社区都参与了对亡者的公众纪念。

亚裔人

总的来说，亚洲文化更看重相互依存和从属关系，而不是独立和个人主义。和谐在人际关系中尤为重要，这种品质表现在得体的行为上。例如，在中国，强调和谐是因为共同的祖先的后代拥有可以追溯到几个世纪以前的世系。这方面的一个重要概念是中国的"孝",翻译过来就是"孝道"或者"孝顺"。

亚洲传统涵盖了印度、中国、日本和朝鲜半岛的文化。东南亚有许多不同的文化,包括柬埔寨文化、老挝文化、赫蒙族文化、泰国文化、缅甸文化、越南文化、印度尼西亚文化、新加坡文化、马来西亚文化和菲律宾文化,这些文化可以归在"亚洲"的地理标题下,同时它们之间也存在差异。例如,其中一些文化主要信奉印度教,另一些主要信奉佛教,还有一些信奉伊斯兰教,还有一些遵循受万物有灵论影响的习俗,或者是多种宗教的混合。

菲律宾通常被归入亚洲文化圈,但是,菲律宾群岛文化的多样性和西班牙人的殖民历史使得将菲律宾文化归为单一一类充满了问题。这进一步说明我们需要认识到各种"亚洲"文化之间存在着巨大差异。

柬埔寨的"亡人节"

国际金融基金和环球银行感到忧虑,柬埔寨未能使其文化传统适应现代条件。随着全国的劳动力从凌晨开始祭拜先人,劳动生产率必定会大幅下降。柬埔寨无法承受在全球化时代,其竞争力每年受到这样的打击。在大多数西方发达国家,与亡者的交流被限制在每年一个晚上,也就是万圣节。这意味着柬埔寨花了至少14倍的时间来安抚幽灵。柬埔寨的幽灵对将庆祝活动改为一天可能会感到不满。但是,与发达国家的幽灵相比,柬埔寨幽灵的爱国精神丝毫不逊色,相信他们会为了国家利益做出这种牺牲。

《金边邮报》

赫蒙族是来自中国(中国称为苗族)、越南、老挝和泰国山区的亚洲民族,他们把生活视为一场旅行;死亡是一个人从一个存在层面进入下一个层面所经历的阶段。"赫蒙族的葬礼有许多独特的仪式,可能持续数天,纪念亡者和他们的祖先。去世的人年纪越大或者越受人尊敬,葬礼的时间就越长。"主要的宗教领袖是萨满,萨满同时处理健康和精神问题。动物祭品被用来纪念逝者。在家乡的山区,赫蒙族的丧葬习俗包括鸣炮通知村里的族人有人去世了,在葬礼上宰杀饲养的牛和水牛。在北美,大部分赫蒙族居住在城市,社会环境明显不同,赫蒙族

葬礼仪式的传统元素很难保持，已经发生了巨大变化。

和其他佛教徒一样，泰国人相信人死后会重生，重生的地点取决于人的业力。在葬礼上，家庭成员祈祷自己下辈子能在同一个家庭中获得重生，与亡者保持同样的关系。

在传统的印度教家庭中，死亡是公共事务。所有的典礼和仪式都由家庭成员完成，男性的遗体由男性处理，女性的遗体由女性处理，从清洗、涂油、穿衣，到制作棺材架，把遗体放在上面并用绳子固定。最后的仪式被称为"丧礼"，其目的是净化亡者，并安慰失去亲人的人。出于卫生和精神方面的考虑，亡者应在死后 24 小时内火化，因为印度教徒相信火化越早，灵魂就越能得到更彻底的释放。住在美国的印度教徒会把家人的骨灰保存起来，等回到家乡时，撒在圣河里。

锡克教徒因戴头巾而广为人知，锡克教于 15 世纪起源于印度北部，他们会首选相互依存的决策方法。因此，许多锡克教家庭选择不告知病人他们的诊断或预后，他们认为这些信息可能加速死亡的进程。

与此类似，传统的菲律宾人可能不希望为死亡做计划，也不愿讨论预先医疗指示，因为这样做可能十分晦气。当人们病重或临终时，家庭成员可能会亲自照顾他们。在家人去世之后，一些菲律宾家庭会进行连续 9 天的祷告（请见之前对西班牙裔人的传统的讨论）。菲律宾人普遍认为，生命在死后仍然继续，照顾临终或死去的人的精神需求能够确保灵魂得以安息。

祖先通常在亚洲家庭中占据中心地位，因为已故的成员继续与家族中的生者维持互惠关系。谈到祖先，越南人会用到"thiêng"这个词，意思是"令人敬畏的"和"能够顺从祈祷"。生者与亡者彼此依存；生者举行必要的祭祖仪式，而亡者给他们的后代带来祝福。故去的祖先与后代之间存在着永恒的互惠关系。中国哲学家孟子说："不孝有三，无后为大。"因为如果没有后代，就没有人去举行必要的祭祖仪式。实际上，最近的一项研究指出，在日本现代社会中，一些老年人面临没有"合适的坟墓继承人"（子孙）的情况，正因如此，他们很难想象自己在死后会成为祖先，对死亡感到焦虑。

在中国的葬礼上，特定的丧服表明丧亲者和亡者的亲属关系（类似于洛达基人的哀悼约束）。遵循道教传统，中国的死亡仪式会利用古老的风水原理，这是一种占卜艺术，将元素正确定位，使它们相互之间关系和谐。据说"风水将生死联系在一起"。风水有助于确定吉祥、有利的居住地，这对生者与亡者都很重要，因为不这样做会带来不幸。因此，中国的墓地通常坐落在高处的斜坡上，最好是背山面海，可以看到祖先留给子孙的肥沃土地。在葬礼上，棺材脚朝向门，这样亡者的灵魂就能畅通无阻地进入另一个世界。对这些细节的关注让失去亲人的家庭感到安心，做好一切，可以让先人的来世之旅一切顺利。

对具有传统观念的日本人来说，对祖先的尊敬是维系生者与亡者之间心理和情感联系的途径。然而，这些联系也会引起对死亡的恐惧和对"死亡污染"的担忧，死亡和它带来的坏运气可能会造成不良影响。事实上，"祭祖仪式的主要目的之一就是改变刚死去的人的灵魂具有污染性的、仍属于世间的状态，让他们的灵魂加入在这个房子和社区中故去已久的祖先们已经得到净化的集体中"。亡者逐渐失去他们的个性，一段时间后，与祖先的灵魂融合在一起。历史上，在日本：

> 朝廷诗人的任务是为已故的皇室成员写悼词，通常是在下葬前将他们的遗体安放在临时神社的时候。人们相信这样的哀悼诗会安慰逝者，防止他们因不满生者忽略他们而重新回到这个世界上去折磨他人。

> 庄子妻死，惠子吊之，庄子则方箕踞鼓盆而歌。惠子曰："与人居，长子、老、身死，不哭，亦足矣，又鼓盆而歌，不亦甚乎！"
>
> 庄子曰："不然。是其始死也，我独何能无概然！察其始而本无生，非徒无生也而本无形，非徒无形也而本无气。杂乎芒芴之间，变而有气，气变而有形，形变而有生，今又变而之死，是相与为春秋冬夏四时行也。人且偃然寝于巨室，而我噭噭然随而哭之，自以为不通乎命，故止也。"
>
> 《庄子·至乐》

类似的对死亡和死亡可能带来不幸的担忧在中国也很普遍。何孝恩和陈丽云的研究指出：

常见的禁忌包括避免谈论死亡；不接触生病和生命垂危的人；避免接近棺材和遗体，包括他们的衣服和物品；也不提亡者的名字，因为担心会召回他们的灵魂。避免与死者家属接触，因为人们认为他们是承担厄运、沾染死亡而不洁的人。通常人们避免使用或提到中文中"四"这个字，因为四与死同音。

在典型的日本葬礼仪式上，人们会燃香，僧人会诵读佛经。这时，会给予亡者一个死后专用的名讳或"戒名"，这表明这个人的物质特性已经终结。戒名最终被刻在家族祭坛上摆放的纪念先人的牌位上。遗体火化后，骨灰和一些骨头放置在骨灰瓮里，埋葬在家庭墓地中。

除了家中的佛坛，日本祭祖仪式的另一个重要纽带是家庭墓地，家庭成员的骨灰都埋葬在那里。这些家庭墓地可以放置十几个或更多骨灰瓮。墓地必须维护得当，包括清洁和为先人提供供品。

除了利用家里的佛坛祭奠先祖，日本人还在家庭墓地举行纪念仪式。他们为祖先燃香、供奉鲜花，在墓碑上洒水。洒水这一净化仪式可追溯到古代，现代的人们延续了这种做法，尽管可能没有充分认识到它古老的意义和象征性。祖先崇拜的传统为应对死亡和失落感提供了一种框架；向祖先身份的转变取决于对家庭

佛坛是日本家庭常见的祭坛，家人可以通过祈祷、供奉食物和其他方式来纪念已故的亲人和祖先。佛坛是家庭中今人与先人之间保持联系的关键，家人通过具体行动来展示这种关系。

死亡图书馆

的忠诚,而不是道德价值。

在对日本习俗的研究中,克里斯蒂娜·瓦伦丁认为,与西方人强调"痛失亲人的人需要放松心情和恢复自主性"相比,日本人认为失去亲人时需要"妥善对待亡者",并且强化熟人与社会关系。艾伦·凯勒希尔和田中大辅指出,西方文化受到犹太教-基督教假设的影响:当人们死亡时,他们要么进入另一个"领域",要么干脆解体。无论哪种方式,亡者都离开了我们。他们不在这里。但是日本的神道教和佛教的宇宙论强调,虽然死者确实存在于另一个世界,但那个世界与生者的世界并没有明显的区别。亡者和生者彼此都有接触的机会。

对日本人来说,在墓地或家中的家庭祭坛前与先人交谈是很平常的事,人们通常以谈话的方式,向逝者讲述生活中发生的事情或征求意见。通过这样的方式,亡者与生者之间的联系得以维持。

中国人对祖先的尊敬也是如此。传统上,先人的灵魂体现在灵位上。灵位是一块长方形的木板,上面刻着亡者的姓名、头衔以及出生和死亡日期,放置在家中的祭坛上。许多中国家庭的家中有专供纪念的墙壁,有时用亡者的照片代替灵位,这是一种维持亡者在家中继续存在的方式。

纸祭品

纸祭品是用纸制作的物品,很多是手工制作、独一无二的,用火烧掉时,可以献给生活在尘世之外的神、鬼和祖先。燃烧完成了重要的转化,将物品送到生者的世界以外。另一个世界的居民得到了象征性的钱(称为冥钞或冥币)和用纸制作的金银元宝或者金银币。亡者在另一个世界花的钱将由哀悼者提供给他们,在葬礼和其他场合于一个容器中焚烧。献给已故亲人的供品是葬礼和纪念仪式的重要组成部分。亡者在死后是依附者,需要家人为他们提供需要的东西。

古代的祭品种类,如交通工具、衣服、住房和生活必需品等都保留了下来,但具体的内容随时间持续更新。"电话座机的复制品已经被手机取代;随着手机本身变得更加小巧精致、功能复杂,其纸质复制品也发生了同样的变化。"

传统信仰要求人们缅怀已故的家庭成员,来维持亡者与生者之间的联系。其中一个方法是定期为亡者送礼物。一年中最繁忙的时候是农历新年以及清明节,商店里挤满了为祖先买礼物的顾客。

清明节和盂兰盆节

中国人在春天的清明节迎接先祖的回归。家家户户扫墓、烧纸祭品，以示对祖先的尊敬和关怀。日本的盂兰盆节和中国的清明节类似。

盂兰盆节通常在每年8月，祖先的灵魂在这期间回归家庭。在英语中盂兰盆节又称为纪念亡者的节日、灯笼节（因为要点亮灯笼照亮幽灵返家的路）、亡灵节或仲夏节，盂兰盆节体现了关于亡灵的古老习俗以及生者对亡者的敬意。人们相信，先祖的灵魂和众神会在这一天从他们在山上的居所降临，祝福生者。

犹太人

一般来说，犹太人不怎么揣测死后的生活。相反，他们关注的是人在当前生活中的行为。贾尼丝·塞莱克曼说："尽管死亡是生命周期的一部分，然而，应该欣赏当下的每一天，并且尽可能充实地生活。生活的目标是趁着还在的时候，珍惜这些人和东西。"

至于死亡仪式，临终者进行以忏悔和赎罪为目的的临终忏悔祈祷，或由他人为临终者朗诵。犹太人的葬礼和下葬通常在死后24～48小时内举行。七日丧期是指从下葬开始的7天。在此期间，哀悼者"坐七"，即进行7天的守丧。这是表示哀悼的时候。卡迪什，即犹太人的"哀悼者的祈祷"，是在其他人的陪伴下诵咏的。然而，卡迪什并没有谈论死亡，而是赞美上帝并重申信仰。

虽然在时间上有差异，但按照惯例，墓碑应该在卡迪什期结束后且在死后一年之内竖立。此时人们会举行一个称为揭幕的墓地仪式。死亡忌日称为亚赫宰特。在扫墓时，人们习惯在墓碑上放一块小石头，表示有人来拜谒过。

犹太人在历史上经历过大屠杀和流放。"二战"期间的纳粹大屠杀对犹太人的身份产生了重大影响，它继续影响着美国犹太人的生活，特别是幸存者后代的生活。

凯尔特人

在古代，凯尔特人占领了中欧和西欧的大部分地区，西起不列颠群岛，东到土耳其和黑海海岸，北到比利时，南至西班牙和意大利。人们普遍认为，所有的欧洲文化都可以追溯到凯尔特人这一源头。凯尔特人的社会由勇士领导，他们以技能、勇气和在战斗中的好运来证明自己的权威。死后的名声是生前成就的标志。英雄具有传奇色彩但不及圣人，人们认为英雄能够接触超自然的力量和超越现实世界的另一个世界。

土葬和火葬在凯尔特历史的不同时期都存在。在他们死后，他们的个人物品、衣服、珠宝和其他物品经常随他们一起被埋葬，这些物品间接地反映了他们对永生的信仰。死者生前珍爱的物品被焚烧或埋葬，以便他们能在来生继续使用。死者的身份和他们在社区中的位置是通过陪葬物品的范围和类型显示出来的。根据考古证据，学者认为凯尔特人策划了复杂的葬礼，包括宗族聚会和葬礼盛宴。在一个特别奢华的墓葬中，埋葬的可能是一名酋长，墓室的陈设中包含一张放置遗体的巨大的青铜沙发，还有一辆四轮车辆，这可能是灵车或代表了前往另一个世界的战车。墓中有青铜器皿和兽角酒器，足以供9人使用，这个数字被认为是饮酒聚会的理想数字，意味着一场盛宴。

在生者和亡者的世界之间存在着强烈的沟通意识。人们敬酒纪念亡者。一般来说，亡者对后代是有帮助的，特别是当人们尊敬亡者的时候。人们认为死亡仅仅是地点的改变。生命以各种形式在另一个世界——一个亡者的世界——也就是冥界继续着。当人们在那个世界去世，他们可以在这个世界重生。因此，灵魂在两个世界之间不断交换：冥界的死亡将灵魂带到现世，而现世的死亡则将灵魂带到冥界。

生者和亡灵之间的接触是可能的，尤其是在萨温节（11月1日）期间，根据凯尔特日历，这个节日标志着一年的结束和下一年的开始。萨温节是一年中最重要的节日，丰收盛宴持续数日，在这段时间里，人们可以与神和死者进行超自然的交流。此时，现世和冥界之间的墙是最透明的，死者的灵魂"像旋转的叶子"追逐生者。

被称为德鲁伊的凯尔特祭司主持祭祀仪式并解释预兆。他们在人类世界和超自然领域之间充当中间人。他们的主要教义似乎是灵魂是不朽的，会成为未来存在于身体上的生命，而非仅仅作为精神或死后生命的影子。事实上，凯尔特人似乎是最早形成个人永生信仰的民族之一。这些信仰帮助凯尔特人直面死亡的恐惧，使他们在战斗中变得勇敢。

战争女神和战争侍女（也称为女武神或瓦尔基里）在北欧和凯尔特传统中都扮演着重要的角色，她们的形象可追溯到维京时代之前。人们认为女武神出没在战场上，在那里她们以鲜血和勇士的死亡为乐。人们形容她们身上佩剑，手持长矛，在空中和海上骑着马，她们分配战斗的胜负，挑选战死的英雄进入天堂般的荣耀之地瓦尔哈拉英灵殿。"在瓦尔哈拉做客"一词与死亡同义。瓦尔哈拉的字面意思是"战死者之殿"。宫殿高挑，屋顶由金色的盾牌筑成，椽由长矛搭成。英灵殿并不是所有亡者的居所，而是杰出英雄的归宿。凯尔特人对战死疆场的态度可以总结为："成为勇士中的勇士是凯尔特人的理想生活，在战斗中死去，周围环绕着朋友、诗人和一百个死去的敌人是最高境界。"根据一位作者的观察，当代人的看法与凯尔特人类似："如果你看所有电视转播的体育赛事中的广告，就会注意到这仍然是我们对天堂的共同看法，衣着暴露的少女为获得胜利的男人倒酒，旁边的人无比羡慕。"

凯尔特人对文字技巧的重视不亚于对战斗技巧的重视，他们喜欢文字游戏和复杂的诗意语言。凯尔特人也对世界文学做出了杰出的贡献，其中最著名的可能是亚瑟王的传说。凯尔特神话也出现在乔叟的作品和莎士比亚的《暴风雨》和《皆大欢喜》中，以及近代托尔金的《魔戒》中。《魔戒》让人想起冥界，包括巫师甘道夫和萨鲁曼等德鲁伊式的角色。在托尔金的《霍比特人》中，指环王被称为亡灵巫师，这是北欧神话中的名字，意为"魔法师"或"巫师"，他们通过技巧与死者交谈以了解信息。在古英语诗歌中（例如《贝奥武夫》）有一种哀伤的基调，当意识到万物都在消逝，生命不属于自己时，人们感到悲伤。

爱尔兰皈依基督教很久之后，与萨温节有关的信仰和习俗继续存在。例如，20世纪中期，爱尔兰乡村家庭会在11月1日摆放面包和农产品，"在桌上放一碗水"，打开门闩，"让灵魂进入"。爱尔兰的传统做法是将亡者"摆放"在家中作最后的告别。古代守夜的时候，盖尔女性会"恸哭"，或者大声哀号，而男人则喝酒、聊天。在当代爱尔兰人和爱尔兰裔美国人家庭中，守夜仍然是重要的传统。"守夜是一个充满忧郁、欢乐、痛苦和希望的时刻，也是一个分享食物和饮品、纪念逝者的时刻。"

与以往相比，如今有更多的人称自己拥有某种凯尔特人的身份。凯尔特的宗教信仰被重新发现，成为异教的、崇拜自然、多神宗教现代复兴的一部分（异教徒一词的字面意思是"乡村的"或"乡下的居民")。在许多葬礼队伍中，尤其是殉职的警察和消防队员，人们以风笛和乌林管吹奏挽歌，发出悲恸的哀鸣声。总之，凯尔特人的遗产是欧美文化传统的重要组成部分。

阿拉伯人

阿拉伯人的祖先和传统可以追溯到阿拉伯半岛的游牧沙漠部落。这一文化传统涵盖北非和西南亚的广大地区，包括约旦、伊拉克、科威特、巴林、卡塔尔、阿联酋、阿曼、也门、沙特阿拉伯，以及阿尔及利亚、黎巴嫩、利比亚、摩洛哥、巴勒斯坦、索马里、苏丹、叙利亚和突尼斯。贝都因人指的是中东地区所有讲阿拉伯语的游牧部落。

不同的阿拉伯群体有不同的传统和宗教信仰，也存在基于民族、语言、部落、地区、宗教、社会经济和国家身份的差异。虽然许多阿拉伯人是穆斯林，但阿拉伯人和穆斯林两个词并不等同。尽管如此，本节将集中讨论穆斯林关于死亡的信仰和习俗。

对大多数穆斯林来说，死亡和来世是信仰的核心原则。真主决定一个人能活多久。尘世的生命是为永生做准备，死亡被认为是真主的旨意。因此，讨论预先医疗指示或临终关怀可能是不受欢迎的。

一些穆斯林可能会认为长时间的哀悼违背真主的意愿。即便如此，个人可能会对家庭成员的死亡反应剧烈，并强烈地表达悲伤。家庭、友谊和社会支持是力量和慰藉的来源，尤其是在疾病或危机的时候。

随着死亡时间的临近，穆斯林的临终病榻，或者至少是临终者的脸会朝向麦加。伊斯兰教要求要将死者尽快下葬。葬礼仪式包括清洗遗体，并用白色棉质裹尸布包裹遗体。遗体被埋葬在简单的坟墓里，在此之前，人们要诵读《古兰经》中的经文，并进行祈祷。对于虔诚的穆斯林来说，生与死是真主的旨意。

大洋洲人的传统

太平洋岛屿的土著民族，也被称为大洋洲人，是夏威夷和其他太平洋岛屿原住民的后裔，包括波利尼西亚人、美拉尼西亚人和密克罗尼西亚人。大洋洲人包括许多亚群体，他们的语言和文化各不相同。最大的波利尼西亚亚群体包括夏威夷人、萨摩亚人和汤加人；最大的密克罗尼西亚亚群体包括查莫罗人／关岛人；最大的美拉尼西亚亚群体是斐济人。

太平洋岛民的主要文化领域是家庭网络、灵性、平衡、和谐和价值观。这些价值观体现在夏威夷语中，例如：洛卡希（统一与和谐）、波诺（善良、正直、正当程序）、欧哈纳（亲族和社会支持）、科库阿（互助与合作）和库雷纳（责任）。这些价值观在下面关于夏威夷文化的讨论中可以清楚地体现出来。

混合：夏威夷的文化多样性

夏威夷的人口代表着丰富的民族和文化融合。在夏威夷，不同族群之间的界限通过社会互动而得以松动，变成"软边界而非硬边界，相互重叠而非明确界定"，使得"没有一个群体完全放弃其传统文化认同的核心"（这可能预示着再过几十年，美国本土和全球大部分地区将会是什么样子）。

夏威夷是"美国唯一一个所有种族都是少数民族的地区，而且夏威夷的大部分人口都来自太平洋岛屿或亚洲，而不是欧洲或非洲"。航行到夏威夷群岛的波利尼西亚人在夏威夷定居，他们与欧洲人的第一次接触是在1778年，那时詹姆斯·库克船长正在太平洋探险。后来，随着一波又一波的移民浪潮，中国人、日本人、葡萄牙人、琉球人、朝鲜人和菲律宾人到达夏威夷。今天的居民包括来自欧洲和北美的白人、萨摩亚人、越南人、老挝人和柬埔寨人，以及非裔美国人、拉丁美洲人、巴基斯坦人、汤加人、斐济人、密克罗尼西亚人和世界其他地区的移民。"本地人"的泛民族认同代表了"夏威夷人的共同身份以及他们对夏威夷群岛的土地、原住民和文化的共同理解"。

每个族群都有自己的故事、独特的历史和相应的传统。大多数都有自己的文化网络，以自己的方式保持传统，并在需要时提供相互支持。夏威夷的多样性表明，通过接纳和吸收独特传统的表现形式，可以保护丰富的文化内涵。

夏威夷人的特点

大家庭，即"欧哈纳"，是夏威夷传统价值观的核心。孩子在家庭聚会，包括葬礼中占有重要地位。大家庭的亲密关系包括在世的家庭成员与其祖先之间的亲密关系。祖先的遗体是神圣的，特别是王室成员的遗体。的确，正如乔治·卡纳赫勒所说，夏威夷人对家庭的爱是他们热爱土地的基础：

> 在宗教社会里，祖先被神化为"欧马库亚（神）"，宗谱被提升到显赫的地位，所处的地点和家因为与祖先的联系而更受重视。夏威夷人赞颂他们的出生地，不仅因为他们碰巧出生在那里，还因为在他们之前，好几代祖先都出生在那里。这不断地提醒人们世系的活力以及过去、现在和未来生命的宝贵。

拥有宗教信仰意味着认识到人、土地和更高力量（包括称为"科阿库阿"的上帝和称为"欧马库亚"的个人祖先指引者）之间的相互依存，并努力实现和谐。夏威夷人的身份是通过与土地、语言和家庭之间的联系来描述的。

最早到夏威夷的移民是中国人。和夏威夷人一样，中国的文化价值观强调家庭和人际关系的重要性。他们还保留了传统葬礼和哀悼的元素。例如，夏威夷的华人葬礼通常包括烧纸（如本章前面讨论的）。棺材前放着纸搭成的"仆人娃娃"，道士吟唱着如何在天堂照顾死者。他可能对"男仆"说："照顾主人，给他打水砍柴。"对"女仆"，道士可能会说："把房子打扫干净，买东西的时候，不要浪费主人的钱。"在几乎持续一整天的道教葬礼中，道士吟诵，音乐家演奏乐器，家人会在道士的指导下开展仪式。

大多数生活在夏威夷的文化群体都很重视家庭关系并尊重祖先。约翰·F.麦克德莫特说：

> 在所有族群中，也许除了白人，大家庭都扮演着核心角色。强调家庭是一个重要的社会单位，并把家庭凝聚力、家庭成员间相互依赖和对家庭的忠诚作为核心指导准则。个人被视为更大的网络的一部分，责任与义务以及个人安全

感，都源于这一背景。白人也很重视家庭，但他们以个人的身份面对世界。

白人可以被视为构成夏威夷群岛"文化马赛克"的许多族群之一。新移民通常会发现需要做出调整以适应这种社会现实。从美国本土搬到夏威夷的白种人并不认为自己是移民；他们认为自己是主流文化的代表，通常期望别人而不是自己去适应。然而，留在夏威夷的居民适应了夏威夷独特的文化，并形成了一种所有生活在夏威夷的族群共有的"本地"特性。

死亡与本地身份

夏威夷的各个族群都倾向于保持自己独特的身份和文化，同时与整个社区分享他们的身份和文化的元素。随着不同的族群成为夏威夷文化融合的一部分，一种叫作混杂英语的共同语言得以发展并成为当地身份的象征。混杂英语借用了讲这种语言的人母语中的词汇和语法，它不仅是来自不同背景的人们之间交流的方式，而且也是人们认同第二故乡的一种方式。今天，说混杂英语可以让人们超越文化的界限，在"本地"身份的基础上建立融洽的关系。

一位白人护士描述了她在与一位菲律宾裔男子交谈时混杂英语发挥的作用。病人的身体日渐消瘦，他很害怕。护士安慰他说："精神好，身体跑[完结了]。"她使用了一个从夏威夷语借用来的混杂词，通过一种文化上合适且让人感到安慰的方式，肯定了他的精神力量，同时说明他身体里的生命正在被疾病消耗。

熟悉不同民族的风俗习惯，灵活地将这些风俗融入自己的生活，可以培养地方认同感。例如，在重要仪式上设宴的原住民传统在夏威夷居民中也很普遍。葬礼上，哀悼者通常在仪式结束后聚集在一起分享食物，彼此交谈。为了满足这一需求，夏威夷的殡仪馆通常配备厨房和餐饮设施，送葬者可以在这里准备那些他们自带的食物或由殡仪馆向聚在一起的亲友提供食物。

同样地，夏威夷的葬礼公告通常会有"需着欧罗哈服装"这样的通知，悼念者会穿着五颜六色的衬衫或"慕"（mu'u"传教士"长衫），戴着美丽芬芳的花环。在夏威夷文化中，花环非常特别，不同的花和花环都具有各自的象征意义。例如，哈拉（hala）花环与呼吸（ha）有关，意味着将要去世或临终。姜花环，又名"阿瓦普希",象征着事物失去太快,正如夏威夷民间谚语所说,"姜叶太快变黄"。葬礼后的宴会和佩戴花环作为与夏威夷原住民有关的习俗,成了表达当地身份和社区情感的方式。

考虑到夏威夷人的宗教信仰——基督教、佛教和道教,等等——殡仪馆通常会针对每一种传统提供适当的设备和象征物。在某个太平间,祭坛的中央部分被设计成一个旋转的显示屏,这样在需要时可以轻松转换适当的宗教传统的图像和符号。

夏威夷多样化的居民并没有减少不同民族之间的差异,反而使人们学会了欣赏并为表达差异保留空间。夏威夷人口增长最快的族群是"混血儿"或称为"哈帕"(hapa)。当人们与本族以外的人通婚,与不同文化传统的家庭建立亲属关系时,他们的习俗、信仰和惯例就融入了一个新的家庭。由于来自不同文化传统的夫妻相互吸收对方文化的元素,他们的子女自然会熟悉两种文化。

当代多元文化社会中的死亡观念

现代社会由许多社会群体组成,每个群体都有自己独特的风俗习惯和生活方式。由不同民族和文化群体创造的文化马赛克能够让社会生活更为丰富。人们有时谈论或写到"美国的死亡方式",但这个短语掩盖了实际上有许多不同的"死亡方式",这些方式反映了不同文化群体的态度、信仰和习俗。大卫·奥尔森和约翰·德弗兰提醒我们:"在那些通常被归类在一起的人中存在着巨大的多样性。"

我们应对死亡的方式不是凭空产生的。传统的根本含义是"传下去",每一代都接受上一代的文化,改变它,并将它传承下去。这在电影《我爱贝克汉姆》中可以看到,电影讲述了一个年轻女孩在21世纪的伦敦寻找身份的故事。她试图重新寻找身份,将她的祖先文化和新家园的文化结合起来,占据所谓的第三空间。这里的祖先文化是来自旁遮普省的第一代锡克教印度移民的文化,影片展示了受传统束缚的文化在进入一个更热爱自由的现代世界时必须经历的斗争。

种族和其他文化因素对诸如应对致命疾病、对痛苦的感知、对临终者的社会支持、悲伤的表现、哀悼方式和葬礼习俗等都有影响。在新墨西哥州北部说西班牙语的人继续用传统的记忆诗歌纪念亡者，安慰失去亲人的人。记忆诗歌以书面叙事诗或民谣的形式，以宏大、抒情和英雄颂歌的方式讲述一个人的生命故事。这是代表亡者进行的告别或是离别。这样的纪念常常提醒人们生命短暂，表达了生命只是从上帝借来的短暂时光这一观念。

　　罗伯特·哈里森提醒我们，如果不能"提供某种方式或语言来应对自己必死的命运，即使这些仪式帮助我们应对他人的死亡"，那么哀悼仪式仍然缺失一些重要元素。

　　有关本章内容的更多资源请访问 www.mhhe.com/despelder11e。

第四章

死亡系统：
死亡和社会

© Luka Lajst/iStock.com

发生在可疑或不确定情况下的死亡需要进行调查以确定死亡原因。因此，执法机构是社会死亡系统的一部分，这个由人、地点、时间、物件和符号组成的网络，塑造了个人与死亡的关系。

社会关注与死亡有关的许多事项，包括制定器官捐献和移植的规则、界定和确定死亡、将死亡模式分类、规范验尸官和法医执行调查职责的方式，以及评估发生暴力死亡时的犯罪意图或过失程度。这些事务千变万化，但都是"死亡系统"的一部分。"死亡系统"是由罗伯特·卡斯滕鲍姆提出的术语，用来描述"人际、社会物质和象征性的网络，社会通过这个网络调节个人与死亡的关系"。

死亡系统由人（葬礼承办人、人寿保险代理、武器设计师、临终护理人员）、地点（墓地、殡仪馆、战场、战争纪念馆、灾难地点）、时间（纪念日和宗教纪念活动日，如耶稣受难日、重要战役的周年纪念、万圣节）、物件（讣闻、墓碑、灵车、电椅）和符号（黑臂纱、葬礼音乐、骷髅旗、谈论死亡的语言）组成。在当今社会中，互联网也已成为死亡系统的重要组成部分（与死亡问题有关的通信技术方面）。

虽然死亡系统的功能在不同的社会以及同一社会的不同时期有所不同，但死亡系统包含以下要素：

1. 对可能危及生命的事件的警告和预测（风暴、龙卷风和其他灾难，以及针对个人的建议，如医生对实验室检测结果的报告或机械修理工对刹车故障的警告）

2. 预防死亡（紧急和急性医疗护理、公共卫生倡议、禁烟运动）

3. 照顾临终者（护士、创伤工作者、家庭护理人员、临终关怀人员）

4. 处理死者（太平间、墓地、纪念程序、灾难中的遗体辨认）

5. 死亡发生后的社会团结（应对悲痛、维系社区关系、处置遗产）
6. 解释死亡的意义（宗教或科学解释、慰藉文学、临终遗言）
7. 杀戮（死刑、战争、狩猎、饲养和销售动物）

这些功能相互联系、相互影响。很明显，构成死亡系统的要素几乎涉及社会和个人生活的各个方面，从慰问卡上委婉语的使用到死亡的医学化。死亡系统涉及管理各种表现形式的死亡现象。这些方面包括预防死亡、处理死者、理解死亡、支持社会认可的死亡，以及某些时候掩盖死亡对我们生活的影响。死亡系统还定义了哀悼的规则，"决定了谁、何时、何地、如何、多久以及为谁哀悼"，即规定个人应对失去亲人时"适当"和"不适当"的做法。这称为对悲伤的"监管"。同样，通过"意义协商的社会过程"所做的决定影响一个人死亡的情形。在本章中，我们强调了死亡系统的不同方面。接下来，我们将特别关注死亡系统的影响，因为它涉及定义和证明死亡、评估杀人行为、规范器官捐献和移植以及执行死刑的方面。正如卡斯滕鲍姆所说："死亡系统认为死亡是社会功能的所有方面的内在因素"。

死亡认证

死亡证明在死亡系统中兼具私人和公共功能。乍看之下，用来证明死亡事实的文件似乎很简单，简明扼要地记录了有关死者、死亡方式和地点的相关数据。然而，这个看似简单的文档具有超乎想象的广泛含义。它是影响产权处置、人寿保险赔付、养老金支付等的法律文件，除了这一价值和目的，死亡证明还有其他各种功能，它能够协助侦查犯罪、追溯族谱，以及获得疾病的发病率和其他身心健康方面的知识。

事实上，死亡的正式登记通常被认为是死亡后最重要的法律程序。死亡证明是死亡的法律证明，美国所有司法管辖区都要求出具死亡证明。虽然死亡证明因州而异，但大多数都遵循美国标准死亡证明的格式。

葬礼承办人一般负责填写和提交死亡证明。"葬礼承办人从最稳妥的渠道（通常是最近的血亲）获得个人信息，从主治医生、法医或验尸官那里获得死因信息。"证明填写完毕后，将在死亡发生地所在州的登记部门备案。

典型的死亡证明提供了四种不同的死亡模式可供选择：意外死亡、自杀死亡、他杀死亡和自然死亡。然而，正如埃德温·施内德曼指出的，死亡的原因不一定与死亡的方式相同。例如，如果死亡是由溺水窒息造成的，它应该被归类为意外、自杀还是他杀？这些模式都可能适用。

死亡模式和死亡原因之间的区别背后是一个更复杂的问题，即可能直接或间接导致死亡的意图和潜意识、精神状态和行为。例如，一个醉酒的人在没有其他人在场的情况下跳进游泳池溺亡，这是意外死亡还是自杀？酗酒是否出于情绪困扰和沮丧这一点会让我们得出不同的结论吗？如果这些鸡尾酒是一位过于慷慨的主人提供的，那么死亡模式是什么？如果提供过量酒精的人也是死者的继承人呢？

显然，意图和潜意识因素可能比目前大多数死亡证明上列出的有关死亡方式和死因的粗略区别更为复杂。在加利福尼亚州马林县进行的一项研究评估了死亡模式的传统分类以及死者意图的致命性，结果显示，一些被划分为自然、意外和他杀的死亡是由死者自己的行为促成的；也就是说，死者有自杀的意图（第十二章讨论了利用心理解剖作为调查工具来重建导致死亡的意图和因素）。死亡证明迫使医生将复杂的医疗情况简化，因此，据说医生缺乏培训是造成死亡统计偏差的最大原因。

验尸官和法医

在美国，大多数死亡是由疾病造成的，患者的医生会证明死亡原因。然而，当死亡发生的情况可疑，或事发突然而又没有医生证明死因时，死因必须由验尸官或法医确定，他们也被称作死亡调查员。验尸官通常是民选官员；法医通常是被任命的。然而，这两个职位之间的主要区别与培训有关。验尸官可能不具备特殊的学科背景或培训，但法医是医生，通常在解剖和法医病理学（将医学知识应用于法律问题）方面受过高级培训并取得证书。

一本13世纪的中文书描述了当时的调查官如何区分自然死亡和非自然死亡，

例如，死者脖子上受损的软骨和喉咙上的压痕，表明死者是被扼死的。

观察和分析仍然是法医检验的核心。斯蒂芬·蒂默曼说：

> 出现严重问题时，就需要死亡调查员。死者本应该活着。他们的死亡要么是意外或过早发生，要么死亡的情形暗示了暴力、事故、破坏性行为、虐待，或者不明原因。这些死亡是可疑的，因为它们发生得很不寻常。

死因需要由使用科学程序的调查确定，可能包括尸检（本章后面将介绍）、毒理学和细菌学测试、化学分析和其他必要的研究，得出充分的结论。调查人员的探究将最终产生一份死亡造影，即对一个人死亡的书面记录。

尸检的结果可能在法庭审理案件和保险理赔中发挥关键作用。这些程序不仅对执法机构很重要，对相关家庭也很重要：死亡方式，无论是由于谋杀、疏忽、自杀、事故还是自然原因，都会对家属在情感上产生重大影响。它还可能产生经济影响，例如：一些寿险保单只针对意外死亡承保，而另一些保单则在意外死亡时支付投保额两倍（双倍赔偿）的赔偿金。

除了调查可疑的死因，验尸官和法医经常在预防自杀和指导人们防止滥用药物等社区卫生项目中发挥关键作用。

一名死亡调查员说："我无法让人们找回他们的亲人。我无法让他们重获幸福或纯真，无法恢复他们以前的生活。但我可以告诉他们真相。他们就可以自我解脱，为死者哀悼，去重新开始生活。"

尸检

尸检（源自希腊语的 *autopsia*，意思是"用自己的眼睛查看"）是在发生死亡后对尸体进行的详细的医学检查，其目的是确定死亡原因或调查病变的性质。腹腔被打开之后，器官就会被摘除，以检查其内部结构，少量样本被取出供后续进行分析。尸检完成后，不需要进一步研究的器官会被放回腹腔，然后所有切口会被缝合。

需要进行尸检的情形以及进行尸检的方式是死亡系统中涵盖的问题。死者的家人可能会要求尸检，以确定导致死亡的原因是不是遗传或传染性疾病，或厘清是否发生过医疗事故。尸检可能出于法律或官方原因（如在之前描述验尸官或法医职责时提到的情况），也可能是医院教学或研究计划的一部分。与医学培训或应家属要求进行的尸检不同，因验尸官或法医调查需要而进行的尸检是根据法律要求进行的。

除法律要求的情形，只有在获得最近的血亲的同意或死者根据《统一遗体捐献法》的规定捐献遗体后才能进行尸检。医学院的学生在解剖实验室进行人体解剖是他们的早期任务之一。对许多人来说，这是他们第一次见到人类尸体，这是"白大褂"入门的一部分，标志着他们正式进入医疗界。传统上，这样的实验室很少或根本不告知学生分配给他们的解剖尸体的信息。尸体用数字代表，他们没有姓名。最近，一些医学院开始把身份归还给遗体解剖的捐献者。在视频中，捐献者解释了他们将遗体遗赠给他人的原因，学生们也学会了将他们解剖的尸体当作"第一批病人"，而不是无名的尸体。

位于夏威夷希卡姆空军基地的陆军中央鉴定实验室使用法医技术鉴定遗骸，该实验室负责搜寻、找回和鉴定被杀或失踪的军人。这个实验室由三个团队组成，分别负责搜寻和找回遗骸、伤亡数据分析和实验室实物证据的科学检验。在实验室，体质人类学家和其他专家会对找回的遗骸和其他证据进行检验。

鉴定人类遗骸的技术日趋先进，不仅可以通过头发或骨头碎片，还可以通过对少量细胞的 DNA 分析来确定身份。2003 年，"哥伦比亚"号航天飞机在返回地球大气层时解体，搜索小组找到了全部七名宇航员的遗体，并把它们送到了位于特拉华州多佛空军基地的查尔斯·C. 卡森遗体收集事务中心。卡森中心还为确认 1986 年"挑战者"号宇航员的遗体和 2001 年 9 月恐怖袭击中五角大楼遇难者的身份提供过法医分析服务。专家认为，世贸中心袭击等灾难推动了识别技术使用化学分析的新方法和分析软件，增强了识别烧焦或粉碎的遗骸的能力，以及利用每个人类细胞都包含的基因代码的较小生物样本的能力。

在确定死亡原因时，尸检在法律和医学方面具有重要意义（见表 4–1）。约翰·兰托斯医生说："尸检一直被认为是医学上最好的教学工具之一。尸检是最后的检查，判断我们所做的以及我们认为应该做的事情是否正确，或是否遗漏了什么。"1998年,《美国医学会杂志》时任编辑乔治·伦德伯格认为,尸检"显然是否认的巨大的文化妄想的受害者"。由于各种原因,否认的妄想让人们觉得"别拿真相烦我"。但是,伦德伯格认为:"尸检仍然是现代临床科学的精髓。这是一个可以在没有利益冲突的情况下寻求、发现和讲述真理的地方。"尽管益处颇多,但在美国进行的尸检数量已显著下降。或许是由于尸检成本更高以及非侵入性新技术的应用,目前的估计是,只有不到5%的死亡病例会进行尸检。而1970年之前,约50%的死亡病例进行了尸检。

表4-1 进行尸检的原因

1. 确定死因
2. 协助确定死亡方式（即他杀、自杀等）
3. 比较死前和死后的发现
4. 提供准确的人口统计
5. 监测公共健康
6. 评估医疗实践的质量
7. 指导医科学生和医生
8. 识别新的和不断变化的疾病
9. 评估治疗的效果,如药物、手术技术和假体
10. 安抚家庭成员
11. 防止虚假责任索赔,快速公正地处理有效索赔

最近,应医院和个人客户的要求,收费的私人尸检服务开始出现,其中许多客户是死者的家庭成员,他们希望了解遗传疾病信息,另外一些客户则是怀疑可能有医疗事故、希望通过尸检获得证据的人。随着人们发现遗传学在更广泛的条件下扮演了更重要的角色,一些专家认为,准确地了解家庭成员的死因有望提供可能挽救生命的信息。

评估杀人

社群标准在决定社会及其法律、政治、司法系统如何评估杀人行为方面发挥着作用。杀人,即一个人杀害另一个人,分为两类,刑事的和非刑事的,每一类

都会进一步细分。例如，人们认为，当一个人杀死另一个人的行为是在某些法律权利范围内，如自卫或没有重大过失的意外时，这些杀人行为是可原谅的或正当的。

　　2000年到2010年的10年间，正当杀人几乎翻了一番。越来越多的人杀害他人并声称是出于自卫，这一趋势在实行"就地防卫"法律的州最为明显，该法赋予人们更多的自由，让他们可以攻击甚至杀死威胁自己的人。2012年《华尔街日报》的一篇文章指出，在凶手和受害者的关系已知的正当杀人案中，约60%的受害者与凶手素不相识，这一数字与非正当杀人案的数字形成鲜明对比，在后者中，超过四分之三的受害者认识凶手。美国联邦调查局最近公布的数据显示，美国公民的正当杀人案从2011年的270起上升到2015年的328起。

　　因此，虽然谋杀必然是凶杀，但凶杀并不总是谋杀。传统上，法律把刑事杀人分为两个主要类别：谋杀和过失杀人。谋杀是故意采取的行动（"预谋犯罪"），一级谋杀在一些州也称为"可判处死刑的谋杀"，特指精心策划的杀戮（例如雇凶杀人），包括涉及多名受害者或受害者为警察的情况，或与其他严重犯罪同时发生。过失杀人被定义为不正当的、未经计划的杀戮，没有明确或隐含的恶意。

　　各州法律在如何区分各种类型的过失杀人方面有所不同。基本的区别是故意和非故意的过失杀人，尽管有些州不做这种区分。例如，一个人在被激怒后，在打斗中杀死另一个人，这是故意的过失杀人。通常认为这个人是在盛怒之下行事而未考虑后果。当杀人是由于刑事过失，但非故意造成的，它被称为非故意的过失杀人行为，例如由于疏忽驾驶而造成的致命车祸或由于重大过失造成死亡。如果涉及醉酒，那么处罚可能会很严厉。

　　一些州不区分故意和非故意过失，把它们统称为"过失杀人"，添加了刑事过失杀人类别，是指当事人应意识到重大的、无正当理由的风险的性质和程度，其行为严重偏离常人应该采取的谨慎行为的标准。

　　一项对20世纪70年代得克萨斯州休斯敦300多起杀人案的杀人模式的研究发现，超过一半的嫌疑人在法院审理前被释放。为了理解为什么一些杀人案件没有进行审理，我们有必要探究杀人行为发生的情形如何影响调查，以及司法程序如何决定是否对受到指控的凶手进行审判。

　　对杀人行为的医学法律调查一般包括三部分：（1）进行尸检，正式确定死因；（2）警方调查，查明与杀人案有关的事实，收集证据；（3）地方检察官办公室和法院系统为确定案件是否有充分理由进行审判而进行的各种司法程序和准司法程序。

这项调查的前提条件是认为杀人是一种人际行为。也就是说，这涉及凶手和受害者之间的关系：他们可能有密切的家庭关系，是同一家庭的成员或有其他关系；他们可能是朋友、同事，或者陌生人。在这项研究中，我们发现"凶手和受害者之间的关系越紧密，或越亲密，凶手就越不可能因其行为而受到严厉的惩罚"。换句话说，杀死陌生人比杀死朋友或家人更有可能遭受严厉的惩罚。

在司法系统中评估杀人行为时，要权衡杀人的情形、凶手和受害者之间的关系以及凶手的动机和意图。刑事司法制度（包括警察的调查）的标准以文化态度为基础，以此确定杀人行为是否合法。如果是合法的，凶手会被释放，案件结束。如果是非法的，接下来需要确定这项杀人行为是谋杀、过失杀人，或疏忽杀人，在每一个类别之下又有不同程度的犯罪意图。下面的一组数字总结了美国20世纪90年代的数据，具有指导意义：

- 2.2万——报告的刑事杀人案件数量（谋杀和非疏忽过失杀人）
- 1.5万——报告的被控犯有杀人罪的逮捕人数
- 1.35万——被起诉的杀人案件（约占被逮捕人数的90%）
- 1万——杀人罪名成立的估计数字（约为被捕人数的2/3，或被起诉人数的近3/4）
- 2 000～4 000——符合死刑条件的被告因"加重情节"被判一级谋杀罪的大概人数，陪审团可据此判处死刑
- 300——每年平均判处死刑的人数（约占符合死刑条件的被告的1/10）
- 55——每年平均处决人数

判断凶杀行为的文化假设是什么？研究表明，一个人杀死妻子的情人的法律后果，与一个犯谋杀罪，同时伴有盗窃、抢劫或类似犯罪行为的人需要承担的法律后果截然不同。《洛杉矶时报》在1995年进行的一项大范围调查发现，杀害陌生人的人比杀害情人、亲戚或其他熟人的凶手更有可能受到刑事司法系统的严惩。

社会通常不愿介入家庭事务。即使是涉及儿童受害者的家庭凶杀案也是如此。

家庭中的情境因素可能导致惩罚依据的改变，根据过失杀人或虐待儿童的法律而不是谋杀的法律来施加惩罚。但也有例外情况，例如母亲故意杀害子女。然而，人们认为亲密关系包含特有的相互责任和义务，也就是"正义准则"，为在亲密关系中发生的行为提供了社会制裁。

人们往往认为在家庭内部或相互认识的人之间发生的杀人案对整个社会的威胁较小。相比之下，以陌生人为目标的凶手对社会秩序的维护造成明显威胁。因此，社会将注意力集中在蓄意杀人上，因为这种行为对在广泛的社会中维护法律和秩序形成威胁。

死刑

在美国，每年被处决的人数已从1999年的98人的高点分别下降到2015、2016和2017年的28、20和23人。大多数被判处死刑的杀人犯都涉及种族内部犯罪，即白人杀害白人或黑人杀害黑人的案件。理论上来说，死刑有双重目的：（1）惩罚犯罪者；（2）威慑其他潜在的犯罪者。"威慑理论认为，如果惩罚迅速、确定、严厉到足以抵消犯罪带来的利益或快感，犯罪行为是可以制止的。"

尽管死刑自古以来就用于惩罚各种犯罪行为，但人们认为死刑过于残忍，对谋杀的威慑作用被高估。根据格伦·弗农的观点：

> 在死刑对威慑谋杀无效这方面的调查显示：一些凶手在谋杀事件之前忙于其他事情，无暇考虑死刑；另一些凶手在与受害者的互动中情绪激动，根本无法考虑谋杀行为的后果。

在美国，大多数法律规定，只有在有证据证明犯罪中存在"加重"因素而不是"减轻"因素后，才能判处死刑。如果发现加重情节的因素并被判处死刑，那么案件将由上诉法院进行复审。除了最高法院尚未裁决的某些罪行（最值得注意的是叛国罪），美国最常见的死罪（可判处死刑的犯罪）是谋杀。

社会试图通过杀戮来阻止谋杀是自相矛盾的吗？死刑是否强化了暴力能够解

决问题这一观点？罗伯特·卡斯滕鲍姆和露丝·艾森伯格引用了强调正强化作用的心理学和行为疗法的证据，他们认为："几乎没有证据表明对一个人施加严重惩罚会'改善'其他人的行为；相反，它可能会强化敌对幻想和谋杀倾向。"

反对死刑也出于这样一种担忧：一些死囚区的囚犯在发现证明他们清白的证据后被释放，其中一些人甚至就在预定执行死刑的几天前被释放。1973～2002年间，有100多名死刑犯在监禁期间因为发现能够证明他们清白的证据而获得释放。

如果死刑不能有效地威慑谋杀，还有其他选择吗？把我们当前的系统与早期盎格鲁-撒克逊和英国法律以及许多非西方的法律体系比较之后，亨利·隆德加德说："现代刑法已经完全改变了古代的看法，古代认为杀人是施加于受害者及其家庭的恶行，而现代的观点认为杀人是对国家的犯罪。"总之，现代的趋势是把犯罪看作社会问题。民事法律与刑事法律的分离，或者更具体地说，个人义务与刑事责任的分离，消除了凶手对受害人作为个人的责任。相反，暴力行为被认为是针对广大公众的。

定义死亡

如何定义死亡以及如何确定死亡是死亡系统需要解决的重要问题。乍看之下，死亡的定义似乎很明确：一个人死了，就是死了，尸体就被处理掉了。但一旦有人问"'一个人死了'是什么意思"，这个简单的定义就开始瓦解。寻找可靠的方式来定义死亡并确定死亡发生的时间是相当复杂的。此外，正如艾伦·凯莱赫指出的："这些问题并不是简单的生物医学问题，而是由一系列重要的社会学影响从根本上塑造和驱动的。"

想想你会如何定义死亡。你什么时候会认为自己死了？你怎么知道他人已经死亡？这些问题的答案非常广泛，从清晰明确的（"当腐烂和腐败开始的时候"），到更为微妙的（"当我无法照顾自己的时候"）。用第一种方法来判定死亡的人不会满意第二种判定死亡的标准。

历史记载提到，被认为已经死亡的人实际上只是处于一种类似生物死亡的状态。为了避免被活埋的风险，早期一些人做出安排，在将要放置自己遗体的棺材里装上铃铛或其他可以吸引注意力的装置。等到埋葬后，如果死亡的判断是错误的，在意识恢复后，"尸体"能够使用这些装置。法国的一种"救生"棺材就是为此设计的。棺材里有一根管子通向地面上的一个盒子。一旦启动，盒子就会打开，让光线和空气进入，让人可以呼救。同时，一面旗子会升起，铃铛也会响起，从而让经过墓地的人注意到。担心被活埋的恐惧源于大瘟疫和流行病时期，当时人们匆忙处理死者的遗体，可能导致处于类似死亡状态的人被误认为已死亡。

当然，目前对死亡的定义更为复杂，其依赖科学数据。然而，即使有可能通过观察生命停止的某些体征来确定死亡何时发生，但根据对死亡不同的定义方式，这些生命体征可能会对应不同的解释。换句话说，我们定义死亡的方式建立了判断一个人是否死亡的标准。确定人的死亡的过程分为五个步骤：

1. 从概念上理解是什么构成死亡，即对死亡的定义。
2. 决定将用于确定死亡已发生的标准和程序。
3. 在某一特定事件中应用这些标准和程序来确定一个人的状况是否符合标准。
4. 如果符合这些条件，这个人就会被宣告死亡。
5. 用记录证明来证实这个人的死亡。

传统的死亡体征和新技术

历史上，人类有机体的死亡是由无心跳和呼吸来确定的。目前大多数的死亡仍然是由缺乏这些生命体征来确定的。然而，当呼吸器、呼吸机和其他生命支持系统被用于人工维持生命的生理过程时，通过无心跳和呼吸来确定死亡的传统方法是不充分的。如果以常规心跳和呼吸生命体征是否维持作为判断是否活着的前提，那么，医生仍可以在人工维持心肺功能的基础上宣布永久性脑功能丧失的病人"活着"。

因此，脑死亡的概念出现了，在辅助医疗技术使传统生命体征不明确的情况下，这个概念被用来确定一个人是活着还是死亡（脑死亡发生时，包括自主呼吸的脑干功能缺失，但与体内平衡有关的心跳和其他植物功能仍在维持，因为这些功能并不完全依赖于脑干的完整性）。脑死亡的判断标准并不是为了取代传统的临床标准，如脉搏、心跳、呼吸，而是对它们的补充。

> 几年前，在所有关于定义脑死亡和用呼吸器维持生命的讨论之前，我的一位患者，一位年轻的待产孕妇，突然血压极高。随后她中风，婴儿的心跳停止，所以我们通过人工维持血压和呼吸等重要功能来支持她。但她马上就完全脑死亡了。她失去了孩子。我们做了脑电图，完全是平的。24小时后，我们又重复了一次，结果脑电图还是完全平直。
>
> 这是我见过的最严重的悲剧，因为仅仅几分钟内她就离开了，孩子也离开了，就在一瞬间。我和她的丈夫和父母谈了谈（这件事发生后很久，围绕死亡定义的争论才变得非常激烈以至于律师都会介入）。我告诉他们要做的事是关掉机器。我没有读过相关文献，他们作为一个家庭也没有。要做的事在我看来合乎逻辑。
>
> 所以我们选择了一个将要关掉机器的时间，他们都来了，在门外等候。我又一次告诉他们我要去关掉机器，他们说，去吧。我走进去关掉了机器。护士和我看着她，5分钟后她的脉搏停止了跳动。我认为在脑死亡时，这是正确的处理方式，数周或数月开着生命维持系统是有负面影响的。这是一场悲剧，但正是鉴于这是场悲剧，还有什么选择呢？继续使用生命维持系统，或者不再继续。对我来说，没有任何理由继续使用生命维持系统。
>
> 引自伊丽莎白·布拉德伯里拍摄的录像《死亡与临终：医生的观点》

然而，脑死亡被称为"一个不精确的术语"。2007年在生物伦理总统委员会作证时，艾伦·休曼说："与普遍的看法相反，脑死亡并不是一个无争议的问题。"他指出，许多问题表明"在表面共识的背后存在着概念上的混乱"。我们将在本章的后面讨论其中的一些问题。

临床死亡是根据公认的医学标准（心跳和呼吸的停止或确定脑死亡的标准）做出的死亡判断，与临床死亡不同，细胞死亡指的是心跳、呼吸和脑活动停止的过程。从这个意义上说，"死亡过程是一个渐进的过程，器官和细胞以不同的速度死亡，这取决于它们抗缺氧的能力"。

当一个人的呼吸和心跳暂时停止时，比如在某些外科手术过程中，人们有时会说这个人在一段时间内"临床死亡"。然而，当生命机能的停止可逆时，这种说法是不准确的。

  细胞死亡包括代谢过程的崩溃，这会导致功能的完全丧失。因此，从这个意义上说，死亡的定义是"细胞死了"。活细胞需要持续的能量输入，没有能量，细胞就会降解成无生命的分子集合。细胞死亡是人体系统和器官不可逆转的退化过程。在缺氧的情况下，细胞的生存能力各不相同。皮肤和结缔组织的细胞可以存活数小时；大脑的神经元只能存活5～8分钟。当中脑和髓质的神经元缺失时，控制呼吸的大脑中枢就会被破坏；大脑皮质神经元的死亡会破坏智力。新陈代谢过程（即生命的全部）的破坏，会导致机体功能的丧失，也就是死亡。随着身体细胞和组织的死亡，死亡的晚期症状变得明显：眼睛缺乏某些反射，体温下降（尸冷），身体的某些部分因血液沉淀而变成紫红色（尸斑），肌肉僵硬（尸僵）。从生物学意义上讲，死亡可以定义为细胞代谢发生不可逆转的变化而导致生命的停止。紧随这些体征，腐化和分解继续发生，尸体变成更简单的物质形式，并伴有强烈、难闻的气味。在极少数情况下，会出现尸体痉挛，也就是肌肉僵硬而使死者的姿势保持着其死前的最后一个动作（如紧握一把刀），这在法医调查中很重要。

  医学技术使操纵死亡过程成为可能，身体的某些部分停止运行，而另外一些部分可以通过人工维持。因此，细胞死亡可能会影响身体的某些器官，造成不可逆转的破坏，而身体的其他器官仍在运行。现代医学能够改变细胞死亡的自然序列和过程，因此有必要重新思考死亡的定义，并制定新的程序来确定死亡何时发生。

  生命的基础是维持个体和整体细胞的功能，细胞功能的维持依赖于营养和氧气的供应。细胞生物学已经证明了，只要将它们浸泡在供应营养和氧气的无菌环境中，从人体有机体中分离出来的人体细胞就可以在实验室中培养生长。人类是由数万亿个细胞组成的复杂器官系统，需要心肺输送系统（肺、心脏和循环系统）将氧气和营养物质输送到细胞。从现代心肺复苏的发展和演变到心肺支持技术，这些科技进步深刻地影响了我们的生命和死亡的概念。

萨姆·D.谢米

概念和经验标准

什么是死亡？我们如何确定一个人已经死亡？这些问题虽然密切相关，但涉及不同的议题，因而必须加以区别。医学伦理学家罗伯特·维奇认为，在我们定义和确定死亡时，必须分四个层次加以讨论。第一个层次涉及对死亡的正式定义。本质上，这是一种概念性或哲学上的努力。根据维奇的说法，"死亡意味着一个有生命的实体的状态的彻底改变，那些对它至关重要的特征不可逆转地丧失"。虽然这个定义第一眼看上去可能有些抽象，不过它实际上相当准确。这一定义不仅涉及人类的死亡，还涉及非人类的动物、植物和细胞的死亡，甚至可以在比喻意义上应用于社会现象，例如社会组织或文化组织。

为了充实这一定义，我们必须转向维奇研究的第二个层次，同样是一个概念性或哲学问题：生命的本质意义是什么，以至于丧失生命被称为死亡？答案中可能包括维持生命的体液（如呼吸和血液）的流动、灵魂，以及近期的一些定义中提到的意识。下一节将更详细地讨论这些可能的答案。

维奇区分的第三个层次与死亡的位点有关：应观察有机体的哪个部位以确定死亡是否发生？这个问题把我们从概念领域转移到经验领域，也就是说，这是一个基于观察或经验的问题。但是请注意，这个问题的答案取决于对用来定义死亡的概念的理解。维奇的研究涉及的第四个层面是关于必须在死亡的位点进行什么技术测试，以确定一个人是活着还是死了？

回顾一下这些探寻死亡问题的层面：第一步是对死亡进行正式定义；第二步通过明确生与死之间的重大区别，为定义增加了更多内容；第三步是确定在哪里寻找这一重大变化的迹象；第四步告诉我们一些测试，或者说是一套标准，用来确定一个有机体是活着还是死了。了解了这一过程，我们现在就有了一些工具，来考察四种不同的定义死亡和确定死亡的方式。

定义和确定死亡的四种方式

下面四种定义和确定死亡的方法都始于维奇之前对死亡做出的正式定义。从共同的起源开始，每一种方式都在随后的探究中展现了自己的独特之处。你会看

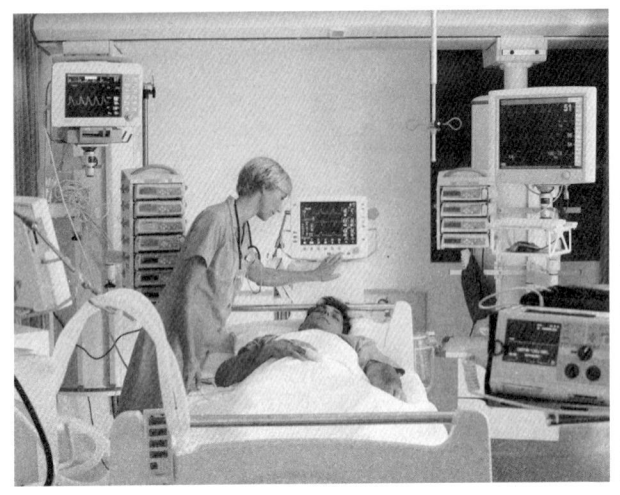

如何确定死亡，即用于确定生与死之间差别的标准，取决于如何定义死亡。生命的什么特征的消失意味着死亡？应该用什么体征来判断人是否死亡？有关生与死的意义的问题对护理人员和医院重症监护病房的患者都很重要。

到，每一种方法都将死亡与失去联系在一起：首先是失去生命体液的流动；第二，身体失去灵魂；第三，身体失去整合能力；第四，失去社会互动能力。在考虑各种方式的优缺点时，请注意人们是如何根据死亡定义的方式来确定死亡的。

体液不可逆转地停止循环

　　第一种方式侧重于生命体液停止流动。根据对死亡的这种概念性理解，人们会把心脏、血管、肺和呼吸道看作死亡发生的位点。要判断一个人是活着还是死亡，可以通过观察呼吸、测脉搏和听心跳来判断。除了这些传统的测试，我们还可以使用心电图和直接测量血液中氧气和二氧化碳水平的现代方法，因为它们使用了相同的确定死亡的位点和标准。

　　即使在今天，在大多数情况下，这种定义死亡的方式足以确定死亡。然而，当生命机能由机器维持时，这一定义并不能明确地确定死亡。例如，假设一位病人连接着心肺机，血液和呼吸仍在体内流动。根据这个定义，病人还活着。如果断开病人与机器的连接，这些生命机能就会停止，根据这个定义，病人已经死亡。

　　因此，第一种方式的模糊性是由于根据生理标准来定义死亡，虽然这些生理标准与生命过程密切相关，但似乎并不构成确定人类生死的最重要标准。

灵魂从身体中不可逆转地丧失

定义死亡的第二种方式的标准是灵魂在身体中是否存在。世界上许多文化都使用这一方式来定义死亡，并且它从远古时代开始就存在。在这个框架下，只要灵魂存在，人就是活着的；当灵魂离开时，身体就会死亡。一些宗教传统就是这样定义死亡的。

虽然有些人相信灵魂与呼吸或心脏有关，或者如 17 世纪的哲学家笛卡儿认为的那样，灵魂与松果体（大脑中心的小突起）有关，但灵魂的确切位点（或灵魂是否存在）尚未被科学地确定。对相信这个概念的人来说，判断死亡的标准涉及某些查明在灵魂所处的特定位置确定死亡已经发生的方法。在 1907 年进行的一项研究中，研究人员将临终者放在一个灵敏的秤上，希望确定在死亡的那一刻，体重是否减轻。研究人员注意到，死者的体重平均减轻 1～2 盎司，这使得人们猜测体重减轻是否表明灵魂在死亡发生时离开了身体。

对于生活在现代社会的人来说，这种定义死亡的方法似乎无关紧要。第一个难点是恰当地定义灵魂。即使我们能够克服这个困难，我们也需要一些方法来确定灵魂在某一特定时间是否存在。此外，死亡的这一定义迫使我们审查死亡是否因为灵魂离开身体而发生，或者正相反，灵魂离开身体是不是因为死亡的发生。换句话说，是灵魂使身体"活跃"，赋予它生命，还是身体中生命力的生理过程提供了灵魂停留的空间？这些问题可能会引人遐想，但它们无助于解决科学时代医疗实践带来的困境。

身体整合能力不可逆转地丧失

在第三种方式中，死亡被定义为身体整合能力不可逆转地丧失。也就是说，"当一个有机体永久地、不可逆转地失去了维持其自我组织的能力时，它就死亡了"。换句话说，死亡就是失去了同向整合的能力。这种方法比第一种方法更复杂，因为它不仅涉及身体活力（呼吸和血液的循环）的传统生理体征，而且还涉及身体调节自身机能的更普遍的能力。这种方法认为，人类是一个完整的有机体，具有通过复杂的自我平衡反馈机制进行内部调节的能力。

这个定义至少在一定程度上克服了第一个定义的模糊性，因为不能仅仅因为一个人的生理机能是由机器维持的，就判定其死亡。更确切地说，当有机体不再具有身体整合的能力时，才会断定其死亡。判断死亡的位点目前被认为是中枢神经系统，更具体地说是大脑。根据这一定义确定的死亡通常被描述为脑死亡（尽管这一术语可能有误导性，因为它关注的是有机体的一部分的死亡，而不是整个有机体的死亡）。

根据 1968 年哈佛医学院审查脑死亡定义的特别委员会公布的标准，判定脑死亡应依据四个基本标准：

1. 对外界刺激缺乏接受能力和反应能力
2. 缺乏主肌肉运动和自主呼吸
3. 缺乏可观察到的反射，包括大脑反射和脊髓反射
4. 无大脑活动，表现为出现平直的脑电图

哈佛大学的标准要求在脑死亡 24 小时后进行第二套测试，并且排除了体温过低（体温低于 90°F）以及使用中枢神经系统抑制剂（如巴比妥酸盐）的情况。在哈佛对脑死亡的定义出现之后，有心跳的脑死亡捐献者成为可移植器官的主要来源，这类捐献者至今仍是世界上可移植器官的主要来源。

2010 年，为使定义更清晰，美国神经学学会发布了一份最新的关于确定脑死亡的指南。根据该指南，有三种体征表明一个人的大脑已永久停止运转。第一，人处于昏迷状态，昏迷原因已知。第二，脑干反射永久停止了工作。第三，呼吸已永久停止，需要使用呼吸机来维持身体正常运转。此外，该指南还得出结论，诊断脑死亡不需要脑电图或脑血流检测等测试。

艾伦·凯莱赫观察到，"哈佛的讨论具有历史性意义，因为他们的特别委员会制定的脑死亡确定方式建立了基本标准，随后的所有修订和辩论都是基于这些标准的"。当判断死亡的传统方法无法得出确切结论时，采用这些标准的程序得到了广泛使用，这些程序被称为死亡的"全脑"定义。然而，多年来，并非所有的专家都认为这些标准无懈可击。一些伦理学家认为，目前用于确定脑死亡的临床试验实际上并不满足所有的标准，具体来说，在一些根据标准测试已经宣布脑死亡的个体中，发现了不同程度和不同种类的大脑功能。这一发现表明，这些测试可能并不总是足以显示"整个大脑功能永久停止"。此外，"脑死亡测试和负责

测试的操作人员以及解释测试结果的人一样乏善可陈"。

> 公众或家庭无法接受各种不同的脑死亡临床定义，往往是因为他们对死亡实际上"看起来"是什么样子感到"迷惑"。
>
> 脑死亡的病人看起来还活着——他们面色红润，还在呼吸；他们有时会因手术切口出现血压升高和呼吸加快的现象；他们有生育能力；他们会患上褥疮和肺炎，而尸体不会这样；他们在床上辗转，很像坐立不安的样子，在故意或无意刺激时有抓握动作。这不是公众对脑死亡的"困惑""误解"或"错觉"。根据大多数社会标准，脑死亡的人看起来确实是活着的。
>
> 艾伦·凯莱赫

鉴于针对"脑死亡"标准提出的这些反对意见，一些专家主张回归以心肺标准来定义死亡。"在医疗实践和法律中，生与死的区别不应含糊不清。"但是，抛弃目前确定脑死亡的方法可能会产生问题，因为器官移植很可能被定性为一种法律认可的杀人行为。

意识或社会互动能力不可逆转地丧失

尽管哈佛的标准在临床环境中被广泛接受，但一些人认为它们没有具体说明什么是人类生命的重要意义。例如，维奇认为，大脑的高级功能——不仅仅是调节血压和呼吸等生理过程的反射网络——定义了一个人的基本特征。因此，第四种定义死亡的方式强调意识和社会互动的能力，其前提是，一个人要想成为真正的人，不仅需要一些生物过程正常运转，而且生命的社会层面，也就是意识或人格也必须存在。活着意味着一种与环境和他人有意识地互动的能力。因此，根据这一定义，死亡是由社会互动能力不可逆转的丧失所确定的。个人的死亡与人类的死亡是同义的。

依据这种方式，我们应该从哪些方面来判断一个人是活着还是死了？目前的科学证据指向大脑的外表面——新大脑皮质，那里是意识和社会互动的关键过程发生的地方。在这种情况下，单凭脑电图就能充分地判断死亡。

在关于死亡应如何定义的争论中，第四种方式被称为"高级大脑"理论，与之前讨论的"全脑"理论形成对比。凯伦·热尔韦是高级大脑流派的代表，她写道："应以意识的丧失而不是生物功能的丧失来确定人类的生命何时结束。"此外，她说："通过强调大脑在人类有机体中的整合作用，死亡的全脑理论简化成了死亡的低级大脑理论。"在评论寻找对人类死亡的更精确定义时，热尔韦得出结论：我们面临着一个关于生命定义的基本选择，也就是我们是把人看作一个有机体还是一个人。

罗伯特·维奇说，目前对死亡的全脑定义认为，关于生命的本质并不被所有种族或宗教团体认同。他认为，与其将一种方法强加于每个人，不如让一些人有"选择退出"的权利，这些人对如何定义人类死亡的看法与哈佛标准的全脑方法冲突。虽然这些标准40多年来已被医学实践所接受，但关于定义死亡的问题尚未完全解决。

《统一死亡判定法案》

死亡的定义涉及我们生活的许多方面。刑事诉讼、遗产继承、税收、遗体处理、丧葬都受到社会"划分生死界限"方式的影响。1968年公布确定脑死亡的标准后，公众和立法机构开始讨论是否有必要修订死亡的法律定义，以反映医学现实。

最后，在20世纪80年代早期，一个总统委员会起草了一项被广泛接受的示范法规，最终产生了全美统一的法律：《统一死亡判定法案》。医学伦理问题研究总统委员会说，《统一死亡判定法案》"解决了在一般生理标准的层面上'定义'死亡的问题，而不是在更抽象的概念或更精确的标准和测试的层面上"，因为这些标准会随着知识和技术的重新定义而改变。

《统一死亡判定法案》

1.【确定死亡】一个人如果（1）循环和呼吸功能不可逆地停止，或（2）包括脑干在内的整个大脑的所有功能不可逆地停止，这个人就可以被判断为已经死亡了。必须按照公认的医学标准来判定死亡。

2.【解释和适用的一致性】本法的适用和解释应为实现本法的一般目的，即在颁布本法的各州之间统一有关本法主体的法律。

为了避免随着技术的进步而过时，该法案没有明确说明诊断死亡的确切方法。该法案承认，在大多数情况下，不可逆转的循环和呼吸的停止为确定死亡提供了明显和充分的依据。换句话说，这些病例中可以在呼吸和血液循环停止且无法恢复的基础上做出死亡的诊断。因此，如果病人没有依赖呼吸机维持生命，就没有必要在确定其死亡之前评估大脑功能。

委员会说，死亡的法定定义应与有关器官捐献的规定分开并有所区别。以前的建议指出，如果符合规定的标准，一个人就会被"视为死亡"，与此相反，《统一死亡判定法案》的措辞更加明确和直接。该法案指出，一个人如果符合法律规定的标准，这个人就是"死了"。

委员会说，关于死亡的定义出现了混乱，是"因为同样的技术不仅使一些不可逆转地失去所有大脑功能的人保持了心肺功能，还维持了其他受轻伤的病人的生命"。其结果是"模糊了已经死亡的病人和濒临死亡或可能濒临死亡的病人之间的重要区别"。该委员会的结论是："证明包括脑干在内的整个大脑不可逆转地丧失功能，提供了一种非常可靠的可以宣告靠呼吸机维持心肺功能者的死亡的手段。"该委员会指出，哈佛委员会对脑死亡的定义是可靠的，"目前还没有发现任何符合这些标准的病例，在持续使用呼吸机的情况下，大脑功能得到恢复"。

该委员会认为，死亡是一种绝对的、单一的现象，如果将死亡的定义扩大到包括那些失去了所有认知功能但仍能自主呼吸的人，将从根本上改变死亡的含义。当脑干功能仍然正常，例如，能够自主呼吸但没有认知意识时，病人的情况被称为"持续性植物状态"（见第六章）。在医疗和护理的支持下，包括人工喂饲和使用抗反复感染的抗生素，这些病人可以在不依靠呼吸机的情况下存活数年（根据委员会的报告，这类人群最长存活的时间超过了37年）。

委员会指出，医学界和公众几乎普遍接受"全脑"概念。高级大脑的阐述需要对人格的意义达成一致，目前还没有这样的共识。该委员会说，以目前的理解和技术水平，"'高级大脑'很可能只是一个隐喻的概念，在现实中不存在"。在总结医学伦理问题研究总统委员会的工作时，艾伯特·琼森说，委员会"使一个混乱的问题在概念上更为清晰，有助于制定好的法律"。

然而，由于诊断脑死亡的指南是在医院层面实施的，因此在实践中存在很大的差异。这些差异对确定死亡和启动移植程序很重要。随着心脏停搏供体数量的增加，一些医生相信：

> 我们应该放弃将无法获得的生物死亡证明作为器官捐献的必要条件；我们应公开承认，无法在可能进行器官摘取时确定心脏停搏供体的死亡，我们所能定义的只是器官捐献的社会、道德和科学可接受的标准。

其他人则提出了更激进的替代方案，"认为当病人永久昏迷或死亡即将来临时，摘取器官用于移植是合理和可行的"。凯莱赫说：

> 死亡的问题不仅仅是关于大脑及其运作的一个简单的技术问题，而且是关于死亡和临终的社会理解如何影响人关于死亡的经验……这意味着要在生物学和个人经历与社会和历史的交汇处理解死亡和临终。

器官移植和器官捐献

一些危重患者曾被认为无法救治，在所有可能挽救重症患者生命的创新医疗技术中，或许最引人注目的是器官移植，器官移植的定义是"把活的组织或细胞从捐献者转移给接受者，目的是维护移植组织在接受者体内的功能完整性"。1954年在波士顿的彼得·本特·布里格姆医院进行了首例器官移植手术，把同卵双胞胎中的一人的肾脏移植到另一人身上，从那以后，器官移植已经发展成标准医疗实践的一部分。1967年，克里斯蒂安·巴纳德首次成功完成了成人心脏移植手术，引起了公众极大的兴趣。移植历史上其他值得注意的事件还包括：1968年对脑死亡的定义达成广泛的一致意见，以及1976年免疫抑制药物环孢霉素的发明。2012年，借助器官保存系统，首例"呼吸肺"移植手术在美国实施，这种实验性器官保存设备让捐献者的肺部在运输期间能够在体外接近于生理学状态下保持呼吸。

在很大程度上，器官移植的成功依赖于医学的发展，例如研制出更新的免疫抑制剂、选择情况更好的患者、早期干预，以及更好地理解组织相容性的问题，这是组织接受另一个体的移植器官而不出现排斥反应的能力。等待心脏、肾脏、肝脏、胰腺和肺部移植的患者越来越多，这表明公众广泛接受了器官移植。根据美国器官捐献和移植网站提供的政府信息，截至2018年4月，美国器官移植的等候名单上有11.4万人。他们还指出，2017年完成了34 770例移植手术，而与此同时，每天约有20人在等待移植时死亡。

理想的移植对象是尽管接受了最好的常规治疗但病情仍在恶化的患者，移植让他们有可能康复。在一些移植手术中，通常是肾移植手术，供者为活体捐献者；有时供者和接受者来自同一家庭。在找不到活体捐献者时，或者当所需的器官（如心脏）不能从活着的人身上取出时，器官可以从已被宣告死亡的人身上取出，通过人为维持生理功能让器官维持活性以便移植。大多数用于移植的器官是从死去的捐献者身上获得的。

这些捐献者会被根据以下两种标准宣布死亡：（1）心脏死亡，即根据心肺标准宣布死亡（循环和呼吸功能不可逆转地停止）；（2）脑死亡（整个大脑，包括脑干不可逆转地丧失所有功能）。根据"死后捐献规则"，器官捐献不应加速或导致死亡。"在目前的实践中，心脏死亡后的捐献比脑死亡后的捐献引起更多的关注"，因为这一过程更加复杂，而且"当维持生命的措施停止时，潜在的捐献人并没有死亡"。从停止护理、宣告死亡到摘取器官的时间间隔非常短。一位医学教授说："这改变了生命终止的经历，因为在死亡发生后会立即开始获取器官。"

多年来，有关器官捐献和移植的法律不断发展，使这一过程更加精简和透明。美国统一州法全国委员会于1968年批准了《统一人体器官捐献法》，这项法案在所有50个州以某种形式颁布，法案规定在捐献人死亡时可以捐献遗体或特定的身体部位。由于捐献器官的短缺，该法案在1987年和2006年进行了修订，以简化器官捐献流程。《统一人体器官捐献法》涵盖了如何进行器官捐献等问题，并提供了一份名单，说明如果在死亡前没有做出捐献安排，哪些人员可以同意器官捐赠。2006年的修订版强化了先前的条文，禁止他人试图推翻个人做出的捐献或拒绝捐献器官的决定，要求医院建立鼓励器官捐献的程序。2006年修订的法案"允许在死亡或临终时使用生命维持系统，以最大限度地获取医学上适合移植的器官"。

法律不仅使捐献人对器官捐献更清楚，也帮助了接受人。1984年，美国国会通过了《国家器官移植法》，设立了一个中央办公室，帮助捐献的器官与潜在接受人进行匹配。器官共享联合网络（UNOS）根据与卫生及公共服务部签订的合同管理器官获取和移植网络（OPTN）。这些网络统称为OPTN/UNOS，这些机构保存等待移植的人员名单，并跟踪捐赠器官的状态，目的是确保分配的公平性和实施器官移植的医疗中心的能力。

2006年《统一人体器官捐献法》修订之后，OPTN/UNOS注意到器官捐赠的大幅增长。2017年，美国共实施了34 768例器官移植手术，这延续了连续五年器官移植屡创新高的趋势。最常见的四种移植是肾脏、肝脏、心脏和肺部移植。此外，2017年的捐赠数量创纪录，有10 281例来自已故捐赠者。从2007年到2017年，来自已故捐赠者的器官捐献增加了27%。

器官移植的倡导者开展公众宣传活动，让人们了解器官捐献的益处，鼓励更多的人捐献器官。一些潜在的器官接受者会在广告牌、报纸或个人网站上提出他们的需求，希望一位有同情心的人会直接捐献，指定他们为接受者。一些公益网站帮助捐献人和接受人配对，这样就可以直接进行捐献。通过在多个移植中心登记，患者获得移植的机会也会增加，这就是所谓的"多次登记"。每次评估和注册都要花费数万美元。目前的体制有利于经济能力更强的患者，他们能够快速到达对器官的需求较少的地区。例如，2009年，计算机公司高管史蒂夫·乔布斯乘坐私人飞机从加利福尼亚州飞往孟菲斯接受肝脏移植手术，加利福尼亚州是等待名单最长的地区之一，而孟菲斯的等待名单较短。

由于等待器官的名单上患者众多，而且等待名单的增长快于器官的供应，人们对自愿器官捐献的有效性提出了质疑。一些人认为，人死后捐献器官是一种道德义务，因此应该要求器官捐献，除非个人通过签署拒绝捐献协议有意"选择退出"。这种方法被称为推定同意。尽管美国还没有尝试这种做法，但一些欧洲国家已经实施了法律，推行推定同意，也就是一些人所说的"默认捐献"。在道德层面上，主要的反对意见认为这是个人自主权的丧失，即认为未经他人明确同意就获取其器

为了提高公众对器官捐献的认识，佛罗里达州高速公路上的这个广告牌呼吁人们特别关注那些可以拯救儿童生命的器官捐献。

官是错误的。

许多填写捐献卡的人不明白为什么有人不愿意捐献器官："对我来说，这是显而易见的。如果你不使用你的器官，那就让别人拥有它们。"是什么阻止人们捐献器官？研究发现，知识和态度这两个认知变量，不足以预测人们是否愿意捐献器官。影响更大的是非认知变量，包括"恶心反感因素"（担心死后肢残、尊重死者、厌恶将自己的器官植入他人体内）、"厄运因素"（担心或迷信签署器官捐献卡可能导致不幸）、不信任和怀疑过早宣布死亡的医学决定、对身体的完整性的担忧（认为需要在死亡后保持身体的完整性，避免面临严重的来世的后果）。美洲原住民和其他人可能相信人在死亡时必须保证身体的完整性，因为"来世需要整个身体"。

关于器官捐献的问题最终归结为个人价值观，以及对人体本质和如何看待人体的特定看法。主要观点包括：

1. 身体就像机器。这是人体机械论观点，器官被"摘取""抢救"和"替换"。

2. 身体是一种生态资源。认为身体是全球生物量范围内的一种循环，器官被"收获""取回"或"回收"。

3. 身体是潜在的礼物。这种观点强调所有权，认为器官是被"捐献""赠与"和"接受"的。

4. 身体作为商品。人体是一种可获利的资源，器官可以"被获得"，也可以买卖。

根据《国家器官移植法》的规定，目前买卖人体器官和组织（血液除外）是非法的。

医学伦理：一个跨文化的例子

在日本，关于死亡定义和器官移植的伦理、道德和法律问题已经争论了几十年。辩论始于1968年，当时日本外科医生和田寿郎完成了世界第二例心脏移植手术，使用了一位脑死亡捐献者的器官。起初，和田因其科学成就受到赞赏，但很快就遭受严重质疑，称其无视捐献人和接受人的权利。他被指控进行非法人体实验，并且在确定捐献人死亡的方式上判断失误。当时，确定脑死亡的标准是新生事物，在日本，公众对这种新的死亡定义缺乏共识。和田案在日本的遗留问题是，人们对脑死亡和器官移植的疑虑。

在技术发达的国家中，日本在依赖活体捐献者方面是独一无二的。尽管日本热衷于采用大多数科学技术进步，但关于脑死亡的疑问导致人们不愿积极寻求器官移植。直到1997年，日本才通过了《器官移植法》，将从脑死亡捐献者身上获取器官合法化，不过儿童仍被禁止捐献器官，因为他们"无法做出慎重的决定"。2009年，日本颁布了允许15岁以下儿童捐献器官的法律，从而解除了这一禁令。

1997年的法律规定，只有在脑死亡患者事先书面同意捐献器官时，才可以摘取他们的器官。2009年的法律规定，当病人的意图不明确时，亲属有权同意捐献器官。

日本的辩论说明了文化如何影响对临终和死亡的态度和做法。尽管和田案产生了长久的影响，但医生和患者之间的不信任感长期以来在日本普遍存在。直到最近，大多数医生还在采用一种"闭门"的治疗方式，病人既不被告知自己的健康状况，也不被允许批评医生。说一些小谎话（权宜谎言）的理由是，患者"希望听到温暖的谎言，而不是面对冷酷的真相"。在日本医疗体系中，人们的共识是，病人应该把决定权留给医生和家属。许多人认为，在移植手术的背景下，这种家长作风尤其令人担忧。人们担心，在确定脑死亡时，医生可能不向家属提供任何信息，甚至可能对他们撒谎。人们还担心，脑死亡的标准可能应用得过于草率。人们普遍认为，脑死亡的定义是一个关键问题，不应仅仅由医生来决定。此外，长期的不信任让人们担心，对器官的需求可能导致医生滥用职权。

关于死亡的传统观念可能对态度有更重要的影响。在日本，传统上认为死亡是一种社会过程，而不是由医学决定的现象。通过各种习俗来表达对祖先的尊敬，证明了社会死亡的漫长过程。医生可能会改变对死亡的传统定义，但持续存在的传统观点揭示了对死亡意义的不同看法。

许多日本人很注重保持身体的完整，不仅在生前如此，在死后也是如此。人们认为身体是来自父母、祖先的馈赠。从脑死亡的遗体中摘取器官会破坏身体的完整性。反感在亲人的遗体上动刀源于这样一种观念：当人去往来世时，他的身体和灵魂必须完好。身体必须完美无缺，否则，灵魂可能会不高兴。日本人认为器官移植是对身体的残害。在一些社会中，人们认为身体器官是可替换的，而日本人则会在死者身体的每个部位看到他们的思想和精神的点滴。这是由于一直以来，日本都非常关注不纯净这个概念。从这个角度来看，器官捐献和移植的过程会玷污身体。一个考虑器官捐献的人可能会被这样的想法禁锢，那就是如果器官被摘取，"我的身体就不再是我的了"。

另一个重要的问题与"心灵之所"或"自我中心"的不同文化观念有关。在西方的生物医学中，大脑——理性思维的中枢——往往占据着各个身体部位中最重要的位置。作为"心灵之所"，它代表了人性的本质。在其他文化传统中，心脏，而不是大脑，被认为是生命所在。将生命等同于大脑功能对许多日本人来说是陌生的观念，他们认为心脏具有同等重要的象征意义，或更为重要。一个人的精神和意识的真正中心，也就是"心－神"，传统上位于腹部。

这个例子显示，脑死亡的概念是由文化建构的。死亡是大脑功能的缺失，是独立于其他身体功能的缺失的，这与日本人关于人作为整体的死亡的观点不同。判断脑死亡会使人困惑，因为心脏还在跳动，身体还是温暖的。对许多日本人来说，器官捐赠和移植会导致"看不见的死亡"，一种无形的死亡。

除了已经提到的文化因素，日本人对器官捐献和移植的担忧与交换礼物的传统做法有关。在日本，交换礼物有一些微妙的规矩。收到礼物意味着你有义务回赠礼物。在器官捐献中，捐赠是单向的。器官捐献的接受者无法回礼，无法回报如此珍贵的礼物。此外，捐献人与接受人之间缺乏社会关系给器官捐献蒙上了商业化的阴影。

  大多数日本人认为，保持文化身份很重要。毫无保留地接受西方器官捐献和移植的做法将意味着抛弃历史，从而减少自身文化特质。因此，文化上适宜的生命伦理学将融合神道教、佛教、儒家思想以及现代西方传统的影响。通过反思日本的例子，我们发现，不需要把文化差异视为必须克服的障碍，而可以当作一种机遇去学习处理与临终和死亡有关的复杂问题的不同方式。

死亡系统的影响

  死亡系统的概念是一种有益的模型，帮助我们思考死亡如何塑造社会秩序，进而塑造我们的个人生活。作为一个由人、地点、时间以及事物和符号组成的网络，死亡系统在许多方面影响着我们的集体和个人与死亡的关系。在本章中，我们看到了社会如何确定关于死亡的定义、器官捐献和移植、死亡证明、验尸官和医学检查人员的作用以及何时和在何种情况下进行尸检的公共政策。当你学习与临终和死亡相关的话题时，你可能会发现记住它们如何成为死亡系统的一部分是十分有趣的。正如卡斯滕鲍姆所说："使一群人组成一个社会并使这个社会持续下去的一切都对我们与死亡的关系有影响。"

  有关本章内容的更多资源请访问 www.mhhe.com/despelder11e。

05

第五章

医疗护理：患者、医护人员和机构

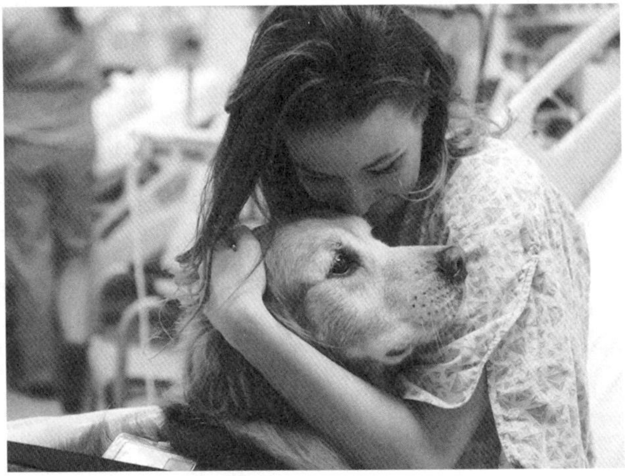

© Monkey Business Images/Shutterstock

我们正在重新思考为临终患者提供高质量的护理意味着什么。除了身体护理，心理安慰现在已成为护理的一个重要组成部分。

想想你生命的尽头。大多数人说，希望自己在最后的日子里能生活在熟悉的家庭环境中，身边围绕着亲人。但是，疾病的性质或缺乏必要的支持可能迫使临终患者只能在医疗护理机构得到照顾。通常，"一系列的干预"用技术包围着病人，导致在生命的最后阶段不必要的积极治疗。"即使是完美的治疗，对存活率的改善也可能微乎其微。"

以维持生命为目标的医疗护理系统有时不能满足临终患者及家属的需要。1900年，美国大约80%的人在家中去世。现在，大多数人在机构中去世，主要是医院和养老院。2009年的数据显示，大约33.5%的联邦社会医疗保险参保人在家中去世（比2000年多10%），24.6%在医院去世。值得注意的是，死亡地点反映的是老年患者死亡的地点，而不是他们度过生命最后几个月大部分时间的地点。例如，2009年，在生命的最后三天，生活地点发生变化的联邦社会医疗保险参保人的百分比增加了14.2%。

过去，医生在治疗病人的同时也在安慰病人；药物往往只能让人感到安慰和舒缓。现在，如果治疗不能达到治愈的目的，我们可能会有受骗的感觉。如果医生的治疗没有达到预期的效果，他们就会成为替罪羊。

机构医疗护理的三个主要类别——医院、专业护理机构或养老院，以及临终关怀机构——都是为了在整体医疗服务系统中达到特定的目的而设计的。致命疾病的患者通常接受急性和支持性护理相结合的治疗。随着情况的变化，机构护理可与家庭护理交替进行。

医院主要提供短期急性重症护理。积极的医疗技术被用于诊断症状、提供治疗和维持生命。一般来说，患者会在短期治疗后康复，然后恢复正常生活。患有慢性或危重疾病的患者可能会在医院接受急性护理和在养老院、临终关怀机构或家中获得支持性护理之间交替进行。一些医院正在向综合护理方向发展，提供医疗护理服务的"组合"，包括门诊和持续护理，以及姑息治疗（"姑息"一词源于希腊语，翻译过来就是"掩饰"，意思是缓解或防止疼痛或其他痛苦症状的经历。在现代医学的背景下，加拿大皇家维多利亚医院的鲍尔弗·芒特医生最先应用了"姑息治疗"）。

专业护理机构为需要专业技术人员、注册护士或理疗师的民众服务。这些设施由联邦社会医疗保险和联邦社会医疗补助服务中心认证，部分费用可由联邦社会医疗保险支付。虽然专业护理机构和养老院两个词经常交替使用，但它们是不同的。养老院提供的住房不属于联邦社会医疗保险保销的范围，它是为长期的住院护理而设计的。专业护理的服务可能在不同地点提供，包括辅助生活设施和患者的私人住所，这在一定程度上造成了混淆。

临终关怀是以临终病人及家属的需要为导向的。临终关怀的使命是安慰病人，而不是治愈疾病。临终关怀不强调其发生的具体地点，而是指一个护理项目。与临终关怀的目标相匹配的护理可以在不同的环境中提供，包括医院的姑息医疗部门、养老院或住院护理设施、社区临终关怀机构或家庭。这些临终关怀和姑息治疗的选择将在本章后面更详细地谈到（儿童姑息治疗服务将在第十章讨论）。

现代医疗护理

入院治疗的患者希望得到与他们的特定疾病相应的医疗和护理。医疗护理系统的每一个要素，无论是患者、工作人员还是机构，都对医疗护理的整体质量和性质发挥作用（见图 5-1）。为了有效地使用员工和设施，治疗程序是标准化的，按惯例执行。当病弱的姑姑在家中奄奄一息时，家人可以用勺子喂她最喜欢的自制汤水。在医院或养老院，她可能只会得到标准的饮食，或者是由机器人送来，或者由劳碌疲惫的护工冷漠地端给她。查尔斯·罗森伯格观察到，"我们对医院寄予厚望：减轻痛苦、延长生命，并管理死亡以及治疗带来的尴尬和痛苦的情况"。

患者的经历受到书面的和非书面的规则、规章和惯例的影响。临终病人的家属可能被安排在走廊里或走廊尽头的候诊室里进行临终看护，每次只允许一个人挤进患者的房间，在床边守候。亲属与医生或护士讨论问题时可能没有私人空间。悲痛的亲属可能会觉得有必要压抑自己的情绪。在涉及临终病人的情况时，"我们的目标不能仅仅是为病人提供专业的医疗护理，而是要帮助家庭表达看法、建立联系和寻找意义"。

我们赞赏有加的医学进步能够拯救生命，它们的基础是科学方法的抽象化和标准化。然而，当这些机制使医学变得不那么人道时，发生的事情就会令我们失

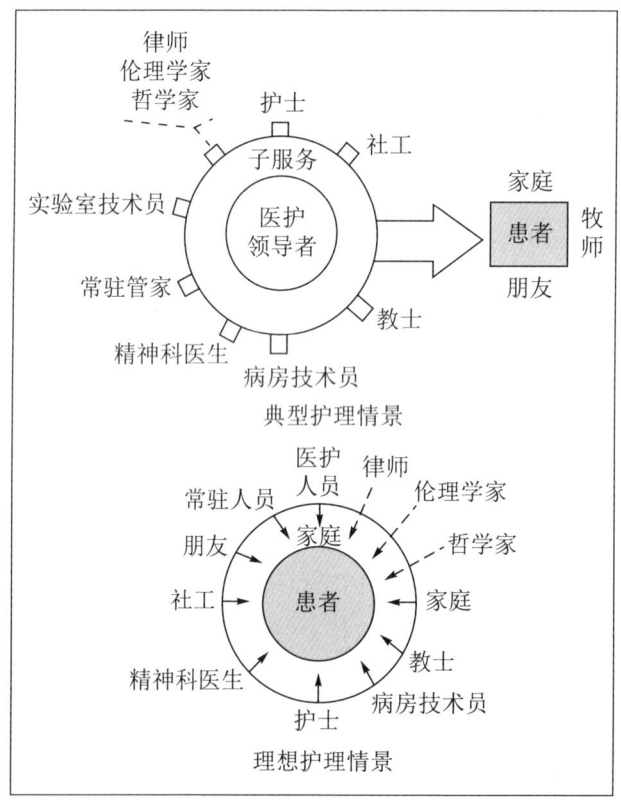

图 5-1 典型与理想护理情景

望。例如，当医学和患者护理中出现的复杂现象被简化成无法真实反映这些现象的过于简单的术语时，就出现了简化论。当只承认或考虑某个系统的一部分，而不是整个系统时，也会发生这种情况。另一个错误或偏差是去人性化，当医生和护士由于自己对死亡的焦虑或感到"无能为力"而避免与临终病人接触时，就会出现这种情况。

医疗护理融资

我们个人和社会如何筹集医疗护理方面的资金，影响着如何护理重症和临终患者。正如保罗·因塞尔和沃尔顿·罗思所观察的，"医疗护理的资金来自各种私人和公共保险计划、患者自付费用和政府援助的组合"。在医疗护理上的花费似乎是无限的，因为"一个国家越富有，往往会在医疗上花费越多"。

美国在健康方面的花费高于其他任何工业化国家。丹尼尔·卡拉汉说，"必须有所限制。美国的医疗护理是彻底美国式的：个人主义、在科学上雄心勃勃、沉迷于市场、怀疑政府、利润驱动"。此外，"改善健康、减轻痛苦和预先阻止死亡，就像探索太空一样没有尽头"。

医疗费用上涨，一部分原因是"技术上的必要性"，即技术进步有望提供一系列前所未有的工具来对抗疾病。卡拉汉说，对于技术的快速发展，"胡萝卜多棍棒少"（见表5-1）。医疗技术的不断进步有效地延长了人们的寿命，这往往使人们难以确定何时应该停止治疗。一些技术专家似乎认为"死亡不过是一系列可预防的疾病，这些疾病可以被一一消灭"。

> 医疗护理系统最重要的目标应该是帮助人们从年轻人变成老年人。然而，一旦一个人实现了这一目标，医疗系统就应该减少帮助人们无限变老的义务，至少不像人们希望的那么年长。

表 5-1　促进医疗技术发展的因素

- 长期热衷于生活各个领域中的技术
- 相信科技拯救生命、减轻痛苦

续表

- 认为不应决定哪些治疗因成本过高而不值得进行
- 消费者需求与期望
- 医疗技术的过度推广和营销
- 直接面向消费者的医疗技术广告
- 医院市场的竞争
- "防御性医疗"作为一种预防治疗失当指责的手段
- 医疗护理作为一个增长行业（新的就业和建设）
- 与和病人交谈或在临终病人的床边安慰病人相比，使用技术的费用更低、能够报销的更多
- 相信技术进步会永无止境

医学进步可能利弊并存。例如，疾病的早期发现可能使原本不可能治愈的疾病得以治愈，或者可能只会使患者在较长一段时间内意识到自己所患的疾病。由于医学能够在某些疾病的早期阶段预测死亡，这会导致一种被称为"绝症"的体验。随着早期诊断和先进的医疗护理，疾病的"晚期"阶段可能会持续十多年。卡拉汉说：

> 我们都同意医学进步和技术创新给人类带来了巨大的益处……它们降低了致命疾病的死亡率，延长了平均预期寿命，使我们摆脱了多种形式的身体和精神痛苦，并给了我们活到老年的信心，让我们过上美好的晚年，这是过去几代人无法想象的。然而，如果所有这些福利的成本开始超过我们现在的负担能力，我们如何决定何时应适可而止，以及什么可以算作"足够了"？

正如2013年的数据显示，医保预算的四分之一花在了病人生命的最后一年，其中40%花在了最后的30天。斯坦福医学院的医生兼健康政策教授乔治·伦德伯格评论说："我们不应该再付钱给医生和机构，让他们用虚假的希望、逞强和强化治疗来延长死亡时间，这些只会增加他们的利润。"

当然，不仅仅是医生才急于利用日新月异的技术。卡拉汉说："高达40%的美国人相信医疗技术总能挽救他们的生命。美国人认为死亡只是另一种需要治疗的疾病，这个陈词滥调的笑话已经不再仅仅是笑话而已。"他提出如下这些问题：

• 把死亡当作医学应该对抗的最大恶魔,还是把在有限的生命内追求更好的生活质量作为更好的目标?

• 老年人需要更多的重症监护病房和更多的高科技药物来延长寿命,还是需要更好的长期和家庭护理以及更好的经济和社会支持?

• 美国人变得越健康,在医疗护理上的花费就越多,而不是越少,这有意义吗?

• 医疗护理支出占国内生产总值的比例是教育支出的3倍多,我们应该这么做吗? 40年前,两项支出相仿。

对医疗技术的投资会带来更好的护理质量吗?答案似乎是肯定的。然而,成本上升带来的影响提出了另一个问题:社会是否有义务提供每一种病人认为可能有益的医疗干预措施?

分配稀缺资源

为了减轻医疗护理系统的压力,专家建议必须对资源进行配给。配给指的是在有竞争关系的个体之间分配稀缺资源。在医疗护理领域中,它被定义为任何限制个人可获得的医疗护理数量的体系。配给发生在并非所有被认为有益的护理都能够向所有患者提供时,尤其是当病人希望得到的医疗福利因费用问题而无法提供时。尽管医生在决定是否提供对病人最有利的治疗时一直扮演着看门人的角色,但是在管理式医疗的新时代意味着医生们将被迫成为"限制性"的守门人,并进行"病床边"配给,许多人认为这些角色在医学上是不符合道德的(管理式医疗是一种安排医疗护理的方式,由一个组织,例如健康维护组织、医生-医院网络或保险公司,试图通过作为患者和医生之间的中间人来控制成本)。事实上,一些医生表示担心,更紧密管理的趋势正在导致医疗的"工业化",在这种情况下,医疗护理开始类似于工厂运营。

丹尼尔·卡拉汉提出,"对称性原则"有助于认识到医疗护理的局限性。他说:"判断一项技术,应该看它是否有可能在延长和挽救生命与提高生活质量之间达到良好平衡。"相反,"如果一个医疗系统开发了一种拯救生命的技术,并将其制度化,而这种技术让人们长期患病或生活质量低下,那么它就忽视了对称性原则。"

决定如何分配稀缺医疗资源不仅仅是专家和立法者的权限。我们每个人在追求幸福时做出的选择影响着医疗护理系统，并有助于塑造它的特点。玛德琳·雅各布斯说："现代技术模糊了良好护理的定义——治愈到底意味着什么，尤其是在生命的晚期？"例如，与其在生命终末期面对昂贵且可能无效的治疗，我们可以选择签署一份预先医疗指示，表明我们对接受维持生命疗法的意见（预先医疗指示会在第六章中讨论）。卡拉汉说："当医学将治愈所有疾病和无限预防死亡作为其隐含目标时，它就有些贪功致败。"

医患关系

根据希腊传说，埃斯库累普是第一位医生，他是诸神之一，与海吉亚健康女神和帕那刻亚医药女神一起掌管健康与疾病。由于医学与出生、生命和死亡的基本经验有关，它具有很高的象征意义。亚瑟·弗兰克说："医学是一种界限的游戏，"他解释说，"医学既需要距离的光环，也需要放弃某种程度的光环。"人们认为家长式作风，也就是医生行使家长式的权威，侵犯了患者做出医疗决定的自主权或自由。因此，在当今时代，医生的"埃斯库累普权威"受到了挑战。

医患关系可以看作一种联盟，其中医生既是教育工作者、顾问，也是专家，但不是唯一的决策者［在初级保健医学中，"医生"可以包括获得"临床护理博士"学位的个人（DNP），一些医生也把这些人称作"护理医生"］。

> 我肯定让米医生紧张了。很明显，他的病人很多，忙到不可开交，同时做太多事情。
>
> 他花了90分钟跟我和我妻子谈我的病。他从临终护理开始谈，告诉我，我会得到所有我需要的止痛麻醉药，还可以插管来获得营养。
>
> 他那样说话让我很吃惊，好像我快要死了似的。
>
> 皮埃尔·鲍曼，《檀香山星报》

患者应对疾病的经验有助于塑造医疗护理的使命。医患之间的社会契约包含了契约关系的性质，这意味着医患双方的利益密切相关。当医疗提供者了解病人，给予他们参与决策的自主权，并在有限的范围内尊重和满足患者的选择时，这种关系就会得到加强。

共同决策在医学上是至关重要的，在临终护理中尤其如此。在选择医生时，对临终护理的偏好或问题应该是讨论的一部分。医生有照顾临终病人的经验吗？他们是否愿意并能够在各种环境下提供护理：医院、护理设施、临终关怀或姑息治疗，或在家中？医生熟悉社区资源吗？任何关于在生命末期限制治疗的愿望都应该进行讨论。关键问题是，这个系统是否能适应患者及其家人的偏好和计划？

披露致命疾病的诊断

如果你被诊断患有致命的疾病，你想知道吗？有些人会说："当然，我想知道发生在我身上的一切！"有的人回答说："不说真话吧，我宁愿不知道自己会死；无知是福。"那些一生都在与困难做斗争的人，与那些通常会努力逃避压力来应对困难的人，可能会有不同的反应。想想你自己的态度和偏好。向病人隐瞒信息可能会使他们处于埃弗里·韦斯曼所说的"一种孤独忧虑的状态"。

调查显示，大多数人在被诊断出患有致命疾病时都希望被告知，但何时以及如何传达这类信息更难处理。医疗专业人员需要以一种对病人最有利的方式告诉他们致命疾病的诊断。在决定如何告知患者时，医生必须考虑患者的个性、情绪特点和承受压力的能力。患者所处的家庭和社会文化环境也很重要。

医生们可能会担心，了解致命疾病的所有细节可能会对病人的应对能力产生不利影响。但是，弱化疾病的威胁会对病人最有利吗？医生们普遍认为必须鼓励病人要充满希望。因此，尽管医生可能会透露致命疾病的一般事实，但可能会隐瞒一些细节，直到病人主动提出具体问题。由于互联网上充斥着准确和误导性的信息，这让隐瞒信息变得更加复杂。如果病人和家属通过对互联网上的内容进行研究发现医生隐瞒了重要信息，他们可能会失去对护理人员的信任。一些文化群体和族群的成员选择"隐瞒"而不是完全披露事实。也就是说，家属可能知道诊断结果或预后，并试图对病人隐瞒真相。此外，病人可能不习惯对自己的医疗护理做出决定，同时，家庭成员可能有重要的发言权。医生的沟通培训一般强调医生与家庭成员之间一对一交谈的技能；然而，从家庭系统研究和家庭治疗中获得的洞见可以被有效地应用于建立护理目标的家庭会议。

告知诊断结果是患者护理中的关键事件。如何告知诊断结果会影响患者对疾病的态度、对治疗的反应和应对能力。这类谈话的内容取决于很多因素，包括医生对告知坏消息的偏好、病人对事实的接受程度，以及预期的预后。在涉及晚期诊断的谈话中，医生和病人都可能对提及临终或死亡持谨慎态度。当病人第一次听到被诊断出患有危重或致命疾病时，他们可能会感到震惊，无法提出一些日后可能会遇到的问题，也许需要等到在网上搜索和私下讨论之后才能提出问题。因此，细节可以分阶段给出。告知坏消息与其说是一个单独的事件，不如说是一个过程。

肯·多卡在《为身患绝症的人提供咨询》一书中提出了传达坏消息时八条重要的原则：

1. 言简意赅。
2. 先问自己："这个诊断对患者意味着什么？"
3. 先保持冷静。在传达消息之前要先了解患者。
4. 等待患者提问。
5. 不要急于否认。
6. 自己也提出问题。
7. 不要摧毁所有的希望。
8. 不要说任何不真实的话。

除了提供一份真实的诊断结果以外，医生通常还应该针对推荐的治疗过程及其副作用给出建议，并为患者提供他们希望了解的尽可能多的细节。一个很好的问题是，你对自己的病情想知道多少？医生应该留出充足的时间来讨论患者的问题和担忧。

实现清晰的沟通

清晰的沟通不会自动发生。社会学家坎达丝·韦斯特进行了一项关于医生和患者如何相处的研究，她发现了一种她称为"沟通鸿沟"的现象，这阻碍了治疗过程。她观察到"社交黏合剂"的缺乏，例如介绍、问候、笑声和称呼患者的姓名，而这些通常是社会互动的自然组成部分。韦斯特还发现，医生倾向于"提出让患者回答的方式受限的问题"，而病人往往在询问医生时犹豫不决。

> 玛克辛沉默了。"这种病值得治疗吗？"她最后问道。
>
> "你是唯一能回答这个问题的人，"我说，"如果我们不治疗，它会迅速扩散到其他颅神经、部分大脑和脊髓。你的生活质量会明显下降。我想帮助你尽可能长时间地维持高质量的生活。"
>
> 玛克辛睁开眼睛。
>
> "我不想死，"她说，然后开始抽泣，"我没想到会很快发生。我还没做好死去的准备。"
>
> 杰尔姆·格鲁普曼，《临终遗言》

医生应该用眼睛和耳朵来"倾听"，注意肢体语言和手势等非语言交流方式，这些肢体语言会显示出病人对谈话内容的不安或焦虑。医疗干预技术可能成为有效沟通的障碍。内科医生理查德·桑德尔说："我们可以检测到细微的心律不齐，把微弱的血压控制在几毫米汞柱以内，调节血液化学的微小变化，但对濒临死亡的人我们能做什么呢？"在医学艺术中，准确的沟通被称为"经验丰富的医生最宝贵的价值"。

沟通是一个互动过程：一个人无法不沟通。例如，想想非语言交流，它不仅包括面部表情、手势和身体姿势，还包括符号——传达有意义的信息的物体（如服装和珠宝）——以及空间关系学（空间和时间）。例如，想一想护理人员花多长时间对病人的求助做出回应，或者医生站在桌子后面与坐着的病人交谈时产生的物理距离。诸如医学博士、注册护士这样的标签和医生、护士、病人等头衔，都是影响交流的符号标识。在大多数医疗沟通中，称呼病人是直呼其名，而称呼医生和其他医疗专业人员则用他们的头衔。

当病人希望谈论死亡时，护理者可能会采取各种策略，限制或鼓励这种谈话，包括：（1）安慰（"你的进展很好"），（2）否认（"哦，你会活到一百岁"），

(3)转换话题("我们聊点开心的事吧"),(4)宿命论("嗯,我们迟早都会死的"),(5)讨论("发生了什么事让你有那样的感觉?")。护理人员所受的培训是拯救生命,因此当他们无法治愈患者时,可能会感到无助。珍妮·昆特·贝诺利尔说:"开放的交流并不一定意味着开放地谈论死亡,但它的确意味着开放地对待患者表达的担忧。"

对患者及其家属的情感和精神需求做出回应,可能与照顾身体需求一样重要。护士走进病房,坐在病人床边,表现出倾听的意愿,这可能比有的护士如一阵风似的飘然而至,一直站着,打趣问道"我们今天过得怎么样?睡得好吗?"能够更有效地安慰病人。有技巧的沟通有助于实现"全人"医疗护理的目标。

医生和病人有时心照不宣地保持对康复的错误乐观情绪,他们的沟通把重点集中在当前的治疗上,而不考虑长期预后。医生不想宣布"死刑判决",病人也不想听。

诺曼·卡曾斯在写到自己与重症打交道的经历时指出,可以在告知致命疾病的诊断时,把它作为"挑战而不是判决"。沟通既可以促成积极态度,使人对最终结果抱有信心,也能造成消极态度,使人产生沮丧和绝望情绪。清晰的沟通在激发患者自身的"治疗系统"方面发挥着重要作用,不管最终的预后如何,都能创造产生积极结果的可能性。

提供全面治疗

照顾重症和临终患者不仅要照顾患者的身体需求,还要照顾他们的认知、情感和精神需求,这就是"全人"关怀。在一个机构中,整体医疗通常意味着至少有一位护理者持续跟进患者、患者有机会了解病情和预后、患者参与影响自己的决策、工作人员的做法得到患者的信任并激发他们的信心。在这些指导原则得以贯彻时,护理既可以充满个性,也能够保证综合性。

随着死亡的临近,患者的家属可能会经历一种过渡,这种过渡被描述为患者的"逐渐消逝"。随之而来的就是一段混乱、困惑、恐惧和不确定的时期,"没有什么感觉坚实可靠"。这种过渡包含重新定义的任务,家庭成员在接受新的负担之前,要尝试放下旧的负担。家庭成员经常会在照顾临终亲人的同时,还得努力维持正常的生活。全面护理也意味着照顾患者家属的需求。临终关怀服务可用于这类全面护理。

照顾临终患者

当伊丽莎白·库伯勒-罗斯开始在一家城市医院对实习生进行临终患者照护的培训时，她想让晚期患者自己陈述观点。她把自己的计划告诉了工作人员，他们告诉她病房里没有人濒临死亡；只有一些病人"病情非常严重"。库伯勒-罗斯致力于让人们关注绝症患者，这一努力推动了对临终患者富有同情心的护理。

和出生一样，死亡是一个自然事件，有时见证比控制要好。护理者需要把自己的信念放在一边，去探索在特定情况下什么样的方式适合特定的人。正如鲍尔弗·芒特所观察的，对临终者的护理需要心灵和头脑的结合："临终者需要一种心灵的友谊，需要关爱、接纳、脆弱和互惠。他们还需要在优秀的医疗护理中体现出的心智方面的技能。二者缺一不可。"

死亡的时间线在过去几代人中已经发生改变。平均而言，我们不仅倾向于活得更长，而且更有可能在死亡前数月甚至数年患有慢性疾病和残疾。我们大多数人在生命的最后几天、几周、几个月甚至几年都需要某种程度的照顾。当生命接近尾声时，临终护理可能包括家庭护理、住院治疗、养老院护理和临终关怀或姑息治疗（姑息治疗是指旨在减轻症状或减轻疾病的严重程度，但不能治愈疾病的治疗）。

你愿意在生命的最后几天或几周待在家里，由亲戚朋友照顾吗？或是更愿意在医院里使用复杂的医疗技术？疾病的病程是不可预测的，这让人无法选择自己的死亡地点或希望得到何种医疗护理。即便如此，人们也应慎重考虑可能的选项。当可以预期死亡，也许预见到这是长期疾病的最后一章时，人们通常可以做出一些选择决定死亡的发生地。

临终关怀和姑息治疗

尽管疾病会造成干扰，医疗的目标仍是恢复或维持镇定平和的感觉和人格的完整性。然而，通常临终患者和家属听到信息时已经无能为力了。临终关怀和姑息治疗与此正相反，即使无法康复或治愈，它们仍能努力帮助临终患者继续活着，直到死亡。这些护理模式超越了身体的需求，寻求通过提供包括身体、心理、精神和生命存在方面的全面的护理，来减轻痛苦。在生命的尽头，病历记录并不能完全记录患者个人的故事。

三个字母 C 开头的英文单词能帮助我们记忆：高质量的护理是出色的（competent）、有同情心（compassionate）的和多方协调的（coordinated）。这种护理由一个团队共同完成，团队成员可能包括医生、护士、社会工作者、药剂师、物理和职业治疗师、牧师、家庭保健助理、受过培训的志愿者以及家庭成员和朋友。这种以团队为导向的方法旨在提供最先进的护理，治疗疼痛和其他令人担忧的症状，并根据患者及其家人的需求提供情感和精神上的支持。

世界卫生组织将姑息治疗定义为：

> 通过早期识别、全面评估和治疗病痛以及其他身体、社会心理和精神问题，来预防和缓解重症患者和家属的痛苦，改善他们的生活质量。

斯蒂芬·康纳将姑息治疗描述为"人权"。然而，一项研究显示，世界上有一半的国家根本没有提供姑息治疗。

正如琼·特诺和斯蒂芬·康纳指出的，临终关怀机构和基于医院的姑息治疗项目的主要区别在于后者可以接纳和服务仍在接受治愈性治疗的患者。大多数临终关怀项目是经过联邦社会医疗保险认证的，联邦社会医疗保险临终关怀福利一般要求病人所得到的诊断是在疾病正常发展的情况下只剩下 6 个月或更短的预后。因此，临终关怀是一个由患者来决定放弃以治愈性治疗来应对绝症的医疗系统。做出接受临终关怀的决定可能是一个挑战，病人面临着一个看似孤注一掷的决定。实际上，联邦社会医疗保险临终关怀福利"把临终关怀作为一项治疗选择"，如果患者希望生存就无法选择临终关怀。

> **患者的故事**
>
> 在学习像医学科学家那样思考的过程中,我忘记了患者的"全人"概念。要在患者痛苦的时候帮助他们,医生必须了解病人:不仅把患者作为一个病例,还要把他作为一个人来了解。每位患者都有自己的历史,一个等待被讲出的独特的故事,这个故事超越了病史的信息。不同的患者对生命的重要性、想从生命中得到什么、愿意为了保护生命付出多大的努力都有不同的认识。像任何人的故事一样,患者的完整故事包括他们的文化背景、童年经历、职业、家庭、宗教生活,等等。它包括病人的自我认识、外表、表达方式、气质和性格。简而言之,它包括那些使患者成为"人"的属性——不仅是"人",而且是某个特定的人。
>
> 理查德·B.冈德曼,《医学与病痛的问题》

转诊到姑息治疗服务的患者不需要满足类似的预后要求(见表5-2)。在我们讨论重症患者的护理面临的挑战时,这种区别将变得更加清晰。现在,考虑一下特诺和康纳对这一问题的恰当的总结:"简而言之,临终关怀设施提供的所有护理都是姑息治疗;然而,并非所有的姑息治疗都是由临终关怀设施提供的。"

表5-2 临终关怀与医院姑息治疗的比较

	临终关怀项目	医院姑息治疗
患者人群	患有致命疾病;如病程正常,预期预后为6个月或更短。	晚期疾病或致命疾病的任何阶段。
护理地点	家庭、专业护理设施、养老院、辅助生活设施、医院、独立临终关怀机构。	医院。其他提供这项服务的地点(如养老院)各不相同。
提供的服务	疼痛和症状管理、社会心理和精神支持;跨学科团队;医疗设备、药品、用品;患者去世后历时一年的家庭丧亲支持。	服务各不相同,从单一的医疗服务提供者到跨学科团队。
停留时间	平均停留时间为2个月;中位值为20天。	各不相同,可能根据需求不定期进行护理。
报销	护理期间根据四个护理等级每天支付固定费用:常规家庭护理、持续家庭护理、普通住院患者护理、住院患者临时护理。	通过现有编码系统报销,包括当前的程序术语以及诊断相关分组。支付专业服务或设施费用。

续表

	临终关怀项目	医院姑息治疗
初级护理提供者的角色	通常继续全面管理患者的护理。临终关怀医疗主任与初级护理提供者会诊。	初级护理提供者经常要求与姑息治疗团队进行正式会诊。姑息治疗服务或住院医师可能在患者住院期间管理其护理工作。
关键不同点	在治愈性治疗无效或患者决定停止治愈性治疗时，在生命末期专注于照护患者及家属或照顾者。	致力于在致命疾病的整个病程进行姑息治疗。可与治愈性延续生命的疗法共同使用。

如前所述，虽然临终关怀和姑息治疗这两个术语有时互换使用，但它们之间还是存在区别的。例如，标准的医学教科书《默克诊断与治疗手册》将临终关怀定义为一种专门为临终患者及家属减少痛苦而设计的护理方式；临终护理放弃了大多数的诊断测试和延长生命的治疗，而致力于减轻症状，指导患者和家属采用适当的护理方式，以及舒适护理。除了少数农村地区外，美国几乎所有地区都有这样的项目，它们符合临终关怀的"标准定义"。

斯蒂芬·康纳列出了以下临终关怀项目的基本组成部分：

1. 患者及家属是护理单位。
2. 在家庭或住院设施中提供护理。
3. 症状管理是治疗的重点。
4. 治疗是针对"全人"的。
5. 护理是跨学科的。
6. 每周7天、每天24小时提供服务。

临终关怀并没有规定一种特定的"死亡方式"。相反，它希望创造一种环境，让临终患者以适合自己的需求和信念的方式，经历"看似无序的死亡过程"。临终关怀的发展体现了人们对生命末期护理的期望有所改变，"从治愈到护理，从延长生命到提高生活质量"。

据美国国家临终关怀和姑息治疗组织的报告，2016年收集的临终关怀服务数据发现，143万美国联邦社会医疗保险参保人平均接受了71天的临终护理。在所有参加联邦社会医疗保险的死者中，大约48%的人在死亡时正接受临终关怀护理。自1983年临终关怀成为联邦社会医疗保险福利以来，美国国家临终关怀和姑息治疗组织也注意到了几个趋势。一开始,"绝大多数"接受临终关怀服务的患者被诊断患有癌症,但到了 2016 年,这一比例降至所有接受临终关怀服务患者的 27.2%。阿尔茨海默病患者的比例一直在快速上升,2016 年已达到所有患者的 18%。

除了提供相对一致的一揽子服务和福利,满足致命疾病患者及其家庭的需求,临终关怀项目还有义务为他们服务的每个家庭提供丧亲随访。患者护理是在被患者称为家的地方提供的,包括专业护理设施、养老院、住宅设施以及私人住宅。在大多数情况下,临终关怀是在患者家中提供的,家庭成员是主要照顾者。"进入临终关怀"通常意味着加入一个临终关怀项目,即做出安排,接受当地临终关怀机构提供的服务。

医院越来越多地将临终关怀和姑息治疗原则纳入其使命。当护士有时间去了解病人和他们的家庭,当分配给护理人员的是对某位患者的责任而不仅仅是任务,当护理人员之间相互支持,当开诚布公地告知诊断和预后的政策出现后,医院和临终关怀项目对临终患者的护理就体现了相似的理念和原则。姑息治疗的严格定义是意在带来缓解,而不一定是治愈的护理;然而,姑息治疗可以与治愈性治疗相结合,帮助患者与疾病带来的影响做斗争,同时从改善生存质量的努力中获益。

临终关怀和姑息治疗医生艾拉·比奥克指出:"重症监护医生和姑息治疗专业人员都在照顾医疗系统中病情最严重的患者。与重症监护室的患者一样,那些转诊到姑息治疗会诊或接受临终关怀项目的患者病情同样危及生命,通常包括多器官系统衰竭或机能不全。"在评估姑息治疗或临终关怀的质量时,人们需要了解跨学科团队是否有能力应对病情,项目所提供的护理是否具有连续性和协调性,护理是否以患者和家属为中心,获得医疗服务有多便利,项目是否追求质量至上。这些项目的目标是帮助人们在到达生命的尽头前尽可能充实地生活。比奥克说:"即使不可能为患者延长生存的时间,也有机会为他们每一天的生活增添活力。"

临终关怀和姑息治疗的起源

临终关怀和姑息治疗起源于古老的好客习俗,以及早期基督徒为照顾朝圣者和旅行者建立的"安宁院"（在英语中，旅馆、安宁院和医院这些词都源自拉丁语 hospitium，意思是"接待客人的地方"）。罗马的医院是建立在"高效率的军事模式"之上，为角斗士和奴隶提供快速治疗，而基督教的安宁院则帮助受伤的旅行者、重症病人和灾难受害者。临终者获得特殊的荣誉，因为他们被视为接近上帝的精神朝圣者。最早的安宁院是在 4 世纪由圣哲罗姆的门徒法比奥拉创立的。法比奥拉是一位富有的罗马寡妇，她出资并护理病人和临终者。在犹太－基督教的宗教传统中，临终关怀是基于服务（服务和照顾他人）、心灵的转变（转向内在更深层次的自我或神圣力量）和正确的时机（行动的关键时刻）的概念。

在 1967 年由西塞莉·桑德斯医生于英格兰的西德纳姆创立的圣克里斯托弗安宁院，拥有现代临终关怀最具影响力的模式（桑德斯最早是一名护士，后来成为医务社会工作者，最后成为医生）。20 世纪 40 年代，在接受医务社会工作者训练时，桑德斯遇到了来自波兰的犹太难民戴维·塔斯马，他死于不宜动手术的癌症。他们构想了建立避难所的愿景，在那里人们可以从痛苦中得到解脱，有尊严地死去。1948 年塔斯马去世时，给桑德斯留下了一笔小遗产，说："我愿做你家中的一扇窗户。"19 年后，随着圣克里斯托弗安宁院的成立，他们构想的愿景变成了现实，安宁院为塔斯马专设了一扇窗户以纪念他。

以旅行者的守护神命名，圣克里斯托弗安宁院倡导在宁静的氛围中接受死亡。圣克里斯托弗安宁院体现了桑德斯所说的"以人为重、低技术和低硬件"的医疗护理系统的理念。圣克里斯托弗安宁院的病房和房间里摆满了鲜花、照片和私人物品。患者在那里被鼓励去追求他们熟悉的兴趣和乐趣。大量的探视时间让患者能够和家人，包括孩子，甚至家庭宠物互动。当患者病危时，他的家人、朋友和工作人员会聚集在病床旁与他告别。患者死后，如果家人和朋友愿意，他们可以和遗体共处一段时间。

家庭护理是圣克里斯托弗安宁院住院护理的一项重要的附属服务，让非住院患者和家庭能够从临终关怀中获益。临终关怀工作人员会制作用药时间表，而临终关怀护士会探访患者，跟踪他们的病情。多年来，圣克里斯托弗安宁院的做法体现了与临终关怀相关的许多特点，如充分控制病痛，将患者与家人作为一个护理单位，帮助临终患者尽可能提高生存质量。

1963 年，西塞莉·桑德斯访问了耶鲁大学护理学院，激发了美国人对临终关怀的兴趣。1966年桑德斯再次访问耶鲁大学时，耶鲁大学护理研究生院院长弗洛伦斯·沃尔德组织了一次会议，与会者包括桑德斯、伊丽莎白·库伯勒－罗斯、科林·默里·帕克斯和其他对改善临终患者护理感兴趣的人。那时沃尔德已经与绝症患者及其家属打了10多年的交道，美国第一家安宁院于1974年在康涅狄格州的纽黑文创立，沃尔德发挥了关键作用。它的第一位医疗主任是西尔维娅·拉克医生，她曾在圣克里斯托弗安宁院工作。

早期，临终关怀因其护理方法成为传统临床学科中的反主流文化。此后情况发生了积极的变化，迹象之一是2006年美国医学专业委员会批准将临终关怀和姑息医学设立为新的次级专业。人们认为对临终患者的护理常常考虑不周、不够人道，而姑息治疗的发展正是对这种看法的回应。

现代临终关怀和姑息治疗历史上的关键事件还包括：1974年在纽约的圣卢克医院设立的院内姑息治疗团队，1979年国际死亡、临终和丧亲工作小组出版的临终护理的假设和原则。另外，20世纪70年代早期，在加利福尼亚州马林县临终关怀中心，威廉·拉默斯医生为绝症患者开发了创新性的家庭护理方法。这种"家庭护理"的临终关怀模式很快传播开来，得到了从教堂、跨信仰团体到青少年联盟等一系列团体的赞助。拉默斯医生说，创建临终关怀项目是为了提高罹患无法治愈疾病的患者的生存质量，这些患者"被强调以治愈或恢复为目的的积极治疗，但抑制旨在缓解病症的护理的卫生保健体系"。

临终关怀和姑息治疗的挑战

让更多的人在生命末期获得临终关怀和姑息治疗存在一些挑战。首先，由于大多数护理是在患者家中进行的，因此接受临终关怀服务几乎需要一天24小时都要有一位主要护理人员在场。主要照顾者可能是患者的配偶、伴侣或父母，尽管承担这个角色的也可能是其他亲属以及家庭或公共机构出资雇用的人。照顾者必须能够完成各种与维持患者健康有关的任务，如监测生命体征、评估病痛和施用适当剂量的药物。

另一个挑战是资金。临终关怀服务被包含在联邦社会医疗保险/社会医疗补助计划以及大多数私人医疗保险计划中，但对适用的条件做出了限制。根据联邦社会医疗保险临终关怀福利的相关规定，患者必须提供医生的证明，证明如果病情正常发展，其预期剩余寿命为 6 个月或更短。一项评估医生对绝症患者存活的临床预测的准确性的研究发现，医生们"一贯高估存活时间"。临终关怀医生尼古拉斯·克里斯塔基斯说，大多数医生根本不愿做出预测；预测时，他们会把患者剩余的日子高估 2～5 倍。他说："大多数医生墨守一个不言自明的原则——不要预见。如果你要这么做，就不要预言。并且，如果你要预言，就要保持乐观、含糊其辞。"

由于难以确定患者的预期预后小于 6 个月，"6 个月"规则可能会排除病情难以预测的患者。这也会导致医生和患者把临终关怀推迟到疾病的较晚阶段，进而错过适合的时机。由于 6 个月规则可能会引起混淆，负责管理临终关怀福利的联邦社会医疗保险和联邦社会医疗补助服务中心的负责人指出，认为生存超过 6 个月的患者，其保险会自动失效是一种误解。相关法律条文的规定是："如果疾病正常发展，6 个月或更短"。此外，已经使用临终关怀服务的患者如果超出这一时限，由临终关怀医生重新证明后，就可以继续接受护理。

尽管有这样的保证，但我们可以从圣迭戈临终护理中心的故事中看出临终关怀项目面临的挑战。圣迭戈临终护理中心是美国最大的社区所有的非营利临终护理机构之一，据称，它在全盛时期每天照顾近 1 000 名病人，包括患绝症的儿童和成人。一项联邦社会医疗保险的审计似乎对其接受患者的方式和患者获得联邦临终关怀报销的资格提出了质疑，这使得它解体并最终破产。争论的焦点是圣迭戈临终护理中心是否"允许病人在无法证明他们即将死亡的情况下继续接受服务"。

临终关怀项目面临的另一个挑战是帮助医疗资源不足的患者获得临终关怀服务。据全国临终护理和姑息治疗组织统计，2016 年，近 86% 的患者人种为白人/高加索人，约 8% 为黑人或非裔美国人，其余患者为亚裔人、夏威夷人、太平洋岛民、美洲印第安人、混血儿或其他种族。在全部患者中，约 2% 的患者是西班牙裔或拉丁裔，考虑到这一群体占美国人口的 17%，所以这一比例很低。

非裔美国人的参与度并没有高出多少。由于历史原因，有色人种往往不信任社会机构。一项研究发现，要求癌症患者放弃治愈性治疗对最需要帮助的患者不利，造成了使用临终关怀服务中的种族不平等。此外，一些族群在应对疾病和死亡时可能有家庭和社区支持的传统，而大多数临终关怀项目反映了主流的中产阶级价值观。理查德·佩恩说：

> 非裔美国人不太可能准备生前医疗预嘱，不太可能与医生谈论临终关怀，也不太可能参加临终关怀项目。当死亡不可避免且即将发生时，黑人要求进行维持生命的治疗的可能性是白人的两倍，这可能使死亡对患者及其家人来说都是痛苦的经历……以我的经验，许多患者，特别是非裔美国人和其他医疗服务不足的少数族裔，往往认为"姑息治疗"是"放弃希望"。我想这是因为许多非裔美国人担心他们的文化和个人价值在死亡时得不到尊重。

在做出临终决定时，强调个人主义和自我决定的欧美价值观与强调集体和家庭的非洲中心性价值观之间存在潜在的冲突。"不考虑死亡和临终发生的背景的千篇一律的服务可能会被那些在生命末期最需要帮助的人拒绝。"

临终关怀在早期以积极支持它的先驱人士的热情而闻名，他们寻求提供主流社会服务机构或传统医疗机构无法提供的服务，并在非营利的基础上提供服务。然而，现在临终关怀项目数量增长最快的是营利性的临终关怀中心，它们占临终关怀项目总数的一半左右。根据专家的说法，"如果临终关怀或姑息治疗项目想要在当前环境下取得成功并赢得信赖，结果测量和评估就不再单纯是一个选项而已"。官僚体制和程序化已成为临终关怀的额外挑战。这就提出了一个问题，临终关怀的理念改变了吗？

姑息治疗与临终关怀专家英奇·科利斯问道："在我们热情提供临终关怀的过程中，我们是否变得像我们经常批评的医疗实践那样专断？患者接受临终关怀服务是否需要遵循它的观念？所有的临终关怀患者都必须参与关于死亡的对话吗？是什么让我们傲慢地认为自己最了解情况？"

了解临终关怀发展的评论家看到了一个微妙的转变，即从追求"好"死转变为更有规范性的"安详"的死亡的概念。早期，临终关怀之家尝试了各种提供服务的方法。科利斯说，现在，"对临终关怀报销的政治化"带来了新规则的出台，新规则要求所有寻求认证的项目都遵守一套基于一种护理模式的标准。

临终关怀与姑息治疗的未来

威廉·拉默斯提议，应对临终护理的挑战，可能需要新的临终关怀和姑息治疗形式。他概述了护理的三个层次：

1. 对较为确定的短期预后的患者提供传统临终关怀（例如，患者患有晚期无法治愈的癌症）

2. 向对诊断不确定，但不需要在长期的生命末期用昂贵治疗提高生存质量的患者提供长期临终关怀（例如，患者患有慢性、不可治愈的神经疾病，如阿尔茨海默病和肌萎缩性脊髓侧索硬化症）

3. 向面对生命有限但不确定的预后，并需要昂贵的治疗来合理地缓解症状的患者提供高科技临终关怀（例如，患者患有晚期艾滋病）

开放式获得临终关怀的模式是一种创新发展，旨在帮助个人避免在姑息治疗和临终关怀之间做出选择。"开放式的临终关怀中心提供的治疗能够缓解症状并提高生存质量，即使这些治疗是以疾病为导向的。"然而，对临终关怀项目来说，这个决定有风险，因为护理费用增加了，但报销的金额却没有相应增加。另一种风险是，社会医疗保险系统可能会认定治疗对于临终关怀来说过于激进或不恰当，从而拒绝给予赔偿。因此，临终关怀的开放获取模式能否持续尚不清楚。

为应对这一挑战，一些私人健康保险公司允许患者同时接受治愈性治疗和临终关怀。例如，加州的凯泽医疗机构已经建立了一个基于家庭的跨学科姑息治疗模式，帮助患者逐步从治愈性治疗向姑息治疗过渡。

应对这一挑战的另一个解决方案是建立一个桥梁，在可获得社会医疗保险临终关怀福利之前，为患者提供临终关怀服务。"桥梁项目是基于姑息治疗专家长期倡导的概念，也就是，通过更好地将姑息治疗融入整个护理过程来改善临终护理。"当患者的生命有限但还无法获得临终关怀福利时，可由临终关怀机构与家庭护理机构，或提供疼痛和症状管理、咨询和其他支持服务的护理提供者合作提供桥梁项目。根据向布列根和妇女医院与马萨诸塞州综合临终关怀机构建立的非营利性医疗系统"合作医疗系统"提供的护理计划，

> 临终关怀桥梁项目是为那些生命进入倒数阶段，但预后不确定的人设立的。该项目提供他们现在需要的家庭护理支持，并为将来从临终关怀机构得

到支持做准备。我们共同致力于通过预测和管理在护理过程中可能发生的变化来提高患者的生存质量。这使得患者及早发现对临终关怀的需求，并从家庭护理无缝过渡到临终关怀成为可能。

关于桥梁计划，需要记住的关键点是，它适用于以下患者：(1)生命进入倒数阶段，正在接受治愈性治疗；(2)需要疼痛和症状管理，并符合保险公司要求的家庭护理的标准；(3)符合临终关怀的条件，但拒绝接受临终关怀服务。

家庭护理

在患者家中提供的有医学指导的临终关怀通常被称为"家庭临终关怀"。这种护理由医生指导、护士协调，通常由一个可能包括志愿者、家庭成员和朋友的跨学科团队支持。家庭作为临终护理的场所具有许多潜在的优势，包括患者在家这一明显的事实，对大多数人来说，家是"有意义的活动和与家庭、朋友和社区联系的中心"。

在家里，患者和家人都有更大的灵活性，不必遵守探视时间和其他由机构制定的规则。家庭护理使患者不必总是"按照时间表生活"，还使他们能够尽可能

提到医疗护理系统，人们可能不会马上想到家庭护理，然而这种几百年来照顾患者和临终者的传统再次成为许多人的选择。维持生命的医疗设备的创新使得人们能够在家中使用高水平的医疗技术对重症患者进行护理。

保持常态，增加了保持社会关系和行使自主权的机会。它还使得相互照顾和关心成为可能，家庭成员对能够照顾生病的家人感到欣慰。

然而，要实现这些优点，家庭护理需要充分的支持、准备和全心投入。家庭护理者可能需要一天工作 24 小时。无论是家庭成员、朋友、付费护工还是外部志愿者，必须有人完成各种任务，为患者提供适当的护理。尽管大约 40% 的成年照顾者是男性，但是日常的个人和家庭护理工作通常是由女性承担的。尽管其他领域的社会进步打破了对性别的刻板印象，但传统上，女性一直扮演着"家庭护士"的角色，并持续如此。即便如此，家庭照顾者仍可能被医疗专业人员边缘化，无法获得他们做好工作可能需要的信息。

照顾临终亲属的压力可能使照顾者不注意自己的健康状况，结果导致照顾者生病或过度劳累。因此，另一个与家庭护理相关的现象是继发性发病，它指的是"与绝症患者密切相关的人可能在身体、认知、情感或社会功能方面经历困难"。继发性发病可能影响到专业或志愿照顾者以及临终者的家人和朋友。对此，可以通过外部支助服务，例如护士探望，来减轻护理患者的工作量。可能在某些情况下，应适当安排临时照顾者，让家庭成员或其他照顾者得到一段急需的休息时间。

社会支持

社会支持是护理致命疾病患者的一个关键组成部分。它可以帮助患者更好地了解自己的疾病并提供一个论坛，让大家分享应对恐惧、增进身心健康的方法。护理人员应培养一种"倾听的心态"，这让他们能够倾听患者及其家人的需求，给予他们关心。弗兰克·奥斯塔塞斯基是禅思临终关怀项目的创始董事，他说："我们的核心任务之一就是在人们准备好讲故事的时候聆听。"

通过医院和其他社区机构可以找到致力于帮助特定疾病（例如癌症、心脏病或阿尔茨海默病）患者的组织。互联网是另一种替代资源。它提供健康和医疗信息，一些网站可以提供社会支持。例如，在线患者群体显示了对某种特定疾病的共同关注，提供了给予和获得信息和支持的论坛。

当加利福尼亚州的斯坦福医院招募志愿者以确保没有人孤单离世时，引发了一场全国性的运动。如果患者比他们的近亲活得长、与孩子的关系疏远，或在远离家人的地方生病,志愿者就会来到医院,在他们生命的最后时刻陪伴他们。斯坦福医院的"没有人孤单离世"项目试图让医院通常无菌刻板的临床环境变得人性化。志愿者们将陪伴临终者的经历描述为一种深刻的体验,把它当作一种荣誉和荣幸。与护理团队不同,志愿者们没有待办事项,他们要做的只是陪伴。

长者护理

有时候,为控制随年龄增长出现的疾病和身体虚弱,日夜不停的护理是必要的。关于如何照顾患有慢性病的老年人,在对话中你可能会注意到这样的语言:"她不能独自生活,所以她的儿子把她接到家里",或者"他的身体衰弱了,不得不被送进养老院"。例如"如果爸爸年纪大了不能照顾自己,我们该怎么办?"这样的对话既反映出对老年人的关爱,也反映出对老年人的无心忽视。老年人会提到被送走、被接到家中、被伤害、被摆布的感觉,这并不奇怪。

机构护理很可能使人失去个性。住院患者可能会感到失去自尊和人格的完整性。规章制度所规定的生活方式可能与患者自己希望选择的生活方式相去甚远。病房里甚至可能找不到位置放一张爱人的珍贵照片——不能放在床头柜上(那是用来放便盆的)。不能挂在墙上(患者常常换病房)。那么,能放在哪里呢?答案可能是无处安放。

研究老年病学的专家描述了常规化、官僚式环境的"心理压迫"如何导致机构性神经症,症状包括"独特个性逐步受到侵蚀,患者越来越依赖员工的指令,即使是最日常的需求"。将机构的便利置于人的需要之上是不合理的。

在美国,为老年人提供的社会服务项目可以追溯到20世纪30年代的大萧条时期和1935年通过的《社会保障法》。1950年颁布的《老年援助法案》成为第一个专门应对老年问题的联邦项目。在60年代中期实施联邦社会医疗保险和联邦社会医疗补助项目之后,联邦援助成为照顾美国老年人的常规方式。

尽管如此,人们持续关注着如何向老年人提供充分的、费用合理的护理,这些问题在预期寿命延长的情况下变得更为重要:老人们不仅人数在增长,占总人口的比例也在增加(衰老的状态或过程将在第十一章中讨论)。

从历史上看，家庭一直是生病亲属和年老亲属的避风港，家庭持续承担着照顾年老亲属的主要责任。事实上，大多数老年人住在自己的家里或与家人住在一起，而家人往往非常重视他们对年长亲属的照顾。但是，老年人需要的帮助可能比亲戚朋友实际能提供的更多。

家庭保健可以通过多种方式帮助老年人，从医生和护士出诊，到帮助老人准备食物、锻炼、处理杂务，或者只是探望（但这也很重要）。当老人不再能够独立生活，他们的家人无法提供所需的护理时，就需要做出是否接受机构护理的决定。

有几种替代方案可供考虑。家庭共享是一种可能性。这一选项有不同方式：（1）年长的房主不愿独自生活或需要租金收入，把多余房间租给其他老年人；（2）几位老年人合租房子或公寓，共用厨房和其他生活空间，分担家务；（3）宗教或社区组织出资租一所大的房子供几个人使用。个人护理之家，也称为寄宿和护理之家，为那些能够自己照顾自己，仅需极少帮助的民众提供护理。

介于独立生活和机构护理之间的是一种被称为集合住宅的照顾形式。这通常是含有独立公寓的大型设施，或是在规划社区内的一组公寓。这一选择适合行动自如、能够自己照顾自己的老年人，他们在中央餐厅用餐，享受家政服务。辅助生活设施面向不能独立生活，但不需要专业护理的老年人。居民得到的帮助包括洗澡、餐食和家政服务。最后，专业护理设施提供全面照顾、护理、治疗和专业服务以及营养管理。

尽管在人们的印象中，老人被冷漠的亲戚"抛弃"在养老院，但事实并非如此。相反，家人往往不愿接受他们需要更多帮助的事实，因而推迟让老年人获得照顾。接受机构护理通常被看作老年人及其家庭的失败。人们认为机构护理是最不可取的选项，"相当于承认最终投降，它只是死亡之路上的中途停留而已"。

持续护理退休社区旨在缓解"我行将就木"的感觉，针对老年人不断变化的需求提供相应的护理。这样的社区在同一个园区提供多种住宿选择和服务。它的组织结构就像一系列的同心圆或渐进的步骤，为每位入住的居民提供所需的护理。在这样的社区里，一些人基本上是独立生活的，他们在自己的公寓里做饭，或者愿意的话，在公共餐厅吃饭。这种类型的设施可能包括各种户型的房间，从单间公寓到三间卧室加书房的套房。这些社区通常提供各种娱乐服务设施，如游戏室、图书馆、步道，并组织其他社交和文化活动，还会提供前往购物中心、艺术展览馆和剧院的交通工具。当日常生活需要帮助时，居民会搬到辅助生活单元。园区里也有专业护理设施，也可以提供临终关怀。在同一个园区提供不同程度的照顾让老年人在不失去独立性的情况下享受一种安全感，让他们知道在需要的时候可以得到帮助。

在决定是否入住某个设施之前收集足够的信息，这能产生最佳的结果（见表5-3）。在未来的几十年里，为满足"婴儿潮一代"的需求，新的养老类型无疑会被开发。也许对个人和社会来说，最重要的是必须着手为生活在我们中间的老人设想并创造一个让他们觉得有价值的地方。

表5-3 选择护理机构的步骤

1. 列出当地提供的满足所需服务的设施。
2. 了解这些设施是否有执照和认证。
3. 参观设施。
4. 准备一份理想特点的清单，并根据即将入住的老年人的需求评估每个设施。
5. 确定成本。
6. 做出决定。

创伤和紧急护理

仅仅在半个多世纪前，灵车才不再同时充当救护车，急救医疗人员才取代了"救护车司机"。这带来了巨大的变化，急诊室开始接收以前无法活着到达医院的病人。

在美国，芝加哥库克县医院的罗伯特·弗里亚克和旧金山综合医院的威廉·布莱斯德尔于1966年开创了设立在医院的现代创伤护理。随后，1969年，R.亚当斯·考利将马里兰州警察局和马里兰紧急医疗服务研究所联合起来，创建了第一个民用直升机急救项目，从而组建了一个处理创伤和进行紧急护理的综合系统。第一个医院直升机项目于1972年在丹佛的圣安东尼医院设立。这些项目的建立反映了美国紧急治疗的标准方法，即所谓的"拉起就跑"，意思是事故受害者在现场得到辅助医务人员的最少量的救治，随后被快速送往急诊室或创伤中心。"就地抢救"描述了另一种方法，即随医院移动医疗队到达事故现场后，医生在现场开展全面救治，稳定病情（威尔士王妃戴安娜乘坐的奔驰车在法国阿尔玛隧道发生车祸时，就是用这种方法对她进行急救的）。

许多目前在创伤护理中很常见的治疗方法，是从军队在战斗中使用的技术借鉴而来的。这包括使用空中救护直升机、团队外科手术和矫形术的进步，以及针对烧伤和休克的治疗。事实上，现代急救和创伤护理的起源可以追溯到美国内战时期，当时陆军少校约翰·莱特曼为疏散伤员建立了伤病员鉴别分类系统。分诊旨在缩短受伤和护理之间的时间，根据伤员受伤的严重程度，确定伤员接受诊治的优先级。最优先考虑的是那些伤势严重但能活下来的伤员，而生存机会很小和受轻伤的人优先级别较低。

2015年，美国疾病控制与预防中心报告了146 571例意外伤害死亡，意外伤害死亡在死亡原因中居第四位。其中，37 757人死于机动车交通事故，33 381人死于意外坠落。比交通事故死亡人数更高的是意外毒品身亡，包括非法毒品和处方药物致死。

在2015年，有47 478例意外中毒死亡，几乎占所有意外伤害死亡的三分之一。急诊和创伤（定义为身体受伤）专家指出，意外伤害后的1小时是抢救的"黄金时间"，其中前15分钟尤为关键。

搜救人员和警察等紧急救援人员正在进行一项艰巨的任务，寻找并确认两名遇难者的尸体。这两名遇难者在距海岸约1 000码的地方发生的直升机坠毁事故中丧生。救援工作压力很大，有各种专业人员参与，他们在履行职责时不可避免地与死亡打交道，但这些专业人员通常很少接受培训，或没有接受过正式培训，不知道如何处理死亡造成的影响。

想想那些在急诊室里发生的令人震撼的生死攸关的场景。正如急诊室的一名工作人员所说："你可能安静地坐在那里快要睡着了，但突然间所有的事情都发生了，因为发生了五车相撞事故。"要维持生命，就必须采取迅速和有效的干预措施。创伤病人常因休克而昏迷或语无伦次。急诊室的工作人员必须在从病人那里得到很少或根本得不到反馈的情况下采取决定生死的行动。

在心脏复苏过程中，护理人员对于家庭成员是否应该待在急诊室（或在医疗专家到家中进行急救时）存在分歧。让家庭成员参与急救可能具有很大的挑战，然而一些人认为，在也许是病人生命的最后几分钟，家人应该有机会陪伴在病人身边。正如杰罗姆·格鲁普曼指出的那样，"复苏常常令人恐惧，医生偶尔不得不劈开肋骨或切开气管，维持流血不止或昏迷的人的生命，而且最多只有15%的成功率"。然而，一些研究表明，没有目睹心脏复苏过程的亲属更有可能出现焦虑、抑郁和创伤后症状。尽管如此，有些人在目睹心脏复苏后可能出现严重不良反应，包括自杀未遂。

当病人死亡时，医护人员面临着向家属传达坏消息的任务。医生通常会告知病人死亡的消息，可能还有其他工作人员在场。这类消息的传达方式常常让遗属终生难忘。

> 我见过的最糟糕的事情，是两个婴儿和他们的祖母被烧死，只剩烧焦的黑块，必须从冒着烟的瓦砾中捡起来，或是一个仍然活着的人被卡车撞成两半。我见过很多死亡事件，我在密西西比的一个小镇的一个小部门工作。这听起来可能有点不近人情，但死去的人已经走了，我没有那么不安，更让我不安的是活着的人，他们忍受着剧痛和震惊，我们得不停地安慰他们，只要别紧张放轻松，他们就不会死，会活下来。你不可能既想着别人的痛苦又高效地工作；如果他人的感受让你感同身受、心事重重，无法清醒地考虑怎么把撞变形的车门从他的身上移开，你对他无法做任何有益的事情，你也许应该让开，让别人来操作。
>
> 把车从伤者身上挪开，而不是把伤者从车中救出。你可能面对任何事情。汽车翻转过来压在两个人的身上，一个死了，一个活着。汽车迎面相撞，两名死者，两名生者，每辆车里各有一名生者。汽车侧翻撞到树上，司机夹在车顶和树之间。汽车燃烧，乘客被困在车内。

> 接到呼救电话前往现场就像士兵进入战斗。
>
> 拉里·布朗,《火线救援》

死亡通知

死亡通知"宣布社会结构中出现空白"。医务人员并不是唯一肩负传递"坏消息"任务的群体。紧急救援人员、警察和消防员也会寻求适当的资源以便进行有效的通知。R.莫罗尼·勒斯说:"死亡通知总是会造成痛苦。令人困惑的家庭关系和悲惨的死亡场景会使死亡通知变得更加复杂。"在军人死亡时,以往的政策是发送西联电报,现在取而代之的是派人拜访逝者的家人:"我们来通知您,您的儿子……"一位像死神一样的陌生人说出这些足以摧毁一个人的可怕的话语,让家人瞬间失去亲人,悲痛无法预测。在得知儿子在伊拉克阵亡后,一名佛罗里达男子用汽油和喷灯点燃了海军陆战队员的车,自己被严重烧伤。一位作者说,死亡通知者说出了"一个家庭生活的最后一章的第一句"。

在医院里,通知人通常是参与了抢救生命的医生。如果医生不在场,并且家属已经在场,护士就可以发出通知。然而,由于医生是最终负责治疗的人,人们认为他们最能提供详细的解释,如果是医生通知家属,家属往往更容易接受现实。然而,请社工、牧师或咨询师参与进来也有益处,在医生没空或刚刚做完抢救、需要时间减压时,甚至可以请社工、牧师或咨询师传达最初的消息。相比由谁来传达死亡消息,如何传达、何时传达甚至在何地传达更重要。

当死亡发生在"现场"时,可以由警察、消防队员、急救人员或验尸官通知。主要通知人最好是有充足的时间讨论死亡的人,他曾经与受害者在一起,或者知道导致死亡的细节,因为家属经常会询问更多的信息。如果有家庭成员在现场或在事故中幸存下来,并且想了解其他人的情况,通知人可能是提供现场医疗援助的人。

通常情况下,死亡通知不会发生在死亡现场,这意味着通知人必须确认和联系近亲属。如果死者是非法移民、流动人员或离家出走的青少年,死亡通知则更具挑战性。通知人必须确定死者的身份,以防错误地通知他人。通知中的关键要素包括及时通知、控制物理环境、挽救生命的努力的细节、对死亡原因的解释、适当的情感支持，以及其他可能对丧亲者有帮助的资源。如果有必要打电话联系，通知人应该计划如何引导谈话，避免说出超出适合告知的范围的内容，特别是在不了解家庭动态和情绪稳定性的情况下。通知人还可以制订与逝者家人见面的计划。

彼得·罗贝尔和保罗·罗森布拉特提醒我们，亲人的去世对一个家庭来说总是痛苦的，"意外死亡尤其悲惨和令人心碎"。使死亡产生意义的过程始于死亡通知。当家庭成员处理现有的有关死亡情况的信息时，他们开始建构关于他们失去亲人的故事。通知的方式对塑造家庭的悲痛经历可能具有重要意义。

> 一般来说，医生在通知的前一两句话内就会告知死亡的消息，而且他们通常使用长句。值得注意的一点是，医生在宣布死亡的时候，死亡被描述为对"临终"过程的遵循，与宣布住院患者的死亡相比，这种做法在宣布送达医院已经死亡的情况中更常见。几乎在我目睹的每一个场景中，医生的开场白都包含了死亡的背景。在意外死亡和"自然"死亡中都是如此，而且无论医生是否有任何依据来假设可能的死亡原因时也是这样。医生似乎认为在这种情况下，在一个历史背景中说出死亡的消息，无论他们对这件事的了解如何限制了各种可能性，不仅有助于减少"突然死亡"的冲击，而且还能帮助人们了解听到的消息。医生所假定的死亡原因是否正确是次要的，更重要的是他讲述了导致死亡的一连串的事实，把死亡的发生置于一系列自然或意外事件当中。医生认为这样做对于送达医院已经死亡的情况尤其必要，因为许多死亡发生在没有明显"原因"的情况下，特别是所谓的"突然意外死亡"，这在年轻人中并不少见。
>
> 戴维·苏德诺，《临终：死亡的社会组织》

勒斯建议采用一种"顺序通知方法"，让家属为最终的死亡陈述做好准备。他说："让你的陈述顺应家属的情绪反应。这样你可以让他们控制对话的进程，在你们一起推进的过程中为自己做好准备。"在与家属见面时（这一场景发生在医院），遵循以下步骤：

1. 询问家属他们已经知道的情况。
2. 从他们了解的情况开始，简要描述一下发生了什么让病人被送到医院。

3. 提供对患者进行心肺复苏的信息。

4. 最后讲到受害者对治疗的反应、宣布死亡、简要解释死因。

就死亡系统而言，通知的功能涉及死亡的意义、死者的处置、死后的巩固等方面。

照顾者的压力和同情心疲劳

医疗专业人员不仅必须具备必要的技术技能，而且必须学会如何处理自己对临终和死亡的焦虑。拯救每一位病人的目标是值得尊敬的，但就创伤护理或医疗护理整体而言，这是不现实或不切实际的。当死亡引起了护理人员自身的焦虑，或者当死亡非常悲惨时，例如儿童的死亡，或者一个家庭的几名成员在平安夜的车祸中死亡，这可能会深刻地影响护理人员。这种情况也适用于消防员、警察和其他急救人员（第一个到达事故、灾害和其他危及生命的医疗情况现场的人员），以及搜索和救援人员。可能对应急服务人员产生负面影响的事件包括：

- 灾害
- 涉及儿童的事件
- 工作人员认识受害者的事件
- 因公殉职

灾难发生时，在充斥着死亡的环境中工作对救援和恢复人员的影响显而易见。虽然经常有人认为这些人员在创伤事件后接受了危急事件压力管理的干预，但提供社会心理援助的最佳具体方式既不清晰，也没有得到普遍认同。人们批评这些干预措施收效甚微；一些人认为，它们实际上会加重创伤。另一些人则认为危机事件压力管理对某些群体无效，而对另一些群体有益。

最基本的想法是让经历过创伤的人有机会谈论创伤，而不被评判或批评。方案包括三个步骤，在不同的阶段设法处理创伤：第一，在事故发生当天进行减压解说会。减压解说会的目的是让参与的人确信他们的感觉是正常的，提醒他们要在短期内观察哪些症状，并向他们提供可以沟通的联系人信息。减压解说会通常是非正式的，有时在现场进行。在减压解说会后的 2～3 天内，会有一个心理疏

在关系密切的社区工作的急救人员往往认识他们的服务对象,因此可能会特别强烈地感受到发生在邻居身上的悲剧。

泄,让受影响的人有机会谈论他们的经历,讨论应对策略,识别有风险的个人,并向他们介绍社群中的资源。对直接受事件影响的人来说,心理疏泄通常是第二级干预,对非直接的相关人员来说,可能是第一级干预。最后一步是跟进,确保个人安全并且应对良好,或引导他们寻求专业咨询。

为重症和临终患者提供护理的专业人员可能比普通人更熟悉死亡,然而,经历死亡仍然可能造成压力,此类事件频繁发生会导致同情疲劳。压力的主要来源包括感觉不胜任、单向给予和太多要求。最大的威胁往往发生在照顾者感到无能为力,似乎无法改善情况的时候。他们可能会问,还有什么应该做而没有做的事情吗?当死亡发生时,照顾者可能会经历一连串的假设。如果护理被定义为治愈,当患者死亡时,照顾者很容易产生失败的感觉。

当医疗护理系统或其他人或现象使照顾者无法尽全力缓解临终患者病痛的时候,可能会给照顾者带来道德上的痛苦。"当临床医生知道应该采取何种适当的措施,但却无法实施,并感到被迫采用与自己价值观相反的治疗方式时,就会产生道德上的痛苦。"

在日复一日的工作中照顾重症和临终患者,因悲伤而感到疲劳的护理人员可能会试图执行医院的常规和标准化政策,以此作为缓解压力的方式,躲避疲劳感。这可能会导致情绪枯竭或倦怠，这是对压力的应激反应，护理者超越了疲惫和抑郁的状态，变得对患者"漠不关心"。

> 房间里有一个人和我在一起，他们濒临死亡，感到恐惧。我能感觉到自己对死亡的恐惧。我在努力克服恐惧。我默默地给他们一个机会，去克服他们的恐惧。如果我走进房间说"哦，没什么好害怕的。我们经历死亡，然后得到重生"，这不太有用。这种方式没有认真地对待此时此刻在房间里躺在床上的那个人的痛苦，以及床边的人心里的痛苦。
>
> 斯蒂芬·莱文，《逐渐觉醒》

达奈·帕帕达图提出了一种她称之为"以关系为中心"的方法，其基本思想是"护理不能独立于其发生的背景而被感知或理解"。她说：

> 无论我们变得多么"专业"，或者努力表现得多么"专业"，临终和失去亲人的人提醒我们，在死亡面前，我们是人，是平等的。我们都会死，有的早一些，有的晚一些。在这一领域的工作中，我们都受到生命的短暂、死亡的不可逆性、失去所带来的痛苦以及对存在意义的追求的影响。

护理者熟悉的患者的死亡很可能会引起悲伤。帕帕达图说："我们保留着对患者的记忆，通过他们的经历，我们有机会回顾我们的工作、我们的实践和我们的生活。"

对护理者来说，在职业和个人生活的各个方面——工作、身体、智力、社会、情感和心灵上——保持平衡是很重要的。当人们认识到对护理者的关怀是胜任需要共情的照顾工作的关键时，护理者的压力和同情疲劳就可以实现最小化。

不断变化的医疗护理系统

对临终者的护理发生在一个正在经历快速变化的卫生保健系统中。其中一些变化是由于财政问题造成的，这些问题导致一些措施对稀缺的医疗资源实行配给，而同时其他举措则寻求扩大穷人和得不到充分服务的人群获得医疗护理的机会。有多种方法可以根据可用资源衡量不同医疗护理选择的结果。例如，"生活质量调整后的生存时间"的概念是关于生命长度和生命质量之间的平衡。它背后的理念是，人们可能愿意接受妥协：一个人可能会把在健康状况良好的情况下少活几年与在不那么健康的情况下多活几年等同起来。关于这一取舍和医疗护理系统固有的其他问题的决定必须由社会和个人做出。

患者和专业人员之间的界限，即医患关系，对于高质量的医疗护理至关重要。明确的沟通至关重要，特别是在患者患有重症或危及生命的疾病的情况下。在这方面，同样重要的是向被诊断为生命有限的患者提供全面护理。

为了满足这一需求，近几十年来，临终关怀和姑息治疗急剧增长。虽然这类护理已经成为整个卫生保健系统的重要组成部分，但仍有一些挑战必须解决以便在未来为临终者提供充分的护理。本章讨论了一些主要的挑战。

同样，创伤和紧急护理方面的巨大进步带来了挽救生命的创新手段，使众多患者和家属受益。向家属告知死亡的消息时通常提及为患者所做的心脏复苏的努力。然而，如下一章所示，心肺复苏术在应用于生命受限或临终患者时带来了许多问题。这是关于临终问题和伦理，以及这些问题和伦理如何在医疗体系中发展需要面对的最紧迫的问题之一。

近年来，老年护理的选择也越来越多了。丹尼尔·卡拉汉指出："'婴儿潮'一代人的退休将是21世纪上半叶人口统计学上的重大事件，正如这一代人的出生是20世纪后半叶人口统计学上的重大事件一样。"因此，社会将面临以新的、无法预见的方式出现的与老龄化和老年人有关的问题，以及这些问题与医疗护理系统之间的互动。

艾伦·凯莱赫说："为临终关怀寻找相互配合的社会支持是一个宏大、艰巨的任务，只能在社区护理中寻找答案。"我们将在第十五章中探讨什么是富有同情心的城市模式，以及它如何被应用于临终关怀。

关于本章内容的更多资源请访问 www.mhhe.com/despelder11e。

第六章

生命末期的
问题和决定

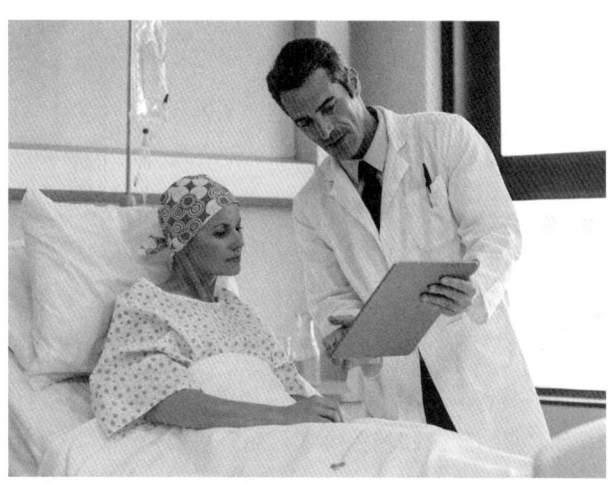

充分的计划有助于保证我们在死亡时不会给家人增加不必要的负担。这样的规划不仅包括对财产的处置,也包括预先设立的医疗指示的内容。虽然有些生命末期的问题很容易解决,但有些问题可能需要我们认真考虑其他解决方案。我们深思熟虑的选择很可能反映出我们的个人和家庭价值观以及社会和文化偏好。

一位50多岁的离异妇女一直独立生活，突如其来的中风使她严重失去正常生活的能力。对于无法正常生活时应该怎么办，她从没有讨论过或写下自己的意愿。随着病情的恶化，她的4个兄弟姐妹、5个孩子以及他们的伴侣，还有侄子侄女开始讨论，"妈妈应该会希望这样做"。不出所料，他们的许多意见相互矛盾。他们打电话商量，也当面争执。这位女士去世后，那些激烈争执的家人们互不来往。

临终关怀的选择最好由个人、家庭和照顾者共同做出，他们能形成利益共同体，了解第一手信息，有意愿做出合乎道德的决定。有些决定涉及的问题，在面临疾病或身体衰弱的危机之前就可以提前讨论。这些行为包括设立遗嘱、建立生前信托、购买人寿保险，以及预立医疗指示，说明自己在丧失正常生活能力时希望采取的治疗方式。其他决定可能在临终时才需要做出。这些问题包括选择不提供或撤除治疗，考虑医生协助死亡或帮助死亡。最后，有些问题的解决方案在较早时开始讨论，但直到死后这些问题才能得到解决。这些问题包括通过遗嘱认证来处理遗产，以及向遗属支付保险收益和其他死亡抚恤金。

临终背景下的决策是指"在危及生命的疾病／晚期疾病中，就个人、家庭和专业护理人员应采取的行动做出的选择和决定"。我们将这一定义扩展到适用于生命末期的问题和相关决定，而不仅仅是临终护理时期出现的问题和相关决定。

思考伦理问题、培养创造性地处理伦理问题的技巧，并不是为了让我们采纳某些特定的原则，而是为了让我们能够进行反思，考虑能够让我们独立思考的可能性和选择。似乎从来就没有一个合适的时间来进行生命末期的规划，我们会说:"我很忙,我有很多事情要做,有时间的时候我再来做这件事。"结果就是,对大多数人来说,临终规划被我们放在了优先事项中靠后的位置。

本章讨论的临终问题和相关决定值得提前考虑。当我们认识到死亡是不可避免的,我们就能做好准备。计划有助于确保我们不会增加家人的负担。许多问题可以预料、考虑、与近亲和信任的朋友讨论。因此,明智的做法是尽早开始考虑生命末期的问题和决定,然后在一生中定期回顾和修改选择。

医学伦理的原则

我们将讨论知情同意、撤销或停止治疗、安乐死、医生协助死亡以及其他与临终护理相关的问题,为了提供讨论框架,我们有必要回顾一些医学伦理的指导原则。首先,伦理学研究善与恶,尤其是这些概念与道德责任和义务的关系。这样的探讨产生一系列指导行为的道德原则或价值观。当提到道德或道德原则时,我们主要是在讨论是与非的观念。尽管道德和伦理这两个术语是密切相关的,但二者也存在区别,道德是遵守既定的规范或公认的是非观念,而伦理则涉及更微妙或更具挑战性的问题。探究伦理学是在努力回答什么是善,以及它的推论——我们该怎么做。

在将伦理原则应用到医学领域时,有几个重要的概念值得我们注意。第一,自主性,指的是一个人自我管理的权利,也就是行使自我引导、自由和道德独立的权利。我们的个人自主权受到他人行使自主权的权利的限制,也可能受到以群体名义行使权利的社会的限制。例如,要求旅行者在获得签证进入某些国家之前必须接种疫苗;旅行者的自主权受到较大的群体对公共卫生的担忧的限制。

因此,个人的自主性会受到限制,自主性也会受到挑战。这些挑战包括:决策对个人福利、对他人(包括护理者)的利益,以及对稀缺资源分配的社会利益的影响。文化和宗教信仰影响个人行使自主权的方式。对于一些文化群体来说,家庭成员在决定患者的护理方面有主要或至少是平等的发言权。对与自己有重要关系的人的价值观的尊重,抵消了个人的自主权。如果不考虑对"家庭公共领域"的影响而做出决定,这些选择可能会被推翻。因此,在一定范围内,自主原则在人们对医疗制度进行协商时促进了"对人的尊重"。

医疗护理的另一个基本原则是善行,这包括做出善举或提供福利,以增进个人或社会福祉。这一原则有时通过其对应概念,即不行恶,也就是"不伤害"的指令来表达。在医患关系的背景下,这一原则要求,即使患者做出了医生认为不明智的决定或采取了医生认为不明智的行动,医生也不能放弃患者。

最后,医学伦理涉及正义原则。正义和"善"一样很难去定义,但它包含了公正、公平的品质和正确、正当的行为。正义意味着超越自己的情感、偏见和在相互冲突的利益之间寻找适当平衡的愿望。当你考虑本章讨论的问题时,记住自主、善行和正义的基本伦理原则。约翰·兰托斯医生说:"医学伦理的目标似乎不应该是制定规则,将对高尚道德的需求降至最低,而应该是培养正直的品性,将对规则的需求降至最低。"

治疗知情同意书

患者有权了解病情和建议的治疗计划。我们去看专业医生,希望得到治疗流感的药物,或是使骨折的手臂愈合,我们可能很少考虑替代的治疗方式。我们倾向于依赖医生的判断,接受诊断并接受建议的治疗。按照医生的建议,我们希望能迅速痊愈。我们通常更关心如何缓解症状,而不是病原学,也就是疾病或受伤的病因。然而,当病情严重或危及生命时,患者的知情同意更为重要。医生可能提出几种治疗方案,每一种都有潜在的风险和益处。那么,哪种治疗方案可能达到最好的效果,而且副作用最小?

知情同意原则

知情同意基于三项法律原则:第一,患者必须有能力做出同意的意思表示;第二,同意的决定必须是在自由状态下做出的;第三,同意必须基于患者对建议治疗的充分了解,包括对潜在风险的了解。尽管知情同意一词直到1957年才在法律上有了定义,但它的先例可以追溯到几百年前的英国普通法。医学伦理问题研究总统委员会评论说:"知情同意的法律原则使医生必须遵守两项一般责任,即向患者披露治疗信息,以及在进行治疗前征得患者的同意。"

> 护士:他们有没有提到要在你的鼻子里插根管子?
>
> 患者:有,我的鼻子里会被插根管子。
>
> 护士:管子要在你的鼻子里放几天或更长时间,视情况而定。所以你需要禁食,不能通过嘴来进食,还需要进行静脉输液。
>
> 患者:我知道。三四天都要这样,他们已经告诉我了。尽管我不喜欢。
>
> 护士:你没有别的选择。
>
> 患者:是的,我没有任何选择,我知道。
>
> 护士:不管你喜不喜欢,你都没有其他选择。你回来后,我们会让你多咳嗽、深呼吸,来锻炼你的肺。
>
> 患者:哦,要看我到时候感觉怎么样。
>
> 护士:(强调)不管你感觉如何,都必须这样做!

虽然知情同意需要询问患者希望通过何种医疗程序来治疗病情,但在晚期病例中,与其说是对如何治愈的"知情同意",不如说是对生命即将结束的"实话实说"。

在理想情况下,医生与患者在相互尊重的基础上共同决策,由患者做出知情同意。由于人们对医疗护理中的自主权和信息收集的态度不同,获得知情同意的过程必须是灵活的。有些患者更偏向于了解情况,而不是完全参与决策。

大多数医生认为他们有责任如实告知患者危重病情,但情况并不总是这样。1961年的一项研究发现,大多数医生一般强烈倾向于隐瞒信息。当时接受调查的医生中,没有人提到在诊断出危重疾病时,会告知每位患者。只有大约12%的医生表示,他们通常会告知患者诊断出无法治愈的癌症。即使告知患者,也常常会委婉地描述疾病。医生可能会告诉患者,他们有"损伤"或"肿块"。一些医生则更加精确,使用了"生长""肿瘤"或"增生组织"等词汇来描述病情。在很多情况下,描述的措辞暗示癌症是良性的,或者使用形容词来缓和诊断的严重性。因此,肿瘤被描述为"可疑的"或"退化的"。这些描述使医生能够对病情做出一般性的解释，同时鼓励患者配合建议的治疗过程。

虽然一些迹象表明医生更愿意谈论临终状况了，但调查研究表明，医生在与临终患者交谈时仍表现出迟疑。为了鼓励医生和患者谈论临终状况，2016年1月，美国医疗保险项目开始允许医生针对这些咨询开具账单并收取费用。虽然医生们相信这项激励措施是积极的一步，但他们说，他们很难把握谈话的时机。他们担心家人针对患者的临终意愿产生分歧，医生也担心患者会觉得医生放弃他们了。

对医生来说，提供有关预后的信息，即疾病的预期病程，可能是个问题。预测预期寿命很难，预测一种疾病在特定患者身上的病程同样很难。关于疾病一般病程的统计数据可以确定患者大致的生存概率，同时，医生的临床经验也可以作为指导。由于互联网上充斥大量可信或不可信的信息，医疗专业人员必须准备好解释和纠正患者找到的信息。丹尼尔·卡拉汉说："医学界越来越难以确定生死之间的界限，也越来越难以了解何时该停止治疗。"

关于知情同意的偏好

如果医疗护理是由一组专家提供的，而专家的职责更多的是治疗特定疾病或器官系统，而不是根据患者的需求来确定的，那么知情同意就显得尤为重要。在某些病例中，似乎没有一个人对患者的整体护理负责。患者可能不确定向谁询问信息和建议。

如果一些治疗不是必需的，结果也不确定，而且治疗方式是实验性的，那么知情同意就会相应地变得更加重要。例如，抽血是一个对患者风险很小的常见程序。因此，当我们卷起袖子准备抽血时，我们不会预期听到关于风险的详细解释。然而，一个复杂的外科手术、一个风险和收益几乎相等的手术，患者的知情同意至关重要。

什么样的信息可以构成患者做出决定的充分依据？有些患者积极参与自己的治疗，甚至向医生提出替代治疗方案。另一些患者则遵循医生建议的方案，不想了解潜在的风险或失败的比例。充分披露病情对一些患者来说有所帮助，但对另一些患者则是一种障碍。患者态度的差异让医生陷入了两难的境地。

此外，患者的家庭成员可能有自己的关注重点，这会导致知情同意和医疗决策复杂化。玛格特·怀特和约翰·弗莱彻描述了一个案例，一位临终患者的配偶告诉医生："您不能告诉我丈夫他快死了，那样会让他痛苦死的。"她坚持要对丈夫隐瞒病情的真相，拒绝了医生与他谈论病情和治疗偏好的请求。从妻子的角度来看，她比任何人（包括医生）更了解自己的丈夫，她知道怎样做对他最好。然而，对工作人员来说，她的"干涉"引起了他们对阻碍或损害患者自主权和知情权的担心。

事实上，患者可能不希望在生命末期时使用破坏性的医疗技术，他们可能更希望尽量平静地死去。在医疗环境中，可以用"拒绝心肺复苏术""拒绝紧急救治"或"仅采取舒适措施"来说明患者的偏好，所有这些都是为了告知医务和护理人员不要实施心肺复苏术。莎伦·考夫曼说：

> 1965年，心肺复苏术从一种仅用于特定病例的专门医疗程序，重新归类为任何人都可以执行的通用紧急程序。也就是说，任何人在任何地方都可以从心肺复苏中受益。正式的拒绝心肺复苏术指示是于1974年做出的。然而，过去假定人们同意接受紧急复苏，现在仍是这样。

缺乏沟通可能会导致拒绝心肺复苏术的指示即使存在也会被忽略。面对临终病情做出决定的家庭往往希望得到比现有更多的指导。然而，医生可能不确定哪种治疗方法对病人风险最小、益处最大。在决定是否实施心肺复苏术时，需要针对三种不同类别的患者分别加以考虑：

1. 心肺复苏术是一个合理的选择。例如，未达到晚期的慢性疾病的患者。
2. 建议不实施心肺复苏术。例如，处于疾病晚期的患者。
3. 不主动实施心肺复苏术。例如，临终患者。

是否应向患者或其代理人（充当替代决策者的人）披露不实施心肺复苏术的决定？虽然对其他疾病决定放弃治疗不会受到质疑，例如，患者由于转移性癌症并发症引起的肾衰竭而生命垂危，但是人们认为心肺复苏与其他医疗程序不同。

患者可能没有意识到，如果他们不希望接受紧急复苏术，他们必须明确说明。

事实上，当医疗机构按照惯例说明可供选择的选项时，大多数患者和家属不清楚他们想要的是什么。在没有"拒绝心肺复苏术"指示的情况下，如果患者出现心搏骤停或类似的医疗紧急情况，医院的政策通常要求应立即实施心肺复苏术。即使医生已经在患者的病历上填写了"拒绝心肺复苏术"的指示，也可能未包括哪些治疗应进行、哪些应停止的具体说明。不进行心肺复苏术的指令是否意味着应采取其他挽救生命的医疗措施？还是应该拒绝所有这类干预？如果要避免医学上哗众取宠的行为，谁来决定某一特定干预在特定情况下是"哗众取宠的"还是"按照惯例的"？当患者的主治医生不在现场从而无法决定采取何种适当的治疗方式时，其他医护人员就会陷入进退两难的境地。"遵从医生的指示"并不总是那么简单明确。

> 我在一家医院做初级医师的时候，有一次我们被紧急叫到一位90岁的老太太的病床边。护士用了"心搏骤停"的术语，老太太的心脏已经停止跳动（90岁的时候，心脏会这样的）。但由于心搏骤停警报响起，我和另一名实习医师开始实施全面心肺复苏。强烈的药物直接注射到心脏，猛烈的电流穿过她的胸部，现场吵闹、混乱，她死得并不安宁。经过反思，我们意识到这一切都是不恰当的，但我们的医学生培训没有给我们任何这方面的指导。的确，一旦紧急情况出现，就没有时间去权衡利弊了。这个决定很少由医生做出，因为通常情况下，当紧急情况发生时，现场唯一的人是护士，如果是晚班，可能就是一名资历相对较浅的护士，由她决定是否要实施心肺复苏。毫无疑问，决定不这么做的护士是非常勇敢的。一旦开始进行心肺复苏，医生赶到时很难停止这一切，特别是如果患者表现出复苏的迹象。
>
> 理查德·拉默顿，《临终者护理》

许多医生没有接受过从积极治疗转为姑息治疗的培训，他们也不熟悉与姑息疗法有关的护理原则。医学的发展自然会转向提供维持生命的治疗。因此，患者拒绝心肺复苏术或其他维持生命的干预措施的意愿可能根本得不到医生的关注。

虽然强制治疗很少见，但护理人员可能会有意或无意地通过细微或明显的举动对患者施加不当的影响。一旦患者进入医疗机构，就需要与专业护理人员合作。双方可能默契地认为患者别无选择。知情同意要求患者和医生合作，共同寻求最佳和适当的医疗护理。

选择死亡

心肺复苏和人工呼吸技术使医生能够干预"正常"的死亡过程。尽管正常的心脏、大脑、呼吸或肾脏功能停止了,但人类机体仍能继续运转(然而,需要注意的是,电视医疗节目对心肺复苏的描述通常会误导人们,认为心肺复苏会带来"奇迹")。当医疗技术挽救了患者的生命,在某种程度上恢复他们的正常功能时,结果是令人满意的。但是延长生命的技术同样也会拖长垂死状态持续的时间。

以古希腊医生的名字命名的希波克拉底誓言也承认,医学治疗有时是徒劳的;也就是说,治疗是无效的且不可能"治愈、缓解、改善或恢复让患者满意的生活质量"。当无效治疗几乎确定会导致患者死亡时,是否应该不提供或撤除这样的治疗?或者,如果治疗不太可能带来改善,是否应该继续治疗?应该如何在适当地延长生命和免受病痛之间维持平衡?

患者被一大堆机器和管子包围着,与其说他是一个人,不如说是一种医疗技术的延伸。医学伦理问题研究总统委员会回顾了各种现代医疗技术后得出结论:"对于几乎任何危及生命的疾病,干预措施都能推迟死亡的来临。死亡原本属于命运的安排,现在已成为人的选择。"

通常,医疗口号似乎是"不惜一切代价让患者活下去"。患者和家人通常很难做出决定,限制治疗、停止"做一切可能的事"。然而,不惜一切代价努力让患者活下来也受到了质疑。有时,在医学领域,"可能的选择是要么早一点舒适地死去,要么通过接受积极治疗活得稍微长一点,但这可能会推迟死亡的时间,增加不适和依赖,降低生活质量"。当一个人的痛苦大于继续生存带来的益处时,他有"死亡的权利"吗?

1975年的凯伦·安·昆兰案具有里程碑意义,自那以后,关于这个问题的伦理辩论变得更为显著。21岁时,在当地一家酒吧参加完派对后,凯伦被发现躺在床上,没有呼吸。她被送到新泽西一家医院的重症监护室。她处于昏迷状态(关于意识障碍的描述,见表6-1)。

表 6-1　意识障碍

昏迷——一种严重的无意识和无反应的状态。通常，在昏迷发生几天或几周后，患者要么恢复意识，要么发展到植物人状态，要么死亡（如果整个大脑或脑干永久失去功能，那么诊断结果就是脑死亡，而不是昏迷）。

植物状态——在这种状态下，昏迷已发展为可唤醒状态；眼睛可能睁开，病人可能对疼痛刺激有反射性的反应，但没有可察觉到的意识。上脑干的部分功能有所保留。植物状态是指深度昏迷、无可觉察的知觉，它的特征是"有觉醒但无觉知"。一些研究者用"无反应觉醒综合征"来描述这种状态。它也被称为"有意识但无望"。

持续性植物状态——持续数周以上的觉醒无意识状态。恢复程度很大程度上取决于大脑损伤的程度。因为持续性意味着不可逆，所以人们建议用昏迷后无反应和植物性昏迷来代替持续性一词。

永久性植物状态——根据损伤的性质不同，植物状态持续 3 个月或 12 个月后就被认为是"永久性"的。如果是由于缺氧，如心搏骤停或溺水，3 个月后会被认为是永久性的。如果是创伤性脑损伤，比如机动车事故或跌倒，则在 12 个月后被认定为是永久性的（在阅读文章或书籍时，看到缩写 PVS 一词时请注意：虽然最初用来表示"持续性"状态，但由于缩写相同，可能也指"永久性"状态）。

最小意识状态——人们可能会将最低意识状态与植物状态搞混，但与植物状态不同的是，这是一种有意识的状态。它包括不同程度的皮质损伤。患者对自身和环境表现出波动性、间歇性的觉知。最小意识状态是一种相对较新的意识障碍类别，是一种意识严重改变的病情，表现出很少但明确的对自身或环境有意识的行为证据。例如，最小意识状态的患者可以对情感或刺激做出适当的微笑或哭泣的回应，对于语言问题能够用手势或语言回应是或不是（无论反应是否正确），在收到指令后会伸手够东西，表现出物体位置和指令的明确关联。这样的反应不仅仅是反射性的。

闭锁综合征——严格来说不是意识障碍，这种状态下除眼部肌肉外大多数肌肉瘫痪；患者有意识、有知觉、有睡眠–觉醒周期、有有意义的行为（如眼球运动）。患者有知觉，是清醒的，但不能活动或用言语交流。完全闭锁综合征是类似的，只是眼睛也麻痹了。

不久，凯伦的呼吸就开始靠 MA-1 型机械呼吸机维持，并接受人工营养。在接下来的几个月里，她一直没有反应，她的父母要求切断呼吸机，让一切顺其自然。但医院官员拒绝了他们的请求。最终，请愿书被送至新泽西州最高法院，法院裁定可以停止人工呼吸。于是凯伦的呼吸机被关掉了。令许多人吃惊的是，她能在没有辅助的情况下继续呼吸。她被转到护理机构，一直处于植物人状态，直到 1985 年 6 月在 31 岁时去世，她的经历也成为"有尊严的死亡"问题的焦点。

昆兰事件后，州和联邦法院都做出了有关撤销维持生命治疗的裁决，包括为患者提供营养和水的饲管。值得注意的是 1990 年美国最高法院审理的南希·贝丝·克鲁赞一案。1983 年，25 岁的南希因车祸受伤，成为植物人。尽管医护人员对她进行了心肺复苏，但她的大脑缺氧太久，所以她再也没有恢复意识。为了补充营养，南希的医生将一根喂食管插入她的胃里，这是她接受的唯一的生命支持方式，医生说这种治疗方式可以将她的生命延长30年。

法院裁定南希的父母拥有监护权，在等待康复4年后，他们以南希有权不受"无正当理由的身体侵犯"为由，要求医院撤除饲管。医院拒绝了，密苏里州最高法院驳回了克鲁赞夫妇的请求，并裁定在没有"明确且令人信服的证据"证明南希同意的情况下，她的父母不能替她行使拒绝治疗的权利。国家对生命的"无条件"保护应该占据上风。

["明确且令人信服的"是一个法律术语，指的是处于刑事案件中使用的最严格的举证责任（排除合理怀疑）和大多数民事案件中使用的证据优势（更有可能）之间的证据标准。]

密苏里州法院的裁决被上诉到美国最高法院，最高法院裁定，拒绝治疗的权利，即使是维持生命的治疗，也是受宪法保护的。然而，最高法院表示，各州要求只有患者本人才能做出这样的决定是合理的。因为南希在受伤和随后的无意识状态之前显然没有明确表达她的意愿，密苏里州没有义务满足她父母的要求。

然而，几个月后，根据南希几个朋友的证词，她表达过"不像植物一样生活"的愿望，密苏里州法院裁定，证明南希的愿望的"明确且令人信服"的证据标准已经达到，法院准许撤除饲管。13天后，也就是车祸发生7年后，南希·克鲁赞去世了。她的家人说："她没有表现出任何不适或痛苦的迹象，毫无疑问我们做出了她想要的选择。"

继昆兰和克鲁赞之后，下一个引起公众广泛关注的名字是特丽·夏沃。1990年2月，她在家中晕倒，因心搏骤停而昏迷，随后陷入植物状态。8年后，特丽的丈夫兼监护人麦克尔·夏沃请求佛罗里达州的一家法院裁定撤除她的饲管。特丽的父母反对这一请求，声称她还有意识。未来5年里，为确定是否应该撤去维持生命的治疗，双方在法庭上各执己见，让斗争雪上加霜的是，特丽没有预先做出指示，虽然法院找到了她不想依靠机器存活的证据。

然而，特丽的父母辩称，特丽并没有处于植物状态，相反，她处于"最小意识状态"。他们说，她的行为显示出对外界刺激的反应，而不仅仅是反射性行为。因为这种说法，法庭召开了更多的听证会，以确定新的疗法是否能帮助特丽恢复认知功能。此时，本案已得到媒体的广泛关注。

特丽的饲管被撤除，一周之内，佛罗里达州立法机构通过了"特丽法"，这给了州长杰布·布什权利，他代表特丽的父母干预并下令重新插入饲管。随后法庭举行了一连串的听证会，"特丽法"被佛罗里达州最高法院推翻。

法院再次确定了撤去饲管的时间和日期，这一裁决引发了联邦政府对此案的大量介入。美国国会传唤特丽·夏沃在"现场听证会"上作证，布什总统签署了一项法案，把审判权移交给联邦法院（批评者指出，国会以前从未使用过传讯权，从处于持续性植物状态的人那里获取证词）。几天之内，进一步的上诉被驳回，美国最高法院拒绝给予司法复审，因此终止了特丽父母的法律选择权。

正如马德琳·雅各布斯所言："媒体以及最终政治体系的介入，使这场私人悲剧变成了一场公共马戏团演出。""专家"不停地为夏沃的父母提供治疗可能起作用的"证据"，或是让他们怀有希望的证据，导致了"对夏沃康复可能性的可悲的误解"。

> 夏沃女士在漫长的旅程后去世，她的家庭经历了两极分化，也引发了国际上的争论。信仰、医学、法律和政治的碰撞让我们中的许多人开始讨论这一复杂的社会问题，即维持生命的治疗什么时候可以或不可以从患有灾难性疾病的病人身上撤除。
>
> 在每天死亡的成千上万的人当中，三分之二的家庭都需要做出这样的决定。
>
> 厄尔·A.格罗尔曼拉比，《我们能谈谈吗？》

最终，饲管被拔掉，2005年3月31日，特丽死了。随后的尸检发现了大面积的脑损伤，特丽的大脑重量只有她这个年龄、身高和体重的女性预期大脑重量的一半。尸检报告说，损伤是"不可逆转的"。也许是由于夏沃一案引起的"文化战争"，有关植物状态、昏迷和最小意识状态等术语的讨论才成为广泛的公众话语的一部分。

夏沃事件暴露了关于生与死的三个现代神话：第一，只要人们订立生前医疗预嘱（一种预先医疗指示，在本章后面讨论），有尊严的死亡是很容易实现的；第二，仅允许病人自己在做维持生命的决定时考虑生活质量；第三，医学创新和奇迹般的治疗可能无限延长生命。凯西·切尔米纳拉说过："夏沃风暴激起的海浪，在法庭上最后一次敲响小槌之后，还会长时间潮涨潮落。"

不提供或撤除治疗

有能力的病人拒绝不想接受的治疗的权利在法律和医疗实践中被普遍认可。这意味着要么不提供（不开始）治疗，要么在开始治疗后撤除（停止）治疗。人们一致认为，不提供和撤除治疗在医学或伦理上没有区别。放弃维持生命的治疗的选择包括拒绝有望延长生命的治疗。这些治疗包括心肺复苏、高级心脏生命支持、肾透析、营养支持和补水、机械通气、器官移植和其他手术、起搏器、化疗和抗生素。即使病人决定不接受维持生命的治疗，他们通常也会继续接受支持性的医疗护理。即使患者无法沟通，拒绝治疗的权利仍然受到宪法保护。虽然各州具体要求不同，但所有州都认可某种形式的书面预先医疗指示，以尊重个人的决定，他们先前记录了自己的意愿但此时已无法表达自己的观点。

对不提供或撤除可能维持生命的治疗的做法，有些人称之为被动安乐死，但通常认为这一说法属于用词不当，因为它混淆了两种做法：一种做法是被广泛接受的不提供或撤除治疗，另一种做法则是通常不被接受的和非法的采取积极措施导致死亡。可以说，"被动安乐死"根本不是安乐死，而是让生命的存亡顺其自然。

在讨论死亡权利时，"允许死亡"（不提供或撤除治疗）和"帮助死亡"（采取行动导致病人死亡）之间的区别很重要。许多伦理学家和医生（以及公众）倾向于允许前者，但拒绝后者（见图 6-1）。当你看到这个数字时，考虑一下你自己怎么看待关于加速死亡的选择。

从如果没有这种干预就不能生存的病人身上撤除人工生命支持系统，从不需要人工生命支持的病人身上撤除人工喂饲食物或水

为病人止痛，明知这可能加速死亡（所谓的双重效果，也就是治疗病痛和加速死亡）

为临终病人提供自杀手段（例如，开止痛药或安眠药的处方，如果过量服用会导致死亡）

对病情严重或处于临终病人进行致命注射

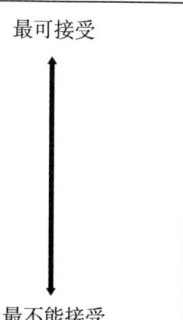

最可接受

最不能接受

图 6-1　公众对加速死亡的接受度

注意：非自愿安乐死是指有人在未经患者同意的情况下，武断地结束患者的生命。

医生协助的死亡

协助死亡（又称协助自杀）是指在清楚受助人打算利用这些手段结束生命的情况下，向受助人提供自杀的手段。在医生协助的死亡中，在病人的明确请求下，医生向病人提供致命药物、建议自杀的方法，或以其他干预手段协助，加速病人的死亡，医生明确知道病人计划使用这些手段结束自己的生命。致命剂量的毒药是病人而不是医生施用的。

1997年，美国最高法院审查了两个与医生协助死亡有关的案件。这些案件的判决（华盛顿州诉格鲁兹堡案以及瓦可诉奎尔案）具有重要意义有几个原因。第一，法院确认不提供或撤除治疗与医生协助死亡之间存在区别。在此过程中，法院澄清了对克鲁赞案的裁决，指出拒绝治疗的权利是基于维护个人身体完整的权利，而不是基于加速死亡的权利。法院说，当不提供或撤除治疗时，其目的是尊重病人的意愿，而不是造成死亡。第二，最高法院确认各州有权制定有关医生协助死亡的政策，大多数州目前禁止医生协助死亡，但一些州在某些监管体系下允许医生协助死亡。在1997年最高法院关于医生协助死亡的裁决中，第三个重要意义与双重效应的概念有关（将会在本章后面讨论）。

到2018年年初，美国华盛顿哥伦比亚特区、加利福尼亚州、科罗拉多州、俄勒冈州、佛蒙特州、夏威夷州和华盛顿州已允许医生协助死亡。1994年，俄勒冈州通过《尊严死亡法案》，是第一个通过该法案的州，因此也受到了若干挑战。2006年，美国最高法院对冈萨雷斯诉俄勒冈州案做出判决，认为根据俄勒冈州的法律，美国司法部长（当时是阿尔贝托·冈萨雷斯）无权禁止医生开处方药物。2017年，在俄勒冈州《尊严死亡法案》通过20周年之际，数据显示，1 857人接受过致命处方药物。在这些人中，1 179人（63%）在服用处方药物后死亡。整体来看，同期，俄勒冈州共有614 972名成年人死亡，这意味着《尊严死亡法案》下死亡的人数占所有死亡人数的0.2%。使用致死处方药物最常见的年龄群是65～74岁，其中72%的人受过大学或更高的教育。

临终关怀和姑息治疗医生艾拉·比奥克强调，医生和其他护理人员需要更加了解并应用疼痛管理和姑息医疗。其他人，包括毒芹协会（该协会提倡协助自杀和"死亡的权利"）的前执行董事约翰·普里多诺夫，认为在综合考虑做出临终决定时，临终关怀医院和协助死亡可以作为决定的补充。

利用俄勒冈州《尊严死亡法案》最广为人知的例子是布列塔尼·梅纳德。这位29岁的女士于2014年11月1日结束了自己的生命。就在11个月前的元旦那天，她被诊断出患有脑癌，4月份的时候，她被告知最多只能活6个月。她和丈夫决定搬到俄勒冈州，这样布列塔尼就可以以自己的方式结束自己的生命。她在媒体上公开分享自己的故事。她在脸书上告别，服下致命药物，在亲人的陪伴下在卧室中死去。

双重效应原则

在对疼痛的医学管理中，双重效应原则是指，如果伤害不是故意做出，而是作为有益行为的副作用发生的，治疗的有害效果则是被允许的，即使治疗会导致死亡。有时，缓解病痛所需的药物剂量（特别是在某些疾病的末期）必须会增加一定的水平，这可能会抑制呼吸，从而导致患者死亡，这种做法有时被称为"临终镇静"。因此，缓解病痛（预期的良好效果）可能会产生可以预见但并非主观想达到的不良效果。法院说，这种治疗疼痛的药物，即使会加速死亡，如果其目的是减轻疼痛，就不属于医生协助的死亡。

一项对意大利艾米利亚-罗马涅大区的晚期患者的研究发现，是否接受临终镇静治疗在总体存活率上并无统计数据的区别，这让研究人员得出结论，姑息镇静疗法不会加速晚期疾病患者的死亡，即使死亡发生在接受镇静治疗后不久。德鲁罗斯艾尔医生在评论这项研究时指出，这些患者的中位生存期约为10天，只有四分之一的患者接受了所谓的"深度"或"末期"镇静。罗斯·艾尔说，重要的是，首先，"即将死去的患者就是即将死去的患者"；其次，对于这些患者来说，延长生命的问题与缓解疼痛和其他症状相比是次要的。"患者在临终时，平静、舒适地死去应该是最重要的治疗目标，我们不需要为此纠结于道德问题。"美国医学会的一份声明中也呼应了这一准则：

> 在无法通过所有其他缓解手段减轻症状时，作为（生命末期）缓解顽固性症状的一种选择，医生有道德义务为患者提供姑息性镇静治疗，直至患者

失去意识。

安乐死

安乐死（源自希腊语，意为"轻松的死亡"）在美国是非法的，与撤除或不提供治疗不同，它包含蓄意结束另一个人生命的行为。它通常被理解为故意杀害人的行为，而被杀害的人因罹患不治之症遭受病痛之苦。1988年报道了一个案例，20岁的女性黛比患有晚期卵巢癌，一位医生加快了她的死亡。医生在半夜被召唤到她的病床边，而医生此前并不认识她。看到她痛苦的状况，听到她说"让这一切结束吧"，在没有进一步讨论的情况下，他决定进行致命注射"让她休息"。黛比的话是在请求医生帮助她死亡吗？报道提到的情况很模糊。

目前，对安乐死接受程度最高的国家荷兰，允许医生合法地对要求死亡的患者进行致死注射。在比利时、哥伦比亚、卢森堡和加拿大，人类安乐死也是合法的。安乐死的指导原则包括：有临终诊断、患者自愿同意和坚定不移的死亡愿望、患者感到无法忍受的病痛、第二医疗意见（建议但不是必需的）以及死亡的记录和报告。在比利时、荷兰和卢森堡（有时被称为比荷卢三国），有一种观点认为，医生应对病人痛苦的责任是一种不可抗力，它优先于正常法律。

姑息治疗和死亡的权利

在考虑生命末期时的选择时，我们需要认识到，"通用"的医疗和决策方法可能只适用于少数人。我们的偏好受到个人信仰和塑造我们的文化或民族传统的影响。做出加速死亡的决定通常是因为病人经历着痛苦，或护理人员和家属感到不堪忍受。伦理学家说，挑战不在于使安乐死合法化，而在于改变对临终患者的护理。

对安乐死的反对有时以"楔形"或"滑坡"谬误的理由出现。这种观点认为，不应允许那些虽然本身是符合道德的行为，但会为随后的不道德行为铺路的行为。如果安乐死被允许用于患有不治之症的人，它可能会变成一个楔形或滑坡，将安乐死的对象扩展到老年人、智力不健全者、严重残疾者或其他"社会负担"。

查尔斯·多尔蒂认为，采取行动故意促使死亡的问题应在社会"共同利益"的背景下考虑。强调个人选择会使我们忽视这样一个事实：人类经历的任何方面都不是完全个人和私人的。多尔蒂说，事实上，"我们死亡的方式，何时、在何种情况下、出于何种原因，是由与他人的关系以及庞大的社会和制度力量深刻影响的"。如果在医疗环境中度过临终阶段非常疼痛和痛苦，而且成本太高，那么我们可以采取措施，"让临终过程变得简单和有尊严，并减少不必要的开支"，从而服务于社会的公共利益。多尔蒂对如何实现这一共同利益提出了一些具体建议，例如：

1. 更多地使用家庭临终关怀。
2. 制定更积极的缓解疼痛策略。
3. 完善及时诊断不治之症的方案。
4. 使所有患者都有权拒绝特殊护理。
5. 扩大"拒绝心肺复苏术"指示的使用，以避免在生命末期长期、昂贵和不必要的护理。
6. 向所有人提供适当的护理组合（家庭、临终关怀，等等）。
7. 建立医疗保险制度，确保为每个人提供充分和适当的护理。

营养和补水

撤除人工营养和补水往往会唤起人们对食物和水的执着，并造成"饿死"某人的印象。这使得一些人将撤除人工营养和补水定性为"故意杀人"。

病人拒绝治疗的权利是否应将人工喂饲排除在外？要回答这个问题，就需要探究普通和特殊护理之间的区别。普通护理通常是指使用常规的、经过验证的治疗方法。相反，特殊措施通常包含某种维持生命的干预措施。这些措施通常是暂时性的，直至患者能够恢复正常的生物功能。

当然，通常意义上的普通疗法也可能是特殊的，甚至是侵入性的，这取决于具体情况。使用抗生素治疗肺炎，通常属于普通护理的范畴，但如果这些药物用于临终患者，这种做法可能会被认定为是非常规的。当一系列原本是"普通"的医疗干预结合在一起，最终导致维持生命的"特殊"努力时，普通疗法和特殊疗法之间的区别也就变得模糊了。虽然一些医学伦理学家认为，普通治疗和特殊治疗之间需要有明确的分界线，但托马斯·安蒂格说，很可能"我们永远无法找到一个明确的原则来区分普通治疗和特殊治疗"。

因为我们往往认为提供营养就是普通的护理，不提供营养会让人联想到导致病人因饥饿而死亡的画面。但有时候这样的画面可能并不准确。首先，提供这种营养的方式具有侵入性，需要一定技能才能做到，这反驳了认为它只是简单护理的看法。第二，人工营养使许多患者感到不适，特别是那些临终患者。饲管和静脉注射管可能会增加临终患者的痛苦。

因此，关于食物和水的象征意义的正常和日常的观点"不能原封不动地转移到医院的世界中"，事实上，"患者真实的态度可能是要求停止人工喂饲"。认识到关于营养的提供是高度敏感的问题，德娜·戴维斯说："我们要谨慎地把提供营养的生理方面从'喂养'的社会现象中区分出来。"当一个人濒临死亡时，撤除人工营养和补水可能是一种好的姑息治疗方式。

重症新生儿

设有新生儿重症监护室的医院，会对早产或重症新生儿进行常规治疗。然而，其中一些婴儿永远无法过上大多数人认为的正常生活。这些婴儿患有心肺疾病、脑损伤或其他严重的先天性缺陷或功能障碍。过去，这些病情会很快就会导致死亡，而现在，由于有专门的新生儿护理，患有致命疾病的婴儿往往能存活下来。艾伦·弗莱施曼说："大多数情况下，很难在婴儿出生头几天预测结局，在不清楚婴儿生命预期的情况下，确定治疗方案是个两难选择。"

每个病例都要采取医疗干预吗？是否应考虑婴儿的预期生活质量？例如，新生儿肠梗阻是否应该通过手术来挽救？答案总是"是的"，应该拯救生命。还是答案会视情况而改变？如果有肠梗阻的婴儿同时患有严重的脑损伤，答案是不是一样的？

过去，人们通常认为，回答这类问题并做出生死抉择是医疗护理提供者工作的一部分。今天，家庭——实际上是一个更大的团体——在这些决定中也扮演着自己的角色。然而，"父母拒绝维持生命疗法并不免除医生对孩子的道德责任"。

医生必须考虑"儿童最大利益"原则。

假设一个婴儿出生时整个左半边都是畸形，没有左眼，只有很少的左耳，一些脊椎也没有融合。他还患有气管食管瘘（气管和通向胃的食管之间出现瘘道），无法用嘴进食。空气没有进入肺，而是进入了胃，胃液被推入肺部。一位医生评论说："显而易见，还会有其他内科问题。"在接下来的日子里，婴儿的病情不断恶化，他患上了肺炎，反射能力受损，而且由于血液循环不良，医生怀疑婴儿有严重的脑损伤。尽管这些问题都很严重，但对他生存的直接威胁——气管食管瘘，可以通过一个相当简单的外科手术来修复。当他的父母拒绝同意进行手术时，争论开始了。一些治疗孩子的医生认为手术是必要的，并将孩子的父母告上了法庭。法官做出了不利于这对父母的判决，并下令进行手术，宣布"在婴儿出生的那一刻，他就是一个有权利受到法律充分保护的人"。

在另一个案例中，与刚才描述的情况相反，一位早产婴儿的母亲无意中听到医生说她的婴儿患有唐氏综合征，还伴有肠阻塞的并发症。这种阻塞可以通过普通手术纠正，如果不加以纠正，孩子就无法进食，会死去。一位医生认为，唐氏综合征儿童的智力残疾程度无法预测，用医生的话来说，"他们几乎都是可以训练的。他们可以做简单的工作，大家都知道他们是快乐的孩子。如果没有进一步的并发症出现，他们的预期寿命会很长"。然而，这位母亲觉得，如果把一个智力残疾的孩子带回家，对她的其他孩子"不公平"。她的丈夫支持这一决定，他们拒绝同意接受手术。与上述第一个婴儿的案例不同，这次医院的工作人员没有寻求通过法院判决来推翻父母反对手术干预的决定。孩子被安置在旁边的病房，于11天后死亡。

想想这两个案例的区别。在第一个案例中，与第二个案例的婴儿相比，严重畸形的婴儿存活或过正常生活的概率似乎更低。然而，在第一个案例中，医院的工作人员选择寻求通过法院判决来批准进行手术，而第二家医院的工作人员选择遵循父母的意愿。在第二个案例中，医生和家长是否充分探讨了儿童的生存权？我们有理由认为，不给予普通的治疗手段（即手术）实际上是一种非常规的不干预。

无论我们对这些决定有什么看法，请注意有关婴儿和有关成人的伦理问题之间存在着区别。一般来说，对于成人来说，所有可能延长生命的方法都已经尝试过，或者医生至少向患者提出过。在涉及新生儿的病例中，医生无法与患者讨论是否给予治疗的问题。因此，决定是由他人做出的，他们被期待以孩子的最佳利益行事。当然，难点在于确定何为"儿童的最大利益"。

一般来说，联邦法规规定，医生在提出治疗建议时应使用合理的医学判断。法规还规定，医生应该让孩子的父母参与决策过程。只有在下列情况之一时，才能对提供治疗的要求做出例外处理：

• 婴儿处于不可逆转的昏迷状态。

• 提供这种治疗只会延长死亡，或不能有效地改善或矫正所有危及婴儿生命的状况，或无法使婴儿继续生存。

• 给予这种治疗对婴儿的生存而言几乎是徒劳的，这种治疗本身也是不人道的。

正如艾伦·弗莱施曼说的那样："当疗效的前景不确定时，不应强迫继续治疗。"

预先医疗指示

预先医疗指示引起了相当大的争议：反对者认为这是迈向安乐死的一步，而支持者则反驳说，这保护了患者决定临终护理方式的权利。在一般意义上，预先医疗指示是一个有心智能力的人签署的有关治疗方式的声明，以备在将来某个时候无法做出医疗决定或无法表达自己的选择时使用。加利福尼亚州最近的一项研究发现，尽管该州绝大多数居民表示他们更愿意在家中去世，但只有不到四分之一的人有书面指示，说明他们希望如何以及在哪里死去。生前医疗预嘱作为预先医疗指示的一种形式，由路易斯·库特纳于 1967 年提出。本质上，生前医疗预嘱将允许个人在身患绝症并且施用维持生命的医疗程序只会延长死亡过程时，拒绝维持生命的治疗。1976 年，加利福尼亚州通过了《自然死亡法案》，从而成为第一个在法律上承认生前医疗预嘱的州。该法案被描述为"鼓励患者参与自己的临终护理的一项立法"，并且"强调技术只是另一种临床护理选择，而不是必需的"。到 20 世纪末，美国所有州都通过了某种形式的生前医疗预嘱立法。

致编辑：如果州长签署他面前的法案，本州将成为第一个自杀合法化的州。我认为这种做法是不道德、怪诞的，如魔鬼般邪恶。

各级立法者应该制定只与我们所知的生命有关的法律。无论何种方式的死亡都属于自然的绝对领域，任何人都不应试图侵犯这个领域。

我相信州长有足够的智慧和理智来否决目前摆在他桌上的沉重而苍白的法案。

致编辑：我们已经讨论过这个法案及其对死亡的影响，我们认为，当一些医疗程序除了人为推迟死亡时间并无其他任何作用时，如果个人有意如此，我们完全支持他应有权做出法律认可的书面指示，请求撤除生命支持系统。

我们重申我们相信个人掌握自己命运是一项基本人权。我们已向立法机关和州长转达了我们对这项法案的支持。

致编辑：这项法案，以及所有其他自然死亡或尊严死亡法案，都建立在一个错误的前提之上。因为我们只是关心导管、氧气和其他医疗设备是否精致，而没有考虑人的尊严问题。

尊严是一种与价值、高贵和忍耐有关的精神品质。临终者在生者的帮助下，拥有他们的尊严，无论他们失去了什么控制功能。

我们不应该拔掉设备、抛弃临终患者，我们应该努力为他们提供真正富有同情心的护理，就像英国伦敦和康涅狄格州纽黑文的临终关怀医院那样。

致编辑：法律没有要求医生使用特殊手段来维持生命，也没有人因不这样做而被定罪。因此，"尊严死亡"或"自然死亡"法案的真正目的一定是为医生采取积极行动做好准备：施用致命注射，或拒绝为可能残疾或给社会带来负担的病人提供普通的护理手段。无论问题多么令人悲痛，我们必须对任何以死亡作为解决方法的趋势持怀疑态度。

致编辑：我认为，允许心智健全的成人拒绝特殊的维持生命措施的法案肯定了生命的价值。生命是一种积极的选择，追求的是更大的满足感以及减少痛苦，而不是在饱受病痛折磨和绝望的身体里的心跳。这项法案是对这一原则的公开和法律认可。

《致编辑函》

然而，针对生前医疗预嘱是不是实现其既定目标的最佳选择，也有人提出了疑问。一些观察者认为，"生前医疗预嘱失败，不是因为缺乏努力、教育、智力或善意，而是因为人类心理的顽固特征和社会组织的持久特征"。其中的一些担忧包括：

1. 生前医疗预嘱有效的前提是人们必须设立它们。大多数美国人不这么做。

2. 如果有心智能力，那么个人就必须决定希望接受什么治疗。人们往往对疾病和治疗不够了解，无法做出攸关未来生死的决定。此外，他们对维持生命治疗的偏好随着时间和背景的变化而改变。

3. 个人必须准确且清晰地陈述这种偏好。人们常常难以做出经过深思熟虑的有关生命末期的决定，并可能给出前后不一致的指示。

4. 为患者做决定的人必须能够获得这份生前医疗预嘱。"从预嘱订立人的椅子到重症监护室的病床可能有很长的路。"生前医疗预嘱可能在需要使用的数年前就已签署，它的存在和存放地点可能已经消失在时间的迷雾中。

5. 人们必须理解并遵从生前医疗预嘱的指示。生前医疗预嘱不会自动执行。必须有人确定生前医疗预嘱中描述的医疗状况是否已经发生，以及预嘱要求采取什么行动。

另一个问题是，由于生前医疗预嘱不是医嘱，紧急医疗技术人员无法遵循生前医疗预嘱的指示。最后，生命伦理总统委员会观察到，"当一个人不再能够自主或自我决定的时候，当他需要的是忠诚和关爱时，生前医疗预嘱将自主权和自决权作为首要价值"。

生前医疗预嘱的替代选择是被称为"维持生命治疗医嘱"的标准化文件，它可以与其他预先医疗指示共同使用。维持生命治疗医嘱将病人的意愿转换成一套必须遵守的医疗指示。维持生命治疗医嘱起源于俄勒冈州，并在越来越多的州完全或部分实施，这份表格有正反两页，"阐明有关心肺复苏、医疗干预、抗生素和人工喂饲的指示"。它概述了个人做出的预先医疗指示和医嘱。表格可以告知紧急医疗服务人员患者对维持生命程序（如心肺复苏）的意愿。它还希望提供解决方案，在患者从养老院转到医院时，尊重其拒绝心肺复苏的指示。维持生命治疗医嘱是为患有重症或致命疾病的人设计的。它管理的是可能在近期（通常在1年内）出现的医疗问题。维持生命治疗医嘱在一些州也被称为维持生命治疗的医学指示，其主要目的之一是在患者及其医疗提供者之间发起"丰富的对话"。

第二种重要的预先医疗指示类型是医疗护理委托书（也称为医疗护理持久授权书）。一些评论者认为，医疗护理委托书比生前医疗预嘱更有优势，部分原因是它们更简单、更直接。医疗护理委托书可以指定一个代理人（也被称为替代者），在你无法做出医疗决定时代表你做决定。此人可能是你的亲戚、朋友或律师，你曾与他们讨论过你的治疗偏好。作为你的代表，你指定的代理人应按照你在预先医疗指示中所述或以其他方式告知的意愿行事。当代理人为无行为能力或心智能力的患者做决定时，称为替代判断。

理想情况下，代理人将使用所有可获得的证据来尽可能准确地确定，如果患者有能力将如何决定。如果代理人（1）授权任何非法行为;（2）违反患者已知意愿行事;（3）在不清楚患者意愿的情况下，做出任何明显违反患者最大利益的行为，法院可能会剥夺代理人的决策权。完成填写医疗护理委托书可以提供额外的保障，确保自己有关生命维持治疗的偏好将被遵从。无论是作为生前医疗预嘱的附件，还是单独指定医疗护理决定的代理人，重要的是，在需要时，自己的偏好和选择能够为他人所知，他人能够获得相关文件。

这份名为"五个愿望"的文件由有尊严地衰老组织创建，包括生前医疗预嘱和医疗护理委托书。它还涉及舒适护理和心灵方面的问题。以下是对"五个愿望"的概括：

• 愿望一：在我无法做出医疗决定时替我做决定的人。本部分是委托医疗代理、代理人或替代者代表你行事。

• 愿望二：我希望或不希望接受的医疗方式。这部分是生前预嘱，你可以具体说明生命维持治疗对你的意义以及你什么时候希望或不希望接受生命维持治疗。

• 愿望三：我的舒适需求。本部分讨论舒适护理的事项，包括疼痛管理、个人打扮，以及你是否想了解临终关怀的选择等。

• 愿望四：我希望他人怎样对待我。这部分有关个人问题，比如生病时你是否希望待在家里，是否想让别人牵着你的手，是否想让别人为你祈祷，是否想在家中去世，等等。

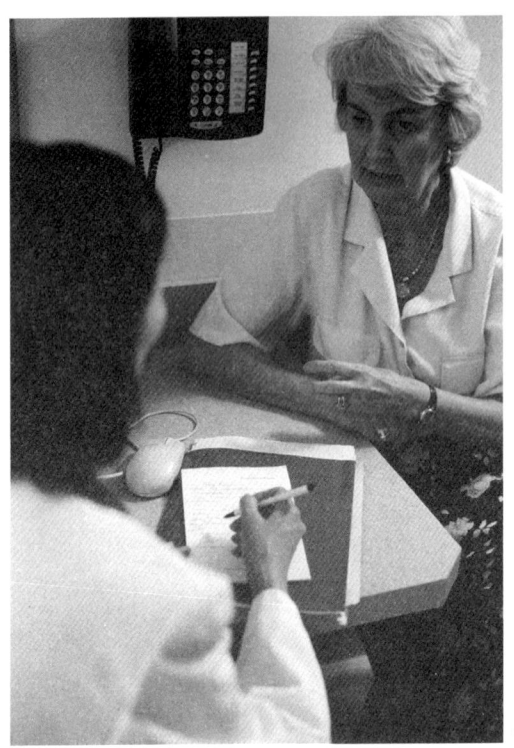

人们可能不确定自己对未来生死抉择的偏好。与知识渊博、值得信赖的医生进行开诚布公的讨论，能够帮助患者考虑替代选择。有一份诸如维持生命治疗医嘱之类的文件有助于确保自己的选择得到遵从。

• 愿望五：我想让我所爱的人知道什么。这部分讲的是你希望他人记住你的方式、你对葬礼或纪念计划的愿望、希望怎样处置遗体，以及其他对你来说很重要的事情，比如原谅。

请注意，如果五个愿望符合所在州的监管要求，其中的愿望一和愿望二一旦签署，就会成为法律文件。

1990年，美国国会通过了《患者自决法》。它要求在联邦社会医疗保险和联邦社会医疗补助计划下提供服务的机构告知患者他们有权指定一位医疗代理，并制定书面指示，说明在他们丧失行为能力时对所接受的医疗护理的限制。具体来说，患者有权：

1. 参与并做出自己的医疗护理决定。
2. 接受或拒绝药物或外科治疗。
3. 制定预先医疗指示。

由于《患者自决法》要求告知患者他们在预先医疗指示和生命维持治疗方面的权利，因此，该法案被称为"医疗米兰达警告"（米兰达警告是指要求警察告知被捕嫌疑人其合法权利）。尽管该法案的目标是改善对护理目标的规划，不过看起来法案在改善医患沟通方面并不成功。

使用预先医疗指示

制定预先医疗指示是一项进步，使得在个人丧失行为能力时，其治疗偏好更可能得到尊重。但是，如果医生和其他医务人员不了解预立的指示，或者指示过于模糊，无法指导应该做什么，那么他们就不能遵守这些指示。此外，关于预先医疗指示的法律因州而异，因此必须确保患者填写适用于其居住地的最新表格。

应不时检查已完成的预先医疗指示，以确保所表达的偏好仍然符合个人的愿望。如果不能定期审查，并向能够确保条款得到执行的信赖的人明确说明，预先医疗指示可能就无法实现其预期目的。

在某些情况下，预先医疗指示与其说是指示，不如说是请求。疾病病程的不确定性可能会使医生在确定患者已经处于晚期时持谨慎态度。个人应该在发生需要使用预先医疗指示的情况之前，与主治医生和提供治疗的其他医生以及家庭成员讨论临终关怀的问题。

如果需要帮助他们制定预先医疗指示，明智的做法是回想一下那句老话："我们有两只耳朵和一张嘴。"这句话传达的信息是，我们应该多听少说。有人指出："如果你在别人说完话后等上至少7秒，他们很有可能会继续说下去，也许能透露出他们一直犹豫不想说的事情。"起草预先医疗指示应避免仓促行事或考虑不周。有必要认真倾听和接受对方所说的话。

由于预先医疗指示在需要进行医疗干预而患者无法表达其意愿时生效，因此预先医疗指示可能在患者没有预见到的情况下执行。想一想一位70岁女士的情况，她因髋关节置换手术入院，连同其他入院表格一起，她拿到一份预先医疗指示需要签字。在术后恢复过程中，她意外地发生了心搏骤停。然而，由于她签署了预先医疗指示，医务人员假定她并不想接受心肺复苏抢救，因此未实施心肺复苏。这位女士去世了。尽管这位女士并非身患绝症，但因为签署了一份文件，说明她在病情严重的情况下不希望维持生命，解释她意愿的权力就掌握在医务人员手中。这是她想要的结果吗？

  人们也不应自满地认为，只要已经填写并且签署了预先医疗指示，一切必定会顺利进行。泽尔达·福斯特是一名社会工作者和教育工作者，她描述了自己93岁的父亲被送进急诊室并使用生命维持设备后，她为确保父亲的愿望得到医务人员的尊重而付出的努力。尽管她有父亲的医疗委托书，但在20世纪90年代初，医务人员似乎并不熟悉委托书的目的。医院管理者坚持要求福斯特的家人获得法庭指令，以执行代理条款。福斯特女士讲道："医院制造了一个又一个障碍，挑战我们对于允许父亲有尊严地死去的正当要求。"1990年，最高法院在南希·贝丝·克鲁赞一案中明确指出，预先医疗指示提供了一种方法，可以提供清晰且令人信服的证据，证明一个人对于在危急情况下接受维持生命治疗的意愿。然而，预先医疗指示并没有解决临终护理可能带来的所有困难。

  当今，医疗专业人员和患者更加了解预先医疗指示，尽管需要持续推广才能使这一过程发挥全部潜力。在体检中填写调查表时，经常会看到"你有预先医疗指示吗"这个问题，或者，如果您是一位长者，医生可能会在问诊中直接问您这个问题。尽管人们比较了解这些选项，但最近对2011年至2016年期间发表的150项研究的回顾发现，在所有近80万被访者中，只有37%的人事先设立了某种预先医疗指示。如前所述，重要的是不仅要有预先指示，还要确保需要这些文件的人能够获得这些指示。在网上快速搜索一下就会发现，许多县和州都有生前医疗预嘱和相关文件的在线登记，也有全国性的登记。虽然在线登记很有用，但对于家庭成员和当地医疗专业人员来说，最重要的是，在紧急情况下需要这些文件之前，就拿到任何预先指示文件的副本。

预先医疗指示和紧急护理

  "拒绝心肺复苏术"指示是另一种预先医疗指示。除非另有指示，否则医院工作人员和急救人员将进行心肺复苏，抢救心脏停止跳动或呼吸停止的患者。正如本章前面提到的，"拒绝心肺复苏术"是一种说明你不希望被抢救的指示（有

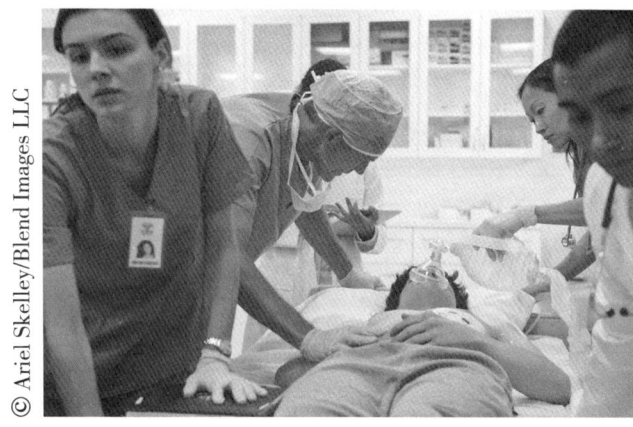

在重症监护病房,医生为患者提供治疗,做决定的时间可能很短。在每一分钟都性命攸关的情况下,了解并遵循个人对维持生命治疗的愿望是具有挑战性的。

人提议用"允许自然死亡"指示取代"拒绝心肺复苏术"的指示,因为他们认为"允许自然死亡"听起来更富有同情心,更容易被患者和家属接受。无论是"拒绝心肺复苏术"还是"允许自然死亡",最主要的挑战是消除关于治疗意愿的含糊不清,并向护理人员清楚地传达治疗意愿)。在医院里,医生会在你的病历上填写"拒绝心肺复苏术"的指示。但是在医院之外呢?

> 我当时在准备室,听着非急救医疗转运电话被转给当地消防机构和急救人员。那天大多数都是例行电话,但其中一个场景引起了我的注意。
>
> ***
> 非急救医疗转运服务:4号医生,请到瓦萨奇大道119号。一位女士脉搏微弱,没有意识,没有反应。
> 医生4:响应。
> 过了几分钟,出现下一个电话:
> 非急救医疗转运服务:4号医生,补充信息,对象是一名70岁老妇人,无知觉,无脉搏。
> 医生4:收到。

> 短暂停顿之后，出现了下一次通话。然后：
> 非急救医疗转运服务：4号医生，关于瓦萨奇大道的呼叫，对象无知觉，无生命体征。她有拒绝心肺复苏术的指示，但是他们仍想把她送到医院。
>
> ***
> 我曾多次听到这样的通话，但那天我想："哇，我猜养老院不想让病人死在他们那里，所以即使她已经去世了，他们仍想让她去医院，在那里宣布她的死亡。"
>
> 詹姆斯·斯科特，急救主管

由护理、急救和其他人员提供的紧急护理有利于挽救生命，但如果进行的干预挽救了那些宁愿自然死亡的人的生命，则可能并不受欢迎。一旦拨打911，以挽救生命为目的的紧急救护就会启动。急救人员通常无权确定谁希望被抢救，谁不希望。事实上，法律规定，除非有明确证据表明当事人的医生提供了有效的"拒绝心肺复苏术"的指示，否则急救人员必须实施心肺复苏术。

想象一位临终者，在家人和挚友的陪伴下，准备让一切顺其自然。然而，当他开始感到呼吸困难时，目睹过程、看到亲人迈向死亡的人可能会有一种冲动，想做些什么来减轻这种明显的痛苦。自发拨打的911电话可能会启动抢救临终者的程序，使用生命维持设备，使临终者在危机中度过生命的最后几个小时或几天。

不希望接受心肺复苏术或其他急救干预措施的人，必须确保前往现场的急救人员能够便利地获得表明患者意愿的医疗指示。可以佩戴医疗警报手环，或把卡片放在钱包里，这有助于让医疗人员了解不进行心肺复苏的指示。我们在本章的前面提到，在一些州，这些指示可以在有关生命维持治疗的医疗指示中做出。

遗产：遗嘱、遗嘱认证和生前信托

生命有限的重症患者和家人常常向心理咨询师和其他心理健康专业人员求

助，帮助他们探索自己的恐惧、犹豫和冲突，制订计划以面对未来；律师可能是这个团队的重要成员。遗产规划不仅提高了家人财务的安全性，也让丧亲者和已经开始把自己的事务安排妥当的人放心。此外，通过准备法律文件，律师协助确保个人关于器官捐献的意愿或预先医疗指示得到执行。

巴顿·贝尔施泰因概述了适用于晚期疾病（死亡发生在预期的病程之后）的三个基本法律阶段。第一个阶段是长期计划，病危患者为可能发生的死亡安排法律和经济事务。在第二个阶段，也就是死亡前夕，家人会收集相关的法律文件，准备足够的资金来支付面临的费用，并通知律师和保险代表，以便他们准备好顺利接手死者的法律和财务事务。同样在这个时候，如果临终者打算捐献器官或捐献遗体（在第四章中已讨论），将通知相关医务人员。

> 伊丽莎白上了弦的钟表还在嘀嗒走着，发条里保留着她手上的力度。生命无法很快断绝。除非他所改变的东西消失，否则人不会死去。他的影响是他生命的唯一证据。即使仅有一丝悲伤的记忆，人也不会终结，不会死去。人的生命的消失，就像一阵动荡打破平静的水面，泛起涟漪，蔓延开来，随后又恢复平静。
>
> 约翰·斯坦贝克，《致未知的神》

第三个法律阶段发生在死亡后，遗嘱交给律师进行认证（处理遗产的过程）。进行规划的努力现在得到了回报，死者的家属确信相关事务不会被随意处置。家人可以应对失去至亲的失落感，而不会受到干扰，担心复杂的法律和财务纠纷。关于遗产规划和遗嘱起草的过程，卡亚·怀特豪斯说："每一个看起来令人烦恼或使人畏缩的概念或程序，都让你能够减轻一点爱人将不得不经历的麻烦和痛苦。"

遗嘱

遗嘱是一种法律文件，表达了一个人对死后处理自己财产的意图和愿望。这是一份声明，说明一个人的遗产——金钱、财产和其他财物——在他死后将如何分配给他的继承人和受益人。不动产遗赠（devise）一词适用于不动产，现金遗赠（legacy）一词适用于金钱，动产遗赠（bequest）一词适用于非货币的个人财产，尽管人们，甚至包括律师，经常以更广泛的含义使用金钱遗赠和动产遗赠这两个词。杰克逊·雷纳说：

> 遗嘱是决定个人财产和资产分配、满足家庭抚养未成年子女的需求、明智地筹划税收和进行慈善捐款的最佳方式。只有立遗嘱，一个人才能保证他的个人意愿在死后会得到执行。

遗嘱赋予立遗嘱人一种不朽的感觉，可以看作死者的遗言。立遗嘱人在世时，遗嘱可以变更、替换或撤销。立遗嘱人死后，遗嘱即成为支配其遗产分配的法律文书（表6-2列出了与继承相关的更多术语）。

表6-2　与遗嘱和继承相关的术语

遗产管理人：由法院指定的人（在未立遗嘱的情况下，或在遗嘱中没有指定遗嘱执行人）执行必要的步骤来处理遗产。当要任命遗产管理人时，州法律要求首先要起草一份优先候选人名单。如果符合必要的条件，优先次序通常从死者的配偶开始，随后是死者的子女、孙辈、父母、兄弟姐妹、较远的近亲和公定遗产管理人。

见证条款：由见证立遗嘱人设立遗嘱过程的人签署的声明书。

遗嘱附录：遗嘱的修改附录。

附条件的遗嘱：一种正式签署的遗嘱，说明在未来某个事件发生时，某些行为将会发生。例如，假设立遗嘱人希望将钱或财产遗赠给一个没有自理能力但有潜在的康复机会的受益人。如设立附条件遗嘱，有关的金钱或财产可请他人为该人代为托管，直至满足遗嘱中所列明的条件（例如康复）。附条件遗嘱的一个问题在于，很难准确预测将来可能发生的事件和情况的性质。

遗嘱执行人：遗嘱人在其遗嘱中指定的、确保遗嘱条款得以适当执行的人。

亲笔遗嘱：完全由签字人亲笔书写的遗嘱。有些州不承认亲笔遗嘱有效，即使承认亲笔遗嘱有效的州，通常也针对这种文件的有效性规定了严格的限制条件。它不被认为可以替代正式签署的遗嘱。

无遗嘱：未设立有效遗嘱的状况。

共同遗嘱：一种正式签署的包含互惠条款的遗嘱。可以由希望将所有财产都留给另一配偶而不受限制的夫妻使用，尽管它限制了单独执行遗嘱时可选择的范围。

续表

口述遗嘱：口头订立的遗嘱。许多州不承认口述遗嘱，或只在极少数情况下才承认口述遗嘱。如果一个人担心即将死亡，或预期会遭受致命伤害，而这些严重危险最终导致死亡，在这些情况下，一些州承认口述遗嘱。正在参与军事行动的士兵或海员或在海上的水手订立的口述遗嘱可能是有效的；在这些情况下，个人不需要处于即将发生的严重危险中。一般来说，口述遗嘱必须至少由两个人见证，证明遗嘱确实陈述了立遗嘱人的意愿。

遗嘱认证：遗产处置和财产分配的过程。一般来说，这一过程平均需要9～12个月，但根据情况和遗产的复杂程度，时间可能更长或更短。

遗嘱可能唤起强烈的情感，体现出立遗嘱人对家人的感情和意愿，可能会影响悲伤的强度或过程。人们通常认为遗嘱只是一种遗产规划的工具，可能忽略了它对立遗嘱人和遗属的慰藉和治愈作用。

立遗嘱的人必须具有理解文件性质和签字后果的心智能力。他们必须了解遗嘱所分配财产的性质和范围，并能够在制定遗嘱时，按照惯例，确定应当考虑哪些人，无论他们是否成为受益人。满足这些条件，并且不存在重大欺骗，立遗嘱人就被认为是心智健全的，有能力签署合法的遗嘱。州法律普遍规定了一个人可以立合法遗嘱的最低年龄通常是18岁，但有些州的最小年龄是14岁，同时各州还规定了其他各种要求，比如必须有证人在场和以适当的形式签署文件。

除了标准条款，如声明文件包含个人的临终遗嘱（如存在早先设立的遗嘱，则需要附加撤销早先遗嘱的声明），遗嘱还可能包括待分配的财产信息、子女和其他继承人的姓名、特定遗赠和财产分配，以及关于建立信托的信息、对委托人和/或监护人的授权、其他财产的处理、纳税、偿还债务及支付管理费用的规定。并非每一份遗嘱都囊括所有这些项目，遗嘱中囊括的也不限于这里列出的项目。

并非在所有社会中都能自主决定自己的财产在死后如何分配，即使能够自主决定也有诸多限制。在一些国家，政府接管个人事务的处理；而在其他国家，包括美国，个人在决定财产如何分配方面有相当大的自由。即便如此，根据特定州的法律，遗嘱条款的执行和实施可能会受到影响继承人的情况的限制。例如，有些人可能会试图避免让配偶继承任何财产，但如果遗嘱存在争议，法院可能会推翻遗嘱。州法律通常规定，未亡配偶不能被剥夺继承权。有些法规要求在遗嘱中针对未成年子女做出规定。根据经验法则，遗嘱中如果存在任何与社会行为的普通标准相冲突的有争议的内容，都可能导致其无效。

订立遗嘱时，一般建议让亲密的家庭成员，或至少让配偶参与，以防止在相关方不知情的情况下订立遗嘱可能出现的问题。当遗属发现事情与预期或习俗不符时，可能会更为悲伤。在相亲相爱的家庭中，通常每个人都知道当遗嘱生效时将会发生什么。不披露遗嘱细节可能有正当理由。但立遗嘱人可以告诉家人："打电话给我的律师里克，他知道我的遗嘱在哪里，可以帮你们处理我的遗产。"一些法律专家建议，应该设立一个政府或行政程序，可以事先登记遗嘱以及其他重要文件，如预先医疗指示，在需要时可迅速拿来使用（事实上，越来越多的州允许立遗嘱人在法院的县市遗嘱登记处登记遗嘱）。

除了起草遗嘱，一些顾问还建议你写一封"致家人书"。除了向家庭成员提供资产和负债的基本信息，这份文件还传达了个人死后的愿望，从选择护柩人到墓碑碑文的内容。一家金融服务公司给客户一份长达19页的文件，文件以"致吾爱"开头，包含一些在迷茫时期能让事情清晰明了的话题。财务顾问表示，这封信把数据汇集在一起，有助于和客户一起处理各种临终问题和策略。它还有助于避免亲人去世后可能出现的家庭冲突或分歧。

> **继承**
>
> 我10岁的时候，父亲去世了。当然，在那个时候，我认为父亲是世界上最好的人。几年后，当我18岁的时候，开始进入成人的社交圈，我向陌生人介绍自己，他们会问我约翰·埃斯特拉达是不是我的父亲。当得到肯定的回答时，他们会说，"好吧，让我和你握握手。他是个好人，也是我的好朋友。"然后他们会给我讲关于他的精彩故事。从那时起，我一直希望在我离世后，有人见到我的孩子们，对他们说我是一个好人，一个好朋友。对我来说，这是比任何物质财产都更好的遗产。
>
> 弗雷德·埃斯特拉达

当然，遗赠个人价值观或家族故事等非财务遗产并不是什么新鲜事。3000多年前的《希伯来圣经》把所谓的道德遗嘱描述为将智慧和爱传给后代的一种方式。道德遗嘱可以包括家庭历史、价值观、祝福、爱的表达、生命教训的总结、对子女和孙辈的希望和梦想、自豪和宽恕的愿望。道德遗嘱通常是在面对生活的艰辛时写就的，是留给家人和朋友的最珍贵和最有意义的礼物之一。

正式签署的遗嘱

正式签署的遗嘱是一份传统文件，用来说明个人对其死后遗产分配的意愿（见图 6-2）。如果谨慎制定，遗嘱不仅能够清晰地说明目的、表达意愿，经得起法庭审查，而且能帮助减轻遗属的负担和压力。

在制定正式签署的遗嘱时，大多数人认为咨询律师是有帮助的。对遗产进行全面审查需要收集合法记录和其他信息。为了仔细确定财产的性质和遗嘱人对财产分配的意愿，可能需要召开几次会议。确定遗嘱内容和条款后，由律师准备好遗嘱，约定时间正式签署。在正式签署遗嘱时，当事人审查遗嘱，两位（或在某些州要求三位）无利益相关的人士应邀作为证人，立遗嘱人确认文件准确地反映其意愿，随后签署遗嘱。虽然确定遗嘱内容可能需要数周甚至数月的深思熟虑和计划，但实际签署遗嘱只需不到 5 分钟。

托马斯·安东尼奥·约巴的遗嘱

以圣父、圣子、圣灵三位一体之名，三个位格一位真神，阿门。

第一条款　致所有读到我最后遗嘱的人：我是托马斯·安东尼奥·约巴，生于加利福尼亚，并居住于此，是安东尼奥·约巴和约瑟法·格里哈尔瓦的合法儿子。我患病，但是由于神的慈爱，我仍拥有理智、记忆和理解力，笃信神圣的天主教信仰。我自年幼起即自然地信仰天主教，并希望作为忠实的基督徒和真正的天主教徒一直信仰天主教，出于这个原因，通过主耶稣基督的奥秘和圣母的代祷，我请神宽恕我并宽恕我所有的罪。圣母是我最后时刻的保护者和恩人，与我的守护天使、与我同名的圣约瑟夫、所有其他我崇敬的圣人和所有其他天使一起，他们将在上帝的大审判庭前帮助我，所有凡人必须在此陈述自己的行为，我现订立遗嘱如下，遗嘱记录于普通纸张，因没有盖章纸张。

第二条款　首先，我把灵魂托付给创造它的上帝，把身体托付给塑造它的大地，我希望埋葬在圣加百利传教堂，在圣遗体由方济各神父的裹尸布包好并覆盖下，葬礼按照我的遗嘱执行人和继承人认为适合我的方式举行。

第三条款　项目：葬礼和弥撒的费用，将根据我的遗嘱执行人的安排，取自我遗产的五分之一，五分之一中剩余部分将留给我的儿子胡安。

第四条款　我声明，关于债务，我的继承人和遗嘱执行人应收集相关信息，支付任何可能出现的合法债务或根据法律应该支付的债务。项目：我宣布，我已与韦森特·塞普尔韦达女士结婚，她是本街区的弗朗西斯科·塞普尔韦达先生和拉蒙纳·塞普尔韦达女士的合法女儿，我们有五个子女，名为：(1) 胡安；(2) 瓜达卢佩，已去世；(3) 何塞·安东尼奥；(4) 约瑟法；(5) 雷蒙娜。第一个孩子10岁，第二个孩子在3岁时去世，第三个孩子6岁，第四个4岁，第五个2岁。项目：我宣布，我曾送给妻子一些有一定价值的珠宝作为结婚礼物，但我不记得有多少珠宝，也不记得它们的价值；但肯定由她持有，因为我已给她。项目：我记得我有约2000头牛，900头母羊及公羊，三群约100匹母马和公马，3头驴；约21匹驯服的马，7头驯服的骡子和12头未驯服的骡子；最后，打有我的烙印但尚未合法出售的牛、马或骡子。项目：我宣布，通过继承我父亲的财产，我拥有圣安娜中部和下桑塔纳地区的一部分，这些区域为人所知属于约巴家族。我在圣安娜中部有一座土坯房，屋顶部分是木头，部分是茅草，共有18个房间，包括肥皂房。项目：我宣布，我有两个用木栅栏围起来的葡萄园，现在已经种满了葡萄藤和一些果树；还有一块围起来的土地。

第五条款　我声明，我希望以下人士作为我的遗产执行人和监护人：首先，我的兄弟伯纳多·约巴先生，其次，雷蒙多·约巴先生，需两位共同批准才能采取行动。我授予他们必要的、我的所有权力，清点我的财产，执行遗嘱，保护我的继承人的利益，我授权他们聘请另一位执行人加快执行遗嘱，如果聘请额外执行人，我授予他之前提到的同等权力。

第六条款　我指定我的子女和我的妻子为我的继承人，按照法律规定的形式和方式，在必要的财产清点之后继承财产。

第七条款　在本最终遗嘱中，我宣布此前可能订立的遗嘱或遗嘱附录均为无效，现在或未来，无论是否通过司法程序，此前的遗嘱和遗嘱附录均取消，因为我确信，希望目前的遗嘱是我的最终遗嘱（包括遗嘱附录），也是最终愿望，方式和形式最为合法有效。为此，我请求第一法院法官韦森特·桑切斯阁下行使他的权力，认证这份遗嘱。

我，公民韦森特·桑切斯，洛杉矶市治安法官和一审法官，特此证明：我确认遗嘱处置在我面前认证，立遗嘱人托马斯·安东尼奥·约巴尽管生病，但具有完全行为能力及理解力，公民雷蒙·阿吉拉尔和伊格纳西奥·克洛内尔协助我为遗嘱见证，其他重要证人包括公民包蒂斯塔·穆特瑞尔和马里亚诺·马丁内斯；1845年1月28日。由于身体虚弱，立遗嘱人没有签字，但胡安·班迪尼先生替他签了名。

图6-2　历史遗嘱

社会习俗在遗嘱的制定中起着重要的作用。托马斯·安东尼奥·约巴先生的遗嘱出自墨西哥统治加利福尼亚时期，与重视分配遗嘱人财产的现代遗嘱形成了鲜明的对比。虽然约巴的遗产是当时最大的一笔，包括在南加州由西班牙授予的圣安娜的圣地亚哥牧场，占地6.2万英亩，但他的遗嘱中只有一小部分涉及遗产分配事宜。

修改或撤销遗嘱

　　遗嘱不是一成不变的；它可以随着遗嘱人情况的改变而改变。遗嘱可以撤销并由一份全新的遗嘱替代，或者只有某些部分可以修改。修改遗嘱是增加新的条款而无须完全重写遗嘱的一种方式。遗嘱人在遗嘱签署后，如果获得了有价值的财产，比如艺术收藏品，可以希望在不影响其遗产计划其他部分的情况下，针对新财产做出具体规定。遗嘱附录的签署方式与遗嘱大致相同，可满足这一需求。立遗嘱人应当定期审查所有的遗嘱，确定个人境况的改变是否需要修改遗嘱。

　　当添加遗嘱附录使遗嘱变得冗长或可能造成混淆时，应考虑审查整个遗嘱并设立新的遗嘱。各州对撤销遗嘱在法律上的要求各不相同。一般来说，必须证明遗嘱人撤销遗嘱的意图，例如：意外烧毁遗嘱并不意味着遗嘱可撤销。如果有人拿出一份较早的遗嘱，若后来的遗嘱未明确说明，就很难证明较早的那份遗嘱已经被撤销了。如有疑问，应寻求法律建议。

遗嘱认证

　　遗嘱认证期让人们有时间来解决死者的事务，偿还债务和税款，做出收取欠死者的资金的相关安排。在遗嘱认证过程中，要证明遗嘱的有效性；指定遗嘱执行人或遗嘱管理人；进行处理遗产的必要事宜；在遗嘱认证法院的批准下，将死者的财产分配给受益人。如果死者留下一份有效的遗嘱，财产将按照遗嘱的条款进行分配。当个人未留下有效的遗嘱就去世时，财产是按照所在州的规定分配的。

遗嘱执行人或管理人的职责

　　必须有人负责执行通过遗嘱认证来处理遗产的所有必要步骤。这是遗嘱执行人或管理人的角色。作为已故者的个人代表，这个人可以是遗嘱中指定的遗嘱执行人，也可以是法院指定的管理人。只要遗嘱人指定的遗嘱执行人谨慎行事，遗嘱执行人可在管理遗产方面或多或少地独立行事，但法院指定的管理人在做出必要的决定前可能需要获得法院的批准。无论是遗嘱执行人还是管理人，这些个人代表通常必须符合遗嘱认证所在州法律规定的某些要求。

　　尽管人们通常认为被任命为遗嘱执行人是一种荣誉，但承担这一职责可能耗时、复杂、让人沮丧和筋疲力尽，即使遗产规模不大时也是如此。最初的任务是完整阅读死者的遗嘱和其他指示，向法院登记遗嘱，确定遗产的继承人，清点所有财产和资产，决定哪些通过遗嘱分配，哪些在遗嘱之外直接交给继承人，如人寿保险金或退休账户。

死亡的事实必须被告知给利益相关方。通常通过两种方式来进行告知：首先，通过邮件通知可能与遗产处置有关的当事人，如果他们要求，还应发送一份遗嘱副本；其次，在适当的报纸上刊登有关死亡的法律通知（见图6-3）。此通知在遗嘱认证程序中有三种用途：（1）它宣布某人已准备好证明死者遗嘱的法律效力；（2）指出某人请求法院指定其开始遗嘱认证；（3）将死亡事件通知债权人，以便债权人提起解决死者尚未清偿的债务的问题。

李·D.威廉姆斯的死亡通知书和管理遗产的申请

卷宗号：11111

致所有继承人、受益人、债权人或潜在债权人及其他可能与李·D.威廉姆斯的遗嘱或遗产相关的人士。

简·多伊已经向圣克鲁斯县高级法院提交了一份申请书，请求任命简·多伊为个人代表，管理死者的遗产。

听证会将于1982年3月22日上午8时30分在三部举行，地址是加利福尼亚圣克鲁斯海洋街701号，邮政编码95060。

如果你反对批准申请，应出席庭审、陈述你的反对意见，或在庭审前向法院递交书面反对意见。你可以出席，也可以由律师代为出席。

如果你是死者的债权人或潜在债权人，根据《加利福尼亚州遗嘱认证法规》第700节，你必须在信件首次发出后四个月内向法院提交你的要求或向目前法院任命的个人代表提交要求。提交要求的时间自上述庭审之日起计算。

你可以查看法庭保存的档案。如果你与遗产有利益相关，你可以向法院提出请求，要求收到有关《加利福尼亚州遗嘱认证法规》第1200节中所述的遗产资产清单以及申请、账目和报告的特别通知。

约翰·P.史密斯

申请人律师

约翰·P.史密斯

太平洋大街9999号

加州圣克鲁斯，邮政编码95060

3月7日、9日、14日

图6-3 债权人登报通告

死亡图书馆

如果在世的配偶是遗产的主要或唯一继承人，那么个人和家庭用品的清单可能无须详细列出，但须具体说明绘画、珠宝和古董等贵重物品。收集重要文件，包括保险单、社会保障和养老金信息、服兵役记录，以及其他需要审查和可能采取行动的文件。

在遗产最终分配给继承人之前，遗嘱执行人或管理人负责管理遗产。这包括确定有效的债权人权利追索，并确保遗产偿还有债务。他们可能还需要为死者及其遗产报税。在遗嘱认证期间，可能需要向死者的配偶或未成年子女提供维持生活的津贴。如果死者从事商业活动或是公司的股东，个人代表必须保证顺利过渡使遗产不受损。当个人代表不熟悉法律时，他们通常会寻求律师的帮助，以确保符合法律要求。

最后，编制遗产会计统计和受益人分配方式，提交给遗嘱认证法院批准。一旦获得法院的批准，即可分配财产，同时对收据进行保留来证明已经以正确的方式对遗产进行了分配。假设一切都得到了妥善执行，法院随后会免去个人代表的职务，至此，遗产分配完毕。

无遗嘱继承法

盖洛普的一系列民意调查显示，几十年来，美国人设立遗嘱的比例一直相对稳定。1990 年，48% 的人设立了遗嘱；而在 2005 年，这一比例为 51%；在 2016 年，44% 的受访者设立了遗嘱。也许没有提前立遗嘱是由于许多人对自己的死亡感到不安。又或者，由于过于忙碌，我们疏于计划，认为自己还没到统计学上的可能的死亡年龄，这个借口显然站不住脚。无论出于什么原因，未立遗嘱就去世，会给遗属带来不必要的困难，即使遗产规模不大也是如此。

如未拟备遗嘱，财产的分配就可能既不符合个人意愿，也不与继承人的利益和需要相匹配。在没有遗嘱的情况下，财产的分配将依照州法律确立的指导方针进行。州政府通常会尽力做出它认为死者如果设立了遗嘱会做出的安排。然而，规定财产分配、对未成年子女的照顾以及所有与分配遗产有关的事宜的法律反映了社会的公平和公正观念。因此，决定遗产分配结果的是社会价值观，而不是死者的个人价值观。

各州关于无遗嘱继承的具体法律各不相同。在无遗嘱的情况下，决定如何在配偶、子女和其他亲属之间分配财产和资产是一个复杂的法律程序。

生前信托

通过设立生前信托，人们可以将把遗产留给继承人的成本降到最低，而且还可以避免公众对遗产的关注。事实上，设立信托可以替代遗嘱认证的复杂过程。此外，设立生前信托还可以用来避免或减少遗产税，否则必须根据遗产价值支付遗产税。

根据信托生效的时间和信托资产的所有权，信托分为四大类。根据信托生效的时间不同，分为生前信托或遗嘱信托。生前信托立即生效，而遗嘱信托只有在委托人死亡时才生效。有时，遗嘱信托是在遗嘱中设立的。信托还可分为可撤销的或不可撤销的。在可撤销信托中，委托人保留信托财产的所有权和控制权，并可更改信托条款，包括更改指定受托人和受益人的个人。在不可撤销信托中，财产的所有权和控制权交与其他人（受托人），委托人不再拥有或控制财产，因此，委托人不能实现对信托的变更。

> 分配遗产时，最礼貌的人也会争吵。
> 拉尔夫·沃尔多·爱默生，《日记》（1863 年）

信托的受托人可以是设立信托的委托人、家庭成员、朋友、专业人士（例如会计师或律师）、银行或信托公司，或者是这几类设立者的结合。设立可撤销生前信托的人可能会指定自己作为唯一受托人。信托的受益人可以是委托人指定的任何人，尽管受益人通常是家庭成员或慈善机构。

所有关于遗嘱、遗嘱认证和生前信托的决定都应该被仔细考虑，在大多数情况下，谨慎的做法是请精通这些事务的律师提供建议。

保险和身故保险金

美国第一家人寿保险公司于 1759 年由费城长老会为其牧师建立。虽然人寿保险直到19世纪中叶才开始普及，但它现在已经发展成为一个巨大的产业。大多数美国家庭至少有一位成员拥有某种形式的人寿保险。

根据一个人的年龄和健康状况，人寿保险可能是一种在身故后为受益人留下基本遗产的便捷方式。它可以是大额遗产的一小部分或小额遗产的主要部分。保险计划可以采取多种方式，满足多种需求。有些保单是整个投资组合的一部分，可以在被保险人的一生中提取。其他保单只在被保险人身故后才给付保险金。

人寿保险有一些其他投资所没有的优势。例如，在大多数情况下，支付给具名受益人的人寿保险金（这不属于死者的遗产）不受债权人的约束。此外，与必须通过遗嘱认证才能处理的资产不同，保险金通常在被保险人身故后立即可取出。这些保险金可能具有重要的心理和情感价值，可能在亲人死亡后不久的一段时间内为在世配偶或其他受抚养人提供生活保障和安全感。知道有足够的钱来支付预期的费用有助于减少压力。

在遗产规划中，人们有时只关注挣钱养家的人，而没有考虑到非工作配偶死亡将带来的经济价值损失。在妻子去世后，一名男子描述了他因增加的托儿费用而承受的经济负担。非工作配偶以及工作配偶都应作为全面遗产计划的一部分来考虑。

最近的业务发展允许绝症患者向"保单贴现公司"出售其人寿保险，这样他们就可以支付医药费、旅行费用或购买他们想在去世前享受的东西。保单贴现允许绝症患者在死亡前出售其人寿保险保单，并按保单面值的一定比例获得赔付。保单贴现公司通常会支付保单面值的70%，在投保人去世后，保单会得到全额兑现。例如，对于一份面值为10万美元的保单，保单贴现公司可能会向投保人支付7万美元。与那些预期活得更久的患者相比，生命不足1年的患者通常获得保单面值的更高比例。在患者死亡、保单兑现时，支付给投保人的金额与保单面值的差额，再减去运营费用，就是保单贴现公司的利润。一些主流保险公司也提供类似的选择。与任何财务规划一样，人们应对各种选择进行比较。

许多遗属有资格从社会保障局和退伍军人管理局等项目中领取福利。有资格从这样的项目中领取福利的人，除非提出申请，否则无法领取福利。此外，申请延迟可能会失去福利。一份全面的遗产计划应考虑从政府项目中获得的福利，以及与雇员或工会养老金项目相关的福利。

如果死亡是由于疏忽造成的，遗属可能会得到其他死亡抚恤金。有时候，这些福利源自法庭审理，审理试图确定死者生命的价值，以及死者去世给遗属带来的损失。虽然这类赔偿对遗属确实有帮助，但相比痛失亲人来说，无论赔偿金额有多大，都是微不足道的。

> **儿子之死**
>
> "我不高兴，因为我已经没有儿子了。我想念他。即使我拿到钱，我也失去了我爱的人，我的儿子。我对钱不感兴趣。每天下班后，即使我觉得很累，我也要去看望儿子。有时候我哭泣。有时我（在他的墓前）供奉食物、汽水，他最喜欢吃的肯德基，有时候是细面汤。然后我给他一个橘子、冰激凌。车祸后的一天，我的儿子，他的灵魂来到我家。他告诉我：'爸爸，我想你。我没有手了。我没有眼睛了。'唷，我哭了。"
>
> 《儿子之死》

当一个人因爱人去世而悲伤，或面对处于生命末期的家庭成员时，处理与临终和死亡有关的法律和财务问题可能会成为一种负担。然而，在这样的时刻，人们往往必须做出至关重要甚至无法改变的决定。做好准备可以减轻负担。虽然不可能为每一次突发事件都做好计划，但我们可以了解可能影响我们的死亡和临终体验的一系列法律问题，意识到这一点，我们就能采取适当的步骤，针对不可避免的突发事件做好准备。

思考生命末期的问题和决定

患者、家属、医生和护理人员认为在生命末期有一些问题很重要，对这些方面的研究包括疼痛和症状管理研究、与医生的沟通、为死亡做准备以及实现生命圆满的机会。"医生倾向于关注身体方面，而患者和家属则倾向于以更广泛的社会心理和精神意义来看待生命的终结，这些意义是由一生的经历塑造的。"因此，研究人员说，医学界面临的挑战是"设计灵活的护理体系，允许多种形式的善终表达"。在莎伦·考夫曼的研究作品《死亡时刻：美国医院如何塑造生命末期》中，她观察到：

> 在20世纪60年代，等待死亡是必要的，也是费时的，那时候人们并不担忧死亡会花太长时间。如今的死亡大多是由决定做出的，而不是等待得来的。
>
> 一位重症监护室护士若有所思地说："临终病榻前的守候已经让位于拯救生命的努力或尽量提供最好的姑息治疗，人们通过延缓死亡或选择死亡时间来全力以赴掌控死亡的策略和技术。"

在回顾过去几十年有关生命末期的问题和决定是如何迅速引起公众的兴趣时，生物伦理学家莱昂·卡斯指出："今天，伦理行业正在蓬勃发展。"现在，医学院提供医学伦理课程，医院建立伦理委员会，法院裁决伦理冲突，一流委员会分析和对伦理问题发表意见。然而，卡斯认为，很多此类的"行动"实际上只是空谈，是哲学理论和理性分析，而相对较少谈论"真正促使人们行动的是什么，也就是他们的动机和激情"。这并不是说分析和推理无关紧要，但"日常实践的道德"是真正检验理论的关键时刻。卡斯指出，人类的每一次相逢都是一种伦理的相遇，是实践和培养美德和尊重的机会。水野治太郎说："伦理问题并不是发生在孤立的个人意识中，而是在人与人的关系中。"

在写到护理临终患者时，一位学者问道："我们是更善于管理死亡了吗？或者死亡本身无法控制、无法管理？"

我们对临终问题的选择不仅源于我们个人的价值观，也源于我们所属的特定种族或文化群体的价值观。不同的价值体系造就了对生命末期的不同态度。理查德·吉尔伯特说：

> 临终关怀要求我们至少在临终患者和亲友面对艰难前路时，在意义、信仰、仪式以及对平静生活的渴望方面为他们提供协助……它要求我们作为客人坚定地站在他们面前，不带任何偏见，同时也厘清我们自己的心灵/宗教问题、挑战和缺点。

对生命末期问题的关心不仅对公共政策领域有影响，而且还常常以沉痛的方式直接影响个人和家庭的生活。

关于本章内容的更多资源请访问 www.mhhe.com/despelder11e。

第七章

面对死亡：
与致命疾病共生

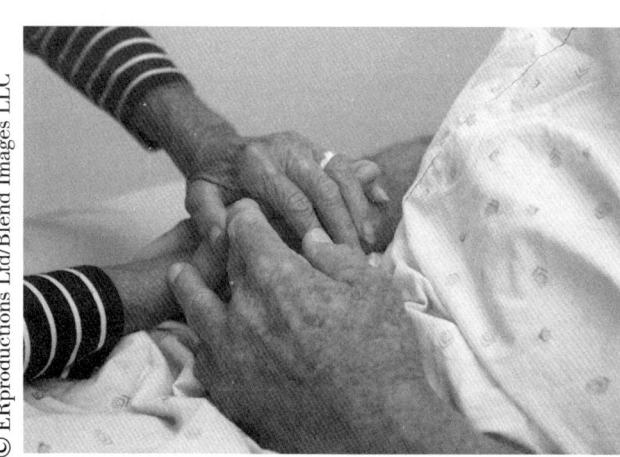

与能够倾听和分享患者担忧的护理人员进行温暖、亲密的接触，是向患有致命疾病的患者提供的全面护理的一部分。

有一天，你醒来时，注意到你的身体症状，联想到一种严重疾病。你的脑海中会出现什么？也许你只是勉强承认自己可能"真的病了"，随后便即刻把这些想法抛到一边，继续日常活动。"毕竟，"你说，"没有理由怀疑有什么严重的问题，它可能什么都不是。"你不想仔细思量来试探命运。

一段时间后你会把它抛到脑后。但是，这些症状持续出现，需要你的关注。"最好别是什么严重的事情，"你告诉自己，"我有太多事情要做。"然而，你下意识地觉得它可能很严重。你开始意识到自己的担忧，感到有点焦虑，思考这些症状可能意味着什么，可能将如何影响你的生活。

你预约了医生，描述你的症状，做检查，然后等待结果。诊断结果可能马上出来，也可能要等完成其他检查后才能知道。你的医生告诉你，你有一个肿瘤，恶性的。你得了癌症。

现在你的思绪和情感变得躁动不安："能做什么？医生将如何治疗这种疾病？在生活中，我需要做出怎样的改变？我应该推迟计划中的旅行吗？应该怎么安排疗程？有副作用吗？这种癌症能治好吗？会痛吗？我会死吗？"随着事件戏剧性地发展，你会找到应对危机的方法。早期对症状的恐惧转变为对诊断、治疗和结果的担忧。

你的病情慢慢得到了缓解：肿瘤似乎停止了生长。医生很乐观。尽管如此，你还是想知道癌症是否真的永远消失了。过去，癌症意味着终末期预后；现在，由于早期发现和治疗的进步，它并不一定致命。尽管你的医生给你的报告很好，你还是想知道自己究竟会是癌症"受害者"还是"幸存者"。你的健康状况还不明确。你现在进退两难。事情似乎进展顺利，你很开心，但乐观中夹杂着不确定和恐惧。也许过了一段时间，你开始放松，对癌症复发不那么焦虑了。看来你的癌症是可以治愈的。

然而，你可能迟早会注意到症状重新出现，这是癌症复发的信号。你害怕癌细胞扩散到身体的其他部位。

濒临死亡的想法可能会变得更加突出。你把关注点都放在了应如何扮演致命疾病患者的角色上。当无法采取更多措施阻止疾病发展时，对死亡的恐惧或焦虑就难以避免。尽管如此，希望还是抵消了恐惧。我们希望病情得到缓解，得到医生都没有预见到的改善。我们可能会以这样的态度战斗到底："我总能胜过概率。这次为什么不行？"或者我们可能采取另一种方式，充分利用所剩的时间来面对生命的终结，和最亲近的人在一起，接受命运的安排。正如一位被诊断出患有致命疾病的医生所说："'我一定会战胜它'的态度，让每个死去的人都成了失败者。死亡是一场没有人能打赢的斗争。"

这个场景说明了致命疾病会让我们以何种方式面对死亡，暴露了我们对与爱人分离的焦虑、对病痛的害怕，以及想象中的对死亡的恐惧。

当然，癌症只是一种致命疾病，还有其他致命疾病，例如心脏病和中风。心脏和循环系统疾病的主要类型是动脉粥样硬化（动脉增厚、硬化）、冠状动脉和外周动脉疾病、充血性心力衰竭、先天性心脏病、风湿性心脏病和心脏瓣膜问题。中风，也称为脑血管意外，指的是大脑某些部位的血液供应受阻，导致脑细胞被破坏。尽管人们认为心脏病是现代生活的疾病，但是来自三个大陆的木乃伊的CT扫描都显示出动脉硬化。有证据表明，随着年龄的增长，人类可能更容易患上心血管疾病。

有时严重的心脑血管疾病直到晚期才有症状。心源性猝死指的是心搏骤停引起的意外死亡，通常是由于心律失常（心脏传导系统中断、心动过速、过慢或不规律）。这类疾病并不总是引起意外死亡。例如，对心肌的损伤会导致心脏病发作或心肌梗死，为此必须做相应的处理。

在美国，除了癌症、心脏病和中风，其他主要的死亡原因还包括意外事故、阿尔茨海默病和自杀。这些与死亡"相遇"的方式将在后面的章节中讨论。除了对癌症治疗选择的讨论，本章的内容普遍适用于致命疾病。我们在讨论治疗方案时特别关注癌症，主要有两个原因：其一，它对许多人来说象征着致命或末期疾病的本质；其二，许多致命疾病患者目前可获得的医疗手段和姑息治疗，源自改善癌症治疗的努力。

致命疾病的个人和社会意义

致命疾病有时被视为禁忌，似乎充满神秘的危险。这可能使人们回避与禁忌状况有关的人、地点和物体。凯·图姆斯说：

> 诊断充满了个人和文化意义。可怕的疾病，例如癌症、心脏病、艾滋病，都带有一种尤为强大的象征意义。患病时，个人不仅要面对疾病的生理症状，还要面对与诊断相关的意义，特别是他人的反应。

禁忌和回避可能导致朋友、亲戚和照顾者抛弃病人，造成"社会死亡"；病人会觉得自己与社会隔离开来，觉得自己"无用"（研究人员指出，尽管癌症仍然会带来病耻感，但与名人开始公开谈论癌症之前相比，已经大不相同）。

不能获得或保持健康的人可能会感到内疚："我要为自己招致的疾病负责吗？"假设自己有责任，尽管不清楚具体是怎么回事，这样的奇幻思维还是会给致命疾病患者增加额外的负担："如果我做了……没有做……也许就不会处于这种困境了。"追求健康成为一种美德。

> 那是山间一片宁静的树林，鸟鸣阵阵，我坐在院子里，呼吸着月桂树和松树的香气。我知道我的生活将永久改变——我的工作、家庭生活以及每天身体的感觉都会不同。我也知道我想象不到这是什么感觉：化疗、放疗、疼痛，每天都感到恶心，逐渐衰弱，直至死亡。我见过很多病人经历过这种情况，但从来没有问过他们这是什么感觉。我很快就会知道。毫不夸张地说，我开始了一段极具挑战性的旅程。我坐在那里，享受着在癌症成为我和我的家人生活的焦

> 点之前，生命中最后的 30 分钟。
>
> 李·利普森塔尔，《享受每个三明治》

此外，重疾和致命疾病的治疗费用高昂，住院、门诊治疗、复诊和药品都会产生费用。除医疗护理外，还有各种附带费用，例如交通、支持服务、儿童托管服务和远距离接受专门护理的病人的临时住房费用。请假也会减少收入。如果把家庭看作一个系统，当疾病影响病人时，它也会影响家庭生活；反之亦然。考虑到所有这些因素，再加上护理生命有限的疾病固有的压力和问题，我们可能会同意艾拉·比奥克的总结，"我们让死亡变得更加困难，本不应如此的"。

教育、咨询和支持团体可以帮助个人应对威胁生命的疾病。获得疾病和治疗的信息，与他人相互支持、分享经验，使用咨询服务来澄清问题，并寻找更有效的与照顾者、家人和朋友沟通的方式，这些都是积极应对致命疾病的例子，在某种意义上使个人能够掌控自己的生活。然而，在各个层面上都可能有重大的失落感。比奥克说："疾病的本质不是医学，是个人层面的……患病是人与疾病的互动。"

应对致命疾病

每种疾病都会带来一系列问题和挑战，每个人都会以自己的方式应对。人们对疾病的反应是由性格、心理构成、家庭模式和社会环境塑造的。阿瑟·弗兰克说过："重疾告诉我们，活着就是不断地经历风险，但比死亡更大的风险是活得不够好。"

宗教信仰和精神信仰可以是面对致命疾病的重要盟友。病人和他们的家人可能会因为信仰而获得安慰，帮助他们面对死亡的深渊，以某种方式找到存在的意义。信仰能促进自信、平和和目的感。

查尔斯·科尔指出了应对死亡的四个主要方面：身体、心理、社会和精神（见表 7-1）。这让我们认识到，应对不仅仅是身体或思想的问题。需要指出的是，精神层面并不仅仅是宗教层面，它包含一个人的基本价值观和看待生死的意义来源。这一模式将一个狭隘或有限的视角,即如何应对死亡的威胁,转变为一个整体的视角。

表 7-1 应对死亡的四个主要维度

1. 身体,包括以与其他价值观一致的方式来满足身体需求,减少身体痛苦。
2. 心理,包括最大限度的心理安全、自主性和丰富的生活。
3. 社会,包括维持和增进重要的人际关系以及处理死亡的社会影响。
4. 精神,包括确认、发展或重申精神能量或意义的来源,增加希望。

认知死亡

社会学家巴尼·格拉泽和安瑟姆·施特劳斯观察了家庭成员在面对致命疾病时的互动,总结出四种不同的方式,对死亡的意识塑造了不同的沟通风格。在封闭认知中,临终者不知道他即将死亡,其他人可能知道。这种情况的特点是缺乏关于病人病情或死亡预期的沟通。

在怀疑认知中,个人怀疑自己的预后,但这种怀疑没有得到那些了解情况的人的证实。患者可能会试探家人、朋友和医务人员来证实或否认自己的怀疑,获得他人知道但不公开的信息。患者观察到家人欲言又止,感觉到其他人对疾病的焦虑,会更确信自己的怀疑。肯尼斯·多卡讲述的故事说明了这一点:一位病人,他告诉妻子明年春天他想种一个香草园时,第一次隐约感觉到死亡即将来临。妻子紧紧地握着他的手,含着泪说:"亲爱的,你当然可以种。"男人幽幽地说道:"她从来没有对我的园艺表现出这么大的热情。"

相互假装的情境就像一场舞蹈,参与者避免直接交流患者的病情。这可能建立起一整套复杂的、不言而喻的行为规则,维持病人正在康复的幻觉。参与者互相传递微妙的信号,应对危机的沟通方式是假装一切正常。每个人,包括病人在内,都意识到结局是死亡,但所有人都表现得好像病人会康复一样。短期内,相互假装可能是应对困难和痛苦局面的有效策略。

相互假装背后的概念是,每个人都应该回避"危险"或"威胁性"的话题,例如疾病相关的事实、预后、医疗程序、患有同一疾病的其他病人的死亡,以及病人死亡后可能发生的事件。当某件事打破虚构、揭露现实时,双方都假装这件事没有发生。人们可能会对披露真相的风险表现出愤怒或淡漠，或者可能会说需要出去走走或打个电话，以此来避免进一步的交流。相互假装可能会持续到最后时刻，也有可能违反心照不宣的规则，披露病人的病情。

格拉泽和施特劳斯总结出的第四种沟通方式是开放认知，也就是承认和讨论死亡。开放认知不一定会让人更容易接受死亡，但与其他方式相比，的确更可能让人们相互支持。

随着更多地了解疾病或疾病进程改变，认知的情境可能会改变。例如，手术时，相互假装可能占主导地位；在收到新的检测结果后，参与者可能开始公开承认这种疾病会威胁生命。随着情况的改变，认知的情境可能会改变。

适应"生存-临终"

患有致命疾病是一种"生死相依"的经历，在此期间患者和家属的态度在否认和接受之间波动。艾弗里·韦斯曼指出，这种应对过程包含中间知识。也就是说，个人在抱有希望和承认现实之间寻求一种平衡。

40多年前，伊丽莎白·库伯勒-罗斯在研究临终患者的基础上，描述了对致命疾病的常见情绪和心理反应。"库伯勒-罗斯研究的核心是她对病人的关心，她希望每个医生都能充分想象病人的痛苦，并采取相应的行动。"她提醒学生和读者，关注临终者非常重要，他们有很多东西可以教给我们——关于我们共通的人性，以及充满了焦虑、恐惧和希望的生命的最后阶段。

也许你听说过或读过库伯勒-罗斯模型的五个阶段：否认、愤怒、讨价还价、抑郁和接受。当一个人被诊断出患有致命疾病时，他的反应可能是回避或否认。愤怒的情绪可以掩盖对遭遇严重疾病及其后果的焦虑。它可能表现为转移的敌意，可能是针对照顾者的，或者表现为对食物或护理等方面的抱怨："你为什么不能好好给我沏杯茶？你知道我做不到！"

病人寻求方法来避免不可避免的事情时会讨价还价或试图与命运达成协议。随着疾病的发展，身体变得虚弱，坚忍克己的心理可能会被抑郁取代，这是一种深深的失落感。库伯勒-罗斯区分了两种抑郁：反应性抑郁，这是对疾病造成的破坏的反应；预备性抑郁，这是与意识到自己即将死亡并必须为死亡做好准备有关的抑郁。

在应对致命疾病及其伴随的失落时，个人可能最终会找到一些接受或解决办法。"接受"并不是放弃或失去希望，它意味着以一种本质上积极的方式面对死亡。想想作家哈罗德·布罗德基面对可能将死于艾滋病时说过的话：

> 我喜欢我以往的生活。我喜欢我现在的生活，虽然我生病了。我喜欢和我打交道的人。当我的生活不完整时，我不会觉得自己被匆匆赶下了舞台，或被谋杀后塞进洗衣篮里。该轮到我死了，我知道有些人觉得这让人意外，但并不是因为这是一场悲剧。是的，我无法做一些事情，被人以一种糟糕的方式欺骗了一生，但谁不是呢？那又怎样？我也有很多庆幸之事。有时我为生命的结束而难过，但我对书籍、日落和谈话也是如此。

"库伯勒－罗斯"模式曾出现在卡通片和电视节目中，如《辛普森一家》。这五个阶段是线性发展的，应该按顺序经历，最终到达接受阶段，这一观点成了人们该如何应对临终过程的处方。在现实中，每个人的路径都是独特的，由疾病的特性、患者的个性以及他们生活的环境中可提供帮助的资源等因素决定。

库伯勒－罗斯促使大众更好地理解人们如何经历濒临死亡的过程。然而，这种模式在一段时间内成了唯一一种应对方式，尽管库伯勒－罗斯自己也指出，患者往往在治疗过程中在不同"阶段"之间来回穿梭，也可能在同一时间经历不同的阶段。人们有时会把否认理解为一件坏事，一件临终者应该"克服"或超越的事情。但这种解释忽略了一个事实：否认可能是一种健康的、有效的应对方式。否认代表适应性还是不适应取决于它的时机和持续时间，以及感知到的威胁的性质。面对现实并不总是最健康的选择；有时候，玩游戏或表现得好像并非身患绝症是适当的反应。

超越库伯勒－罗斯的模式，在研究个人在致命疾病的不同阶段管理的任务时，肯尼斯·多卡提供了一个有益的临终事件发生顺序模型（见表7–2）。这个模型描述了由诊断开始的急性期、与疾病共存的慢性阶段，以及应对即将到来的死亡的终末期。多卡指出，在某些情况下，还可能出现两个额外阶段：第一，诊断前阶段，在此期间，个人对疾病产生怀疑并可能寻求医疗护理；第二，恢复阶段，发生在致命疾病治愈或缓解之后。当你考虑与这些阶段相关的任务时，请记住，重疾并不会自动使人从日常生活的挑战中解放出来。多卡说："致命疾病只是生活的一部分。"确诊之前生活中的所有问题都是更广泛的生命和生存中斗争的一部分。

表 7-2　应对致命疾病

急性阶段	慢性阶段	临终阶段
了解疾病。	控制症状和副作用。	管理不适感、疼痛、机能丧失和其他症状。
尽量保持健康的生活方式。	执行健康计划。	应对医疗程序和机构压力。
优化应对的优势。	管理压力并审查应对行为。	管理压力并审查应对行为。
制定策略，应对疾病引起的问题。	面对疾病时，使生活尽可能正常化。	为死亡做好准备，告别。
探讨诊断对自我和他人的影响。	使社会支持最大化，保持自我的概念。	维持自我的概念，与他人保持适当的关系。
表达情感和恐惧。	表达情感和恐惧。	表达情感和恐惧。
把目前的现实融入过去和未来。	在不确定和痛苦中寻找意义。	在生与死中寻找意义。

应对模式

赫尔曼·法伊尔指出，应对致命疾病的模式差异巨大。因此，我们既要清楚应对方式因人而异，也要了解个人有各种各样的方法来应对致命疾病。仅仅依靠临终过程的"标准"模型来告诉我们某人可能会怎么做，或者可能有什么感觉或想法，是不可行的。我们必须关注临终者自己的人生经历。

埃弗里·韦斯曼观察到，有效应对致命疾病包含三个相互关联的任务：第一，面对问题并在必要时修改计划；第二，保持开放的沟通，明智地利用他人的帮助；第三，保持乐观和希望。韦斯曼的模型与费弗尔的模型相似，认为应对终末期疾病的过程包括三个阶段：首先，从发现症状到确诊；其次，从确诊到最终衰退；最终，从衰退到死亡。描述疾病晚期历程的"里程碑"有以下几点：

1. 存在的困境。自我认同的危机始于对诊断的最初震惊，患者试图接受这个改变生活的消息。

2. 缓解与调整。当治疗开始时，由于做出了调整，疾病变成了生活的一部分。

3. 终结前期和终末期。当生命无法治愈或延长时，随着生命的极限越来越清晰，个体面临着不断地衰退和恶化。随着生命终点的临近，临终病人为死亡做准备，姑息治疗取代了积极治疗。

致命疾病几乎会破坏生活的方方面面。很长一段时间以来，人们都知道，寻找生命的意义和获得掌控感之间存在着至关重要的联系。潜在致命疾病的威胁引发各种应对方式，使威胁变得可控。从心理学上讲，这些反应可以分为两类：防御机制和应对策略。防御机制是在无意中发生的，没有特意的努力或意识。它的作用是改变一个人的内在心理状态，而不是外在现实。应对策略包括有意识的、有目的的努力。它的目的是解决一个问题。人们普遍认为应对策略比防御机制更积极，但两者都包含有助于减轻痛苦状况的心理过程。例如，否认是一种防御机制，有时有适应性，有时没有，这取决于个人和环境。从短期来看，否认能给人"喘息的空间"来面对痛苦的处境；然而，从长远来看，如果防御机制阻止人调动所需的资源和采取适当的行动，它可能会阻碍积极的结果。举一个例子，有人否认现实，讳疾忌医。埃德温·施奈德曼说："时断时续的否认是临终过程中普遍存在的心理特征。"

特雷泽·兰多提出了个人在应对死亡威胁时使用的三种主要心理和行为模式：其一，撤退和保存精力；其二，从死亡威胁中撤出；其三，试图掌握或控制死亡威胁。应对过程中的心理过程和行为的主要目的是控制紧张情况。这通常需要不同的应对策略协同工作。就像管弦乐队一样，在特定的时间突出特定的乐器，其他乐器等待它们的时机，不同的应对策略可以在不同的时间使用，以达到不同的目的。

区分不同策略的一种方法是审查它们的目的和重点。例如，以情绪为中心的应对方式有助于调节压力。它允许一个人通过重新定义或远离来逃避紧张环境的影响。从积极的角度重新审视某种情况可以减少威胁感。另一种策略是以问题为中心的应对，管理引起压力的问题。那些寻找有关诊断的信息并积极地确定治疗选择的人，使用的是以问题为中心的应对方式。这种应对方式的一个特点是追求对个人有意义的目标。我们之前谈到应对的主要目的是建立控制感，值得注意的是，更大的控制感与问题导向的应对方式有关。第三种策略是以意义为中心的应对，有助于保持个人积极的幸福感。例如，放弃无法实现的目标，制定新的目标，对正在发生的事情有一定的理解，以及尽可能在令人沮丧的情况下找到积极的一面。在寻找意义时，人们常常求助于精神信仰，以了解如何在逆境中做到最好。从失落中找到一些弥补的价值可以让压力更容易承受。

人们会根据解决问题的机会、情绪反应的强度和调节能力，以及令人沮丧的情况发生时环境的变化，来改变自己应对问题的方式。因此，应对策略是动态的，而不是静态的。它们也是相互依存、相互补充的。因此，应对的总体模式类似于各种应对风格之间或多或少的连续发展或摇摆不定。

个人如何应对压力环境很大程度上取决于他们一直以来的性格和个性。那些最善于应对致命疾病的人往往表现出一种"战斗精神"，认为疾病不仅是一种威胁，也是一种挑战。这些人努力使自己了解病情，并积极参与治疗决策。他们是乐观的，并努力在日常事件中发现积极的意义。尽管身处痛苦的环境中，仍要保持积极的态度，这就需要创造一种比威胁更大的意义感。在致命疾病的背景下，这包括个人理解疾病对未来的影响的能力，以及他们实现目标、维持关系、保持个人活力、才能和力量的能力。

维持应对能力

从一个人注意到异常症状的那一刻起，经过治疗的起起落落，直到生命的最后时刻，希望和诚实往往维持着微妙的平衡。他诚实面对现实，希望结局是积极的。保持自我价值感、设定目标并努力达到目标、认识到自己有能力应对挑战并做出相应的选择、与环境积极互动，这些能力都是面对死亡、维持生存意志的"应对的力量"。希望在病人与疾病共存的能力中起着关键作用，这对医学界来说一直是不言而喻的事实。

> 在 39 岁生日那天的下午，我得到了生病的消息。花了一些时间，长途奔波，做了一系列让人感觉不适的检查后，才得到具体的诊断结果，但那时重大打击已经到来，而打击是关键。我血液里有一种无法治愈的癌症。这种疾病既罕见又神秘。一些人很快去世，另一些人则能活上几十年；一些人遭受各种痛苦和残疾的折磨，另一些人直到生命的尽头都相对健康。在我见过的所有医生中，没有一个愿意冒险做出哪怕是模糊的预测。
>
> 传统观点认为，悲剧会使夫妻极度亲密或疏远。我们在得知癌症的消息时，结婚还不到 1 年。
>
> 在确诊后的最初几天里，我们大部分时间都坐在沙发上哭泣，我一个人奄奄一息，但我们一起难过。确切地说，我们所哀悼的并不是我的死亡，而是我们期待的那种生活的死亡。
>
> 克里斯蒂安·威曼，《爱欢迎我》

据报道，约翰·亚当斯和托马斯·杰斐逊尽管病得很重，但都活到了 1826 年 7 月 4 日，也就是《独立宣言》签署 50 周年纪念日。据杰斐逊的医生说，他的临终遗言是："到 4 号了吗？"这个故事提出了一个问题：为了庆祝周年纪念日或其他重要事件，人们是否有能力延迟死亡？

希望的对象随时间而改变。希望这些症状并不意味着什么，让位于希望能够治愈。当不再可能有治愈的希望时，人们可以希望活更长的时间。当时间耗尽，人们希望无痛而亡。关注生活有意义的方面，才能支撑希望。

医生常常通过讨论疾病和治疗方式给病人灌输希望。他们说要一步一步来，首先要控制疼痛或其他症状。或者他们可能会使用类比，将应对严重疾病的过程比作爬山，这可能很难，但只要一个人不断向山顶前进，就有可能成功。这个比喻暗示医生可以帮助"把病人拉到更安全、更高的地方"。一位肿瘤学家解释说："你必须给人们一些让他们期待早上醒来的东西，否则他们可能只有死路一条。"在面对坏消息时表现出最好的一面，医生们把自己看作"病人的啦啦队长"。但也有这样一种情况："有时候，你能给予临终者的唯一真正希望，就是陪伴他走向死亡，尽你所能尊重他们的意愿。"

治疗方案和问题

治疗致命疾病的选择因疾病的性质和病人的特殊情况而不同。有些致命疾病可以通过相对简单的治疗治愈。另一些在治疗后病情可以得到缓解或稳定。而对其他人来说,存活的希望非常渺茫。重症患者有以下合理的期望:

- 自己的疼痛和其他症状得到定期评估和适当的治疗。
- 清楚明了地了解自己的病情和治疗方法。
- 协调各次复诊和不同医生及护理项目之间的治疗。
- 在可能的情况下预防危机,并为管理紧急情况制订清晰的计划。
- 有足够的护士和护工来提供安全和高质量的护理。
- 支持家人的护理以及他们最终的哀悼。

治疗疾病的选择在一定程度上取决于整个社会的环境。不同的人群在获得医疗护理方面存在明显的差距。属于城市贫困人群的人讲述了在治疗过程中发生的"屈辱的故事",他们会问:"你能尊重我吗?"相反,由于医疗服务的普及,社会经济水平较高的患者可能会遇到其他问题。《纽约时报》的一篇文章指出:"结果会出现专家互相推荐、无人协调的现象,导致信息混乱、更多的转诊、更多的住院治疗,医疗状况恶化,病人更加焦虑。"

尊严对所有人来说都很重要,也许在伴随生命结束的戏剧性场面和环境中尤为重要。哈维·马克斯·乔奇诺夫指出,尊严被定义为"有价值、受尊敬或尊敬的品质或状态"。他补充说:"尊严提供了一个总体框架,可以指导医生、病人和家庭确定生命终结时的基本目标和治疗考虑。"在中国香港进行的一项研究中,何孝恩和他的同事总结道:

> 由于尊严是一个承载着价值和文化的概念,它包含了广泛的生理、心理、精神、家庭和文化问题,所有姑息治疗工作者都需要更好地意识到族裔多样性。然而,大多数临终干预措施仍然侧重于对疼痛和症状的控制,而整体护理和家庭支持是有限的。

通常在冠状动脉阻塞并切断心脏某个区域的血液供应时，会导致心脏病突发，这种紧急医疗情况也反映出社会选择如何影响治疗方式。一半死于心脏病发作的人会在症状出现后的 3～4 个小时内死亡。越早开始治疗，存活的机会就越大。接受早期治疗的患者存活率约为 90%。救生援助的关键是迅速做出紧急反应。一些社区认识到心脏猝死是紧迫的公共卫生问题，投资建立了先进的心脏护理移动小组，而其他社区认为这些小组太贵了。

如前所述，本节的重点主要是讨论癌症的治疗选择。然而，本节所介绍的大部分内容，尤其是替代疗法和疼痛管理，普遍适用于各种致命疾病。

作为总称，癌症包括许多类型的恶性或潜在致命的、发生在体内的肿瘤。从本质上讲，癌症是细胞不正常、不受控制的增殖。美国最常见的癌症类型有前列腺癌、乳腺癌、肺癌、结肠直肠癌、膀胱癌、肾癌、口腔癌、咽癌和胰腺癌、黑色素瘤、非霍奇金淋巴瘤、白血病，以及女性生殖道癌症（宫颈癌、子宫癌和卵巢癌）。癌细胞可以在任何器官的任何组织中生长。

由于癌症有许多种类和类型，一些专家建议最好将癌症理解为一个过程，其中时间是一个关键维度。肿瘤生长可快可慢，可能需要几周或几年的时间。癌症是根据它在体内扩散的方式来分类的。这个过程被称为分期。它表示疾病的程度，有助于确定治疗方式和预后（见表 7-3）。通常有三种方法来评估肿瘤：（1）原发肿瘤的范围，（2）是否有淋巴结转移，（3）是否有远端转移。癌症在初期影响身体某一部位的组织，它可能通过侵犯邻近组织或转移扩散，病变细胞通过血液或淋巴系统或通过身体束传播到更远的身体部位。癌症发展的速度会影响病人和家属如何应对疾病。

表 7-3　肿瘤分期

阶段	描述
0	"原位癌"：一种只存在于原癌细胞中的早期癌症，也就是说，它没有扩散到周围组织。
I - IV	更广泛意义上的癌症，较高的数字表明肿瘤更大或癌细胞已扩散到邻近原发肿瘤的淋巴结或器官的程度越高。为了描述性和统计分析，侵入性癌症根据扩散程度可分为局部、区域部或远端。

成功的癌症治疗要求破坏或移除所有的癌组织，否则，疾病就会复发。在治

疗癌症时，医生主要关注原发肿瘤及其转移。没有一种单一的对所有类型的癌症都有效的疗法。一种对某种癌症成功率高的疗法可能对另一种癌症无效。有些癌症需要综合治疗，也可能需要辅助治疗，协助另一种疗法。当一种癌症无法治愈时，使用以下部分或全部疗法来缓解症状可能会提高生活质量和延长寿命。患者需要足够的信息来清楚地了解每种疗法的风险和益处，并评估采取不同行动的后果。在这里我们将探讨手术、放疗和化疗等常见的治疗方法。在研究和实践中获得关注的其他选择包括免疫疗法、激素疗法、干细胞移植以及其他靶向和精准药物。

手术

外科手术是最古老也是最常用的癌症治疗方式，有些癌症在早期仅通过手术就可以治愈。外科手术也常被用于治疗许多其他疾病。虽然外科手术是一种常规的医疗实践，但它也可以被视为一种"对身体的侵犯"，副作用可能包括毁容、残疾或丧失身体功能。

癌症的诊断通常是通过活组织检查来确定的，活组织检查通过手术切除组织样本，检查是否有癌细胞存在。为了阻止癌细胞的生长和扩散，手术通常不仅要切除恶性器官或组织，还要切除邻近的健康组织。外科手术除了作为多种癌症的主要治疗手段，还可作为治疗疼痛的一种选择。

放射治疗

在1898年发现镭之后不久，人们就认识到辐射可以用来治疗癌症。辐射疗法使用电离辐射优先破坏分裂迅速的细胞。虽然辐射对正常组织和癌变组织都有影响，但癌细胞受到的损害更严重，因为它们通常比正常细胞生长得更快。放射治疗在某些癌症的治疗中起着关键作用，而在另一些癌症中，它被当作化疗的辅助治疗手段。即使放射治疗不能治愈，也可作为缓解症状的姑息疗法，改善患者的生活质量。

接受放射治疗的病人通常要接受几个月的频繁治疗。辐射剂量是根据疾病的阶段和病人承受副作用的能力而定的，副作用包括恶心、呕吐、疲劳和全身无力。

化疗

化疗被称为增加癌症患者治愈人数的主要武器。化疗是用有毒药物杀死癌细胞。有些癌症可以通过化疗治愈，另一些有反应但没法治愈，还有一些则耐化疗。

第一次世界大战期间，人们观察到芥子气的毒性可以对骨髓造成损害，化疗由此发展而来。临床试验开始于"二战"后。理想的化疗药物攻击体内的癌细胞而不影响健康组织。化疗用药的剂量必须足够大，足以杀死癌症或减缓其生长，但不能大到严重伤害患者。虽然化疗可提供一些缓解作用，但也伴随着大量毒性作用。

所有化疗药物基本上都是通过阻断细胞分裂过程中的代谢过程来起作用的。结果，它们会损害健康和患病的组织。然而，由于癌细胞比大多数正常细胞分裂得更快，化疗会首先影响癌细胞。不管一种特定的药物是阻止细胞制造遗传物质，阻止核酸合成，还是阻止细胞分裂并引起其他细胞变化，化疗药物之所以有效是因为它们是有毒的。

化疗是一种对许多类型的癌症都很重要的治疗方法，尽管它通常会导致令人痛苦的副作用，包括脱发、恶心、失眠、饮食和消化问题、口腔溃疡、胃肠道溃疡和出血，以及其他毒性作用。

替代疗法

保罗·因塞尔和沃尔顿·罗斯观察到："西医的一个重要特征就是相信疾病是由可识别的物理因素引起的。"他们补充道："西方生物医学有别于其他医疗系统的另一个特点是几乎所有疾病的概念被定义为一个特定的（物理）表现迹象和症状（对个体的影响），它们在大多数患有这种疾病的患者中有类似表现。"

> 肿瘤学的讨价还价是，为了再活几年的机会，你同意接受化疗，然后，如果幸运的话，接受放疗甚至手术。所以赌注是：你再待一段时间，但作为回报，我们需要你牺牲一些东西。这些东西可能包括你的味蕾、集中注意力的能力、消化能力以及你的头发。
>
> 克里斯托弗·希钦斯，《死亡》

因此，传统的医疗系统是基于用科学的解释来描述与健康有关的现象，包括这样的解释：

- 经验的（基于感官证据和客观观察）。
- 理性的（遵循逻辑规则，与已知的事实一致）。
- 简化（用最少的原因解释现象）。
- 严格评估（能够验证）。
- 暂定的（有待新的或更好的证据）。

当标准疗法失败时，患者往往愿意尝试未经证实的治疗方法。例如，他们试图参与一些治疗的临床试验，这些疗法的疗效正在研究中。然而，医生们指出，服用实验性药物并不是治疗方法；它们是一种研究中的化合物，最终可能弊大于利。医生警告说，病人"经常抓救命稻草，他们需要了解并警惕那些承诺可以治愈的实验性药物，这些承诺往往是错误的"。

然而，人们有时会发现，主流医学缺乏将患者作为一个整体来对待的能力，而不仅仅是将患者视为"以医生为中心"的治疗方案的接受者。其结果是，人们对所谓的补充和替代医学——有时也被称为"整合医学"——越来越感兴趣，它包括一系列不同的治疗理念、疗法和产品（见表7-4）。尽管其中一些是被医疗机构认为有害的非正统技术，但另一些与传统医学兼容。

表7-4　补充和替代疗法

身心干预	以系统为中心的方法	接触疗法
心理治疗和支持小组	中国传统医学	骨科医学、捏脊疗法、按摩疗法、生物场疗法（例如按手医治）
冥想	针灸和按摩	反射疗法
催眠和生物反馈	草药和饮食/营养方法	"指压疗法"（如罗尔夫按摩治疗法、特拉哥按摩疗法、费登奎斯方法、亚历山大疗法、指压按摩疗法）
瑜伽，舞蹈疗法，其他运动疗法	以社区为基础的实践（例如印第安人的汗屋和拉丁美洲的库兰迪斯莫疗法）	
音乐疗法和艺术疗法	阿育吠陀（印度）顺势疗法药物	

身心干预	以系统为中心的方法	接触疗法
祈祷和心理疗法	自然疗法医学	生物能疗法

例如，在控制疼痛方面，辅助或协作方法可能包括心理治疗和其他身心干预（冥想、想象、生物反馈，等等），以及物理治疗和其他形式的接触疗法。配合化疗，患者可以使用视觉设想来想象体内的治疗药物，因为它有助于恢复健康。这类技术帮助病人通过想象身体患病部位再次康复来调动他们的内在治疗资源。

在日本柴田医院，伴随着传统治疗的是一种被称为"有意义生活疗法"的精神治疗技术。这种疗法背后的理念是，即使我们处于疾病的终末期，也可以"对在剩下的时间里做什么负责"。因此，患者从承认自己的痛苦开始，逐渐认识到其他人也在受苦，然后接受患病的现实，最后"有能力在疾病造成的现实限制内

诸如冥想、瑜伽、针灸和按摩等补充和替代医学干预措施更多关注主流医学经常忽视的心理和精神需求。

充分、深入地生活"。

跨文化问题在传统医学中也变得越来越重要。医生们不再认为这些信念是不合理或错误的，他们越来越认识到，最佳护理通常是通过明智地结合传统生物医学和民间信仰或民族医学来实现的。这意味着医生必须考虑到"生物医学文化"之外的其他实践可能是有效的。阿瑟·克兰曼说："如果你不能看到你自己的文化有它自己的一套利益、情感和偏见，你怎么能期望成功地处理别人的文化呢？"

洛里·阿维索·奥尔沃德为她的纳瓦霍族病人提供了一种综合疗法，将传统部落信仰融入传统医学。通过这种方式，奥尔沃德"连接了两个医学世界，即传统纳瓦霍治疗和传统西医，来从整体上治疗病人。"当毕业于斯坦福大学医学院的奥尔沃德回到她的纳瓦霍社区时，她发现，尽管她是一个好医生，但她"并不总是一个好的治疗师"。

> 我回到了我部落的治疗师那里去学习外科住院医师无法教给我的东西。从他们身上我听到了一条响亮的信息：生活中的一切都是相互关联的。我们要学会理解人类、精神和自然之间的联系，要意识到我们的疾病和痊愈都来自在生活的各个方面保持牢固健康的关系。

格里·考克斯指出："在印度文化中，照顾死者的基础在于自然和治疗仪式。"在一些墨西哥裔美国人当中，库兰德罗疗法（来自西班牙语动词"治愈"）的传统做法是整体卫生保健的重要组成部分。一项比较民间治疗和生物医学的研究得出结论："在寻求缓解疼痛的过程中，实用主义占上风；人们根据疗效来判断他们接受的治疗。"

安森·舒普和杰弗里·哈登使用了象征治疗这个术语来识别各种各样的治疗方法，它们被命名为"信仰治疗""超自然治疗"和"民间治疗"。我们认为有意义的事情、我们的信念会潜在地影响我们身体的功能。作为人类，我们生活在一系列相互重叠的环境中：生物的、社会的和文化的。在不同文化背景下，大多数治疗系统将疾病描述为"患者生活中不同领域的不平衡"。当替代疗法有助于恢复这种平衡时，它们是传统治疗的辅助手段。这种辅助疗法被称为"补充疗法"。

一份标准的医学文本指出:"如果目标是维持或恢复健康,应使用所有可用的机制。"然而,许多医生警告说,"对多元文化的尊重不应该被当作感情用事的借口,医生不能放弃为病人的最大利益服务的职业操守。"

安慰剂效应

随着医学治疗的定义在改变,人们对安慰剂的态度也在改变。2008年,哈佛大学成立了一个专门研究安慰剂研究和治疗的机构。什么是安慰剂?医生兼律师史蒂文·珀尔马特将其定义为"一种对所治疗的病症没有已知的特定药理活性的物质"。安慰剂可能不仅仅是糖片、等渗盐水溶液和其他非药物干预,也可能是所谓的不纯安慰剂,也就是已知有治疗作用、但对相关疾病无效的物质。用于非细菌感染的抗生素就是这方面的一个例子。

一个有趣的历史提示:placebo这个词来自拉丁语,意思是"我愿意"。在中世纪,雇用的哀悼者会参加死者的晚祷。因为他们是被雇用的,悼念者的感情被认为是不真诚的。人们称它们为"安慰剂"。

"安慰剂效应"是指人们对一种被认为是有效疗法的治疗产生的积极反应。研究人员发现,"相信一种治疗方法和治疗本身一样有效"。换句话说,我们的期望对伤口的愈合有着深远的影响,即使"它全在你的脑海里"。珀尔马特说:"一般来说,注射剂比口服药更有效,胶囊比片剂更有效,鲜艳的颜色比柔和的颜色更有效,两片药比一片药更好。"当医生认为病人可能会去"挑选医生",从一个技能较差或更自私的医生那里接受不适当或过度激进的治疗,或者当存在危险的"谷歌自我治疗"时,安慰剂可能是合理的。研究表明,在患者疼痛,或医生不想告知患者没有有效的疗法时,可以使用安慰剂。珀尔马特指出:"当疾病无法治愈,情况毫无希望时,安慰剂提供了一种'治疗'的选择。"

非正统的治疗和常识

当你听到非正统这个词时,你会想到什么?无效的?权威方法以外的方法?非正统疗法是指医疗机构认为未经证实或可能有害的治疗方法。这种疗法的倡导者可能会被贴上江湖医生、江湖骗子或冒牌货的标签,他们的方法被认为是最新版

洋地黄从毛地黄中提取，已经连续使用了200多年，用于治疗心脏病。

的"感觉良好医生的医学秀"，这是一种蛇油药，即使本质上无害，也会让人们忽视可能会帮助他们的传统药物。

即使在最好的情况下，替代疗法通常也会使用未经证实的疗法——也就是未经严格科学检验的疗法。这些未经证实的疗法可通过大众媒体或互联网推出，而互联网是许多人获取健康问题相关信息的主要途径。在意大利的一项研究发现，病人希望治愈而愿意尝试功效不明的治疗，"不清楚治疗的功效让人存有希望，而知识意味着要接受不确定性，尤其当治疗的益处（如姑息化疗）有限时"。

在杏仁核或鲨鱼软骨中可以找到治疗方法的说法，令人难以置信；事实上，这样的"疗法"可能不仅有争议，而且危险。然而，许多常见药物提取自看似不太可能的物质。青霉素是由霉菌自然产生的。阿司匹林的有效成分与白柳树的树皮和叶子中发现的一种物质接近。也许，比起药物的来源，我们更应关心的问题是它是否有效？在中国，大约有1700种植物是常用的药材，而在印度，大约是

2500 种。随着科学家们寻找世界各地治疗师使用的"未被发现的"药物，药用植物的研究对药理学越来越重要。事实上，"当今科学医学的许多药典起源于原住民的民间医学，并且今天使用的许多药物都是从植物中提取的"。

在去世前不久，诺曼·卡曾斯曾说过："人生最大的悲剧不是死亡，而是我们活着的时候内心的死亡。"患有重疾或绝症的现实会对人的精神造成损害，而这种损害仅靠传统的药物疗法可能无法修复。让病人面对非此即彼的情况，迫使他们在传统疗法和替代疗法之间做出选择，这可能是错误的。有些时候，严格捍卫标准的做法弊大于利。

疼痛管理

疼痛是绝症患者最常见的症状，也是姑息治疗的重点。从疼痛的类型和严重程度来看，这是一种复杂的、多维的现象。急性疼痛是"潜在损伤或损伤程度的一种重要的生物信号"。它是一种保护机制，促使患者从疼痛的源头移开或撤离。相比之下，慢性疼痛通常被定义为持续时间超过 3～6 个月的疼痛。当疼痛持续这么久，它就失去了适应性作用。慢性疼痛可伴有睡眠障碍、食欲缺乏、体重减轻和抑郁。它也可能导致性兴趣的降低和相应的亲密关系的变化。它可以由物理机制（躯体性疼痛）、心理机制（心理性疼痛）、疼痛敏感神经纤维的激活（伤害性疼痛）或神经组织损伤（神经性疼痛）引起。

疼痛的语言

人们常常把疼痛说成是一种定义明确的实体，但事实上，正如琳达·加罗指出的那样，疼痛"本质上是主观的，最终是无法分享的"。加罗说："疼痛无法直接测量或观察；这是一种只能通过语言和/或被表现出疼痛的行为来传达的知觉体验。"与文化相关的信仰系统对病人如何"表达"疾病以及应对的反应有重大影响。

不同的语言在谈论病痛时使用的词汇不同。当描述疼痛时，讲英语的人会使用诸如伤痛、受伤、酸痛和疼痛等词汇，需要添加修饰语使描述与体验相配。我们会说"灼烧"或"刺痛"，或"无法忍受的疼痛"或"肩膀酸痛"。请注意人们倾向于把疼痛当作客观对象："我有疼痛"（I have a pain.）。讲泰语的人用动词来描述疼痛，指的是对感觉的主动感知，通常也传达疼痛的位置；例如，"遭受集中腹痛"或"因擦伤而感到恼怒"。疼痛不是被描述成一个客观对象，而是一个感知过程。至少在某种程度上，我们对痛苦的反应是由文化决定的。

治疗疼痛

伊薇特·科隆指出："相信疼痛是真实存在的，是评估和控制疼痛的关键的第一步。"有效的疼痛治疗需要注意的因素包括：疼痛的严重程度、部位、质量、持续时间、病程以及疼痛对患者的"意义"。患者可能同时经历不同的疼痛机制。区分疼痛和痛苦是很重要的，特别是对病人来说，"他们的痛苦可能是由于机能丧失和对即将到来的死亡的恐惧而造成的"。

传统上，通过阶梯式的方式来管理疼痛：从基本的非阿片类止痛药开始，如阿司匹林、乙酰氨基酚和非甾体抗炎药；然后，如有必要，转向阿片类衍生物，可卡因或曲马朵；如疼痛没有缓解，则使用强效阿片类药物，如吗啡和芬太尼。这种模式正在迅速改变。目前任何关于止痛药物的讨论都包括医用大麻和阿片类药物的使用，而且这种讨论很快扩大到包括医用和消遣性大麻的使用，以及公众对阿片类药物的广泛滥用。我们在这里关注的临终姑息治疗，也受到这些广泛关注的影响。

在讨论大麻时，重要的是要将植物或基本提取物（通常指医用大麻）的使用与大麻中的化学物质区分开来，这种化学物质被称为大麻素，用于制药。最近，关于大麻的使用和合法性在美国的全国性讨论引发了许多争论，并且法律发生了变化。人们重新燃起的对药用大麻的兴趣可能会继续，即将出现更多的变化。截至 2018 年 5 月，美国食品药品管理局没有批准将大麻植物作为药物，但已经批准了两种含有大麻素化学物质的药物。目前这些大麻素药物可以减轻疼痛和炎症、治疗恶心、促进食欲，而不会让病人"兴奋"。美国食品药品管理局正在监测其他研究的结果，以了解使用大麻植物是否能够带来足够益处，以抵销持续或长期使用它的风险。尽管研究表明，长期使用大麻会导致呼吸问题、心率加快、暂时的幻觉和妄想症，但那些主张在姑息医疗中使用医用大麻的人认为，这些长期影响对处于生命最后几个月或最后几周的人无关紧要。随着食品药品管理局继续谨慎地研究，美国 29 个州，以及哥伦比亚特区、关岛和波多黎各，已将大麻的医疗用途合法化，不过通常包含诸多限制。

虽然目前的趋势是放松对医用大麻的限制，但对阿片类药物的使用却恰恰相反。几十年来，医生们一直用阿片类镇痛药，包括可待因、吗啡和羟考酮，来应对疼痛，尤其是对癌症患者。随着"阿片类药物危机"的出现，这种做法已经减少了很多。2015年，阿片类药物滥用和过量使用的案例在许多州增加了30%，在美国中西部增加了70%，这引起了人们的关注。美国疾病控制与预防中心估计，2016年，美国在阿片类药物误用、滥用和过量使用造成的医疗护理、生产力损失、成瘾治疗和刑事司法方面花费了785亿美元。尽管以阿片类药物为基础的药物是治疗严重疼痛最成功的药物是众所周知的，但国家危机已经促使联邦医疗保险和其他大型保险公司严格限制或拒绝覆盖阿片类药物的处方。所有这些因素都鼓励医生避免开阿片类药物处方，也劝阻患者不要服用。结果就是，接受姑息治疗的病人，在生命的最后几周或几天里，经历极度疼痛，而人们原本是可以控制和应对这些病痛的。为应对阿片类药物危机，寻找其他方法来应对疼痛，美国食品药品管理局2018年5月宣布，呼吁提交申请，加快开发"医疗设备，包括数字卫生技术和诊断测试，为发现、治疗和预防成瘾、寻找其他方式和治疗病痛提供新的解决方案"。

控制临终患者的疼痛是一个巨大挑战，需要专业技术人员提供的专门治疗。然而，人们了解并可以获得控制疼痛的有效技术。临终关怀和姑息治疗从业人员一直处于这个问题的最前沿，他们呼吁人们关注适当的疼痛管理，特别是应对患者的"全面疼痛"，其中包括身体、心理、社会和精神方面。

临终轨迹

我们对死亡的预期可能与大多数人的实际经历大不相同。年轻人常常想象自己活到老年，然后很快在家中死去，直到生命的最后时刻都感觉灵敏、头脑清醒。在这些想象中的临终场景中，往往看不到死亡的痛苦和不适。我们对死亡的想象可能更多地受到电影和其他媒体，而不是受到可能真正发生的事情的影响。

临终轨迹的概念有助于理解病人濒临死亡时的经历。虽然意外原因导致的猝死，例如严重的心脏病发作或意外事故，是临终轨迹的一种类型，但我们在这里关注的是在有预警的情况下发生的死亡。在这些死亡中，一些轨迹包括持续和可预测的衰退。许多癌症就是如此，疾病不断发展，随后进入晚期。其他类型的晚期慢性病也包含长时间的缓慢衰退，其间有数次危重发作，最后一次病危"突然"致命。

我们还可以区分临终轨迹的不同阶段，也就是说，一个阶段是已知患者身患绝症，预期寿命可能是几周或几个月，也可能是几年；在此后的阶段，死亡迫在眉睫，患者处于被描述为"积极死亡"的时期。估计这种轨迹的方式，即它们持续的时间和预期的病程，会影响患者和护理人员，并影响他们的行动。与预期时间不同的死亡（太快或太慢）可能会造成一些特别的困难。

有时，在意外事故或其他威胁生命的紧急情况下，一个人突然离开人世，这就是所谓的预期快速轨迹。此外，研究人员还描述了缓慢消失的轨迹，在这种轨迹中，病人的生命缓慢而不可避免地消逝。第二种轨迹适用于正在接受姑息治疗的逐步恶化的慢性病患者，又可以根据不同的疾病进一步细分为三种不同的轨迹（见图7-1）。

- 轨迹1：短期明显衰退。在几周、几个月，或者在某些情况下几年的时间里，有一个合理的可预测的衰退。这是一个病情稳定发展的轨迹，通常有明确的终末期。通常有时间预测何时需要姑息治疗、计划临终护理。这是癌症患者的典型情况。

- 轨迹2：长期受到限制，间歇性严重发作。这是一个逐渐衰退的轨迹，其间有急性恶化，也有恢复，死亡似乎出人意料和"突然"。例如心脏衰竭和呼吸系统疾病。

- 轨迹3：长期的逐渐衰退或"退化"。体现出这一轨迹的患者本身认知或身体功能水平较低，逐步发展到丧失机能，患者死于轻症，这些事件可能看似微不足道，但与机能衰退同时发生时就会是致命的。例如老年时期死于阿尔茨海默病或其他痴呆症或机体多系统的全身性虚弱。

例如，急性中风可能会导致轨迹1中所示的快速衰退；一系列轻微的中风和

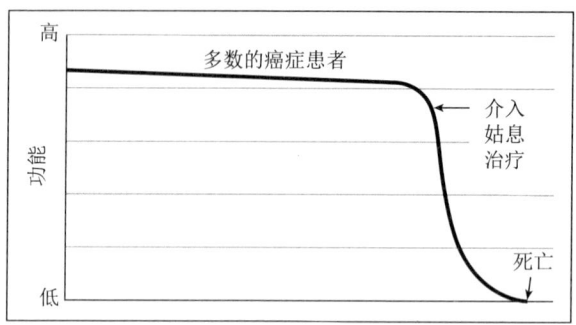

（a）轨迹1

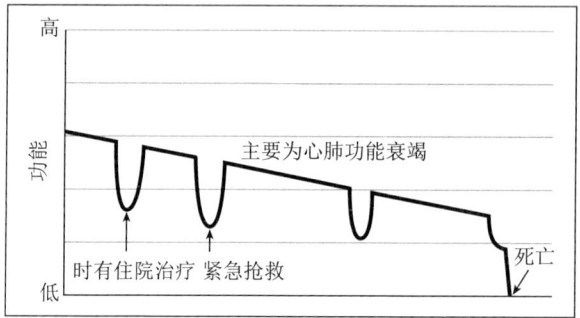

（b）轨迹2

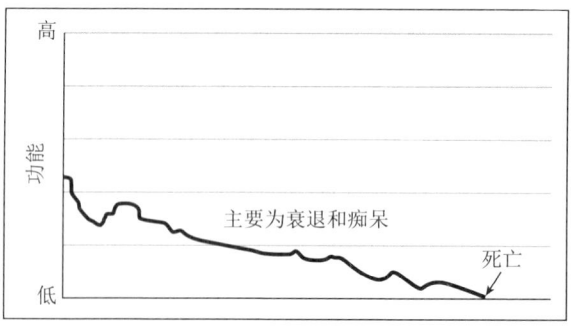

（c）轨迹3

图7-1 轨迹

图中所示的三种轨迹是慢性疾病，尤其是老年患者的典型轨迹。轨迹1是癌症患者的典型轨迹，它描述了疾病的稳定发展，然后在死亡前有一个相对快速的衰退时期。轨迹2是器官衰竭患者的典型轨迹，表现为生命时间有限，偶尔严重发作需要紧急住院治疗，最终的发作导致"突然"死亡。轨迹3是衰弱、痴呆和致残性中风患者的典型轨迹，表现为长期衰退，逐渐丧失机能和多系统的普遍衰竭。

恢复类似于轨迹2；而中风后遗症造成的逐步身体衰退与轨迹3类似。"关键的一点是，不同的护理模式对应着不同疾病轨迹的患者。护理好（相对）时日不多的患者的关键是，了解他们可能如何死去，然后做出相应的计划。"

生命末期的特点是主动死亡（见表7-5）。死亡的迹象包括食欲缺乏、过度疲劳和睡眠不足、身体越来越虚弱和拒绝社交。最终阶段预期只会持续几个小时，最多几天。应积极治疗疼痛，这是舒适护理综合方法的一部分。一些患者，即使在临终时期，仍然担心成瘾，或者想把镇痛药推迟到"真正需要的时刻"，或者想通过"用疼痛来提醒自己还活着"来维持控制感。

表7-5 "主动死亡"迹象

生命最后几天或几小时内的常见症状：
- 身体系统运转缓慢。
- 呼吸方式改变并变得不规律（例如：浅呼吸后深呼吸，某些时候气喘吁吁）。
- 呼吸困难。
- 堵塞（呼吸潮湿、嘈杂，发出咯咯声）。
- 食欲减退和不太口渴。
- 恶心和呕吐。
- 尿失禁。
- 出汗。
- 不安和躁动（如抽搐、惊厥和拉被单或衣物）。
- 迷惑和困惑（例如，关于时间、地点和他人的身份）。
- 减少社交，越来越淡漠。
- 随着血液循环的减少，皮肤颜色发生变化（四肢可能变冷，可能发青或斑驳）。
- 嗜睡。
- 意识下降。

死亡时：
- 咽喉肌肉松弛或咽喉分泌物可能导致呼吸嘈杂（"死前喉鸣"）。
- 呼吸停止。
- 肌肉可能会收缩，胸部可能会隆起，像在呼吸一样。
- 在呼吸停止后，心脏可能会跳动几分钟，并可能发生疾病短暂的突然发作。
- 心跳停止。
- 人无法被唤醒。
- 眼睑可能半开，眼睛直视。
- 下巴放松时，嘴可能会张开。
- 可能排便和排尿。

在这一阶段，临终者可能会出现呼吸不规律或气短、恶心、呕吐、尿失禁、食欲减退和不太口渴等症状。接近生命终点的人通常会觉得不进食或不饮水更舒服。

临终患者还可能出现精神错乱、谵妄、迷惑和意识减退，以及焦虑、烦躁和不安。末期烦躁不安是一种医疗紧急情况（也称为末期躁动，是谵妄的一种形式）有别于一般的烦躁不安。它的症状包括无法保持注意力或放松、睡眠或休息模式紊乱、喃喃自语、抽搐、试图下床、抓衣服，以及其他躁动的肌动活动。对于不熟悉临终行为的家庭，这些症状会令人不安，甚至不知所措。

死亡临近时，咽喉肌肉松弛或咽喉分泌物可能会导致患者的呼吸变得嘈杂，发出"死前的喉鸣声"。临终病人通常意识不到呼吸嘈杂。如果这种声音让家人或护理者感觉不安，可以通过让病人服用药物或调整病人的姿势来改善。死前的那一刻，临终病人可能会深呼吸、叹息或颤抖。病人死后，除非他患有罕见的传染病，否则家人和朋友可以在遗体旁停留一段时间，进行告别。

临终患者的社会角色

埃里克·卡塞尔写道："在身患绝症的人身上会发生两种截然不同的事情：身体的死亡和人的去世。"肉体的死亡是一种物理现象，而人的死亡是非物理的（社会的、情感的、心理的、精神的）。当我们只关注前者而忽视后者时，在生理死亡之前可能就会发生社会死亡。

"健康"是我们社会环境的一个重要特征。社会学家塔尔科特·帕森斯告诉我们，疾病有着特定的社会角色。病人有义务在监督下努力恢复健康。就像所有的社会角色一样，如父母、孩子、学生、员工、配偶，"生病的人"的角色包含权利和义务。疾病往往使一个人无须从事日常工作，而与此同时会得到他人的体谅。我们有权生病。请假去享受一天的阳光会让人皱眉，而生病请假则会引起同情而不是遭受责备。生病的人不仅无须承担通常的社会义务，而且还能得到特殊照顾。这种照顾是生病以及成为病人的角色的一部分。但享受这些"权利"也要承担义务。病人必须与照顾者合作。你得吃药。

在应对致命疾病时，人们经常找到方法重新定义他们的处境，这样让他们仍然感觉自己是"健康"的。一位患有转移性癌症的女士说："我真的很健康。我只是有这个问题，但我还是我。"她的这番话显示了一种自我完整性，表明即使生病，她也有能力继续生活下去。

当危及生命的疾病发展到末期时，帕森斯描述的"生病角色"的内容就不再适用。现在，疾病已不再是一种暂时的状态，能够期望自己在不久之后恢复健康。然而，社会并没有明确定义临终病人的社会角色。即使与现实恰恰相反，临终者也可能被敦促否认他们的实际经历，期望能够恢复健康。这可能会导致不相匹配的行为，比如在讨论下一个治疗策略的同时，处理去世后涉及的财务和法律问题。

什么是临终者适当的社会角色？首先，临终者不会被期望保持一种期待永远活下去、期待康复，或者抱有虚假希望的样子。相反，他们将得到鼓励，人们会调动必要的资源来应对即将到来的死亡。亲友们接受这种改变的观点，使病人能够在生命即将结束时，确定自己所做的事情和维系的关系的重点。在一项关于"临终者的告别"的研究中，大多数人想通过赠送礼物、写信和与最亲密的人聊天来告别。直到生命的尽头，宝贵的关系对大多数人来说仍很重要。艾拉·比奥克建议临终者表达"四件重要的事情"（事实上这个建议适用于每个人）：请原谅我，我原谅你，谢谢你，我爱你。

当一个人开始意识到自己即将死亡时，可能会进入回顾人生的阶段，评估自己一生的成就：我获得了什么成就或没有做到什么？我是如何为他人的幸福或人

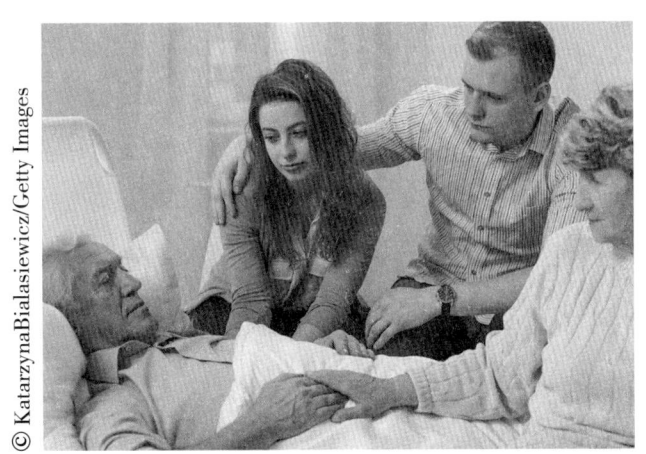

对一些人来说，理想的人生终点是依靠临终关怀的支持，在生命的最后时刻让爱的人聚集在身边守护着自己，亲人通常会唱歌、祈祷和分享回忆。

类的福祉做出贡献的？我达到了自己的期待、度过了有意义的一生了吗？我离世后，会留下什么样的名声？生活是"公平的"吗？"好运"是否超过了不幸？简而言之，我一生的"资产负债表"是什么样的？

回顾生命历程可以让一个人做出选择，以自己认为有意义的方式完成生命的最后一章。回顾人际关系和事件，人们就有机会完成未完成的事情。然而，正如斯蒂芬·康纳所说：

> 临终关怀和姑息护理工作者不能把他们的想法强加给患者，告诉他们应如何应对。他们可能认为，临终者应该与家人说再见。这值得称赞，但在每个人的生活中都有许多不同的关系，并不是所有的涉及关系的问题都能得到解决。所有的人至死都会有未竟之事。

当一个人意识到自己正在临近生命的尽头时，最重要的事情可能是"相信即使生命没有目标，至少也因为独一无二而令人难忘"。

托马斯·莱昂斯在弗吉尼亚州阿灵顿的首都临终关怀中心（现为首都护理中心）担任志愿者，他描述了病人对自己一生的回顾如何为家人和朋友留下宝贵的遗产：

> 这些病人在我拍摄的时候告诉我他们的故事。我对拍摄的内容进行剪辑，添加文本、标题和音乐，制作出个性化的DVD，其中包含了病人的影像、他们的声音、表情和手势，以及他们在生命结束时想要讲述的珍惜的故事。当然，他们这样做是为了让自己被记住，而我也尽我所能帮助他们。

莱昂斯说，他的经验是，希望制作遗赠电影的临终关怀病人分为三类：（1）他们想要把人生故事留给家人，（2）他们想为配偶、年幼的孩子或是孙子留下想说的话，（3）他们想回忆和回顾一生中值得珍重的记忆，从当前的境况中转移注意力，帮助他们证实自己的价值。莱昂斯说："帮助他们实现这些目标是我的荣幸。"

艾伦·凯莱赫提醒我们，有关临终的文献没有充分描述对勇气、爱和积极转变的经历。这些品质使人们能够面对死亡。与威胁生命的疾病共生并不都是痛苦、悲伤、愤怒和恐惧。艾拉·比奥克说:"在帮助人们完成生命的困难任务时,姑息治疗超越了对症状的控制,将重点放在对个人和家庭重要的事情上。"于是,我们看到,临终者的社会角色不仅包括身体和情感上的需求,也包括精神上的需求。精神需求包括:

1. 对意义和目的的需求。这包括回顾自己的一生(包括人际关系、工作、其他成就和宗教问题),试图理解它,把自己的一生纳入一个有意义的更广阔的视野中。

2. 对希望和创造力的需求。第一项是回顾自己的一生,以发现生命的意义和目的,而这一项则是面向未来的。它可能包含期望改善健康、摆脱痛苦;渴望实现个人目标或与他人达成和解;或者希望有来世。这种需求也可能以这样一种希望为中心,那就是"对个人有意义和目的的东西能够得到对自己重要的人的肯定"。

> "你好吗?"每天都有数百万人问另外数百万人这个问题,他们的回答是"还好",即使双方都可能经历着巨大的痛苦。生命末期能够提供宝贵的机会,让彼此之间建立真正的联系,他们深深关心彼此,但可能会克制自己的感情,保持外表的坚强,保护心爱的人不受极度情绪的影响。承认恐惧和焦虑并不表示软弱。倾听彼此,真诚地表达悲伤和失落,相互表达关爱,既令人满足,也让人欣慰。
> 苏珊·多兰和奥黛丽·维扎德,《临终顾问》

3. 给予和接受爱的需求。"我们都需要确信,我们被爱着,其他人也需要我们的爱。"和解可能是满足这一人类精神需求的关键因素。

和临终者在一起

人们在被诊断患有致命疾病的人面前常常会感到不舒服。我们能说什么呢?我们应该怎么做？也许我们想到的任何表达我们的想法或感受的东西都只不过是陈词滥调。我们要么过度同情，要么过分回避，避免真正的交流，这都是不适的表现。矫正这种反应的方式是，谨记护理的本质是放下自己的关切，关注对方需要什么。还要记住，临终（仍然活着）和死亡之间有关键区别。

通常，和临终者在一起，唯一重要的任务就是静静地坐着听他们讲故事。在与旧金山禅宗临终关怀项目的志愿者交谈时，雷布·安德森禅师说："陪伴他们，但什么都不做。"在生命接近终点时，个人可能要处理各种相互关联的问题和活动，例如：

- 重新审视信仰。
- 与一生中的选择达成妥协。
- 回想一生的贡献。
- 探究亲密的关系。
- 探索关于来世的想法和信仰。
- 发现意义。

待在亲人身边但不做任何特别的事情，我们可以陪伴所爱之人走向死亡之门。

在《临终的眼》这篇散文中，日本作家川端康成指出，临终者以一种特殊的方式实现了人类对美的渴望。这一主题在他的故事中也得到了呼应。例如，在《水月》中，临终者更为欣赏自然之美。在《山之音》中，老人在临终之际更真切地认识到女主人公菊子的美。最后，在《睡美人》中，"美人"都是在江口老人的眼中变得更为美丽，因为他知道自己时日无多。

和重症患者在一起，我们也面对着自己生命的有限性。我们开始意识到生命是多么珍贵，多么不确定。生活中很少有机会让我们如此直面自己那些通常被隐藏起来的方面。水野治太郎说："通过照顾他人的行为，我们所谓的'自我'的存在变得清晰。"陪伴临终者可能给我们带来优雅美丽的惊喜。在讲述母亲的生命末期和死亡时，简玛丽·西尔韦拉描述了一轮"巨大、明亮的满月"透过医院的窗户绽放，创造了一个"奇迹"的时刻，一个承认生命和死亡的亲密时刻。

关于本章内容的更多资源请访问 www.mhhe.com/despelder11e。

第八章

葬礼和遗体安置

传统上,葬礼是家人和朋友聚在一起,向逝者表达敬意,与逝者道别的场合。同时,也是来访者向逝者家属表达慰问和支持的时刻。逝者棺椁周围摆满鲜花,既表达了逝者亲友对逝者生前的情感,也表达了大家对逝者的追思和哀悼。

"人的一生,始于子宫,终于坟墓。"在这个过程中,葬礼的重要性不言而喻。思考葬礼的意义时,不妨想想如下问题:葬礼是为谁服务的,生者还是死者?葬礼的社会和心理意义是什么?一个人去世,其亲友在举办葬礼时,利用了哪些象征和隐喻方法,来展现家庭成员对死亡的看法?下面是对亚历山大大帝皇家葬礼的描述:

> 历时两年精心打造的金色棺椁,整体采用了爱奥尼亚神庙风格,纯金棺盖。亚历山大大帝的遗体被制成木乃伊安放其中,上面覆盖着他的紫色斗篷。金色网罩阻隔了世俗的窥视。拉动棺椁完成游行仪式,至少需要64头骡子。

这个葬礼想向旁观者传递什么信息?在亚历山大大帝所属的社会群体中,一个合宜的葬礼是什么样的?这些行为实现葬礼的目的了吗?

葬礼仪式是"混乱时刻一项有意义的活动",能够"指导我们如何表达情感,如何哀悼"。由此可见,葬礼会影响我们的哀悼方式。学习葬礼仪式技巧就像学习演奏一种乐器。"一旦掌握了音阶和和弦,并能灵活运用我们的手指后,我们就可以弹奏钢琴,表达我们对美的感受。和表演一样,葬礼仪式同样可以触动人内心的激情。"

在一些文化中,葬礼被看作帮助逝者成功往生来世的方法。在美国,葬礼关注的是生者的幸福。葬礼为逝者家人提供一个场所，公开声明他们的一名成员已经死亡。同时，周围人也利用这个机会对逝者家属表示同情和支持。范德林·派恩指出，从历史上看，葬礼主要有 4 种社会功能：

1. 确认一个人的死讯，并表示悼念。
2. 为遗体处理提供场所。
3. 帮助家属正视逝者的离世，适应没有逝者的生活。
4. 表明逝者家属和他们周围人之间的经济和社会联系。

传统上，葬礼仪式始于"临终陪护"，即在逝者去世前几个小时，家人和朋友聚在他身旁，陪伴他走完人生最后一程，而最后的遗体安置意味着葬礼的结束（见表 8-1）。过去，在非裔美国人的文化中，有这样一个习俗：人死后，家人和朋友会立刻举办一个"仪式"，在逝者灵魂启程去另一个世界时，亲友陪在逝者遗体身边。

在葬礼之前，通常会有守灵仪式，即亲近的人陪在逝者遗体旁。据说，守灵可以帮助逝者亲友确认逝者已离开，适应没有逝者的生活，并帮助生者重新建立联系纽带。另一个和葬礼相关的传统是"葬礼餐"，在守灵时进行，或在葬礼和遗体安葬后进行。例如，在美国南方，亲友会聚在一起，带着逝者喜欢的食物，以及当地最受欢迎的炸鸡、蔬菜、烤豆、火腿、糖蜜派、通心粉和奶酪、冰茶等，一起聚餐，缅怀逝者。此时亲友相聚，分享食物，联络感情，会有一种神圣的时空感。如今，因为个人和文化偏好，葬礼仪式不一定会包含表 8-1 中所有的传统要素，其中一些程序已经不复存在。

表 8-1 葬礼的基本要素

1. 临终陪护（临终祷告或守夜）	在一个人生命垂危之际，亲友聚在一起和他告别，表达对即将离世之人的尊敬。同时亲友会给予逝者家属支持和关心。在过去，临终看护可能会长达几小时，也可能是几天、几周，甚至是数月。
2. 入殓准备	包括与遗体安置（主要选择土葬或火化）相关的各种事宜。

续表

3. 守灵	也称守丧。根据传统，在逝者去世后的晚上，亲友守在遗体旁，称为守灵。过去，守灵是一种确定死亡而非昏迷假死，以防"过早埋葬"的方法，同时也提供了一个向死者表达敬意的机会。在一些文化中，守灵时会举办热闹的聚会，目的是通过"唤醒逝者灵魂"，减轻恐惧感。 随着社会发展，哀悼模式也发生变化。传统的守灵仪式已经很少见。现在，在遗体下葬前，人们一般会举行遗体瞻仰仪式。和传统的守灵仪式一样，瞻仰仪式也为亲友提供了联络感情、治愈亲人逝去的伤痛的机会。
4. 葬礼	在和死亡相关的各种仪式中，葬礼是核心，对逝者及其亲友都十分重要。葬礼一般在殡仪馆或教堂举行，也可以在家中或墓地举行。葬礼上，可能会停放逝者遗体，也可能不会。如果停放了逝者遗体，棺材可以打开或关闭。葬礼仪式通常包括播放音乐、祈祷、诵读经文或其他诗歌散文、朗读歌颂死者生命的悼词，或者现在已经甚少见到的布道。布道内容是关于死亡在人生中的意义。在现代，葬礼一般在死者去世几天内举行，而且越来越多地被安排在晚上或周末，以便在工作日工作的哀悼者可以参加。
5. 送葬	传统上，送葬会有一个送葬队伍，把逝者遗体从葬礼地点运送到埋葬地点。亲友被选为抬棺人，把逝者遗体抬到最后安息地，这会被认为是一种荣誉。国家领导人和其他名人的葬礼的送葬队伍可能会很长，也会有专门的护柩者抬棺。
6. 祭奠	一般在葬礼之后，在墓地或火葬场举行，有时会代替葬礼。在祭奠之后，通常会有一个关注遗体处置的简短仪式。
7. 遗体处置	在现代社会，逝者遗体一般会被土葬或者火化。

在葬礼上播放音乐可以唤起亲友对逝者的情感和记忆。因此音乐的选择很重要，需要考虑很多因素，如烘托氛围、引导仪式进程、为生者提供安慰、缅怀和逝者共同度过的美好时光等。苏·亚当森和玛格丽特·霍洛威指出，"音乐不仅是当代葬礼的重要特征，透过音乐的镜头，我们还能够理解个体的特定需求与社会文化目的以及传统习俗之间错综复杂的关系"。

在美国前总统富兰克林·罗斯福和约翰·F. 肯尼迪的葬礼上，演奏了美国作曲家塞缪尔·巴伯的作品《弦乐柔板》(*Adagio for Strings*)，这是人们在自省反思时常用的音乐。时至今日，波兰钢琴家肖邦的《送葬进行曲》(*Funeral March*)以及乔治·弗雷德里克·亨德尔的《丧礼进行曲》(*Dead March*)依然受到许多葬礼策划者的青睐。在葬礼上，也有人选择播放宗教赞美诗和当代音乐。一种新兴的挑选音乐的方法是，在逝者的音乐播放器中挑选逝者生前经常听的音乐。

新奥尔良铜管乐队的爵士乐葬礼是一种典型的传统送葬仪式，在教堂或停尸房举行完传统葬礼后开始。

铜管乐队葬礼根植于在新奥尔良涌现的众多非裔美国人的慈善组织，这些组织除了一些其他职能外，还向其成员提供丧葬保险等服务。而另一个可以得到的好处就是可以在葬礼上选择铜管乐队为逝者演奏，爵士乐送葬仪式既表达了对生命的赞美，也被视作逝者乐于回归古代基督教和非洲传统。

送葬途中演奏的一般都是哀歌，曲调缓慢，庄严肃穆。而在返回途中，一般都会演奏快节奏的、愉悦欢快的音乐。新奥尔良的这个爵士乐送葬仪式，既有非洲的元素，也融合了加勒比黑人的传统，被称为"灵魂进入天堂的庆典"。

了解其他文化的丧葬仪式意义重大。威廉·霍伊指出，"通过对仪式的探索，我们对世界不同家庭和群体面对死亡的方式有了新的认识"。回顾一下表8-1中列举的要素，认真思考一下，当你有亲友离世时，你会选择哪些程序，或者你希望哪些出现在你的葬礼仪式中。

临终仪式的心理因素

在人生的重要时刻，如新生儿出生或者结婚，亲友们会齐聚一堂，纪念这个伟大时刻。同样，当一个人离世时，亲友也会举办葬礼和追悼会，在接受逝者离开这一事实的同时缅怀逝者。葬礼和追悼会为逝者亲友提供了一个场所，彼此安慰，宣泄悲伤，共同面对痛失亲人或好友的痛苦。每一种人类文化都有丧葬仪式，这是人类的内在需求。《殡葬人手记——阴森行业的生活研究》(*The Undertaking: Life Studies from the Dismal Trade*) 一书的作者托马斯·林奇通过观察指出，"葬礼能够弱化死亡事件带来的巨大影响"。

宣布死讯

一个人去世时，除了当时在场的人，最先收到通知的是死者的直系亲属，然后才会通知亲戚、朋友以及其他一些相关人士。20世纪60年代，戴维·沙德诺在他的经典研究《讣告：死亡的社会告知》(*Passing On: The Social Organization of Dying*)中指出，死亡信息的宣告模式都是一样的，都是从逝者的直系亲属开始，然后扩大范围（见表8-1）。数字时代来临之前，与死者关系亲密的人会先被告知，然后是那些与死者关系不那么亲密的人。此外，一般由同辈人之间相互转告死亡信息。例如，一位母亲失去了亲人，她可能会先打电话给与死者最亲近的孩子，由这个人电话通知其他的兄弟姐妹。然后，他们再去通知各自的亲戚。在与逝者相关的其他人群中，死讯传播也是一样的模式。例如，同事或邻居得知逝者的逝讯后，会告诉自己圈子内的人。在理想情况下，这个过程——从亲戚、朋友到熟人——逐渐扩大，直到所有相关人士都得到消息。

如今，由于社交媒体和手机等个人设备的使用，亲人和朋友可以通过短信、聊天记录，或Instagram、Facebook等上的帖子获知死亡消息。以前，讣告只能刊登在报纸等印刷品上，现在已经被可即时访问的网络取代。殡仪馆现在也有专门的网站公布讣告。一旦雇主和逝者所属的其他社交圈得到通知，他们可能会发邮件慰问。过去，逝者去世的消息传播缓慢，在亲友间由近及远，逐层传播。而现在，因为实时通信，相关人士能够立刻得知消息。

如果逝者很有名，死讯会引发广泛关注，并被迅速传播，即使在互联网诞生前也一样。例如，肯尼迪总统去世后，达拉斯帕克兰医院官方宣布死讯仅1个小时后，约90%的美国人就知道了这个消息。

在悼念期间，死亡通知还有助于人们知道谁家有人去世。传统上，逝者亲属需佩戴黑袖章，穿丧服，也可能还有其他标志，把逝者亲人和其他人区别开。但如今，这些标志在北美已经很少见了。但这并不是说，人们对逝者家属的关心照顾减少了，尤其是在哀悼的初期。

一位女性在失去孩子几天后卷入了一场小型车祸。从表面上来看，无人知道她刚痛失爱子，所以，她必须和所有人一样，承受漫长的事故处理过程，填写似乎永远也写不完的事故报告单。后来她说，当时，她真希望能有一个大标语，告诉所有人"我是一个刚刚痛失孩子的母亲"。如果她生活在一个小镇上，人们通过死亡通知可以了解她的情况，那么，在处理事故时，她很可能会额外得到一些照顾。

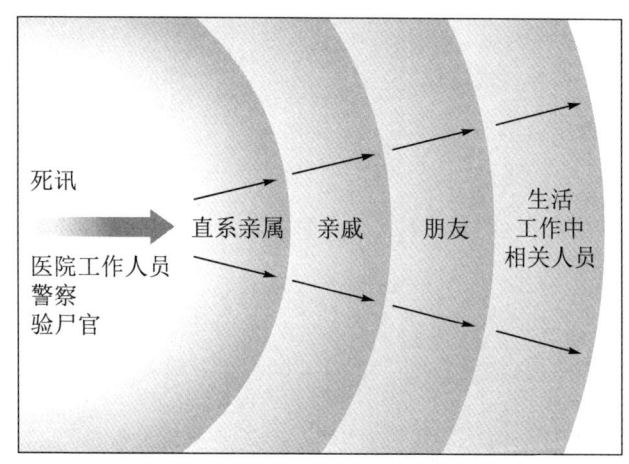

图 8-1 传统的死讯通知流程

互相支持

获悉生命中某个重要的人离世时,大家往往会聚在一起,互相安慰和支持,一起走过最初的痛苦。其中,这种情感和社会上的支持,主要是面向逝者家属的。一个小孩问她妈妈,为什么要去拜访一个失去亲人的家庭时,她的妈妈回答说:"表达我们的关心,这很重要。"这时,我们能否为逝者家属做些什么并不重要,重要的是我们对家属的关心和支持。J. Z. 扬说:"可能陪伴就是最大的支持。"大家因为痛苦聚在一起,这会带给我们归属感,相信自己不是孤立无援的,有勇气继续生活。

安慰逝者家属,也可以通过在网络上发表哀悼或者分享回忆来给予支持和安慰。很多亲人会在逝者的社交媒体上贴出逝者的照片或遗物,悼念逝者。大多数殡仪馆也会为逝者创建一个网页,网页中包含很多服务栏目,如葬礼服务、拜访、讣告、生平介绍、点蜡烛,以及留下回忆、哀悼、图片或视频等。悼念者不仅可以订阅、接收更新信息,还可以主动添加条目。葬礼结束后,亲人可以下载这些信息,保存起来。

此外,还会在逝者亲属家里举办一个比较独特的聚会。参加聚会的人,有些停留时间很短,悼念后就会离开。一般亲戚和好朋友停留时间会长一些,会帮助准备食物、照顾孩子、安排葬礼、接待来宾，或其做其他任何需要帮忙的事情。

丧葬仪式体现了生离死别和融入群体的规律。对夫妻来讲，一方的离世，意味着双方的身份都发生了变化，留下来的那个人，若是女性则被称为"寡妇"，若是男性则被称为"鳏夫"。称呼的改变肯定了配偶死亡带来的社会和心理影响。在对殡葬仪式进行跨文化调查研究后，弗农·雷诺兹和拉尔夫·坦纳得出结论：

> 葬礼的重要意义在于，符合社会宗教需求，由逝者亲友举办，其他亲戚以及和逝者相熟的朋友、邻居参加悼念逝者的仪式。在葬礼上，逝者亲友不必独自面对亲人逝去带来的身心巨创，亲友的支持和鼓励会让他们振作起来……在许多文化中，相当长一段时间内，逝者亲属会得到特别关注……直至他们从丧亲之痛中走出来。

应对丧亲之痛的动力

互相告知逝者去世的消息、慰问逝者亲友等，都属于社会互动形式，也正是这些互动，让逝者亲属从心理上真切感受到了挚爱之人的离开。这些形式很重要，但请记住，一个人的死亡，不仅意味着他不再出现在周围环境中，同时逝者亲属内心也意识到了逝者的离世。当逝者离开后，亲属最关心的是遗体的处置问题。这个过程既包括精神活动（决定要做什么），也包括体力活动（执行决定）。遗体安置过程让逝者亲属进一步清楚地意识到逝者死亡的事实。选取棺木、入殓下葬，还是单纯和别人谈论葬礼安排，都会加深逝者亲属对亲人离世的认知。

葬礼本身就为逝者亲属提供了一系列的机会，通过各种活动宣泄悲伤。逝者亲属可以选取一些对逝者有纪念意义的物品放在棺材里。在许多文化中，人们都有在死者墓葬中放置陪葬品或随葬器物的习俗。放在棺材里的物品一般包括珠宝、照片、念珠、《圣经》或其他对死者有特殊意义的书、最喜欢的帽子、军事奖章、毛绒玩具和组织标志等。与逝者生前喜好相关的一些物品，如烟酒、高尔夫球或渔具等，也可以作为陪葬品，此类物品对逝者亲属也十分有意义。一位广受爱戴的德国殡葬师去世时，他的家人和朋友在他的棺材里放了很多东西，还把他孙子们烤的饼干放在他的肚子上，以纪念他对美食的热爱。如何处置逝者遗体受很多因素影响，包括社会、文化、宗教、心理和个人因素，这些因素共同作用，最终完成了遗体安置。

美国葬礼

在现代社会，很少有人会亲自安排自己的葬礼。大多数人会雇用专业的殡葬承办人或殡葬商来提供服务和相关用品，包括举办葬礼、安置遗体等相关事宜。很少有人了解殡葬服务，因为殡葬业往往被视为一个神秘的行业。虽然大多数人都对葬礼承办人在悲痛时刻提供的服务给予很高的评价，但依然有批评人士称，从本质上看，殡葬服务就是在愚弄客户。另外，值得一提的是，在非裔美国人社区中，黑人葬礼承办人一般是逝者生活圈中的重要成员，也有可能是民权斗争中的重要人物。

为了防止行业出现乱象，1984年美国联邦贸易委员会实施了《殡葬业行业贸易管理规定》。根据该规则，殡葬服务提供商必须向死者家属提供价格明细以及法律要求的其他详细信息，可以通过电话和书面形式告知。禁止欺瞒客户、谎报逝者遗体处理事宜，未经允许不得收取防腐费用，不得强迫要求直接火化的客户购买棺材，也不得在提供殡葬服务时强迫客户附带购买其他商品或服务。联邦贸易委员会颁布的丧葬管理规定有其历史必然性，打破了丧葬仪式的私人范畴，开启了丧葬服务的专业化进程。

专业殡葬服务的兴起

如果是家属自己处理逝者的丧葬事宜，那没什么好评论的。家属当然不会从中赚钱。在殖民时代，葬礼一般在家里举行，由家人和亲友一起完成，而所谓的殡葬承办人，其实是一些丧葬用品供应商，提供各种标料和葬礼用品，如棺材和马车、门徽章和围巾、特殊服装、纪念卡片和公告、长袍、枕头、纱布、蜡烛、饰品等。

在19世纪的最后几十年里，殡葬承办人在葬礼中的作用逐渐凸显出来，不再仅仅是为逝者家属提供物品的商人,而是成为葬礼服务的提供者,安排和处理逝者遗体相关事宜:安排停尸守灵,运送遗体到教堂参加葬礼,最后送到墓地埋葬。随着城市化的发展,现代人居住的房子越来越小,很少有人在家里设置灵堂悼念逝者,于是殡葬承办人开始提供专门房间(通常只有一个房间)供亲友瞻仰遗体。最早出现于小镇上的这类殡仪馆取代了过去人们自己设置的灵堂。这种只有一个房间的"殡仪馆"就是现代殡仪馆或停尸房的前身。

也是在这个时期,殡葬承办人开始有了行业意识,开始把自己看作"殡葬礼仪师"。19世纪80年代,美国殡葬协会成立,现被称为美国殡葬礼仪师协会(NFDA),是最早提供商业化殡葬服务的组织之一,旨在促进殡葬服务业的发展并建立行业标准。早期出版了一些行业期刊,如《棺材和向阳而生》(*The Casket and Sunnyside*),帮助殡葬业者沟通交流。

殡葬礼仪师都做什么工作?加里·贝尼托指出,"我们遇到客户时,他们都处在人生最艰难的时刻。我们每天都在和死亡打交道"。他的工作伙伴文斯·阿莎罗说:"大部分工作都和遗体安置有关,主要是引导人们完成和葬礼相关的各种烦琐细节。"

从鲜花的选择到牧师如何念出死者的名字,殡葬礼仪师要将每个细节处理得当,一天工作结束后,往往精疲力竭。他们需要在两天内完成婚礼策划一年的工作量,而且还要保证每个被服务的家庭有自己的唯一性。

美国殡葬礼仪师协会2017年的数据显示,美国有19 322家殡仪馆,若每家平均雇用3名全职员工和4名兼职员工,则每人平均需处理133个电话。

许多殡仪馆扩大了服务范围,如善后护理项目,简单的包括打电话给逝者配偶,了解近况,也包括为逝者亲属提供咨询或者支持。此类善后工作可以由殡仪馆的工作人员来做,但需要经过专门培训,在某些情况下,殡仪馆也会聘请一位心理学家或咨询师来统筹理这类服务。许多殡葬礼仪师认为提供善后服务是他们专业服务的延伸,是传统邻里关怀的现代表达。

在基督教社区中,传统上主要由神职人员协助死者家属安排葬礼相关事宜。过去,葬礼通常在教堂举行,而现在,葬礼很可能在殡仪馆灵堂举行。地点的转变——从教堂到殡仪馆,决定了葬礼中殡仪馆工作人员的主导地位,这让神职人员和殡葬礼仪师之间的关系变得紧张。一些神职人员正在努力把葬礼服务带回教堂，逐步恢复自己在葬礼中的地位。一些教堂甚至开始经营自己的殡葬业务，或和殡葬公司合作，为教区居民提供葬礼服务。

在过去的几十年里，殡葬行业的集团化已经成为一大趋势，但同时也饱受争议。拥有数百家殡仪馆的大型跨国公司正在收购社区家庭式小型殡仪馆，其中许多都是家族拥有并经营了好几代的。许多观察人士怀疑，当地殡仪馆提供的那种亲和感会随着集团化经营消亡殆尽。在一些社区，一些地区殡仪馆被大公司收购，虽然这些大公司致力于依据当地习俗提供个性化服务，但人们并不买账。

尽管我们已经习惯了请专业人员安排逝者葬礼，但若有人从这种服务中牟利，还是会令人感觉毛骨悚然。没有人喜欢碰触尸体，但若尸体属于我们所爱的人，在不想碰触的同时也会心生内疚。看到殡葬礼仪师整理我们所爱之人的遗体，做最后的准备，潜意识中，我们也可能会对他们产生怨恨。完全相反的情感在我们心中拉扯，此时，我们对逝者的感觉也变得十分复杂，厌恶、内疚、怨恨、焦虑和喜爱交杂。殡葬礼仪师和机构对死者的不了解，也会让他们成为众矢之的。

对葬礼习俗的批评

自古以来，对葬礼的批评就没停歇过。公元前4世纪，古希腊哲学家希罗多德就曾批判葬礼是"为死者的奢华展示"。美国的葬礼习俗也受到了批评。最早的批评不仅针对葬礼仪式，还针对葬礼本身。早在1926年，社会学家伯特伦·帕克尔就在其作品《葬礼习俗：起源和发展》(*Funeral Customs: Their Origin and Development*)一书中批评说，现代葬礼只不过是"异教徒"因迷信而恐惧死亡思想的残余。和希罗多德一样，帕克尔尤其批判了为逝者精心准备的葬礼仪式。

1959年，勒罗伊·鲍曼在《透视美国葬礼：愧疚、奢华和庄严》(*The American Funeral: A Study in Guilt, Extravagance, and Sublimity*)一书中详细介绍了葬礼的商业化和炫耀性展示。他对葬礼的社会和心理价值尤其感兴趣。鲍曼担心的是，现代的葬礼如此铺张浪费，葬礼的本质意义及庄严性几乎消失殆尽。他说道，"葬礼似乎成为一种不合时宜的陋习，是早期习俗的过度解读，完全无视现代葬礼需求"。在鲍曼看来，葬礼殡仪师只是个商人，卖一些不必要的物品。消费者如果

1963年11月25日，约翰·肯尼迪总统的送葬队伍从国会大厦出发，途经白宫，前往使徒圣马太大教堂。途中，上百万人聚集在沿途街道为总统送行，向总统表达敬意。

了解葬礼的基本社会、心理和精神功能，就可以避免购买一些无用的物品，摆脱这些商人的潜在剥削。鲍曼还指出，葬礼殡仪师的职责应该是帮助逝者家属实现他们自己的愿望。他还主张在葬礼服务方面提供更多选择："取消统一服务模式，提倡个性化服务，什么形式都可以。"

1963年，有两本书引起了人们对美国葬礼习俗的广泛关注，即杰西卡·米特福德的《美国式葬礼》（The American Way of Death）和露丝·M.哈默的《死亡的高昂代价》（The High Cost of Dying）。米特福德和哈默二人都对葬礼仪式的过度物质化提出了批评。这些书，尤其是米特福德的《美国式葬礼》，引发了倡议政府加强对殡葬业监管的游说活动。

米特福德用了大量的讽刺语言描述传统葬礼的古怪和病态：试图伪装和美化死亡，反而使它更加怪诞。殡葬业人员使用的语言也成了米特福德重点攻击的对象，他对描述死亡的委婉语提出异议：棺材说成"灵柩"，灵车变成了"马车"，供奉鲜花说成"献花",骨灰变成了"火化遗骸",停尸也被说成了"身体在房间里安眠"。殡葬承办人,即如今的殡葬礼仪师,为人们展示了一个殖民时期有着"古典美感"的铜盒,内铺"造型精美"的可调节床垫,床垫颜色有60种可选择。逝者身穿由"寿衣女裁缝""手工制作的原创时装",最后由"终极美容师"为其梳妆打扮。米特福德运用讽刺语言对葬礼习俗进行了批判,不禁让人想起英国作家伊夫林·沃的早期小说《所爱的人》(*The Loved One, 1948*)。在这本小说中,伊夫林·沃同样讽刺并嘲笑了葬礼仪式的虚伪以及对死亡的逃避态度。

尽管葬礼习俗饱受批评,但大多数人似乎对当地殡仪馆提供的服务都很满意。葬礼殡仪师经常收到逝者家属的感谢,感谢他们帮助自己及时处理亲人去世后的诸多事宜。愿意"付出额外的努力"是殡仪师的典型特征。大多数殡仪师都以满足逝者家属需求和愿望为己任,即使有些要求超出了标准服务的范畴。下面我们一起来看一个故事。

一对荷兰夫妇在南美旅行时意外死亡,他们的亲属认为,这对夫妻亲密无间,生前形影不离,死后也应该不离不弃。他们希望这对夫妇能够合葬。虽然以前从未有人提过此类要求,但殡仪馆查证了相关法律,发现这一要求并不违法,于是他们决定满足家属的要求。然而,在实际操作中遇到了困难:没有一家公司制作过双层棺材。于是殡仪馆立刻找到一名工匠,加班加点赶制了这副特殊棺材,后期经过协调,顺利完成了这次服务。殡仪师说,"我们很自豪能够这样安排送这对夫妇最后一程,让他们的孩子再次见证父母之间的爱"。

纪念新选择、新发现

因为互联网的快速发展,葬礼服务也发生了全新变化。人们不仅能够从网络上购买各种丧葬用品(包括棺材),也可以通过网络悼念逝者,甚至在网络上直播葬礼,即所谓的网络葬礼。卡拉·索夫卡说,"网络葬礼,也可以称作网络追悼会,是通过互联网举办仪式来纪念一个人的生与死"。在太平间或礼拜堂举行葬礼时,用摄像机记录葬礼,然后通过互联网将葬礼视频传输给"网络悼念者"。这种葬礼,悼念者可以去现场观看,也可以在自己的电子设备或者电视上"按需"观看。索夫卡指出,网络葬礼给很多出于各种原因无法出席葬礼的人带来了便利。如因距离遥远、工作繁忙无法到场，因某些宗教或精神仪式的要求（例如，根据某些宗教习俗，需在 24 小时内下葬），因为身体健康问题、机票费用，或者因为不得不在家照看孩子，很多人无法亲自参加葬礼。而且，网络葬礼还可以上传到纪念网站并存档，或以 DVD 形式保存。

逝者亲友也可以在网上发表哀悼和分享悲痛。例如，Legacy.com 是一家网络媒体公司，它与 800 多家报纸合作，通过在线讣告和纪念活动，为丧亲者提供哀悼和纪念亲人的机会，每月吸引 1 800 多万名游客。一些被称为"虚拟墓地"或"网络陵园"的网站有专门网页，供逝者贴照片和展示传记信息，游客可以在留言簿上签名，并留下电子鲜花。帕梅拉·罗伯茨指出，分析表明，网络纪念活动并不是传统丧葬活动的拙劣替代品，而是其有益补充，不仅能够加强亲友和逝者之间的联系，也进一步巩固了逝者亲友之间的情感。

高科技创新也给墓地带来了新变化。逝者亲属在传统墓碑上安装小型电子视频显示器，制作"视频悼词"，展示逝者生前的照片、生活经历、家族史以及生活中的精彩片段。这种个性化纪念包含多达 250 页的信息，"可以让后几代人都铭记逝者生平"。

21 世纪的今天，纪念逝者新增了很多选择。随着火葬的日益普及，一些公司开发了很多创新方式纪念逝者。例如，有公司推出了"骨灰项链"，把逝者少量骨灰装在项链吊坠里即可佩戴，也可以放在某个地方。

在美国的一些地方，人们通过穿特别定制的 T 恤来纪念暴力受害者、死于事故或疾病的人。这一纪念方式据说起源于新奥尔良，后来被其他地方采用。这种行为类似于"把墓碑穿在身上"，因此被认为是对古代祭奠死者仪式的现代独特诠释。一名 20 岁出头的女子，当她的 8 位家人和朋友在社区内被杀害后，她就为他们制作了纪念 T 恤。一位 30 岁出头的男性说："现在我的这类 T 恤比我的朋友还多。"在很多场合，都可以用到纪念 T 恤，如守灵、葬礼、逝者周年祭、逝者冥诞时，参观墓地或者思念逝者时。另外，对逝者的纪念也可以画在建筑物的墙上，做成"纪念墙"。

路边的纪念碑，也被称为 descansos（意为"休息的地方"），起源于西班牙西南部地区，现在传到了美国各地。路边纪念碑形式多样，可以是一个简单的十字架，也可能是一个精美的纪念碑。通常，逝者的死亡地点对人们有着不一样的纪念意义，因此人们总想在那里设立纪念碑。这种方式与其说是告别，不如说是努力想和逝者保持联系，"因为逝者知道在他死亡的现场发生了什么"。这样的纪念碑日益成为主流，州际公路的工作人员也会采用这种纪念方式，悼念在高速公路上因公殉职的同事。

路边纪念碑似乎是一种新现象，但事实上，这样的"交通死亡标记"历史悠久。古代欧洲贸易商如果旅途中不幸去世，会就地掩埋。路边纪念碑"远比道路出现得要早，几乎在人类有了旅行后，就已经存在了"。

纪念墙、路边的十字架、人行道上的纪念物、花束和网络纪念物等被称为"自发祭祀圣地"。自发祭奠逝者是在康涅狄格州纽敦的学校枪击事件、波士顿马拉松爆炸案和戴安娜王妃去世后，陆续流行开来的，当时整个欧洲的祭奠鲜花资源完全供不应求。"9·11"事件后，人们开始通过一些照片和画像自发祭祀受害者。西尔维娅·格赖德说："这进一步加强了'自发祭祀圣地'作用，成为生者与死者之间交流的场所。"她指出，一些哀悼者花大量时间准备祭品，为了在圣地供奉祭品，会进行特殊的朝圣。格赖德最后总结说："看到人类同胞死亡时感到痛苦，是我们身为人类的共性。"

选择葬礼服务

为了悼念逝者，最终仪式可能会包括传统的葬礼或简单的追悼会。葬礼上会出现逝者遗体，但追悼会上一般不会。在某些情况下，葬礼和追悼会都会举办。葬礼一般安排在逝者去世后几天内，而追悼会可能会过一段时间才会举办（也许在另一个城镇，如果逝者主要的社交圈在那里的话）。尽管有时逝者和家人不想举办葬礼，但还是会举办一个简单仪式，供亲朋好友悼念逝者，向逝者表达敬意。

人死后，在准备告别仪式时，逝者家属有很多事情要做（见表8-2）。有些事情逝者生前就安排好了，也可以为完成其他任务做准备。去世前做些准备工作很有必要。在做选择时，需要注意的是，一个有意义的葬礼或追悼会可以被设计成许多不同的方式。个人丧葬仪式最好根据亲属的需要和愿望决定。同时，在制订计划和做安排时，你可能需要回顾一下传统丧葬仪式的注意事项（详见本章前面内容）。

表 8-2　葬礼安排注意事项

- 列出需要通知逝者死讯的亲人、朋友和同事的名单，并尽快通知他们。
- 决定在社交媒体上分享哪些内容。
- 查明逝者生前对葬礼、追悼会是否留有意见。关于遗体处置，逝者是否有自己的选择：土葬、火化，还是选择某种绿色方式？
- 如果逝者没有遗愿，应当思考选择何种葬礼方式以及遗体处置方式。
- 如果需要专业帮助，联系殡仪馆、停尸房或纪念协会。
- 考虑相关的文化或宗教因素。
- 收集信息，写讣告。讣告中包括如下事项：逝者年龄、出生地、死因、职业、学位、会员资格、兵役和宗教信仰等；关系最近的亲属姓名及关系；以及计划举行葬礼或追悼会的时间和地点。
- 在逝者去世几天内，如果有必要，可以请朋友帮忙安排饮食或做其他事情，如照顾孩子。
- 如果亲戚或朋友要从外地来，请朋友或家人帮助安排交通和食宿。
- 如果计划举行葬礼，确定并通知护柩者和在仪式中担任其他角色的人，如司仪或牧师、招待员和致悼词的人。
- 收集照片和其他纪念品，做一本记忆书、一个记忆板，或者一个纪念网站。
- 如果你想要为逝者制作一本包含逝者照片和信息的纪念册，可以请朋友和家人帮忙制作并打印出来。
- 人多误事！做决定时，最好只和关系亲密的人商量。
- 我所做的，是我爱的人想要的吗？我做得对吗？如果在回答这些问题时，你感到心安，那么相信自己，在纪念所爱之人的活动中，你光荣地完成了任务。

丧葬服务交易有其特殊性。在没遇到麻烦前，很少有人会去思考这一点。和购买其他商品一样，如果提前多花时间做些调查，就不容易让自己后悔或有遗憾。购买葬礼服务时，仓促做出决定，很容易让自己陷入困境，因为棺材铺不会贴这样的告示："不满意30天内包退包换。"丧葬用品交易一旦成交，就不容反悔。

和其他购买行为相比，葬礼服务的选择有很大不同。例如，买一辆新车时，你可以货比三家，试驾各种品牌和型号。如果遇到态度强硬的销售人员，你要么屈服，要么离开；你可以明确做出选择。但是，购买丧葬服务时很难保持客观冷静的态度。逝者家属不满意，不会一走了之，去其他家比较价格。等人去世后再做调查和选择就太晚了，因此一定要提前做好准备（虽然并没有法律明令禁止，不得将遗体从一家殡仪馆转移到另一家殡仪馆）。

如果逝者亲友为了减轻罪恶感，或弥补与逝者生前不和的遗憾，选用昂贵的棺材或奢华的陈列，让棺材和陈设品成为葬礼的焦点，这是非常不幸的事情。在某些情况下，花巨资筹办葬礼反而会阻碍告别仪式的真正目的实现，即送逝者最后一程，安慰生者。正如丧葬殡仪师兼散文作家托马斯·林奇所说的那样，"即使是最好的棺材，也不会容纳所有——所有我们想埋葬在里面的东西：伤害和宽恕、愤怒和痛苦、赞扬和感恩、空虚和兴奋等许多因死亡产生的复杂情感"。

葬礼是亲友宣泄个人悲伤，告知公众亲人逝去的场合，同时，通过与他人分享也可以缓解悲痛情绪。葬礼中亲友向遗体致敬，承认曾有一个生命存在过。通过葬礼，亲友告知周围人："我们痛失所爱，心情悲痛。"无论是用钻石和红宝石装饰，还是用歌曲或诗歌赞美，都可以实现葬礼的目的。

葬礼服务费用

根据美国殡葬礼仪师协会的规定，传统葬礼的费用分为四类。第一类包括殡仪师和太平间工作人员服务费、太平间和设备使用费，以及客户选定的棺材和其他所有殡葬品的费用。

第二类是遗体安置费用，主要包括购买墓地和开封坟墓的费用。如果有地面建筑，需要支付陵墓地穴费用；如选择火化遗体，则需缴付火化及其之后殓葬、埋葬或撒骨灰的费用，以及存放骨灰的骨灰盒（如需要）的费用。

第三类涉及与纪念相关的费用。土葬的话，需要考虑纪念碑或墓碑的费用。如果选择火化遗体，骨灰盒安放在骨灰龛内，以及制定铭文或牌匾，均需付费。

第四类包括各项杂费。一般包括神职人员报酬、使用豪华轿车和额外车辆（如果不包括在葬礼服务类别内）的费用、鲜花、登在报纸上的死亡通知的费用。此类费用还包括遗体异地运输费用。

美国联邦贸易委员会要求所有殡葬企业在总价格表上提供详细的价格信息，便于客户比较价格，并根据自身需求选择葬礼需要的服务项目。值得注意的是，联邦贸易委员会并没有禁止殡葬礼仪师以单一价格"打包"葬礼服务。

专业服务

丧葬费用主要包括殡仪馆人员的基本服务费，如安排葬礼、与家属和神职人员协商、引导慰问和主持葬礼仪式，以及准备和归档与遗体处置相关的通知和授权书。最后一项可能包括提交死亡证明和某些死亡抚恤金索赔等。

专业服务费用还包括设施维护，以及员工管理和营业费用。殡仪馆设施一般都需要专门设计，因此需要大量资金投入。建筑设计须满足殡仪馆工作的需要。葬礼经常被比喻成戏剧表演，需要很多"幕后"工作。隐藏在公众视线之外的后台区域，是对遗体进行防腐整容的地方，以便遗体在最终的葬礼中登场。

除了专业服务费，殡仪馆也会收取遗体运输费，即把遗体从死亡地点转移到殡仪馆的费用，在下班后（晚上或周末）运输遗体，可能还会收取附加费。墓地或火葬场的服务、鲜花、在报纸上发表讣告和其他附带支出，通常单独收费（根据美国联邦贸易委员会的规定，可以把专业服务费计入棺材成本中。但如果按此方法计费，必须在棺材价格清单中明确标明该项费用）。

美国联邦贸易委员会的条例还明确指出，若逝者遗体被直接火化或立即埋葬，火化或下葬费用须包含专业服务费。另外，若遗体需从一家殡仪馆运到另一家，不得重复收取运输费用。

遗体防腐处理

文化不同，遗体保存方式也存在差异。谈到遗体防腐，最为知名的就是古埃及王室和上层社会成员的木乃伊。现代也有一些比较知名的遗体防腐例子，如苏联创始人列宁的遗体经防腐处理后，现保存在红场的列宁墓中。后来其他一些国家领导人也效仿，如越南前主席胡志明的遗体保存在河内纪念堂内。

确定火化或者土葬的遗体可以做防腐处理，也可以不做。但如果有守灵或瞻仰仪式，遗体停留时间较长，一般会进行防腐处理（也可以选择冷藏方法）。

肯尼思·依瑟森在其《入土为安》（*Death to Dust*）一书中指出，"最初，防腐是指在尸体上涂抹油膏,油膏的主要成分是天然植物汁液和芳香物质"。在现代,防腐处理包括清除尸体中的血液和其他液体,然后用化学物质代替它们,对尸体消毒,暂时延缓尸体腐烂。

在美国,对尸体做防腐处理始于南北战争期间。最早开始向其客户提供尸体防腐服务的是华盛顿特区的一些殡仪馆,比如布朗和亚历山大殡仪馆。该殡仪馆的布朗先生是一名医生,他对尸体防腐很感兴趣。布朗先生不仅学习过解剖学,还娶了费城最古老的柯克和尼斯殡仪馆(于1761年开始运营)老板的女儿。在纽约目睹了一名法国医生的防腐演示后,布朗决定为"那些不幸在战场上死亡、远离家人和朋友的士兵免费提供这项服务"。林肯总统逝世后,他的遗体乘坐火车从华盛顿特区一路被运到了伊利诺伊州的斯普林菲尔德。这次送葬极大地提高了人们对尸体防腐的认识。当然,在当时,也有人采用其他方法保存尸体(详情见图8-2)。

在美国,大多数殡葬机构都会对尸体做防腐处理。但美国联邦贸易委员会的条例规定,除少数情况外,殡仪馆必须征得逝者家属同意才可以做防腐处理,并收取费用。另外,联邦贸易委员会也规定了,在丧葬费用表中,必须明确标出尸体防腐的处理费用:

Source: Library of Congress Prints and Photographs Division (LC-DIG-pga-01508)

该广告展示了林肯总统的送葬队伍
图8-2 1986年金属棺材广告图

除某些特殊情况，法律并不要求尸体必须做防腐处理。如果葬礼中有遗体瞻仰仪式，则有必要做防腐处理。如果你选择直接火化或立即埋葬遗体，有权选择不进行尸体防腐处理，节省开支。

一些殡仪馆的尸体防腐费用中包含遗体整容费，其他费用则会逐条单独标出。除了对尸体进行基本的专业消毒，身体整容还可能包括美容、美发和美甲，给遗体穿上寿衣，入殓以供人瞻养。

如果殡仪馆有冰柜或者"冷藏室"，那么不做防腐处理，也可以在短时间内保存尸体。尸体冷藏费用一般比尸体防腐费用低。虽然有的殡仪馆宣称，未做过防腐处理的尸体保存时间不能超过48小时，但一般来说，冷藏后的尸体可保存3天左右。

棺材

在传统葬礼中，棺材因其在纪念逝者时具有的情感和象征意义，被绝大多数人看作葬礼的核心。棺材价格有高有低，客户购买时有很多选择。有用于遗体火化的便宜的纸板棺材，也有价值数千美元的实心红木、铜制或青铜制棺材。大多数殡仪馆会提供不同价位的棺材。

低价棺材通常由胶合板或硬纸板制成，外面包一层布，内部是稻草垫子，垫子上铺醋酸纤维板。随着价格的升高，棺材质量也会提高，一般为铜或青铜材质，内部是弹簧垫子，垫子上铺一层泡沫橡胶与醋酸纤维板。中等价位棺材中出现了钢制密封棺材，为了保证棺材的密封性，添加了一些保护装置（虽然这些装置给生者带来一些安慰，但也引起了很大争议）。密封钢架棺材目前在美国最受欢迎。

顶级棺材的价格从约7 000美元到50 000美元不等，甚至还有更高的。这类棺材一般都是红木、铜或青铜材质，做工优良，装饰精美。

根据联邦贸易委员会的规定，殡仪馆须向客户提供各种棺材的价格清单，并对每种棺材做详细介绍。棺材价格可以包括在总价目表中，也可以单独提供。此外，联邦贸易委员会还规定，客户有权从一家殡仪馆购买棺材，与此同时请另一家殡仪馆操持葬礼其他事项，且后者不得就客户从其他地方购买的棺材收取处理费。

联邦贸易委员会的这一规定导致大量棺材折扣店的出现，有些虽然规模小，但形成了连锁店。这些折扣店既有实体店（有的甚至位于购物中心），也有厂家网络直销店，客户还可以通过电商平台亚马逊购买。2009年，沃尔玛超市宣布在其零售网站上开始销售棺材和骨灰盒。大型仓储超市好市多甚至在更早的时候已经开始在网上销售此类商品。一些修道院也开始出售传统的手工制作的木制棺材，比如艾奥瓦州新麦乐瑞修道院的特拉普派修道士。殡仪馆也加入其中，开设了自己的丧葬店，以折扣价出售棺材和其他丧葬品。

尽管购买折扣棺材可以少花冤枉钱，但很多人在购买丧葬用品时并不愿意去折扣店。不仅因为多数殡仪馆会提供丧葬用品和"一站式采购"服务，也因为在亲人葬礼上"省钱"的想法令人不舒服。但即便如此，对一些人来讲，棺材零售商的时代似乎已经到来。英格兰伦敦的Regale丧葬用品超市就是其中一个典型代表。该商店采用超市销售模式，大厅里摆满出售的鲜花、纪念品、棺材、骨灰盒和其他葬礼用品，所有产品和服务都明码标价。

很多人不清楚，法律并没有规定尸体必须装棺火化。大多数火葬场只要求尸体装在一个结实的容器里。殡仪馆出售的纸板棺材完全可以满足需求。联邦贸易委员会明确规定，殡仪馆不得误导消费者，要告诉他们，如果想安排直接火化，州或当地法律规定必须购买棺材（直接火化是指在不举办任何瞻仰遗体或其他葬礼仪式的情况下直接火化）。联邦贸易委员会规定，提供直接火化服务的公司必须披露以下信息：

> 如果选择直接火化，尸体会放在木盒或其他替代容器内，如厚纸板盒、复合材料容器（有或没有外部覆盖都可以）或帆布袋中。

棺材外部容器

如果殡仪馆出售棺材外部容器（拱形墓穴或墓穴衬垫），也必须单独列出价格明细，或者在价格总表中明确标明，并须做以下披露：

> 在美国的大部分地区，没有州或当地的法律要求必须购买棺材外部容器。但许多墓地为防止墓地沉降，会要求客户购买。拱顶墓穴或墓穴衬垫皆

可满足需求。

因为许多殡葬企业不出售墓穴或坟墓衬垫,那么在你所在地区的墓地价格清单上可能不会出现上述说明。

设施和车辆

大多数葬礼都会用到观礼室或瞻仰室。殡葬机构可以自行定价,也可以根据当地标准定价,但须在价目表中明码标价。例如,殡仪馆可能按时间收费,如按全天、半天或小时收费。同样,如果葬礼仪式可以在殡仪馆的小教堂举行,也要标明小教堂的使用费用。其他设施在使用时收取费用的(如为葬礼准备的帐篷和椅子等),也都应体现在价目表中。

根据联邦贸易委员会的规定,殡仪馆须在总价目表中逐一标明灵车、豪华轿车或其他交通工具的使用费用。家庭成员、抬柩者或其他参与者(如神职人)一般都会使用殡仪馆提供的车辆。把花卉摆设从葬礼举行地运到墓地或火葬场时,还会用到"花车"(或货车)。租用摩托车护卫队,也须缴费。

杂费

杂费主要包括殡仪馆直接提供的物品或服务的费用,以及因客户要求产生的费用。后者包括现金预支项目,如花卉装饰和在报纸上登讣告。殡仪馆可能会按实际支出收费,也可能收取额外服务费。如果要收取额外费用,必须在价格总表中标明。

联邦贸易委员会条例还专门提到,如果葬礼供应商有偿提供纪念卡填写和寄送服务,也必须明码标价。

杂费还包括丧服费用、抬棺人和给葬礼主持牧师的酬金。

直接火化和直接埋葬

大多数殡仪馆都提供直接火化和直接埋葬服务。如果选择直接火化或直接埋葬,一般不包括正式的瞻仰和送别遗体的仪式(在这个仪式中,有些殡仪馆会把遗体摆放在轮床上,允许亲友简短、非正式地拜别逝者)。

如果殡仪馆提供直接火化或直接埋葬服务，其费用（包括专业服务费用）也应列在价目表上。选择直接火化，须由客户自主选择盛放遗体的容器，松木棺材还是替代容器（如由硬纸板、胶合板或合成材料制成的盒子）由客户决定。同样，选择直接下葬，客户依然有权选择替代容器或简单棺材（如盖布木棺）。如果殡仪馆只提供直接下葬服务，不提供直接火化服务，那么，根据联邦贸易委员会规定，该公司无须提供容器或木盒等，但大多数殡仪馆都会提供。

葬礼和纪念协会

殡葬和纪念协会是非营利性的合作组织，目的是为会员提供简单经济的葬礼服务。一般来说，殡葬和纪念协会在处理遗体时，要么立即火化，要么立即埋葬，当然也会提供费用较高的其他选择。协会的服务满足了一些成员希望简单经济地举办葬礼的需求。

> 想象一下，我们面前有一具尸体，要如何处置它？把它放在船上，任其随波逐流？把心脏单独安葬，而把身体其他部分埋在另一个地方？弃之野外，任由野兽啃食？架火烧掉尸体？扔进尸坑，和其他尸体一起腐烂？扔进热锅，煮到肉烂脱骨，然后扔掉肉，把骨头珍藏起来？看到这些问题，人们可能不会明确表达出意见，但会下意识思考："人们通常怎么处理遗体？"或"在他们看来，正确处理遗体的方法是什么？"
>
> ——选自《美国葬礼历史》(*The History of American Funeral Directing*)，罗伯特·W. 哈宾斯坦和威廉·M. 拉默斯

遗体安置

关于恰当安置遗体这个问题，斯蒂芬·普拉斯洛说："在丧葬仪式中，面对遗体，我们既恐惧，又心怀敬意。逝者是葬礼上的贵宾，但在葬礼进入高潮时，又被扫地出门。"

想一下，你死后打算如何处置自己的遗体。在美国，被问及这个问题时，人们的回答通常有以下几种：土葬、埋在教堂地下室、火葬或捐赠给科学研究。在古希腊，从公元前6世纪开始，尸体必须下葬入墓，不然会被视为犯罪，因为如果尸体没有入墓，将会一直在地府冥河两岸流浪，不得安宁。

最近，出了很多新方法安置遗体，如绿地葬、林葬、太空葬以及冰葬，这些特殊埋葬方式在后文"葬礼和遗体安置新趋势"部分将会详细介绍。在这里，我们重点讨论个人和家庭会关心的传统遗体处理方式。

考虑到卫生原因，人死后必须妥当处理其尸体，但这对一个人选择如何处理遗体影响并不大。遗体处理方法的选择主要取决于社会、文化、宗教、心理和个人想法。雷诺兹和坦纳指出，"尸体必须被处理掉，一般根据宗教规则，由宗教人士进行，即使逝者及其亲属没有宗教信仰"。例如，依照犹太教、基督教和伊斯兰教的传统，一般都选择土葬，而印度教教徒和佛教教徒更喜欢火葬。每一种处理尸体的方法都有象征意义，对各自宗教的信徒都很重要。例如，印度教教徒把火葬视为一种净化，可以洗涤罪恶，同时也象征了人类生命的稍纵即逝。与此相反，正统犹太教认为火葬是一种邪神崇拜，认为只有土葬才能让尸体回归"尘土"，因为上帝用泥土创造了人。但犹太教的其他分支并不太忌讳火葬。基督教中也不再严格禁止火葬，有些教堂允许甚至支持火葬，当然也有一部分教堂坚决要求土葬。

在《入土为安》一书中，肯尼思·伊瑟森指出："一具未做防腐的成人尸体，没有棺材，埋在1.8米深的普通土壤中，通常需要10～12年，骨骼才会分解。儿童尸体骨骼大约需要5～6年时间才能分解。"环境条件不同，可能会加速或延迟尸体分解。例如，入棺的尸体比没有入棺的尸体腐烂的速度慢，直接暴露在野外的尸体腐烂更快。

在某些文化中，若尸体部分腐烂，会通过清洗冲掉腐肉，然后收集骨头留作纪念。在其他社会中，则会把尸体露天放置。自然环境中，尸体很快会腐烂（但若在非常干燥的沙漠气候中，热量会带走尸体中的水分，反而让尸体不易腐烂）。美国平原上的一些印第安部落会建造平台，然后把尸体放置在上面，经受日晒雨淋。在一些国家，人们会把尸体放到特定地点，让秃鹫或其他动物吞食。例如，在印度孟买的马拉巴尔山上，人们可以看到很多被称为"寂静之塔"的天台，帕西人把尸体放在那里让猛禽吞食。作为拜火教之祖琐罗亚斯德的追随者，帕西人认为水、火、土是神圣的，不能被尸体玷污。

自古以来，海员们就有用水葬或者海葬处理尸体的传统。由于环境和文化习俗的不同，海葬方法也有所不同，在仪式的最后，有的把尸体从船的一侧投入水中，有的把尸体放在小船里，点燃后放入大海。在北欧海盗时代，挪威船葬呈现了有趣的变化，人们开始把海葬和土葬结合在一起。死者遗体被安放在棺材里，和陪葬品一起放在船上，然后覆盖上泥土。

另外一种处理遗体的方法是捐赠遗体，用于医学研究。这样做的人可能会因为自己为科学发展做出贡献而获得满足感："即使我已死去，但我的身体依然在发挥作用。"由于医学院和其他类似机构需要的尸体相对较少，这种选择有时很难如愿。一具遗体被捐赠给科学研究机构，其最终处理办法可由接受捐赠的机构决定。但通常情况下，一旦捐赠的医疗或科学目的达成，其近亲在遗体最终处理问题上有决定权。大多数医学院和研究所都制定了相关政策，以确保尸体得到合乎道德的妥善处理。在某些情况下，会举行追悼会感谢遗体捐赠者为科学做出的贡献。

从史前土葬到太空时代的低温冷冻，人类采取了很多方式处理尸体。虽然人们很少谈及遗体处理这个话题，但妥善处理遗体依然十分重要，能够带给生者温暖和慰藉。正如下面的故事所阐述的：爱德华·斯特龙贝克少校在越南执行任务

海葬是世界各地海军的传统，尤其是在战争时期。图为美国海军"企业号"航空母舰上一位海员的遗体正在进行海葬。

第八章 / 葬礼和遗体安置

时，因飞机失事不幸去世，军方仅仅将他的遗体火化，就把骨灰邮寄给了他在夏威夷的家人。他的母亲和亲属看到军方并没有为他举办适当仪式，感到十分震惊和失望，这引起了美国参议员丹尼尔·井上的注意。最终，军方修改了相关政策，规定军人的骨灰返乡必须给予足够的尊严和荣誉。妥善处理人类遗骸不仅对其亲属，而且还会在更大范围内产生重大影响。谈到遗体处理，谈到对死亡的态度和信念，你又有什么看法呢？

下葬

据说，在美国，没有哪片土地比阿灵顿国家公墓更神圣。这里不仅是"生者与死者相遇的地方，也是英雄为国家奉献的历史见证"。这种沉痛的情感充分显示了墓地重要的历史价值。"cemetery"（墓地）一词来自希腊语，意思是"卧室"。墓地又被称为"陵园"（necropolis）或"陵墓"（city of the dead），但后者多指那些古代在城外建造的有精美纪念碑的大型墓地。在西欧历史上，墓地通常都位于教堂附近。雷蒙德·弗思爵士指出，"墓地丰富了人类学的研究领域，因为它们阐明了人类文化中物质客体（包括人类尸体）所具有的情感和象征意义"。还有一些作家指出，墓地不仅是一个地方，也是一个过程。"墓地在激发逝者亲友的思念和伤心的同时又限制他们，让他们通过合乎文化习俗的方式表达自己的思想和感情。"迈克尔·卡门在评论国会于1990年通过的《印第安人坟墓保护和遣返法案》时说，"遗体安葬，使其回到本来应该在的地方，象征使一个崩塌且混乱的世界再次恢复秩序"。

"埋葬"一词含义十分广泛，既指在土壤中挖一个坟墓，也可能指建造一个陵墓（如印度的泰姬陵和埃及的金字塔）。埋葬的可能是整个尸体，也可能只埋葬骨头或者骨灰。在世界上，有些地方可直接购买墓地，有的地方只能租用墓地。有些墓地，人人平等。有些地方，墓地也按阶级划分，世俗的社会地位差异延续到了墓地，位置好的地方留给了占据上流地位的人。

除了墓地地块的费用，通常还需要坟墓衬垫或墓穴来支撑棺材周围和上面的泥土的相关费用。这样的话，墓葬成本大约会增加 1 000 美元，隔离湿气的（但不能保证）墓穴成本更高。

虽然价格总是在变，但葬在陵墓或教堂地下陵墓的平均成本约为 4 000 美元。洛杉矶天使之女天主教大教堂地下陵墓，在 21 世纪初，最初的 1 300 个墓窖只面向受邀者和曾为建造大教堂做出重大贡献的个人。每个墓窖的价格约为 5 万美元，6 个半私用的小教堂以及彩色玻璃附近的墓室花费更高。在历史上，"crypt"一词通常指地下墓室或教堂地下室的墓室。现代，该词还指陵墓中的空间，即埋葬一具或多具尸体，由混凝土、大理石或其他石头构成的地面结构。最昂贵的陵墓空间通常是与眼睛等高的位置，而顶部和底部陵室较为便宜（芝加哥天后陵墓群曾是世界上最大的天主教陵墓群，可容纳 3.3 万名死者。2013 年，新泽西州卑尔根县建造的圣十字陵超越了它）。无论是墓地还是教堂墓穴，开和关都需要额外缴纳费用。

简单的青铜或石头墓碑一般要几百美元，墓室壁龛的名牌相对便宜些。如果墓地许可（有的墓地只允许摆放卧式墓碑），墓碑可以添加装饰物，费用从几百美元到几千美元不等。

最后，一些公墓会收取捐赠或者管理费用于公墓的维护，有时这一费用包括在埋葬的基本费用中。

随着越来越多的人选择火化，传统的墓地埋葬正在成为一种生活方式或文化选择。

在世界上很多地方，教堂地下墓室壁龛成为土葬的替代方式。墓穴紧张时，只能暂存尸体，一段时间后需要移走，采取地下埋葬或其他处理方式。图为墨西哥瓦哈卡州墓室壁龛。

火葬

　　火葬是把尸体放入 2 000～2 500°F 的高温中焚烧，通过脱水氧化过程，分解尸体的有机成分，留下矿物化骨架。在美国，火葬处理尸体的方法可以追溯到 19 世纪（对于一些美国土著文化群体，火葬已经存在了好几个世纪）。在欧洲，火葬历史更为久远，至少可以追溯到青铜时代。在很多国家，如印度和日本，火葬是最常见的遗体处理方式。近几十年来，火葬在美国也越来越被接受。美国殡葬礼仪协会最近公布的数据显示，美国的火葬数量稳步增长。20 世纪 70 年代，只有 5% 的美国人选择火葬，而到 2016 年，选择火葬的美国人达到了 50%。

　　遗体火化的方式有很多种，从简单的木材火到复杂的电气或煤气等。在美国，最常用的燃料是天然气。一具中等大小的尸体大概需要 1.5 小时才能完成火化，留下最后的矿物化骨架，然后骨架会被放入骨灰研磨机，骨骼碎片变成了颗粒状，即通常所说的"骨灰"（骨灰一词常常误导人们，觉得火化后的遗骸和木头或纸张燃烧的灰烬是一样的。但事实上，骨灰由非常小的骨头构成，看起来和感觉上更像粗糙的珊瑚砂，成分和贝壳相似，容易受风浪侵蚀）。

　　环保意识的提高促使绿色丧葬技术诞生，进而替代传统的火葬过程。水焚葬就是其中一种，通过化学过程（加碱水解过程），将尸体变成只有几磅重的碎骨，然后脱水，磨成骨灰，所用时间和火化差不多。另一种是冰葬，其过程和火化以及水焚葬完全相反。在太空旅行或想长期保存食物，一般采用冻干方法脱水保存。冰葬方法与其类似，逝者遗体被浸泡在液氮中，经低温脱水后，再经加工粉末化成骨灰。威廉·霍伊指出，"和火葬一样，水焚葬和冰葬并不会干扰葬礼仪式，也不会取代葬礼仪式"。

　　遗体火化后，骨灰有多种处置方式，如土葬，装在骨灰盒里放到陵园壁龛内，或放入骨灰瓮中由家人保存，或埋入陵园，也可以撒入大海或撒在陆地上。因国家和地区不同，骨灰处置有不同规定。在日本盛行一种小型私人家族陵墓，被称作 haka，周围种有树篱，一般可容纳 12 个骨灰盒。这种家族陵墓被称为"欧洲家族陵墓的亚洲版"。随着墓地变得越来越昂贵，以及火葬的日益流行，主流公墓开始提供花园式墓地，不仅可以安置多个骨灰盒，而且可以作为家族墓地，安葬几代人。

亲属可以选择在火葬的同时祭奠逝者，这和传统丧葬方式没什么不同。骨灰盒价格从 50～400 美元不等，当然也有更贵的。如果想要保存骨灰，可以放在骨灰安置所的壁龛内（放置骨灰瓮的小墓穴），费用取决于壁龛的大小和位置。一些家族拥有家族墓地，几代人都葬在一起。遗体火化后，可以在骨灰安置所壁龛上刻铭文或牌匾纪念逝者，或定制一个特殊的骨灰瓮纪念逝者。

纪念

传统上，人们通过墓碑和纪念碑悼念逝者。纪念碑既可以像泰姬陵那样雄伟壮丽，也可以像华盛顿纪念碑那样拔地而起，高耸入云。或者，像一方邮票那样小。很多为国家做出贡献的人，如总统、首相、国王和王后、作家和画家等，经常会被印在邮票上，人们以此表彰和纪念他们的功绩。1965 年，英国前首相温斯顿·丘吉尔去世。在他去世的一年内，共有 73 个国家发行了约 287 种邮票纪念他。其次就是约翰·F.肯尼迪总统去世后，有 44 个国家发行 183 种邮票以示纪念。

美国退伍军人事务部发行了至少 39 种不同纪念徽章，代表老兵的不同的宗教和精神信仰，如潜在基督教徒（十字勋章）、佛教徒（佛教法轮徽章）、穆斯林（星月徽章）和犹太教徒（大卫之星徽章）等，最近又添加了巫术崇拜者徽章（五角星），以及人文主义者和无神论者专有的徽章。

在一些非裔美国人社区，制作精美的讣告成了缅怀逝者和向逝者表达敬意的纪念品。葬礼中，讣告设计得犹如精美的杂志，配有逝者照片和生平介绍，详细描述了逝者生前的光辉事迹。印刷技术的发展，让纪念册复制和传播变得更容易，这被视为非裔美国人风格的进一步发展。一位作家评论说："有人认为是讣告，有人则将其看作一本杂志。"

马里昂·平斯多夫指出，无论是在过去还是在现代，丈夫去世后，遗孀都成了他们的"形象塑造者"。例如，乔治·阿姆斯特朗·卡斯特夫人在其丈夫去世后，全权负责卡斯特将军的葬礼，场面十分震撼，为其丈夫在历史上留下了浓墨重彩的一笔。再到近代的小野洋子，正是她，"规划并美化"了约翰·列侬的生活。另外，杰奎琳·肯尼迪、科雷塔·斯科特·金以及苏珊·埃金斯（画家托马斯·埃金斯的遗孀）在她们的丈夫去世后，都曾以自己的行动加深人们对她们丈夫的怀念。有些人可能并没有那么伟大，但在这些妻子的努力下，他们在死后被塑造成了英雄。

纪念逝者——怀念（铭记）和歌颂（表达敬意，引起公众注意），除传统方式外，还有很多种方法。表达纪念的可以是纪念品、纪念物或回忆录，也可以是雕像和建筑物，其作用都是为了"唤起（对逝者的）兴趣"，让其"流芳千古"。

规范尸体处置的法律

一般来说，死者的近亲负责安排遗体的最终处置。但若国家或地方法律另有规定，需按法律行事。例如，一些社区明确规定，禁止在市区内埋葬尸体。

当死者没有留下遗体处置费，而其亲属又不愿或无力支付时，国家可能会承担相关费用。美国的县级政府一般设有贫困人员安葬基金，以应对此类事件。公共行政机构将会调查，确认有关人员是"不愿支付"还是"无力支付"。若确实无人支付，县级政府会承担费用。县级政府可以与当地的殡仪馆签订合同，提供直接火化和骨灰安葬服务。如果近亲反对火化，遗体可直接入殓，安葬在公墓里

图为夏威夷瓦胡岛上的华人墓地。墓地坐落在一个风景秀丽的山坡上，陡坡一面正对着檀香山市和远处的大海。按照中国的习俗和风水，坟墓选址有很多讲究，目的是让死者早日转世投胎。公墓安然坐落在斜坡之上，俯瞰着对面熙熙攘攘的繁华大都市，即使在现代社会中，某些传统习俗仍然很重要。

（同样需要政府支付费用）。

葬礼和遗体安置新趋势

过去，逝者离开后，家人只需面对两个选择——花多少钱买棺材，要把逝者葬在哪里——而现在，亲属需要处理的事情大大增加，从葬礼上死者的传记视频的选择到是否制作"骨灰首饰"等。

甚至就连棺材的选择也变得复杂化。过去，棺材选择空间有限，通常是在一个大房间里摆满了各种风格和价位的棺材供选择，而现在，很多殡仪馆提供家庭顾问服务，通过触摸屏和显示器，能够为顾客提供更多的棺材选择，打破实体店的局限性，同时殡仪馆还可提供信息咨询，安排土葬和火葬产品和服务。一位殡仪馆工作人员说，"许多家庭告诉我们，一想到走进摆满棺材的房间挑选棺材，他们就感到十分恐惧"。这项名为"家庭顾问"的新技术不仅在减轻顾客精神痛苦的同时，让殡仪馆可以提供更多的商品选择，甚至家属可以通过触摸屏自己设计棺材。

凯瑟琳·加尔斯－福利说："现有的这些选择，对现代家庭来说似乎增加了负担，但实际上也为他们提供了一个机会，创造一个对个人有意义的葬礼体验。"在葬礼和纪念活动中，人们希望有更多新选择，殡葬礼仪师不得不跟上这些变化。新一代的殡葬礼仪师正在崛起，他们不再把自己看作殡葬从业者，更多时候，他们把自己看作活动策划人（有些人称他们为"时髦殡葬人"）。加尔斯－福利说："创新人才的加入有助于创造具有个人意义的殡葬仪式。"

最近，旧金山骨灰安置所为其"未来居民"举办了一场晚会。现场不仅有音乐、美食美酒，殡仪馆还帮助人们分享装饰墓穴的想法。玛丽莲·亚洛姆说，虽然对很多美国人来说，死亡并不是一件趣事，举办这样的宴会也很奇怪，但不仅在旧金山有这样的宴会，而且举办这种宴会已经逐渐发展成一种趋势，目的是让安息之地变得更加友好。

个性化的葬礼，不仅采用了很多传统葬礼的元素，还因为更加"真实"而越来越受欢迎。例如，葬礼中宣读悼词的环节必不可少，以前是由牧师、家人或朋友宣读。现在，在场每个人都可以分享和逝者的美好记忆，这导致一些神职人员抱怨说，这种悼词削弱了"宗教抚慰悲伤的力量"，相反让葬礼"成了一个共享美好往事的地方"。

个性化的葬礼也被称为以"生活为中心"的葬礼，因为葬礼的重点放在了死者的生活和人际交往上，而不再关注宗教中关于死亡和来生的学说。在葬礼上，人们播放逝者曾经最喜爱的音乐，读他曾经最喜爱的诗歌。道格拉斯·戴维斯说，这样的葬礼"反映了生活，而不是让人们用他们不持有的信仰来面对逝者家属"。

> 随着时代变迁，殡葬人员需要清楚，随葬的贵重物品可能不再局限于戒指、手表、耳环、项链、手镯、脚链和脚环等普通物品，也不再局限于在耳朵、脚趾、手指、脖子或手腕上佩戴的饰品。身体穿孔现在很常见，因此要认真检查全身，看看是否有其他部位佩戴贵重首饰。舌头、胸部、肚脐、阴部和鼻腔等必须重点检查。
>
> 迈克尔·库巴萨克和威廉·M.拉默斯
> 《穿越死亡线——最佳实践：降低殡葬服务风险》

现代社会，人们越来越追求个性化，在人生最后的仪式上，越来越多的人选择"自己动手"。此类葬礼被称为"自然葬礼""家庭葬礼"或"家庭指导的葬礼"（区别于有执照的殡葬业者指导的葬礼）。一本葬礼指南中这样描述此类葬礼：

> 家庭葬礼是一种非商业的、以家庭为中心的悼念仪式。与逝者遗体相关的事宜，如装殓、遗体处置方式（土葬还是火化）、葬礼和追悼会安排，以及最后安葬祭奠等，均由逝者亲友和社区负责。家庭葬礼与机构式葬礼的区别在于，逝者后事安排简单快速，力求早日让逝者入土为安。一般由逝者家人和亲友共同完成，整个过程很少或完全不需要殡葬礼仪师参与。

有时，逝者亲属可能需要"丧事协调员"的帮助。这类人熟悉葬礼相关事宜，知道如何处理传统葬礼规则中的一些繁文缛节。

在尸体处置方面，除了传统的土葬和火葬外，还有绿色环保的选择，如自然埋葬、林地葬或绿色埋葬，虽然尚未广泛应用，但越来越受到公众的关注。20世纪90年代，英格兰最早把绿色埋葬制度化，后来被引入美国。绿色埋葬意味着尸体不经防腐处理，被包裹在裹尸布或可降解的棺材里下葬。绿色埋葬强调的是尸体以最自然的状态返回大地，禁止使用任何对环境有害的物质。在瑞典，有一个名为"普罗米萨"（Promessa）的组织，其领导者是一名生态学家，这个组织正在研究一种不使用防腐剂的埋葬方法，即用液氮将体内的水分去除，将其转化为灰尘。处理后的遗骸可以用作肥料。在绿色公墓中，为了建立"可持续性的"墓地，禁止设置墓碑或陵墓，但可以使用树木或特殊岩石等自然物做标记。

在海葬中，有一种被称为"永恒礁"的海葬方式，即把火化后的骨灰混合到小型的珊瑚礁中，然后沉入大海，很快就会成为海洋动物的栖息地。绿色埋葬中，无论是土葬还是海葬，非常受那些采用"减少、再利用、循环利用"生活方式的人的青睐。

"怪诞"记者亨特·S.汤普森为自己选择了一种独特的告别方式——烟花葬，骨灰混在火药里制成烟花。他在家开枪自杀。死后6个月，在亲友的注目下，他的骨灰随着烟火射向空中，和烟花一起在空中绽放、消散。

还有人选择了太空葬。火化后的遗体被装到火箭上，发射到太空中，在轨道上绕地球运行，几周后坠入大气层，完全焚化。人们也可以选择将骨灰用火箭运送到月球或更远的地方，但花费也就更大。

人体冷冻，或叫低温休眠，目前只是一种实验技术，还没有实际应用。但因其处理尸体的独特方法，引起了很多人的关注。人体冷冻，即将尸体冷冻在液氮中来保存（或者仅仅是头部），直到未来的某一天，当医学技术成熟到可以复苏和挽救生命的时候。

纪念仪式和连接物品

逝者亲友可能会通过纪念或告别仪式来寻求慰藉，这些仪式与传统的葬礼仪式和服务不同，是对传统葬礼仪式的补充。此类仪式的典型特征是需要连接物品——任何能够安慰逝者亲属、加强和逝者联系的事物或图像。悲伤咨询顾问卢·拉格朗指出，实际上，连接物品是过渡性物品，不仅有助于哀悼者怀念逝者，表达感激，而且能够帮助哀悼者走出悲痛，开始新的生活，因为这些物品是一种学习工具，可以将同理心、理解和永恒的爱带入人生巨大变化和体验中。

有些作者认为应该摆脱连接物品的束缚。没错，从某种程度上来看，保留逝者物品对生者适应变化、开启新生活没有什么帮助，但抛弃一切和逝者相关的事物同样也毫无意义。在纪念仪式中，睹物思人有助于逝者走出悲痛。实际上，这是一种指导性的哀悼疗法，通过这些象征物，生者真正明白逝者的离去。

> **纪念花园**
>
> 这是她的第一个花园，独属于她的花园，我可以在这里与她见面、聊天。在这个花园中，我们似乎依然经常见面。自从她去世，我每周四都会来，打扫花园，修剪草坪，浇水，更换其他人送的鲜花。我觉得她还和我在一起。在她生前，我们每天都见面。我在她住的附近工作，我经常去看她，一起喝杯茶，聊聊天。虽然现在妈妈已经不在了，但我收拾好花园后，我还是会聊上5分钟，告诉她最近都发生了什么。
>
> 伦敦东区一位居民，其母亲被安葬在伦敦市公墓

通过连接物品悼念逝者的方式，还包括给逝者写信，然后埋起来或烧掉它。纪念仪式后，可以举行团聚仪式，比如朋友和家人一起聚餐。虽然这种悼念方式并不普及，但恰恰反映了传统礼仪中的聚散离合。通过一些活动加强生者和过去的联系，同时帮助生者度过亲人逝去的时光，走向未来。在这两类活动之间取得平衡十分重要。下面的故事很好地说明了这一点：

有时，你会得到你想要的。

一位女士的哥哥死于海上的飞机失事（遗体一直未找到）。在他死后33年，这位女士决定要纪念他。在那之前，她一直住在一个海边小镇，她的房子面朝大海，但她一直紧闭窗帘，这样她就不必看到杀害她哥哥的"凶手"。

在咨询师的鼓励下，这位女士为哥哥选择了长茎红玫瑰。她带着鲜花、

音乐和几首诗到一座可以俯瞰大海的悬崖上。她想为哥哥办一个简单的纪念仪式，打算把玫瑰花一枝一枝扔进大海——玫瑰花代表了她内心的平静以及对大海的宽恕，因为大海收留了她哥哥的遗体。

在悬崖边，伴随着海浪声，她开始了纪念仪式。她把一枝玫瑰扔进大海，但海浪和洋流把它冲回了悬崖边。每一枝被冲回来的玫瑰，似乎代表了大海的拒绝。在将最后一枝玫瑰扔进大海后，她跪在悬崖边，放声痛哭。

原本打算安静地祭奠哥哥，但这一刻，她彻底放开了自己，把多年来因痛失兄长带来的悲伤和痛苦宣泄出来。恢复理智后，她赶紧观察四周，不想让人知道自己失控。后来她说，痛哭正是她需要的，但并不在计划内。

做出有意义的选择

20世纪70年代，威廉·拉默斯先生将葬礼定义为"一种有组织的、有目的的、有时限的、灵活的、以群体为中心的死亡的应对方式"。现代殡葬服务种类繁多，这个定义还适合现代对逝者身后事的处理吗？在缅怀逝者、安慰生者时，我们需要遵循哪些行为准则？葬礼和尸体处置的选择越来越多地反映了个人而非社会的判断。

单一、老式的美国葬礼正在消亡，丧葬仪式正走向多样化。作为文化多样性的反映，殡葬礼仪师不仅要熟悉犹太教和基督教的仪式，还要熟悉佛教、印度教和伊斯兰教的仪式，以及非宗教的人道主义仪式和兄弟仪式。人们的选择不再局限于传统葬礼，而是有了更广泛的资源，可以从中选出符合自己宗教和世俗传统的葬礼模式。有很多方法可以恰当有效地应对死亡。意识到这一点可以让人们更好地处理逝者的身后事。

面对逝者的身后事，有人想简单操办，有人想隆重对待。下面来看一个例子：一个家庭里年幼的孩子去世了，一开始家人不打算举办正式的葬礼，准备火化遗体后，直接抛撒骨灰。但就在遗体即将被火化时，这个家庭突然感受到亲人骤逝的痛苦。就在他们努力平复痛苦，接受儿子离开的事实时，朋友中有人建议，他们可以给儿子打造一个棺材。很快，所有人，包括逝去孩子5岁的哥哥，都行动起来，打算制作一个小棺材。后来他们说，有机会"做点什么"，让他们减轻了一些痛苦。制作棺材，不仅寄托了家人对逝去的孩子的怀念，同时也让他们减轻了痛苦。

现代生活的快节奏正在对传统习俗发出挑战。参加葬礼的人数减少了；人们越来越不愿意仅为了参加一个不必要的悼念仪式，请假或推掉其他活动。然而，参加葬礼仪式的愿望依然存在，这一点可以从网络葬礼和追悼会网络直播中得到证明。通过这些技术，那些远方的亲友即使无法亲临现场，也能参加葬礼和追悼会。这些新的选择不仅证明了生者和逝者割不断的联系，也证明了逝者亲属相互联系的渴望。

人们质疑这些服务是否足以替代传统服务提供的亲密的面对面的社会支持。当我们周围或家庭中的一分子、我们尊重和挚爱的人离世，而我们却因为太忙而无法和其他亲友一起悼念他，那么我们又是如何经营我们的生活的呢？

1969年，威廉·拉默斯在其文章中指出，用追悼会代替传统葬礼存在诸多缺陷。首先，追悼会一般不是在逝者亲属最痛苦时举办的。其次，和传统葬礼相比，逝者亲属没有机会直面死亡的降临，也没有机会充分参与葬礼安排和全过程。最后，死者的遗体不出现在追悼会上，哀悼者也无法从中获得情感上的慰藉。丧亲生活慰藉中心主任艾伦·沃尔费尔特说："反对遗体告别的人认为，遗体告别是一种有损尊严、不体面的浪费行为，完全没有必要。但是，瞻仰遗体，最后和逝者短暂相处，不仅可以让亲属做最后的道别，也可以让生者亲眼确认所爱之人离世的事实。"

葬礼提供的社会支持意义重大，并不会随着葬礼的完结而结束。例如，在夏威夷传统文化中，无论死去的是男人、女人、孩子，还是新生婴儿，逝者亲属所在社区都会在逝者去世一周年纪念日时为其举办悼念活动。对于一些大家庭来说，这是家族最重要的三大纪念日之一，另外两个重要的日子分别是结婚和第一个孩子出生。因为在这一天，人们用眼泪来缅怀逝者，并向他致敬，因此被称为"流泪日"，但这依然是"一个幸福时刻，一起流过泪的人欢聚的时刻"。一位参与者这样评价说："大家一起吃饭、喝酒、唱歌、跳舞。我们分担痛苦，也共享快乐！"

第九章

幸存者:
感悟失去

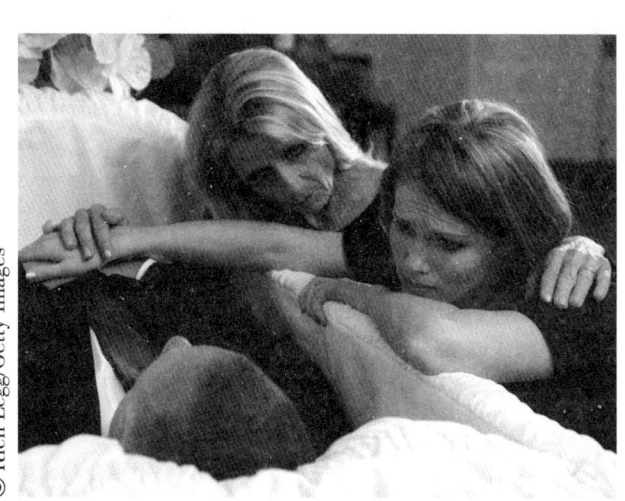

死亡带给我们的影响是永恒的,不仅存在于葬礼那一刻,还会延续数月,乃至数年。

我们所有人都有过丧失的体验。即使没有经历过亲友死亡，但生活中的变化或事物的终结，都意味着丧失，不再拥有。诸如失业、失恋、转学、搬家这类的丧失，我们称之为"小死亡"，虽然可能存在程度上的差别，不管何种丧失，都会让人感觉悲伤。回忆一下，你曾经历哪些"小死亡?"还记得自己当时的反应吗？法国哲学家乔治·巴塔耶这样写道：

> 把死亡和悲伤捆绑在一起，是十分幼稚的想法。死亡降临，生者的眼泪总是表示悲伤。除了伤心，眼泪更多的是对逝者的缅怀，对曾经共同亲密生活的怀念。

悲痛能够让人们紧密团结，而不是分裂疏离。丧亲者通常认为自己变得更坚强、更能干、更成熟、更独立，也能够更好地应对生活中的其他危机。"丧亲之后，人们不仅要迫使自己寻找方法，继续生活，还要在思维、情感以及心理上让自己接受亲人离开的事实。"一位痛失爱子的父亲说道："儿子虽然已经离开，但他永远活在我心里。铭记他，不是因为我否认他的离开，而是让我能够从失去他的痛苦中走出来。"

逝者已矣，生者安康，只有走出悲痛，才能重新起航，迎接新生活。

斯坦利·凯莱曼，《生与死》(*Living Your Dying*)

当芝加哥白袜队在老科米斯基球场打完最后一场比赛时，许多球迷都感到悲伤，这座"世界上最伟大的棒球宫殿"将功成身退，他们再无机会来此看球。一名球迷回忆说，在上战场前，他曾和6个朋友在这里打过一场球。他说，"其中有3个人在战争中牺牲了。我想我要和他们说再见了。这个球场是我和他们之间联系的纽带，现在我要失去它了"。另一位球迷表示，他和父亲最美好的回忆就是一起在这个球场观看比赛。他说："作为一个儿子，我经常去，坐在曾经那些'特别'的座位上，回忆和父亲共同看球时的温暖和满足。我在那里缅怀父亲。那个秋天，当老科米斯基球场关门时，我也失去了某些东西，这是一个6岁男孩和他父亲之间的情感纽带。"

切记，人生不是只有死亡会带给我们丧失，还有很多场合也会让我们体会丧失：失恋、失业、失去亲情、失去家园等，很多事情都会走向终点。一生中，我们会交许多朋友，拥有很多珍贵的财产。我们失去一些珍贵的东西，留下了感情和回忆。无论是朋友还是珍贵物品，一旦失去，都会让人难以接受。有人说，就好像自己的某部分也随之而去了。与他人的亲密关系让我们在这个世界上不那么孤独。当失去有价值的人或物时，我们就成了幸存者。

丧失意味着不再拥有，不管是主动选择，还是环境原因。例如，恋爱中，主动提出分手的人也难免伤心失落。一个曾经历过丧偶和离婚的人这样说，"死亡对我来说更容易，因为死亡意味着关系结束，因为爱人离去，我获得了很多支持。离婚就不那么美妙了，虽然关系如期终结，但孩子监护权的安排，以及在镇上偶遇我的前任和他的新伴侣，这些都依然'存在'"。作为幸存者，想想你经历过的丧失。你会发现，这里讨论的许多问题不仅适用于死亡带来的损失，也适用于你生活中的其他丧失。

丧失、悲痛和哀悼

了解丧失、悲痛和哀悼的内涵有助于加深我们对幸存者的理解。这三个词分别代表了失去的不同方面。

丧失（bereavement）是指损失客观发生，其词根"bereave"本意是"剥夺或使失去",就好像某种珍贵的东西被突如其来的破坏力夺走了。因此,丧失传达了一种被剥夺的感觉,我们的某些部分被强行夺走了,就像打劫一样,完全不顾我们的意愿。虽然丧失会扰乱我们的生活,但人生在世,这样的丧失不可避免,是人生正常的经历。

悲痛是面对失去时人们的反应,不仅包括思想和感觉,还包括身体、行为和精神上的反应。悲痛方式无关对错,也没有什么标准,不同的人悲痛反应各不相同。亲友去世,有人得知噩耗,立即出现各种悲痛反应,而有人可能反应迟钝,也有人不会表现出悲痛。生者不一定会体验所有悲痛反应,也没有规定哪种反应必须出现。

悲痛在精神和认知方面的表现主要包括:怀疑、困惑、焦虑、紧张、痛苦、无所适从和抑郁。悲痛的人可能变得迟钝,没有真实感,不愿意相信所发生的一切;也可能变得极其敏感,且情绪易激动。尤其是在刚刚失去的时候,可能会出现抑郁。某些丧亲者可能会出现精神亢奋期,脑海中充斥着逝者影像,不仅做梦会梦到,甚至还会觉得逝者依然活在世上。悲痛欲绝的时候,感觉逝者依然活着,并能与之交流,这种精神感受并不罕见。

15世纪艺术家尼科洛·德尔·阿尔加创作的《哀悼基督》雕塑中的一部分——"石头的尖叫"(stone screams)详细描述了悲痛的激情本质。该艺术家的名字来源于意大利语"arca",意为"坟墓"。这组作品是他为意大利博洛尼亚的圣玛丽亚德拉维塔教堂创作的,极具感染力。右侧是抹大拉的玛利亚,她正低头看着死去的基督,满脸恐惧和无法置信。左侧是玛利亚·革罗罢,她正一边后退,一边大叫:"我不看。"

悲痛情绪包括伤心、期待、孤独、悲哀、自怜、痛苦、内疚、愤怒以及解脱。痛失亲人，亲属可能会对命运的不公感到愤慨，面对死亡的束手无策，会让逝者亲属沮丧，感觉自己无能。亲属也会觉得上天对他过于残忍，为什么让他失去亲人。悲痛包含了多种复杂的情感，有些甚至相互冲突，认识到这一点，有助于我们更好地应对悲痛。

从生理上来讲，悲痛的人经常叹气、心慌气短、喉咙发紧、失魂落魄、浑身无力、发冷、颤抖、情绪烦躁、失眠、厌食或暴食，等等。悲痛时，生理上还表现为四处游荡，毫无目的地到处走，心理学家称之为"精神运动性躁动"。

悲痛时有人会不停地哭喊和"寻找"逝者，也有人可能会不停地谈论逝者和去世时的情况，也有人不停地回忆逝者的一切，但会避开逝者已经离开的事实。有的逝者亲属会表现得非常易怒，甚至怀有敌意。有人会因为亲人离世而逃避社会交往，也有人过度活跃，疯狂参加社交活动，内心躁动不安，好像不知道自己该做什么。

当一个人试图在丧失中寻找意义时，往往会寻求宗教或精神信仰的慰藉，以求帮助自己渡过难关，摆脱痛苦。重大损失不仅让我们质疑周围世界以及我们自己的存在，同时也会破坏我们一直以来坚守的信念。失去摧毁了我们"设想的世界"——我们心中稳定可靠的世界。损失已无可挽回，要想弥补裂痕，我们必须重新学习如何开始新生活。

可见，悲痛涉及人的整体反应，包括情绪、情感、身体、行为以及精神等多个方面。狭隘地定义悲痛，把悲痛局限在某个方面，会减少人们真切体验悲痛多方面反应的机会。思想、情感、行为等都是悲痛必不可少的组成部分。

哀悼和悲痛息息相关，常常被视为同义词。然而，哀悼并不单单指对丧失的反应，而是指一个过程，通过这个过程，逝者亲属接受亲人的离开，继续生活。至少在一定程度上，这个过程是由表达悲伤的社会和文化规范所决定的。遭遇丧失，悲痛和哀悼不可避免。

悲痛自有其大小

悲痛的有趣之处在于：悲痛自有大小，非你我能决定。悲痛有自己的程度。悲痛不请自来，你明白我的意思吗？我一直很喜欢这个词"他被悲伤击中"，因

> 为事实就是如此。悲伤自成一家。悲痛似乎不是源自我的内心,我需要处理它。悲痛是一个东西,你必须接受它的存在。如果你想要无视它,它就犹如一头饿狼,潜伏在你家门口。
>
> 斯蒂芬·科尔伯特,40年后谈论家人逝世

常见的哀悼行为包括佩戴黑色臂章或穿深色衣服,如果死者是重要的公众人物,则降半旗致哀。在过去,头戴面纱、身穿黑色衣服的圣母玛利亚式装扮是社会公认的哀悼方式。在一些国家,在丈夫去世数年内,其妻子会一直穿黑色丧服,向公众表明她的丈夫去世了,她的身份发生了变化,同时寄托哀思。改变外在形象来表达哀悼,在很多文化中都可以看到。在一些美洲原住民中,会通过剪头发来哀悼亲人逝世。"剪头发是一种象征,表达生者对逝者的尊重,生者正在以实际行动来悼念和缅怀逝者。这也是一个直接的信号,带有强烈的视觉特征,周围人一看就知道发生了什么,能够理解生者的悲伤。"

跨文化哀悼行为的一个共同主题是丧亲者的不同,这种差异随着时间的推移正在减弱。守丧即指所爱之人去世后,亲属停止社交和娱乐,在家居丧。守丧哀悼的目的有二:其一,避开外界干扰,生者独自应对亲人逝去的悲伤;其二,守丧也可以让生者不会那么快忘记逝者。

现代在美国,哀悼的习俗不像以前那样正式,也不像过去那样需要遵守严格的社会规范。由于没有明确规范,很多人不清楚要怎么哀悼逝者,不清楚哪些行为是合理的。下面的故事就说明了这一点:一位16岁女孩向一位专栏作家寻求帮助。她父亲生命垂危,希望全家人为女儿举办一次"甜蜜的生日聚会",不然他死不瞑目。女孩说,虽然她不想开派对,但家人决定听从父亲的建议。在女孩父亲去世两天后,家人为女孩举行了生日会,所有参加的人都有了一次美好的经历。但女孩写道,有几个亲戚对这个聚会感觉十分震惊,因为在他们看来,在哀悼期间不应该举办派对,这是非常不合时宜的行为。如果你是专栏作家,你会给女孩什么建议?

在多元文化的社会中,很难说哪种哀悼行为是"合时宜的"。明智的做法是,不要先入为主,不要随意评判什么是"正确的",而是应该清楚,不同人群、不同文化,哀悼行为不同很正常。

悲痛的任务

说到悲痛的任务或哀悼的任务，就不得不提 J. 威廉·沃登。在深入探讨悲痛的几个观点前，一起来看一下沃登对悲痛的概述。第一，需要接受失去的现实。"人们在否认失去的现实时，"沃登说，"轻重程度不同，轻者轻微扭曲事实，重者陷入彻底妄想。"在谈论逝者时，一个典型特征就是词汇选择的变化。在英语中，最明显的例子是时态的变化，介绍一个人时，从现在时（is）变成了过去时（was），例如，从"兰迪是（is）一个很棒的木匠"到"兰迪曾是（was）一个很棒的木匠"。

第二，应对伤痛，主要包括情感、身体和行为上的痛苦。沃登指出，"深爱的人逝去，每个人都会感到痛苦，但痛苦的程度和感受方式则因人而异"。在应对痛苦的过程中，幽默可以缓解悲痛情绪，让生者得到喘息的机会。

第三个任务是，适应没有逝者的社会。这需要时间，尤其是当生者和逝者共同生活的时间长且关系亲密时。逝者在生者生活中扮演的许多角色，也许只有在人离开后，生者才会充分感受到。人的死亡会对周围人产生很大影响，涉及多个方面，如生理、情感、情绪、行为和精神等。这些变化体现在很多方面，例如家具摆放、餐桌位置变动等。

第四个任务是，开始新生活，铭记逝者。要想完成这个任务，生者需谨记，在铭记逝者的同时，不要忘了还有很多其他人值得去爱。

作家特蕾泽·兰多对悲痛（哀悼）的任务做了如下描述，她把这个过程分解成了 6 个步骤：

1. 接受丧失的事实（承认并理解死亡）。
2. 应对离别（经历痛苦；感受、识别、接受丧失并表达出来；找出并哀悼继发性丧失）。
3. 缅怀和逝者过去共度的时光（回忆过去，重温曾经的情感体验）。
4. 走出对逝者的眷恋，接受没有逝者的生活。
5. 调整自己，在缅怀逝者的同时，积极开始新生活（逝者已矣，转变身份，开启新生活）。

6. 寻求新的情感寄托（逝者离开，无法回馈生者的情感付出，此时生者需要寻找新的情感回报。）

请注意，健康的悲痛应包括：接受亲人逝去的现实，适应一个没有逝者的世界，铭记逝者，找到与逝者的联系，然后开始新生活。

悲伤的模式

当我们失去亲人时，如果觉得悲痛或哀悼有统一的模式，可能会给我们带来安慰。人们似乎对于能够帮助自己理解复杂现象的模式非常感兴趣。但是，虽然模式可以让我们"快速了解"一个动态过程，但它们往往过于简化，而且容易偏离现实。尽管如此，下大力气创建模型，理解人们悲痛和哀悼的方式依然十分有必要。在了解悲痛前，我们想看一下西格蒙德·弗洛伊德的"悲痛工作"。稍后会对几个悲痛模型进行探讨，这些模型更为准确详尽地解释了悲痛的本质以及过程，最后，在此基础上，创造出一个悲痛的综合模式。

> 一整天，我一个人，四处游荡。下午去了教堂，然后走进一家咖啡馆，最后坐上了公交车离开了。我从未这么痛苦过，心如刀割，整个灵魂似乎都在痛苦呻吟。
> ——奥斯卡·刘易斯，《桑切斯家人之死》（*A Death in the Sanchez Family*）

克服悲痛

1917 年弗洛伊德在《哀悼和忧郁症》（*Mourning and Melancholia*）一文中重点探讨了"克服悲痛"的概念。"悲痛工作"的中心观点是：丧亲者有必要逐渐切断与逝者之间的情感纽带，"放手"对逝者的依恋。英国精神医生约翰·鲍尔比分别在 1969 年、1973 年和 1982 年发表了文章，阐述了依恋的本质，以及如何放弃依恋的过程。

根据依恋理论，当一个人意识到他所依恋的对象（某人心中所爱）不再存在时，就会感觉悲痛，同时产生一种防卫性的心理需求，即从该依恋对象上撤回投入的情感。但撤回情感的能量需求很可能会遇到阻力，致使这个人短暂地偏离现实，试图抓住失去的东西不放。随着人们逐渐摆脱哀伤，慢慢也就切断了对依恋对象的情感寄托，释放自我，重获自由，进而建立新的关系。根据这一模型，特蕾泽·兰多指出：

> 哀悼始于与对象分离的需求，但因为人类并不会心甘情愿地放弃一种情感依恋，这让哀悼过程变成一场战斗。只有当他明白失去不可避免，放弃总比抓住不放好时，他才会放弃这种依恋。

精神病学家埃里希·林德曼参与了一场导致492人死亡的夜总会火灾幸存者的治疗工作。根据这次真实经历，他于1944年出版了一篇具有里程碑意义的文章《急性悲痛的症状与治疗》（*The Symptomatology and Management of Acute Grief*），在文中他指出：

> 悲伤反应的持续时间似乎取决于一个人是否能够成功克服悲痛，即从逝者去世的阴影中走出来，适应没有逝者的新环境，建立新的关系。

林德曼同时指出，成功克服悲痛的最大障碍是，许多人"试图逃避悲伤事件带来的剧烈痛苦，压抑各种悲伤情绪，拒绝发泄出来"。

克服悲痛模型已经被广泛接受，它被视为理解和帮助人们适应失去的标准模式。但该模式的核心观点是生者需切断与逝者之间的联系，因而饱受质疑。精神病学家考林·默里·帕克斯指出，"每一段情感联系都是独一无二的，该模式假设心灵能量——力比多可以转移，从一个对象转移到另一个相似对象。显然这个模型忽视了情感联系的独一无二的特性"。帕克斯说："悲痛的本质情感是对昼思夜想之人的怀念。"

传统的克服悲痛的模式似乎暗示着，每个人都可以通过相似的方式走出悲伤。但事实上，没有哪种模式可以帮所有人克服哀伤。跨文化研究显示，文化不同，悲痛和哀悼形式也各不相同。悲痛是一种高度个性化的体验。此外，悲痛还受到各种情境因素的影响，如死亡方式、损失情况等。

心理学家玛格丽特·施特勒贝针对这个模式提出了一些问题：为了适应失去，真的有必要克服悲痛吗？克服悲痛模式是否并不适应有些场合和个人？如何克服悲痛，哪些行为是健康的，哪些是不健康的，有什么区别？施特勒贝指出，在正常的悲痛反应范围内，控制或者不再回想和逝者相关的记忆也可以看作一种走出悲痛的有效方法。

在谈论悲痛和哀悼时，克服悲痛模式中有几个观点非常值得思考：首先，悲痛是对丧失的适应性反应；其次，该模式指出，必须面对和接受丧失的现实；最后，承认悲痛是一个可以随着时间推移发生的积极过程。接下来，我们一起来看看其他模式是如何面对这几个问题的。

继续和逝者之间的联系

健康的悲痛意味着放弃与死者的情感联系，现在这种观点正在被另一个观点所取代，后者更准确地描述了人类在遭受失去时的情绪和行为体验。根据这个观点，遭受失去的人承认逝者离开的事实，但仍然应与死者保持着一种持久的联系，而不是切断联系。换句话说，所爱之人虽然已经过世，但已渗透在生者现在的生活中，在其死后，彼此之间的情感联系依然存在。这被称为"继续情感联系"，而且有很多种表现方式。在一些文化中，通过埋入祖坟的仪式，创建和逝者之间的联系。例如，非洲有把逝者和祖先葬在一起的习俗，以及日本的家族墓地。在其他一些文化中，人们认为，在心中为逝者保留一个特殊位置，可以继续彼此之间的情感联系。无论在什么文化背景下，所爱之人逝去，生者要做的就是在应对生活挑战的同时，维持和逝者的情感联系，找到二者的平衡点。

丹尼斯·克拉斯指出，子女去世后，其父母经常通过与死去的孩子保持联系来寻求安慰。"记忆，"克拉斯说，"将家人和社区紧紧联系在一起。"通过将父母与对孩子的记忆联系在一起的宗教信仰和物品，孩子永远活在了父母以及其他所有家庭成员的心中。克拉斯指出，孩子的死亡会给父母的世界观带来巨大冲击——他们对整个宇宙的运行，以及自身存活的意义可能都会产生怀疑。为逝去的孩子在心中留一个位置，铭记他们的存在，这样做意义重大，不仅有助于父母接受孩子离世的事实，同时也能和孩子建立持续的联系，孩子的生命的意义，不会被遗忘或削弱。菲利斯·西尔弗曼、史蒂文·尼克曼和J.威廉·沃登的研究表明，同样，失去父母的孩子也可以通过记忆和遗物与已故父母继续情感联系（详见第八章）。

特蕾泽·兰多说："与逝者建立健康的新关系是哀悼过程中至关重要的一部分，因为逝者是生者生命中不可或缺的一部分。"与逝者继续情感联系是否代表了对失去的良好适应，取决于两个标准：第一，生者是否真正意识到逝者已逝的事实，且明白死亡的含义？第二，生者是否已经开始重新生活，并逐渐适应？

克拉斯指出，持续情感联系是大家共同拥有的。从扫墓仪式上可见一斑。"在墓地，生者拜访逝者，建立联系，这种联系和墓地中埋葬的其他逝者以及来访者之间的联系交织在一起。"在评论人与人之间的关系时，林恩·洛芙兰认为，正是下面的"联系线"或"纽带"把我们彼此联系在了一起：

> 我们扮演的角色、得到的帮助、与他人交往中建立更广泛的关系网、通过他人建立并维持的自我、给予我们的安慰和提供的可靠事实，以及他人创造的可能的未来，所有这一切，把我们和他人联系在一起。

当代纪念碑的碑文大多体现了生者对逝者无止境的爱，以及一种信念，即生者与逝者之间一生的情感联系，即使死亡也无法割裂。

讲"故事":故事重构

所爱之人去世后,我们需要重新修订和塑造我们的人生故事。约翰·凯利建议,以叙事或讲故事的方式来思考哀伤,重新构建故事来应对失去,以一种全新的方式调整彼此之间的关系,让逝者再次走进我们的生活,获得心灵上的满足。悲痛时,叙事重构是指一个人通过讲故事,把死亡和生活事件进行重组,得到一个有意义的和可行的解释。美国著名心理学家杰罗姆·布鲁纳指出,不管是故事还是叙事,都是现实的写照,反映了我们对过往经历的梳理以及对往事的回忆。

在讲述哀伤故事时,可以自由叙述,没有特定模式可遵循——没有规定说故事应该是什么样的,应该带来什么感觉,应该传达什么想法。从某种意义上来讲,这就是一个"真实的"故事。不停地讲述和复述,这个故事逐渐一层层揭开了悲伤,让生者可以在失去逝者的情况下,获得继续生活的力量。卡洛琳·埃利斯描述了讲故事的好处,对弟弟在空难中不幸罹难的故事的讲述,不仅帮助她了解了失去的意义,同时也帮助她"重建"了自己的生活:

> 通过一次次的记录和阅读,再现弟弟去世的事实,虽然再次体验了失去,但我也明白自己并非再次真的面临死亡,这给我勇气继续哀悼。

埃利斯说,在讲述有关丧失的故事时,为了让情节更真实,我们自己可以构建一个情节,并在其中扮演真正的"幸存者"。

玛丽·安妮·塞德尼和她的同事发现,每个死亡都创造了一个故事,或者说是一系列故事。讲故事能够应对悲伤。通过和他人的交流,我们不仅更尊重逝者的生命,也能对自己的生命有一个新的评价。"通过讲故事,不同生活体验和存在意义交织在一起,形成一个整体。"

我们"拥有"逝者的一种方法就是和他的家人、朋友和邻居谈论他。托尼·沃尔特在前女友去世后,这样描述这个过程:"这并不是为个人内心悲伤提供社会支持的过程,从本质上来讲,这就是一个社交过程,在这个过程中,我们不停地谈论科瑞娜这个人,她是怎么死的,以及她对我们意味着什么。"分享有关逝者的故事有助于缓解悲痛,寻找生命的意义,并使人们团结在一起,相互支持。

凯瑟琳·吉尔伯特说，"我们需要创造故事消除混乱、恢复秩序，并在无意义中找到意义"。这都是对生活叙事的改造的一部分。"说出悲痛"，或讲述逝者的故事，或倾听别人的述说，不仅能够让我们勇敢面对未来的生活，也有助于铭记逝者，永不忘怀。

双加工模型

20世纪90年代，玛格丽特·施特勒贝和亨克·舒特提出了处理丧亲问题的双加工模型。根据这个模型，丧亲者会经历并表现出两种行为模式，即丧失导向模型和恢复导向模型。因个体和文化差异，两种行为所占比重也不同。根据该模型，个体的体验和应对方式都是摇摆不定的。

"丧失导向"行为包括怀念逝者、看旧照片、痛哭流泪等。"恢复导向"行为则包括一些掌控任务，如继续逝者一直做的事情（如做饭、管理财务），安排并开启新生活（如买房子、搬去另一个地方）和接受新身份（如从已婚变成丧偶，从孩子的父母到没有孩子），等等。

因此，"丧失导向"行为的应对措施主要包括集中精力处理或应对丧失体验。另一方面，应对"恢复导向"行为，则需要生者做出必要的改变，解决失去亲人带来的"次生后果"——逝者离开后，生者生活的方方面面都需要重新安排。

这个模型的核心是把理解悲痛看作一个动态过程，应对方式在"丧失导向"和"恢复导向"行为之间来回震荡摇摆。其好处在于避免生者落入"非此即彼"的陷阱，即生者不必陷入要么"忘记"逝者、要么"抓着回忆不放"二选一的两难境地。在应对丧失时，丧亲者有时会积极地面对丧失；有些时候，他又会不愿陷入痛苦回忆，试图转移注意力到其他事情上，寻求安慰和解脱。在时间的流逝中，丧亲者在两种应对方式之间来回摇摆，慢慢适应丧失。

丧失的双轨模型

20世纪90年代，西蒙·希姆雄·鲁宾提出了双轨模型。在这个模型中，丧失过程被定为两条截然不同但又相互作用的轨迹。两条轨道关注了丧失的方方面面（详见表9-1）。轨迹1主要关注了丧失后的生物和心理技能。轨迹2关注在生者和逝者之间建立的持续性关系。

表9-1 丧失双轨模型：多维视角

轨迹1：一般生理心理机制	轨迹2：与逝者之间的持续性关系
• 焦虑	• 叙事构建关系
• 抑郁情绪和认知	• 表象和回忆
• 生理健康	• 情感疏离
• 担忧	• 对逝者的积极情感
• 和精神疾病相关的行为和症状	• 对逝者的消极情感
• 创伤后应激和其他情绪问题	• 沉溺于丧失
• 家庭关系质量	• 理想化
• 其他人际关系质量	• 与逝者之间的矛盾和问题
• 自尊和自我价值	• 丧失过程中的各种因素（震惊、寻找、慌乱、重构）
• 生命的意义结构	• 记忆对自我知觉的影响
• 工作投入情况	• 对丧失的经验与同逝者的关系的记忆与转变
• 生活热情	

由此看来，在轨迹1中，根据生理和心理机能的不同维度研究丧失，可能会用到如下术语：恢复、成长、长期困难或适应不良等。轨迹2强调的是"持续关系"，更多考虑的是生者和逝者关系的转变，一般包括接受死亡，以及重新定位和逝者关系。随着时间的推移，生者对自己的看法，以及对与死者关系的看法，可能会发生质的改变。例如，一位丈夫在25岁就去世的女性，她与亡夫的关系对她的意义很可能在她随后的60年人生轨迹中会发生变化。

鲁宾和他的同事指出，虽然与另一个人的关系是引发悲伤和丧失反应的原因，但专业人士和普通人往往都觉得生者与死者的关系既不重要，也没有特别的意义。然而，过度强调轨迹1，即丧亲之痛的生物－心理－社会因素，可能会错失适应丧失的一次重要机会。双轨模式要求对丧亲之痛持一种协调、平衡的看法。

鲁宾解释说，要想了解悲伤过程，有四点需要注意：第一，一段亲密关系的丧失会对逝者家属产生重大影响，原来固有的心理、生理、行为和人际交往都会发生变化。丧失刚一出现，人们反应激烈，但慢慢会减弱，并期望逐渐适应，但并不一定要恢复到丧失之前的状态。第二，亲人逝去后，丧亲者要面临的第一个挑战就是接受死亡的现实。鲁宾说,"接受丧失现实后,生者迫切渴望和逝者拉近关系,全部身心都投注在和逝者的关系上"。第三,随着时间的推移,对丧失的各种反应慢慢消失。"一些给丧亲者带来沉重打击的变化也会逐渐适应,其他反应也会随时间流逝而消失。"第四,在相当长的一段时间后(对于某些人和某些情况可能只需几周时间,而有些则需要几年),丧亲者将会有自己新的生活。开启新生活后,"就有可能在保证自身生理心理机能和维持逝者关系二者之间找到平衡"。鲁宾和他的同事总结说,"与逝者死后的持续关系(包括与逝者相关的记忆、想法、情感以及需求等)对丧亲者随后的生活管理有很大影响"。

哀伤综合模式

考林·默里·帕克斯指出,影响人悲痛过程的因素主要有三个,分别为:

1. 迫切想要回忆、痛哭以及寻找丧失的东西。
2. 渴望探索丧失后的世界,希望可以留住些什么,继续以后的生活。
3. 社会和文化压力,或促进或抑制上述两种渴望的实现。

有人建议,理论家们应该对他们的悲痛理论进行比较,找出各理论的共性和差异,然后达成共识,就"悲痛"理论给出更为专业的解释。汉内洛蕾·瓦斯说,"综合悲痛理论无异于做白日梦,"但她也指出,"但我们都会做梦,不是吗?"

显然,整合对悲痛的认识不能局限于个人,需要从家庭体系或更宽的文化视野中理解。贾尼斯·纳多认为:"个人的悲伤受其家庭环境影响巨大,反过来个人的悲伤也会对家庭产生深远的影响。"南希·莫斯也认为:"家庭和家庭的悲伤过程与个人的悲痛和回忆有着不可分割的联系。"应对悲痛的方式是健康的还是病态的,主要的决定因素是家庭及其互动模式。

虽然应对丧失没有标准方法,但本书介绍并讨论了各种模型,从更为复杂的角度带大家深入理解悲痛和哀悼。在谈到丧失的个人意义时,斯蒂芬·弗莱明和保罗·罗宾逊做了如下评论:

不要在死亡中寻找意义，意义存在于过往的生活中。在努力寻找意义的过程中，最核心的意义是我们从逝者的死亡中学到了什么。逝者的死亡，让我们明白，对逝者的了解和爱是如何彻底改变幸存者的，并认识到自己经历的转变：失去了曾经拥有的，但同时找回了曾失去的东西。

悲痛的体验

人们常问："什么样的悲痛是正常的？""一个人应该哀悼多久？""如果经过一段时间，丧亲者依然无法走出悲痛，是不是意味着不正常？"回答这些问题，我们需要考虑死亡发生的背景以及其他一些能够影响个人经历的因素。在刚刚失去亲人时，亲友往往悲痛欲绝，哀思如潮。"悲伤有时会让人感到恐惧，难以承受，甚至让人发疯。"了解随着时间流逝悲痛可能有哪些反应，有助于我们应对悲痛。

理智和情感反应

面对死亡，生者的理智和情感反应存在巨大差异，但如果生者认为只有一种反应是正确的，那么矛盾就出现了。期望大脑和心灵对丧失做出一样的反应是不现实的。想法和感觉之间很可能存在差异。悲伤时，会有很多想法，也会产生各种各样的情绪。接受所有的反应，认识到此时想法和情绪没有对错之分，只有这样，丧亲者才更有可能在悲痛中治愈自己。

对于生者如何表达悲痛，一直存在一些苛刻的要求，比如何时何地宣泄愤怒、公开表达悲伤是可以接受的。亲人逝去后，承认各种情绪体验，及时宣泄至关重要。我们可能会想"我怎么能因为某人的死而愤怒呢？"但事实上，悲痛确实可以引发愤怒情绪。例如，当有人因自杀或醉酒驾驶而死亡时，虽然死亡似乎不可避免，也超出了死者的控制范围，但生者依然会感到愤怒。一位伤心欲绝的年轻母亲说，当她看到刚去世的孩子的照片时，内心深处就有一个很小的声音不受控制地发出质问："布拉特，你怎么能死，就这样丢下我？"可能很多人不认同这位母亲的行为，她怎么能因为孩子的死而愤怒呢？但幸存者需要允许自己体验各种感受，即使是愤怒的情绪——可能是对逝者死亡的愤怒，也可能是对自己未能阻止死亡而感到愤怒。正如艾拉·比奥克所说的："愤怒是一种抑制悲伤的方式。"

悲痛过程

将悲痛过程描述成不同的阶段，容易让人联想到线性发展过程，一个阶段接着一个阶段，直至最后一个阶段结束。这对那些希望有一个"现成大纲"来解释生者丧亲后心路历程的人来讲，可能是一个好消息。但切记，在用这个现成大纲解释某个具体丧亲者悲痛过程时，一定要谨慎。库伯勒-罗斯曲线这样描述悲伤的各个阶段："可能相互交叠出现，持续时间不同且不可预测，各个阶段出现的顺序也不定，可能同时存在，也可能突然消失，然后再次出现。"

哀伤中期的悲痛反应主要是因失去产生的空虚感。这是一个过渡时期，从震惊、愤怒到适应、顺从"新"常态。

第九章 / 幸存者：感悟失去

在死亡发生后的最初几个小时或几天里，悲伤通常表现为震惊、麻木、错愕、难以置信。丧亲者很可能会拒绝承认丧失事实——"不，这不可能是真的！"——尤其是面对意料之外的死亡时。即使是意料之中的死亡，在它来临那一刻，丧失者依然会伤心悲痛。

在悲伤的初级阶段，慌乱、不知所措的情绪最为明显，丧亲者犹如身陷湍急的河流中，孤立无助，任凭河水和碎屑无情冲刷。在失去亲人的打击下，丧亲者可能会变得很脆弱，通过否认事实来保护自己。而也有人会有不同态度，涉水而行。在悲伤的早期阶段，生者可以通过参与安置逝者遗体和葬礼仪式等活动来缓解悲伤情绪。除了葬礼，丧亲者还忙于处理死者身后的各项事宜。在亲朋帮助下，参与逝者葬礼准备工作，不仅有助于丧亲者接受死亡的事实，同时帮助他们度过最艰难的悲痛初期。亲友聚在一起，互相支持。葬礼仪式的重要性在于帮助那些因死亡而心烦意乱、茫然无措的人走出悲痛，重新振作起来。

悲伤的中期阶段，一般表现为焦虑、冷漠和对死者的思念。"度过了最初的难以置信，当意识到死亡的事实，既不是恐怖的骗局，也不是一场噩梦时"，丧亲者往往会陷入绝望的深渊。丧亲者可能会不停地回忆丧亲事件，希望能够阻止悲剧的发生，让一切回到从前。感受到和逝者永远分离，丧亲者会对逝者愈加思念，个人的痛苦也就愈强烈。

这个阶段可能会持续一段时间，丧亲者情绪不稳定，反复无常，就像火山一样，有时会爆发，有时又进入休眠期。丧亲者会对某些人或机构表现出憎恨和愤怒，觉得他们原本可以阻止死亡的发生，"要是事情没有发生该多好！"愤怒还有可能指向逝者（因为他的"遗弃"带来了痛苦），也指向上帝（"你怎么能让这种事发生？"），或者针对事件本身（"我怎么会遇到这样的事？"）。愤恨或其他消极情绪反过来也容易让生者产生愧疚感。

悲痛中间阶段，丧亲者主要的情绪表现为伤心，同时伴随思念和孤独感，过去因逝者得到的满足和依赖随着死亡而消失，思念和痛苦变得更加难以忍受。接受逝者死亡的事实后，生者脑中不时充斥着诸如"要是……多好！"或"如果……就好了"的想法。一开始清楚死亡事实时，逝者亲属往往会不停地回顾和梳理与逝者之间互动的点点滴滴，思念越深，就会引发越强烈的情绪体验。这个过程可能会持续几周或者几个月，慢慢地，丧亲者和逝者之间原有的关系逐渐瓦解，取而代之的是一种全新的关系，并融入生者的新生活中。

对丧亲者来讲，这个时期非常痛苦，但可能也是因为这个时期，丧亲者很少从亲友那里得到安慰和支持。在哀伤初期，亲友给予的支持更多一些。葬礼后，逝者亲属往往独自舔舐悲伤。安慰一个悲痛的人时，记住，"突发期"之后最好能持续提供支持，给丧亲者提供机会宣泄悲伤，这对他们十分有帮助。咨询师建议，在提供支持时，最好不要问对方"你好吗？"除非你有45分钟时间，听对方长篇大论诉说自己的痛苦，虽然一开始他会说"我很好"。

悲痛无法提前预测。但要想重建幸福，"积极"悲痛最后阶段的特点是：下定决心，摆脱痛苦，恢复心情，重新振作，接受逝者的离开，死亡已不可改变，但生活依然值得继续。不再时刻伤心欲绝，身心再次实现平衡。这并不是说悲伤彻底消失；相反，悲伤只是"退居幕后"，不再那么"沉重"，而是变得可以承受。有些时候，适应了丧亲像是对逝者的背叛，但面向未来，重新投入新生活，这对丧亲者是有益的。

逝者离开可能会对近亲生活的方方面面产生巨大冲击：家庭单元发生了变化，社会现实也不再相同，法律和财务事务都需要关注。丧亲者面临的问题是：我该如何在每个方面都做出必要的调整？有些时候，丧亲者在逝者离开后不得不立刻接管日常事务，但如果可能的话，还是少做些改变会更好一些，尤其是在丧亲发生后的头几个月里。

周年忌日、生日和其他纪念日都有可能引起丧亲者的悲痛。新丧也有可能勾起人们的旧伤。适应丧亲并不意味着忘记或不再重视曾经和逝者的关系。适应不代表彻底"走出了悲痛"，而是要"带着悲痛继续生活"。

当你回忆人生中这次丧亲经历时，你可能依然记得当时因为悲痛引发的各种情绪、思想、身体反应和行为。所有这些反应可能同时出现，也可能你感觉自己出现了分裂，自己很震惊但又很冷静。区分悲痛的不同阶段有助于我们理解"悲痛工作原理"。悲痛更像是一系列有序的舞步，而不是一次越野竞走。

悲痛持续的时间

悲痛会持续多久？6个月？1年？有些人认为，正常的悲痛持续时间很短。

对于丧亲者来讲，这种期望非常不切实际。随意界定悲痛时限，若悲痛时间不停地延长，会发生什么？咨询师、心理治疗师和研究哀伤的专业人士一致认为：悲痛没有绝对的结束时间或时间表。

若痛彻心扉的哀伤持续存在，且同时出现其他相关行为，这可能是不健康和功能失调的悲痛的迹象。这种情况很可能会出现。例如，当丧亲者出现抑郁的症状，尤其是伴有其他情绪问题、药物滥用或自杀念头时。若丧亲者因悲痛而威胁到自身健康，应及时给予帮助。但一般来讲，在给某些悲痛表现贴上"过度"或"不正常"的标签之前，一定要谨慎思考。

若丧亲发生多年后，丧失者才表现出悲痛欲绝，通常会被误认为不正常。人们普遍认为，丧亲发生时，悲痛欲绝才正常，因此悲痛是一种即时反应，不应延迟。一位年轻女性的经历恰好可以说明这一点。她对丈夫的去世感到极度悲痛，但她的丈夫早在4年前就去世了。她非常困惑，并且说，"我不知道自己怎么了，感觉回到了他去世的那天"。在和咨询师交谈后，她找到了自己伤心欲绝的原因：几天之后，他们的女儿就要庆祝第一次圣餐礼了。虽然她已经再婚，生活幸福，事业顺利，显然已经走出了伤痛，但当这位虔诚的女教徒想到孩子父亲缺席圣餐礼——自孩子出生，他们一直讨论并期待的重大活动——她再次陷入了悲痛。

公众人物的死亡公告，也可能引发人们的悲伤之情。研究人员称之为"涟漪效应"。1997年8月31日，戴安娜王妃去世。据报道，在其死讯公布后的一周内，前去南澳大利亚最大的公墓悼念的人比母亲节时还多——过去母亲节是一年中悼念者最多的日子。一个公众人物的去世，引发了个人的悲痛。

在人的一生中，可能会有某件事触发你回忆起不复存在的人或物，进而再次体验重大丧失带来的伤痛。例如，如果一个人儿时父亲或母亲去世，多年后，当他有了自己的孩子时，可能会再次因想起自己的父亲或母亲而感到悲痛。一项针对丧偶人群的研究表明，丧偶的影响会持续很长时间，但这并不代表陷入"人生危机"，看作"人生转变"更为恰当，生者会继续未来的生活，悲伤也会以某种方式继续存在。

在你自己的生活中，也许你也曾反复经历过以往丧失引发的痛楚。例如，人们常常因为逝去的童年和童年特有的经历而感到伤心。一位女性在独居多年后回家探望父母。有一天，她妈妈在家里阁楼内找到一个箱子，里面有很多洋娃娃，都是她小时候的。看到这些娃娃，想到童年的逝去，她感觉很伤心。她说："我看着这些娃娃和他们的小衣服，想起了我生命中失去的那段时光，那时妈妈不仅照顾我，还经常为我的娃娃做衣服。那一刻，我坐在阁楼里，放声大哭。"你有过类似的经历吗？某件事件、图片、地点、歌曲或其他事物，都有可能刺激到我们，为曾经逝去人或物感到伤心。斯蒂芬·弗莱明和保罗·罗宾逊二人指出，随着时间的流逝，丧失的意义一直在发生融合、变化。事实上，我们应以"持续的"眼光，而不是"进行中"的态度来审视悲痛。

悲痛的复杂性

在谈及"复杂性悲痛"时，特蕾泽·兰多指出，有很多种情况会增加其风险，具体如下：

1. 突然意外死亡，尤其是因为外伤、暴力、伤残或意外事故死亡。
2. 久病过世。
3. 儿童夭折。
4. 丧亲者认为死亡可以避免。
5. 在死者生前，生者曾和死者吵过架、发生矛盾，或过度依赖。
6. 丧亲者过去或现在患有精神疾病，或心理脆弱，抗压或应对丧失能力弱。
7. 丧亲者感觉没有人支持。

上述情况都有可能妨碍丧亲者适应没有逝者的生活，阻碍他们走出悲痛。

兰多指出，患有复杂性悲痛的丧亲者往往都会尝试两件事：(1)完全否认、压抑或逃避丧失及其带来的痛苦，也不愿承认丧失的意义；(2)抓住失去的人或物不放手。压抑悲伤，无视自身情感需求，或放任悲伤不加控制，最终难以承受，都不利于适应丧失，开启未来的生活。有趣的是，这是兰多1992年提出的，她可能在表达当时的情绪。当时她提出了一个理论，即由于各种各样的社会过程，复杂性悲痛正在变得越来越流行。社会过程主要指城市化、世俗化、仪式缺失，以及暴力、枪支合法化、社会疏离、药物滥用和普遍存在的绝望感。

依恋也可能对复杂性悲痛产生影响。约翰·鲍尔比和玛丽·安斯沃思指出，在生命最初几年里，儿童会构建一种初级依恋模式，即内部工作模式。该模式有很多种不同类型，如逃避型依恋、安全型依恋、焦虑—矛盾型依恋。这一模式是个体观察世界，处理未来关系的基本模式。个体的依恋类型以及依恋程度对其悲伤方式会产生重要影响。如果儿时依恋关系建立时，存在不安全感或焦虑感，特别是后来与死者之间的关系又和童年依恋关系类似时，那么这个人更容易出现复杂性悲痛反应。

在《哀悼意义》一文中，罗伯特·内米耶尔、霍利·皮尔森和贝蒂·戴维斯指出，复杂性悲痛表明个体"无法重新构建有意义的个人生活"，并且"如果个体对自我和人际关系缺乏安全感，那么他极易受伤害"。他们认为，若儿童时期建立不安全依恋模式，更有可能将死亡视为对自己的威胁，也就越有可能经历复杂性悲痛。相反，安全型依恋的儿童不会把死亡视作威胁，也就不太可能陷入复杂性悲痛。

2013年，第五版《精神障碍诊断和统计手册》(*Diagnostic and Statistical Manual of Mental Disorders, DSM-5*) 在美国出版，这是一本为心理健康专业人员提供的参考资料。在前一版中包含一条"排除丧亲之痛"——在经历重大死亡之后，丧亲者不应立即被诊断为抑郁症或适应障碍。而在第五版中，这项内容被删除了。删除的原因是，如果丧亲之痛的症状符合抑郁症的标准，而其他压力因素，如离婚或失业没有被排除在外，那么就没有理由将其排除在外。

对于这项被删除的条款，有人担心，因丧亲而悲伤的人在寻求治疗时，医生可能会开具抗抑郁药，即使他们的悲伤是"正常的"，不属于功能障碍。伤心和"情绪低落"也属于悲痛范畴。制药公司可能会抓住 *DSM-5* 中的这一变化，将悲痛医学化或病理化，并进行宣扬，最终结果很可能就是，为了应对丧亲，丧亲者寻求心理咨询，而医生下意识的反应是开药给丧亲者。从中，我们需要明白的是：人们需要谨慎对待丧亲以及随之而来的情绪反应。

菲利丝·西尔弗曼指出，"有些人把悲痛行为看作精神病症状，而有些人则认为，悲痛是一种生命过渡周期，痛苦在当时情况下是可预料的，这两个看法之间存在激烈冲突"。也许更好的方法是承认悲痛是正常的，偶尔提供一些帮助，如治疗或药物，将有助于人们走出悲痛。正如玛格丽特·施特勒贝和亨克·舒特所说的，"丧亲是一种正常的生活事件——有时——会产生复杂的反应"。

丧亲之痛的死亡率

在 15 世纪，悲痛是一种合法的死亡原因，可以被列在死亡证明上。所爱之人的死亡会同时导致很多变化，即所谓的"次级丧失"，丧亲者会因此变得更脆弱。悲痛的人真的会因为"心碎"而死亡吗？决定结果的不是压力本身，而是一个人应对压力的能力。神经学家斯蒂芬·奥本海默指出，"有人觉得心痛而亡是无稽之谈……但很多是真的"。压力会导致心脏跳动失常，有时会致命。奥本海默对大脑岛叶进行了研究，该神经区域主要负责呼吸和心跳，并与处理愤怒、恐惧、悲伤和其他情绪的边缘系统相连接。他研究后发现，岛叶损伤后，人容易出现心跳紊乱，导致心搏骤停，最终"心碎"致死。

在对"心碎"现象进行综述时，玛格丽特·施特勒贝总结说："失去所爱之人（心碎）以及带来的次级影响（丧亲带来应激反应）共同作用，导致了悲痛致死。"她同时还指出："若在丧亲极度悲伤时再面临生活压力，致死的风险最大。"

丧亲之痛的压力会危害身体健康，导致各种疾病，或加重已有病症。对威尔士一个小社区的早期研究发现，在逝者离开的第一年里，丧亲者的死亡率几乎是其他普通人群的 7 倍。另一项研究发现，丧偶的人在配偶离开的最初几个月，身体免疫力明显下降。另有研究显示，丧亲会损害淋巴细胞（T 细胞）功能，导致功能明显下降。2013 年，有一项针对 171 720 对年龄在 60 岁以上的夫妇的研究发现，在配偶去世后，留下的人可能很快就会追随逝者而去，特别是如果幸存的配偶此前有健康问题的话。

乔治·恩格尔研究了压力和猝死之间可能存在的关系。收集了大量的病例报告后，恩格尔将压力分为八类，其中有四类被认为是悲痛和哀悼的直接或间接组成部分，分别为：(1) 亲近的人去世带来的影响；(2) 急性悲痛产生的压力；(3) 伤心带来的压力；(4) 丧亲后地位和自尊的丧失。

乍一看，可能会觉得失去自尊似乎并不相关。然而，内疚往往会降低自尊，而人在悲伤时很容易感到内疚。想想那些丧亲者说过的话："也许我再努力一点，或者不这样做，我爱的人可能就不会死。"日常生活环境的变化也可能会削弱生者的自尊。妻子去世，过去夫妻一起参加的社交活动可能不会再邀请丈夫参加；丈夫去世，妻子可能会拒绝参加她认为"仅限夫妻"才能参加的社交活动。经济紧张也会降低生者的自尊。由于已故配偶的职业或社会地位而失去了曾经享有的地位，也会产生类似的影响。

有十分有趣的证据显示，对丧失的反应可能导致疾病甚至死亡。但没有证据显示丧亲之痛和疾病的发生之间存在直接的因果关系。考林·默里·帕克斯在其文章中着重强调了一个常见的统计学术语，即"相关不等于因果"，"丧亲者可能死于心脏病，这一事实并不能证明是悲痛导致了死亡"。

影响悲痛的因素

正如在世界上没有两个完全相同的人，也不存在两种完全相同的悲痛体验。悲痛有其相似之处，但死亡状况、丧亲者性格和社会角色、与死者的关系，这些都会对哀伤产生影响，致使每一次悲痛体验都独一无二。从这些因素也不难看出，为什么有些死亡对丧亲者来说尤其是一种毁灭性打击。思考影响丧亲者悲痛的因素时，需先考虑如下一些问题：谁去世了？怎么死的？生者和死者是什么关系？有什么"未竟遗愿"吗？丧亲者以前有过丧失经历吗？死亡原因复杂吗？这次丧失得到社会支持了吗（稍后在本章"社会支持和被剥夺的悲痛"部分详细探讨）？在死者去世后，是否还有财务和法律问题有待处理？上述每个问题都需要深入思考。

丧亲者世界观

丧亲者对丧失的反应取决于他的世界观，即他对现实的看法和对世界运作方式的假设。一个人如何应对丧失——伴侣、亲友去世，往往和他如何处理日常压力和生活琐事的态度相关。谈到一个人的世界观对其丧亲之痛的影响时，埃德加·杰克逊提出了四个重要影响因素，即性格、社会角色、对逝者重要性的认知以及价值观。

性格

自我概念是影响一个人如何应对死亡的重要决定因素。深爱之人去世，不成熟或者依赖性强的人更容易因爱人离世受到伤害。也许是为了弥补自身的不足，依赖性人格的人会把部分自我投射到了另一个人身上。当这个人去世后，他那部分自我也随之丧失了。相反，如果一个人自尊心和自我概念都很强，则无须从他人身上过度寻求补偿。这样，悲痛的破坏性可能就不会那么大。同样地，和没有什么生活目标的人相比，那些生活目标明确的人可以更好地应对丧亲之痛。

> 葬礼中，中上阶层的人可能会把自己灌得酩酊大醉。但在几年前这种行为可能会引起不满。我的丈夫在60岁立遗嘱时说，他打算留出200英镑给他的朋友纵酒狂欢。他的律师劝他不要这样做，因为这样的行为不得体，会让人们不悦。同年，他的祖母去世了。葬礼上问题频出，不仅服务人员粗俗无礼，音乐还卡住了。葬礼之后，全家人伤心疲惫，一起回到家里，在楼梯下发现了几箱勃艮第葡萄酒。一场热闹的派对随之而来，很快就引起了住在隔壁的中下阶层好事邻居的注意，他急急忙忙跑过来，想知道出了什么事。看着她沿着小径奔来，我公公端着酒杯，说出来一句堪称经典的话："是谁来搅扰我们的悲伤？"
>
> 吉利·库珀，《阶级》（Class）

文化背景和社会角色

悲痛受社会文化影响。社会规范规定了特定文化背景下情绪表达的恰当性。在某种程度上，人类对丧失的反应是在一定文化背景下后天习得的。在不同的文化背景下，男性丧亲者和女性丧亲者在悲痛表达上有明显差别。沃尔夫冈·施特勒贝和玛格丽特·施特勒贝指出：

> 在不同文化中，悲痛有其特定的传播方式，关于悲痛和哀悼时间，不同文化间存在着巨大差异……一种文化中允许或禁止的东西可能与在另一种文化中完全相反。

丹尼尔·卡拉汉说:"每一种伟大的文化对死亡都有其特有的看法,通常伴有各种公开仪式,需遵守特定习俗,以及被公众认可的哀悼模式。"

人类学家乌尼·维坎对两个穆斯林社区(一个在埃及,一个在巴厘岛)的丧亲之痛和丧失反应进行了研究。她发现了文化有力地塑造和组织人们应对失去的方式。虽然两个地方有着共同的宗教信仰,但一个地方的丧亲者通过恸哭和伤心来表达他们的悲伤,而另一个地方则鼓励哀悼者抑制悲伤,保持平静,面带愉悦。由此可见,悲痛表达受各种复杂关系的影响。

偶尔有人会问,悲痛存在"共性"吗?即在谈及悲痛时,所有文化背景的人的反应本质上是否相同?虽然这个问题还没有完全解决,但很明显,文化环境是人悲痛和哀悼模式的重要影响因素。也许,和人类"天生"不会哭和笑一样,人类也"天生"不会悲痛。斯蒂芬·康纳说:"悲痛并非一个具有典型症状的普遍过程。人们哀悼的方式存在着很大的个体和文化差异。在一种文化中正常的事情,在其他文化中可能就是反常的了。"

与逝者关系的认知

在生者心中,逝者的重要程度也会影响悲痛体验。逝者在生者的生命中很重要吗?生者的生活会因逝者死亡而发生重大改变吗?想一下你人生中的各种关系:和父母、孩子、邻居、同事、老师、朋友、爱人等。正常来讲,家庭成员或其他近亲的死亡要比同事或邻居的死亡更重要。但这种关系的外在形式并不是决定死者对生者重要性的唯一因素。一个亲密朋友的去世可能与家庭成员去世后的哀悼模式类似。媒体上关于死亡的报道可能会引发"替代性悲伤",尤其当报道中的事件或情景勾起人们的伤心往事时。

无论外在形式是什么——亲戚、朋友、邻居或伴侣——关系都会因亲密程度、对彼此角色的感知、对他人的期望以及关系本身的性质而有所不同。在某些情况下,一个人与父母的关系可能反映的是社会定义的"父母"和"子女"的关系,而不是友谊或个体之间的亲密感。对另一些人来说,父母可能还会扮演很多其他角色,如商业伙伴、邻居和朋友等。这些不同的角色和期望导致了对关系的不同认知,进而影响父母去世时子女的悲痛体验。

拉里·布根在《人类悲伤:预测和干预模型》一文中指出,在人生中占有重要一席之地的人去世,对一个人的影响很大,而那些关系疏远的人去世则影响相对较小。布根补充说,从某种程度上来讲,生者对死亡的看法,即死亡是否能够预防,也会影响其悲痛程度。例如,如果生者和死者关系密切,且这次死亡本可以避免,那么哀痛则会强烈而持久。但如果生者与死者关系一般,并且认为死亡是不可避免的,那么可能就不会那么伤心,持续时间也不会很长。

矛盾心理也会对悲痛有着重要影响。矛盾心理指生者对逝者情感复杂,爱恨交加,彼此之间情感微妙而具有戏剧性。也许没有哪种关系是完全没有矛盾的,但一般只有矛盾激烈而持久时,才会导致悲痛复杂化。

生者感知到的与逝者的相似性也会影响二者之间的关系。根据这个假设,若生者觉得自己和逝者越相似,那么对逝者的死亡的悲痛感就会越强烈(感同身受也是支持小组形成的基础,拥有类似丧失体验的人往往容易团结在一起)。

价值观和信念

我们有时会听到人们这样说:"当然,他的妻子非常想念他,但她也感到很欣慰,因为他终于不用再忍受痛苦和折磨。"也就是说,想到丈夫不再遭受痛苦,其死亡带给妻子的痛苦也减轻了。简单来说就是,一个人的价值结构,即他赋予不同体验和结果的相对价值,也会对悲痛有重要影响。一个人的生命哲学中对待死亡的看法,同样也会影响其应对丧失和悲痛的方法。

宗教和精神信仰也可能影响一个人的价值观和对死亡意义的解读,进而影响个人丧失和悲痛体验。即使坚信最终会与死去的亲人团聚,生者也必须认清眼前的现实。虽然宗教信仰可以给人安慰,但悲伤依然会存在。理查德·乐利特指出"如果认为信仰本身可以驱除丧亲之痛,那就大错特错"。

性别和应对模式

有人觉得"男人不哭,女人易落泪",因此认定哭泣是女性特有的行为,但事实是,哭是人类的普遍行为。对性别的刻板印象会让人认为,女性比男性更情绪化,由此有些人觉得女性可以更好地应对悲伤。认清这一点很重要,虽然性别的确会影响悲伤和哀悼的模式,但并不起决定作用。

> **一封来自加拿大大草原的信**
>
> 希瑟·布雷，阿尔伯塔省
1906年1月12日
>
> 珍妮·玛吉小姐
>
> 亲爱的妹妹：
>
> 　　时隔多年，再次收到我的来信，你一定很吃惊。我有一个坏消息要告诉你。我亲爱的妻子去世了，我成了世界上最孤独的人。12月27日，在她意识模糊后的第三天，她生下了我们的小女儿。1月7日，她不幸感染肺炎，于当日下午3:30去世。周二下午她下葬，埋葬在了距离这里24千米远的普拉里墓地。我写信是想问一下，你是否能来我家，帮我看家，照顾我的小宝宝。我不会打扰你，我经常不在家，但我担心你会感到孤独，毕竟你已经习惯了城市的喧嚣。我有400英亩土地、9头（也许10头）牛和一些母鸡。如果你来的话，你可以用黄油和鸡蛋做你能做的所有东西，我也会支付你一些薪水……请尽快给我回信，让我知道你的决定。我今晚写信给其他人，告诉他们这个坏消息。这就是你亲爱的哥哥此时要对你说的。
>
> 威廉·玛吉
琳达·拉斯穆森、洛娜·拉斯穆森、
坎达丝·萨维奇和安妮·威勒，
《从收获到丰收：草原女性史》
(A Harvest Yet to Reap: A History of Prairie Women)

　　特里·马丁和肯尼思·多卡指出，有很多有效方法可以表达和适应丧失，不仅女性能够充分利用各种应对措施，男性也可以使用。他们定义了两类悲痛模型，即直觉型和工具型。直觉型个体通过情感（区分于思想和行为的情感情绪）体验和表达悲痛。工具型个体通过身体反应体验悲伤，如坐卧不宁或心理活动。虽然大多数女性属于直觉型，而多数男性工具型特征明显，但马丁和多卡认为，本质上，两种模型无优劣之分，而且反对悲痛模型性别论的偏见。

　　还有一种个体悲痛模式，摆脱了刻板性格印象的桎梏，主要包括两个类型：直线型和系统型。

直线型强调线性思维和沟通，哀伤过程一个接一个持续进行：第一步、第二步、第三步，等等。直线型个体一步一步按顺序思考，包括"做"事情。他们提建议是为了解决问题，表达亲密的方法通常是一起做事情。语言沟通是为了提供信息和保护，以及获得好感。如果要用符号来表示的话，直线型就相当于一条直线。

而系统型更像一个蜘蛛网。系统型的思考和沟通过程，更像是从蜘蛛网的一点到另一点，导致直线型思考的人经常困惑发问："你怎么到那去的？"系统型个体思维过程是在各个连接点间快速移动，强调的是"存在"。系统型个体更重视情感，希望有人倾听，而不是解决问题，他们通过分享情感增加亲密感。语言沟通是为了建立联系。如果你比较一下这两类人，很容易发现不同。

帮助直线型悲痛模式的个体可以建立组织帮助丧亲者，例如反对酒醉驾车母亲协会，该组织由一名母亲创办，她的儿子因司机酒驾车祸而去世。具有这种模式特性的人重在帮助他人解决问题，而不单单是倾听或表达同情。例如通过互联网查找资源，帮助寻找治疗方法；提供书籍指导阅读等。记录自己的丧失体验，供有类似遭遇的人参考等，也是直线型模式的典型特征。除此之外，此类模型还包括帮忙准备葬礼，完成遗愿，整理准备死亡所需的一些重要文件。

系统模式强调"存在"。具有该模式特点的人可能会参加丧亲者支持小组，以便与那些有类似丧失体验的人建立联系，主要行为是倾听他人诉说，而不是提供解决方法。此类人记录体验是为了梳理自己的情感，弄清楚相应的反应。另外，关于逝者的葬礼安排，系统型个体的标志性特征是：提建议，给出多种选择，然后由丧亲者自己选择最适合的。

关于悲痛，系统型的人更注重悲痛的情感体验和表达，而直线型的人强调身心活动。与工具型和直觉型一样，男性偏向于直线型悲痛模式，而女性则倾向于系统型模式。然而，请记住，"男儿有泪不轻弹，女儿遇事只会哭"这种对性别的刻板说法并不准确，悲痛反应受多重因素影响，不应用性别一语概括。不管哪种模式，都可以有效应对悲痛，且男女都可以使用。

死亡方式

一个人的死亡方式会影响丧亲者的悲痛程度。人类死亡方式多样：祖母在睡梦中安详离去；儿童自行车车祸，送达医院已经死亡；无辜者死于暴力火拼；抑郁的人自杀身亡；饱受病痛折磨的慢性病人病死。死亡方式——意外身亡、他杀、自杀或自然死亡——都会对悲痛程度产生影响，而且，以前是否有亲友死于那种方式，同样会影响生者的悲痛程度。

逝者死亡时的情况也会对生者的悲痛程度产生影响。让人伤心欲绝的死亡会引起强烈的反应，相反，若死亡并没有引起太强烈的悲痛，那么它带来的伤害也会减弱。而最令人痛不欲生的死亡，是儿童死亡。

有些丧失具有"不确定性"，主要是因为，从某种程度上来讲，它们并不是彻底的丧失。例如，这个人依然在你面前，但灵魂已不是你认识的那个人（如阿尔茨海默病患者、慢性疾病患者、头部受创伤的人，以及各种瘾君子）。再比如，人不在眼前，但依然存在于心中（如失踪的军人、走失的儿童以及人质等）。因为这种不确定性，加重了人们应对此类丧失的难度。

预料之中的死亡

预期性悲痛，又称预期性哀悼，是指意识到丧失即将发生而产生的反应，丧失者首先要承认相关丧失事实。有些人认为，预料之中的死亡，如慢性病人的死

人们普遍认为幼儿的死亡是最令人痛心的，研究人员称之为"令人伤心欲绝的死亡"，因为它往往会引发巨大的失落感。

亡，比那些毫无预兆、突然的死亡更容易应对。也有人认为，即使死亡发生前生者经历了痛苦，但当死亡真正来临时，生者的痛苦并不会因为先前的体验而减轻。

突然死亡

伊冯娜·阿米奇讲述了两个警察告知她儿子意外死亡消息的那个晚上的经历。尽管阿米奇经历过亲人逝世，幼年祖父母死亡，后来又痛失双亲，但她说："当有人敲门告诉我保罗的死讯时，我依然猝不及防……我记得自己突然浑身瘫软，好像有谁狠狠揍了我一顿。"儿子的意外死亡让她悲痛不已，同时她也感觉熟悉的自我意识随之消失了。恢复过程十分漫长，正如阿米奇所说："我认真思考一切，然后努力说服自己，我花了很长时间才再次找回了自己。"

亲人突然死亡，丧亲者需要尽快了解死亡的详尽信息，以便弄清楚到底发生了什么。医院工作人员、急救人员和其他处理创伤性死亡的人员需给予理解和同情，及时提供相关信息（详情见第五章"死亡通知"部分）。突然死亡将生者和死者之间的联系突然割断，因此，很多人认为突然死亡是最让人难以接受的丧亲之痛。

自杀

自杀者的亲人常常感到困惑："天哪，他为什么这么做！"自杀可能会加深生者的自责和愧疚感。如果我们亲近的人因为痛苦而自杀，我们可能内疚不已，并不停责问自己："为什么我当时没看出她难受，为什么我当时没帮他？原本可以为他做些什么的。"在对一些自杀者的亲友采访后，卡罗尔·范·东恩总结说：

> 所有自杀者亲友都无法释怀的问题是：他为什么会自杀以及自杀对自杀者及其家人意味着什么。生者苦苦思索自杀的可能原因，也想知道自杀会给他们现在的生活带来什么影响，以及对他们未来的生活意味着什么。

除了内疚和自我反省，生者可能会将愤怒和责备的情绪指向自杀身亡的人。自杀对生者来说有着极大侮辱性，因为无人回答生者的疑问，这让生者备感沮丧和愤怒。若亲友目睹自杀，可能会加重心理创伤。

由于社会态度的影响，强烈的负罪感和自责感让生者更难应对丧失。人们普遍认为，必须要有人为自杀者的死亡负责，似乎他们串通好了自杀一样。如果有孩子自杀，这种负面情绪甚至会指向孩子的父母。这种情况下，丧亲者很难得到社会支持。自杀通常都不在预料之内，突如其来的打击会放大丧亲者的感受，觉得死亡的发生"不合时宜"或不恰当。

他杀

当所爱之人因他杀而死亡，丧亲者可能会觉得这个世界危险、残忍、不安全，甚至是不公平。另外，就像卢拉·雷德蒙所说的："在一场谋杀之后，警察、法官、律师、媒体或其他人员的行为，可能有意或无意会给悲痛的受害者家属造成影响。"若迟迟无法结案，或者担心正义最后无法得到伸张，丧亲者的悲痛期都有可能被延长。雷德蒙指出，如下"刺激性事件"会再次引发生者的悲痛：

1. 确认凶手。
2. 感受（听、闻）某件事，引起与创伤性事件体验密切相关的回忆。
3. 周年忌日。
4. 节假日和其他家庭生活中的重要事件（如生日）。
5. 听证会、审判、上诉和其他刑事司法程序。
6. 媒体报道该事件或类似事件。

受害者家属在适应丧失的过程中会面临很多困难。他们可能需要向律师提供证词，也可能需要在法庭上作证。他可能会惊讶地发现，谋杀指控是危害国家罪，而不是因为杀害了他们所爱之人。检方可能会决定认罪辩诉协议，或从轻量刑，而且他们在这么做的时候可能不会征求死者家属的意见。当案件审理过程中，在法庭或法院走廊里，受害者家属会直接面对被告。品德信誉见证人可能会将被告描述为一个善良而可敬的人。法庭可能会对被告从轻发落或者无罪释放，受害者家属不得不接受现实并与之抗争。有一些案件甚至成了悬案，也有一些案件因为证据不足而不被提起诉讼。这些特殊的情况使得受害者家属更难接受死亡。

死于灾难

在一场灾难中幸运逃生的人很可能成为双重幸存者——灾难幸存者以及灾难中其他亲友丧生后的侥幸生还者。在其他人都丧生的情况下，只有自己侥幸活了下来，会让幸存者觉得自己也不该活着，心中充满深深的愧疚和痛苦。侥幸逃脱的幸存者会不停地责问自己：为什么我没死，其他和我一样的人都死了？如果在灾难中，有人过早或无辜死亡，幸存者的愧疚和痛苦感会更强烈。当其他人死亡，幸存者还活着，这种内疚感很难克服。在纳粹大屠杀中幸存下来的人通常会有一种深深的负罪感，只是因为他们在集中营和酷刑中活了下来，而其他人没有。退伍老兵也有同样的感受。战友在战场上牺牲，而自己却活了下来，他们会有负罪感（在第十三章将详细探讨如何应对各种灾难后果）。

多重丧失和泪丧疲惫

多重丧失经历会加剧痛苦。不管是天灾还是人祸，亲人的死亡都会让幸存者悲痛欲绝，变得麻木，不知所措，迷失方向，无法正常表达悲痛。

多重丧失发生后，幸存者可能会觉得自己已经"哭干了眼泪"，变得麻木，无法进一步表达悲痛。多次丧失经历会导致所谓的丧亲倦怠，或叫作丧亲超负荷，无休止的丧失似乎切断了我们正常表达悲伤的能力。

社会支持和被剥夺的悲痛

丧亲者获得的社会支持不同，所体验的哀伤和悲痛也会不同。在一些社区和宗教传统中，为了切实照顾丧亲者，会提供有组织的社会支持。在犹太教家庭中有一些特殊习俗，如从逝者死亡到下葬这段时间，称之为哀悼期（aninut）；在宗教允许并且可控范围内，丧亲者撕扯衣服表达愤怒以示哀痛，这一习俗被称作 keriah；通过歌颂逝者美德悼念逝者被称作念颂词（hesped）；悼念餐（seudat havraah），即葬礼后的第一顿饭，由哀悼者的朋友或邻居提供，表达慰问之情。哀悼祈祷，将注意力潜移默化地从逝者身上转移到生者身上；七日服丧期（shivah），七天之内在家哀悼逝者。这样的社会支持对丧亲者十分有益。

相反，如果缺乏社会支持，会大大增加丧亲者在应对丧失过程中的负担。例如未出生婴儿死亡，无论意外还是人工流产，与其他丧亲者相比，孩子的父母似乎很难得到或根本得不到社会支持。在多数情况下，人们也不会为婴儿举办葬礼或者其他悼念仪式。可能很多人都不知道婴儿的逝去。这类情况就是肯·多卡所说的"被剥夺的悲伤"——丧失引发悲痛，不仅得不到社会支持，也不能举办正式仪式宣告死讯。

悲痛被剥夺，可能因为人们觉得这种丧失不重要，也可能因为死者和丧亲者之间的关系没有得到社会的认可，不管怎样，丧亲者都几乎没有机会公开表达自己的哀悼。同性恋爱人去世后可能就会面临这种情况。面对丧失，他们很难得到广泛的社会支持。若社会并不觉得一个人的死亡是重大损失，那么就会给生者的适应过程增加很多不必要的困难。

除了丧失的外部环境因素，其他原因也可能剥夺人的悲痛，如不管是有意还是无意，把某些特征和丧亲者联系在一起。达琳·克勒佩尔和希拉·霍林斯指出，当死者具有智力障碍时，其死亡就会引发连锁反应。这些反应不仅会影响家庭功能，还会影响身体健康的家人的哀伤情绪。

生者是否有勇气面对哀伤，处理逝者身后遗留的各种问题，家人的支持十分重要。20世纪90年代，在尼日利亚西部，丈夫去世后，妻子对其财产没有继承权，所有财产都归丈夫家人所有。凯米·阿达莫勒昆指出，丈夫去世后，是否会得到丈夫家庭的社会支持在很大程度上决定了女性如何应对丧夫之痛。当公婆认为女性对丈夫的死亡负有某种责任，并采取措施剥夺她及其子女的财产时，女性的悲痛情感可能会变得很复杂。一位曾观察过非洲葬礼的人评论说："当一个寡妇在她丈夫的葬礼上痛哭不止时，她不仅在哀悼自己的丈夫，也在为自己哭泣，因为自己即将面临的痛苦。"俗话说得好，"没人希望守寡"。

语言也能够剥夺哀伤。经常听人说"走出哀伤"或"克服悲痛"，这样说的时候，我们在期望什么？当丧亲者发现，悲伤并不是那么容易"克服"，也感受不到"解脱"的意义时，他们可能会觉得自己有缺陷，怀疑自己出了什么问题。菲利斯·西尔弗曼评论说，我们谈论悲痛的方式影响着我们对悲痛的理解和应对方法。

未竟之事

未竟之事被贴切地描述为"死后依然需要完成的事情",有些事还没有完成。未竟之事的内容、处理方式以及幸存者如何受到影响都会对哀悼产生影响。未竟事物对丧亲者的影响主要包括两个方面:首先,是死亡事实本身;其次,是生者和死者之间的关系。关于死亡事实,若有过父亲或母亲、孩子、兄弟姐妹或其他亲人去世的经历,那么这会提醒生者死亡的不确定性,因而感到恐惧。无论个人的信仰或价值观如何,死后未竟事物越接近"尾声",也就是说丧亲者有决心完成所有事,他们就越容易接受死亡。如果一个人总是抱怨死亡,拒绝接受,那么就很难走出伤痛。接受死亡、承认死亡是我们生命中必不可少的一部分,有助于解决其他与死亡相关的还没有解决的事情。

其次,也许更重要的是死者和生者之间的未竟之事。二者之间有些事情还没有解决,例如死者去世前,和生者之间发生的矛盾冲突还未解决,现在解决已经为时太晚。未竟之事既包括未完成的事情,也包括曾经提过但未来得及做,以及还未来得及说出口的愿望。丧亲者经常说,这些未说完的话,未做完的事情一日不解决,一日就不得安宁,每每想起来都痛苦万分。无法解决未竟之事遗留下来的冲突的感觉加剧了痛苦。想象一下,一个儿子站在他父亲的坟墓前说:"要是我们以前多亲近一些,该有多好啊,爸爸。我们本应该多花些时间见见面的。"通过创造性的和治疗性的干预措施,也许可以解决未竟之事,但通常来说,在我们所有的关系中,尤其是在亲密关系中,每天及时解决未竟的事务会更好。

未竟之事可能还包括生者和逝者之间没有完成的共同计划和梦想。也许他们曾计划未来某个时候一起去某个地方旅行,现在这个计划再也无法实现。也许他们曾一起畅想家庭计划,例如孩子的发展计划,或者自己的退休计划。这些计划和梦想可能涉及生者生活的方方面面。但因为逝者的死亡,所有这些计划和梦想都终结了。

临终请求是一种特殊的未竟之事。一个生命垂危的人,在临终前要求生者在其死后完成某件事,这个场景十分经典,想必大家都不陌生。不管生者是否真的想完成逝者的临终请求,大多数都会同意履行承诺。有时逝者的临终请求会给生者造成困扰,让他们陷入是否要履行诺言的两难境地。有些人会遵守对逝者的承诺，认真完成逝者交代的事情，自己也会感到满足；但也有一些人认为，是否完成对逝者的承诺，要根据自己的意愿和具体情况分析评估，再确定是否履行。

悲痛的咨询和治疗

  人们很难区分"健康的悲痛"和"不健康的悲痛"，后者是指需要外部干预的悲痛情况。当前，悲痛咨询师和治疗师的任务是：开发新的概念和方法，帮助理解丧亲者的不同体验。有时，为了应对哀伤和痛苦，丧亲者可能会寻求专业帮助。在此之前，首先要明确的是，专业帮助包括两类，分别为悲痛咨询和悲痛治疗。悲痛咨询比较随意，任何具有相关专业知识的人都可以提供帮助，重点是解决一些常见的并不复杂的悲痛反应；悲痛治疗是由经过专业培训并获得许可证的专业人士利用专业技巧帮助人们解决复杂的悲痛反应。正如第五版《精神障碍诊断和统计手册》所描述的，接受过持续性复杂丧亲症训练的治疗师，都具备对丧亲症的干预能力，比如识别抑郁症或创伤后应激障碍症状。

  21世纪初，关于悲痛干预是否有效引起了广泛讨论。有些人认为，虽然它无害，但也没什么作用；也有人认为，悲痛干预有效。随着争论的进行，人们明显感到困惑的是悲痛咨询和哀伤治疗到底有什么区别，其次，以"它有效吗"这样的问题进行讨论，是不是太简单了？对丧亲之痛，逝者死亡情况不同，丧亲者的反应自然也会不同，而且悲痛治疗方法也多种多样，如临床治疗中应用的精神分析和认知行为疗法。

  线上悲痛咨询带来了一些新问题。网络疗法、电子疗法、远程治疗、网络咨询等，虽然名称五花八门，但实质都是通过互联网提供心理健康服务。间接心理咨询的历史可以追溯到弗洛伊德，由于地理距离遥远，当时只能通过书信提供精神分析。这些网络咨询有效吗？2015年一项研究结果的表明，因逝者自杀带给生者的耻辱感和罪恶感，通过在线治疗，可以有效得到缓解。

  探讨悲痛咨询是否有效，有几个问题需要考虑。首先，丧亲者需要悲痛咨询吗？菲利斯·西尔弗曼提醒我们说，在应对悲痛，为自己寻找新的生活方向时，丧亲者需要安慰、支持和帮助。在后现代社会中，谁应该提供这种服务？哀伤咨询家、家人还是朋友？戴维·克伦肖说："对大多数丧亲的孩子、成年人和家庭其他成员来说，在其一生中，得到的最主要的干预就是丧亲支持。大多数人将从他们的家庭、教堂、犹太会堂、清真寺、学校或更大的社区得到这种支持。而那些没有得到支持，或觉得自己得到的支持不足的人，将寻求更正规的支持手段来进行治疗。

> **网络悲痛咨询**
>
> 　　想象一下下面的场景：在美国东部沿海一个大城市的一幢办公大楼一层里，有一家咖啡厅，一位客户走了进去，在一个僻静的角落里选了一把舒适软椅坐了下来。使用智能手机，通过联网的方式，这位客户接受了一次实时视频心理辅导。给他做咨询的心理专家位于西海岸，是别人推荐给他的，据说在悲痛咨询领域非常有名。这位客户头戴无线耳机听取咨询师的意见，通过一个灵敏的扩音器回应咨询师的提问。即使客户声音比在图书馆说话声都小，经由扩音器，咨询师也可以清楚听见他的话。在电话屏幕上，客户可以看到相隔5 000千米的悲痛心理咨询师，坐在装有网络摄像头的台式电脑前。客户喝完咖啡，50分钟的治疗也结束了，客户通过网络用信用卡支付费用。这听起来是不是很科幻？
>
> 　　　　　　　　　　　　　　路易斯·A.贾米诺和小哈尔·里特尔，
> 　　　　　　　　　　《悲痛咨询伦理实践》（*Ethical Practice in Grief Counseling*）

当需要额外的干预或专业帮助时，丧亲者可以寻求心理咨询或治疗。那么问题就来了：咨询师是否具有应对死亡的能力？什么是"应对死亡的能力？"在《悲痛咨询伦理实践》一书中，路易斯·A.贾米诺和小哈尔·里特尔这样定义"应对死亡的能力"：咨询师包容和解决客户遇到的与濒死、死亡和丧亲相关问题时所具有的专业技能。在他们看来，专业技能犹如一个三层蛋糕，底层为认知能力，是基础，中间是情绪感知控制能力，最上层是应对死亡的能力。丹尼斯·克拉斯建议并警告说："如果我们想成为专家，帮助丧亲者，我们需要弄清楚，人们发现意义和失去意义的象征符号，以及与这些象征符号相关的宗教传统（甚至是信仰'灵性'的世俗宗教）。"

贾米诺和里特尔评论称，与专业的咨询师或治疗师形成鲜明对照的人是那些假装自己很专业，能够像悲痛专业咨询师一样解决自己的哀伤问题的人，才是真正需要帮助的人。

经历过创伤性死亡、功能失调的依恋方式，或者由于其他因素（比如本章前面提到的那些）出现复杂悲痛的丧亲者，可能会从悲痛咨询中受益。悲痛咨询是否对悲痛体验健康的丧亲者有效，还需更多研究证实。

玛格丽特·施特勒贝和她的同事指出，我们"希望找到一种合适的解释，解释不同类型的悲痛"。从某种程度上来讲，"这将意味不再刻意探索理想的治疗方法，转而专注于量身定做的治疗方法"。

对丧亲者的支持

当一个人经历重大丧失时，一开始，他的感觉和行为可能就像一个受到惊吓的孩子。这时一个拥抱可能比语言更能安慰人。如果有人能够倾听他诉说，可能也有很大帮助。成为一个好的倾听者的关键是：不要去判断一个丧亲者表达的感情是"对"还是"错"，是"好"还是"坏"。说话、哭泣，甚至愤怒地大喊大叫，都是释放强烈情绪的方法。给予丧亲者支持时，一个基本的原则是：不要要求他们"坚强"或者"勇敢"，不要告诉让他们压抑自己的感情。亲人去世，丧亲者会出现什么想法和情绪，我们无法预料，但不管是什么，都是正当的。

在夏威夷文化中，人死后有守灵的习俗。这一习俗很好地阐明了社会支持为丧亲者提供了机会，恰当表达自己的愤怒和敌意，从而减轻愧疚和痛苦。在一个大家庭中，每个人都需要守灵，包括孩子。当有人来祭奠时，逝者亲属就会大声宣布——就好像在告诉逝者："基恩来了，经常和你一起钓鱼的老伙计。""图图来了。还记得你生病时她是总是给你按摩吗？"哀悼者聚在一起，对逝者讲话，回忆往事，有时会埋怨逝者抛弃他们，太早离开，责骂逝者的狠心。一起钓鱼的伙伴可能会哀叹："你什么意思？我们说好一起钓鱼的，你却独自离开了。现在在谁陪我一起钓鱼？"逝者妻子也会说："你怎么能说走就走。太过分了。我们需要你。"面对逝者的遗体，丧亲者发泄自己被抛弃的不满情绪。这和"不要说死者坏话"的想法形成了鲜明的对比，后者要求丧亲者压抑对死者的愤懑情绪。

作为悲痛表达的文化载体，葬礼和其他一些群体悼念仪式为丧亲者提供了社会支持，有助于他们缓解悲伤。葬礼和其他仪式也有助于丧亲者开始适应没有逝者的生活。关于这一点，唐娜·舒尔曼这样说："仪式并不意味着结束；死亡也并不意味着结束；我把它们看作标点符号。仪式为丧亲者提供机会，纪念特殊事件的发生（或者正如罗伯特·内米尔所说的，结束的仅仅是银行账户，而不是爱的账户）。"

葬礼中，有人痛哭哀号；有人隐忍克制，悲痛不流于表面。不管哪种哀悼行为，都有其合理性。在联系紧密的社交网络中，例如中型或小型以色列集体农庄式的集体主义，其社会结构决定了哀悼仪式一般只在家人、朋友、邻居和同事等关系亲密的小圈子里举行；若关系不那么亲密的社交网络，可能需要举办葬礼和其他仪式，这样人们才有机会给丧亲者提供社会支持。

不管是在逝者离开的最初几天或几周内，还是在悲伤的后期，社会支持都至关重要。丧亲者应该依赖自己信任的人，从他们那里寻求支持。他们需要有人告诉他们：他们有权表达哀伤，这没有错。在悲痛时，他们偶尔也需要喘口气，暂时摆脱悲伤，稍微休息一下。当丧亲者开启新生活时，他们也需要别人的鼓励，让自己能够自信地面对世界。周年忌日往往会再次唤起丧亲者的沉重悲痛，这时他人的支持非常重要。当丧亲者知道，其他人还记得逝者，依然愿意花时间与逝者"保持联系"，这对他们来说，将会是最大的支持。

除了从亲朋好友那里获得社会支持，丧亲者可能也想通过有组织的支持团体分享他们的故事和伤心。大多数这样的团体都是由有相似经历的人组成的。相似的丧失体验让互助小组的成员有了共同话题，通过彼此交流，在生活中接受丧失的事实。例如，寡居小组为妇女提供机会，让她们恢复单身的生活体验，并在处理配偶死亡的任务中相互鼓励。如未亡人互助小组，为丧夫女性提供机会分享独居体验，并在彼此面对丧夫之痛时互相帮助支持。幸存者灾难援助计划是一个专门为牺牲军人的家人朋友提供关怀支持的组织，该计划主要包括军属之间相互支持、提供心理咨询、幸存者研讨会和其他类型的帮助。另外，还有一些互助组织，如"朋友爱"和"安大略省丧亲家庭互助小组"，其目的是帮助遭受儿童死亡痛苦的家庭。在介绍安大略省丧亲家庭互助小组的宗旨时，斯蒂芬·弗莱明和莱斯利·巴尔默指出："其宗旨是帮助人们顺利度过哀痛期，指导丧亲者走出对逝者的高度依恋，缓解'快要被逼疯'的恐惧，让丧亲者了解哀痛的本质和过程，防止他们陷入非正常悲痛，在团队中培养治愈品质（唤起希望、乐于助人、团队凝聚力、正确宣泄负面情绪、感悟人生等）。"有些互助组织完全由有相似经历的人组成；有的由训练有素的专业人士或非专业顾问领导。临终关怀和姑息治疗项目通常会对志愿者进行专门培训，请他们帮助家庭应对悲痛。

作为成长机会的丧亲之痛

生活中，当丧失发生时，我们有时会希望有一种药剂，喝下后可以让我们忘记痛苦和悲伤，就像希腊神话中的忘忧草一样——一种能够结束痛苦和悲伤的药草。把丧亲之痛视为成长的机会，一开始可能会很困难，但这样做有助于人们更快适应丧失。当丧亲者有勇气回顾痛失亲人的感觉时，其实是在释放过去的负能量，摆脱过去的束缚。正如约翰·施奈德所说："知觉定势开始发生变化，从缅怀过去到关注潜能，在应对中寻求成长，在解决问题中迎接挑战。"从不同的、新的角度重新审视亲人逝去的悲剧，有很多可能性。丧失给我们提供了多种成长方式。这种重构可以延伸到一个人生活的其他领域，给丧亲者以更大的信心，觉醒自我认知，打破固有想法和信念的束缚，重新审视一切，改变生活，让自己的人生更有意义。

转向创造力的内在来源可以形成悲伤体验。发挥创造思维应对丧失可能会产生意想不到的结果。人们可以鼓励丧亲者进行创作，发挥创造力。例如，一位年轻女性，她的儿子在出生时意外去世。她悲痛欲绝，无心做任何事情，陷入了深深的绝望，痛不欲生。在她儿子去世6个月后，在一次心理咨询中，她说："自从贾斯汀死后，我再没有碰过一块黏土。"那么不得不问一下，在贾斯汀去世前，她用黏土做过什么？她说，她是做雕塑的，她用黏土做的鲸鱼和海豹作品在当地海滨工艺品店出售。咨询顾问告诉她，她无法再次进行艺术创作可能是因为她的创造力被压制了。尽管总有一天她会再次创作鲸鱼和海豹的雕塑作品，但目前，她需要换个方式发挥她的创造力。这个女士最后同意找一个心平气和的时刻，把双手放在黏土上，看看会发生什么。

结果令咨询师和这位母亲十分震惊。12个月的时间里，她创作出了一个系列作品——22个人物雕塑。一开始人物是裸体的，后面的人物开始裹上了毯子，再后面几件毯子变成了衣物。这位母亲发挥创造力，把自己的丧子之痛形象化，同时也表现出了她潜意识中对恢复过程和丧失融合过程的理解。随后，这些雕塑被拍成照片出版，每幅图她都配了文字说明，希望其他丧亲者能够从中获得安慰。

　　人们通过回忆以及个人和社会仪式同已故的亲人保持联系——通过这些仪式，生者拥有了一个"空间"，表达对逝者的爱和怀念。悲伤之旅得益于理论、研究和临床经验，也让我们能够更好地理解丧亲之痛对人一生的影响。人生好像纵横交错的经纬线，丧亲之痛、悲伤和哀悼犹如生命补充线，同样在织就人生体验，它们不可或缺。

第十章

儿童和青少年对死亡的感受

父母、近亲和好友去世,孩子的悲痛之情不亚于成人。

关于如何向孩子解释死亡，是父母和其他成年人必然会关心的问题。如何帮助一个孩子应对死亡？如何对孩子开口？孩子可以理解吗？猝死、意外死亡、自杀或他杀等导致的死亡，让事情复杂化，进一步加剧了孩子应对死亡的难度。虽然儿童在应对生活中的悲剧时往往具有很强的韧性，但依然非常需要成年人的支持和帮助，成年人应用心倾听儿童的担忧，与孩子沟通交流，给予支持，引导儿童走出悲伤。家庭沟通模式和交流方式会影响孩子或青少年理解和应对丧失的能力。

据死亡、濒死和丧亲问题国际工作组称："当儿童和青少年遇到与死亡有关的问题时，他们的需求往往不能及时得到成年人的认可和理解。"死亡导致的丧失，不仅成年人生活中会遇到，孩子也一样。但似乎整个社会都在尽量避免让孩子接触这个话题。当孩子在生活中发生丧失情况时，成人总是会尽量减少它对孩子的影响。例如，宠物死亡了，大人可能会立刻再买一个给孩子，取代原先的宠物。但这种安慰方式的好处有限。和某个特别的人切断联系，本身就是一个巨大的损失。一个更有建设性的方法是帮助儿童探索他们对死亡的感受。尽管我们都希望孩子们不要因为丧亲而承受痛苦，但死亡是生命中不可避免的事实。

不管孩子们是否接受过教育，他们都会形成自己关于死亡的概念，即使这个话题被认为是禁忌。一个孩子如何经历和应对死亡可能与他的发展阶段相一致（详情见第二章"了解死亡的过程"）。相对那些没有接触过死亡的孩子来说，体验过死亡的孩子对死亡的理解更全面。

一个六岁的孩子目睹了她弟弟的意外死亡后，清楚地认识到死亡是不可避免的，人都会死，而她自己也可能会死。她很担心，怎么才能不让自己和朋友陷入和弟弟一样的险境，进而送命。于是她经常警告她的同学们要小心，防止意外发生。

除了悲剧和意外导致的死亡，儿童和青少年可能还会遇到因不可治愈的疾病导致的死亡。一份医学研究所的报告称："帮助临终儿童缓解身心痛苦，我们目前所做的一切远远不够……尊重临终儿童的个人尊严。"（本章稍后会详细讨论这个话题。）

孩子们想了解死亡，就像他们想了解他们生活中遇到的所有事情一样。一个孩子曾写道："亲爱的上帝，你死的时候是什么样子？没人告诉我。我想知道，但我并不想死。"

死亡经历

亲身经历过战争、暴力或其他灾难性死亡的儿童面对死亡时，往往呈现出一种听天由命的态度，这与那些在和平环境中经历死亡的儿童的态度形成了鲜明对比。在饱受战争蹂躏的萨拉热窝，一个小女孩的日记记录了暴力对儿童的影响。这个小女孩就是兹拉塔·菲利波维奇。她的日记清楚地记录了一个普通青少年正常生活的消失。随着战争的爆发，不仅他们的正常生活被破坏，也导致了大量的死亡。她在一篇日记中写道："又是充满战争的一天，到处都充满了恐惧，现在每一天都生活在恐惧中。"

一项针对南达尔富尔州战争对流离失所的儿童的心理影响的研究发现，长期处于战争环境的儿童创伤反应、抑郁和悲伤症状更严重。战争经历包括绑架、躲藏以保护自己、被强奸、被迫战斗、被迫杀害或伤害家庭成员，以及父母一方的死亡。在乌干达进行的另一项研究发现，孩子们说，面对这种死亡，他们不得不保持沉默，不仅因为谈论这件事太痛苦了，更是因为他们害怕那些杀人凶手也会杀死他们。詹姆斯·加尔巴里诺指出："很少有问题能像儿童和社区暴力的话题——战争、街头暴力犯罪和其他形式的武力冲突——一样挑战我们的道德底线、智力和政治资源。"

在美国的城市里，因毒品而导致的暴力行为以及帮派斗争频发，许多儿童和青少年经历了战争般的混乱——美国作家、演员兼歌手艾斯提把这描述成具有美国特色的"杀戮战场"。当被问及人们死亡的方式时，德国一所城市学校的孩子认为，暴力死亡就是用武器或锋利的刀杀死人。这里的武器并不包括"枪"。因为在德国，枪支是严格管制的，民众很难拥有枪支。

相反，在美国，孩子们很清楚枪支暴力，因为他们经常进行校园封锁演习，以应对校园枪击案件。自从 1999 年科伦拜高中枪杀事件发生以来，据估计，有 193 所小学 18.7 万名学生在上学期间遭遇过校园枪击事件。《华盛顿邮报》发现，2014 年发生 15 起校园枪击案，而进入 2018 年不到 3 个月，就已经发生了 11 起校园枪击案。2018 年 2 月 14 日，美国佛罗里达州帕克兰市斯通曼·道格拉斯高中 17 名学生和老师被杀害。此后，美国各地每天约有 70 起针对校园的威胁，而在两个月内总共有近 1 500 起威胁事件发生。

不管是目睹，还是间接经历过暴力的儿童，如父母被谋杀，都有可能会患上创伤后应激障碍或受到其他伤害。一个专门研究创伤事件对儿童和青少年影响的小组发现，采用个体或群体认知行为疗法，解决有关自责、安全和他人信任的认知扭曲，可以有效缓解创伤后应激障碍、抑郁、焦虑和相关问题的症状。

偶发事件可能有益，也可能有害，这取决于个人和社会暴力事件的性质和影响。有些不幸的发生，只是因为错误的时间进入错误的地点。

> 他们可能会受伤致残，或深陷入噩梦，无法摆脱阴影。而在有些悲剧中，死去的人则再也无法开口，比如意外卷入交叉火力并被飞车射击击中致死的无辜受害者。

当问孩子们人类死亡方式时，生活在充斥暴力和死亡环境的儿童的回答往往与生活中没有这种经历的儿童的回答大不相同。

作为儿童直面死亡的幸存者

儿童对丧失的反应受多种因素影响，如年龄、心理和情感发展阶段、家庭内部的互动和交流模式、与死者的关系以及以前的死亡经历等。一般来说，亲人离世，孩子的悲伤反应与成年人的悲伤反应相似。但是，在认知能力、身份认同需要、对成人支持的依赖等方面，儿童与成人存在差异。

丧亲儿童的悲伤经历

有一个故事是关于一个3岁小女孩的，通过这个故事可以加深我们对儿童悲伤的理解。小女孩叫莫妮卡，在卡特里娜飓风来袭时，她家的房子被摧毁了，她掉进水里，差点淹死。灾难过后，每次她一进入浴缸，莫妮卡的反应都非常激烈，就像要被淹死一样。一开始小声呜咽啜泣，当浴缸慢慢装满水时，她开始号啕大哭。在那场暴风雨中，她明白了她爱的人和爱她的人并不能总是保护她。以往坚信父母一定能保护她的信念崩塌了。由于飓风的影响，这些小孩子不得不与侵入性思维作斗争，他们的焦虑会对身体产生明显影响，如出现腹痛等。对于青少年来说，当他们得知自己多年后才能重返家园后，很可能会患上抑郁症。

在幼儿时期，某些悲伤表达就已经很普遍，其中包括退行行为、幻觉思维、对"导致"死亡产生内疚、无助，奢望逝者死而复生。年龄稍大的孩子通常会表现出愤怒、产生健康问题以及在学校表现不良。

随着一个人日趋成熟，一个人的应对策略也会发生变化。例如，儿童经常试图从他人那里寻求安慰，有时拒绝承认死亡，坚持一贯的行为和活动，活在幻想里。进入青春期后，年轻人开始采取更有效的行为应对策略（例如，寻求帮助、想办法解决问题、宣泄情感）。

如果一个孩子认为某人的死亡与他有关，虽然他会有其他情绪，但负罪感最重。此时，开诚布公讨论死亡的相关情况，让孩子有机会去探索自己的悲伤中令人不安的情绪，有助于帮助孩子。若放任不管，让孩子独自面对罪恶感和自责，这种心灵创伤带来的负面影响可能会持续到成年期。有这样一个悲剧：兄弟三人一起玩一把已经上了膛的枪，老大正手拿着枪，最小的孩子推了老大一把，子弹射出时，兄弟中的老二被打死了。"我不停地问自己，如果我没有推我大哥一下，二哥是不是就不会死。"超过四分之一世纪的时间过去了，已经 30 岁的男人回忆起这件事，依然痛苦不堪。"我一直觉得自己做得没错，我那样做是为防止发生事故。但没有人理解我的感受。多年来，晚上独自一人躺在床上时，我经常失声痛哭。"虽然周围人也清楚，这个孩子不是故意的，但同时，也应鼓励孩子分享他对死亡如何发生的看法和信念。孩子的经历可能和成人的不一样。

在应对丧失时，儿童有时会选择性地忘记，或试图以一种更容易接受且更舒适的方式重建现实。当自己的兄弟姐妹有人生病住院，这个孩子看到四周堆满了大量治疗器械时，可能十分害怕，但过后他很可能会忘了这个场景。有的孩子会出现记忆混淆，把长期住院记成只是偶尔去医院检查。选择性遗忘和重构记忆不失为一种应对方法，让人免于背负痛苦的记忆。

青少年则会开始采取认知应对策略，比如寻找意义、积极的重新评价和接受失去。这样做时，他们可能会利用互联网和社交网站。

青少年正处于情感发展阶段，死亡会对他们的控制力、成就感以及事件预测能力产生不良影响。在一项关于青少年对 2001 年 "9·11" 恐怖袭击的反应的研究中，研究人员发现，青少年（特别是女孩）感到恐惧，并报告称他们还担心死于其他灾害，如龙卷风或地震。这些焦虑反应与青少年发展过程中易受死亡伤害的问题是一致的。不难看出，青少年有很强的韧性，这从他们叙事的连贯性上就可以看出。事实上，一些研究人员和临床医生认为，韧性可以是一个关键的保护因素。内心力量和努力前进的决心，在行为表现上并不相同。例如，在就佛罗里达州帕克兰的校园枪击案发表看法时，学生们公开呼吁改变。他们策划并鼓励学校罢工和大规模示威，包括在华盛顿特区的"为我们的生命游行"运动。在帕克兰枪击案发生 3 个月后，在得克萨斯州圣达菲高中又有 10 人被杀，而这里的学生们决定尽可能安静地恢复正常生活。

父母一方过世

儿童时期可能经历的所有死亡中，最具影响的可能是父母一方的死亡。父母死亡同时意味着失去安全感，没人抚养教育。来自父母爱的缺失——孩子情感和心理依赖全部都消失了。若死亡是由自杀或他杀导致的，那么孩子应对起来会更艰难。据报道，在美国，超过200万18岁以下的儿童和青少年（约占3.5%）父母一方已经去世。

死亡会在孩子的生命中留下一道裂缝，不仅因为父母不再出现在眼前，也因为家庭生活中父母角色的缺失。父母在生活中规范和引导孩子的生活，是孩子的榜样、教师、养育者和家庭传统的制定者。父母离世，不同的孩子反应不同，这取决于父母在家庭中的角色，以及孩子与父母的关系。

根据从儿童丧亲研究中获得的数据，菲利斯·西尔弗曼和她的同事们得出结论：失去父母的孩子通常会建立起一套记忆、情感和行为，并以此来"重构"已故父母的形象。主要是构建一种"内在表征"，通过它，孩子能够维持他或她与已故父母的关系，而"这种关系会随着孩子的成熟和悲伤程度的减轻而发生变化"。随着时间的推移，孩子会反复讨论丧失的意义。失去是永久的，不可改变，但应对过程却在变化。

当父母一方在孩子很小的时候去世时，悲痛可能还包括对因父母早逝而亲子关系过早中断的哀悼。在孩子心中，总有一股"从不了解"父母的悲伤感萦绕于心。想象一下，在战争中，父母一方死亡。因为某种刺激——发现和父母有关的文章或者参观战争纪念馆——埋藏在内心深处的深切悲痛可能会再次浮现出来。理解父母牺牲的方法有很多，例如和其他退伍军人交谈，可以让孩子描绘出他们之前无法全面了解的父母的形象。

当孩子亲历了亲人死亡，有时孩子可能觉得是自己的责任。例如，若一个孩子的母亲死于癌症，她记得，在母亲需要休息时，她总是去打扰她。"如果我当时能安静一些，"这个孩子可能会想，"妈妈就会好起来的。"妈妈去世了，而孩子依然活着，这个事实会导致孩子产生一种"幸存者负罪感"。一个4岁小男孩的父亲死于白血病，他画的画再次说明了这一点。在孩子父亲去世后一段时间，孩子在玩铅笔和画纸时，问母亲一些单词的拼写方法。妈妈被儿子的行为吸引，走过来注意到孩子画了一幅画。在这幅画中，爸爸正对孩子说："你让我很生气。"看到孩子画中愤怒的爸爸，妈妈吃惊地问孩子："你爸爸因为什么对你生气？"孩子解释说："因为我可以和你一起玩，不能和爸爸玩了。"父亲的离世让孩子情感出现混乱，孩子正努力表达爸爸不在了，而他还活着的事实。

为了帮助孩子明白活着的含义，他的母亲做了一件非常明智的事。她对孩子说："给妈妈介绍一下这幅画。"她问了一些开放式的问题，引导孩子说出自己的感受，以便直接回应孩子的担忧。利用孩子的画作和孩子交流，为孩子提供一个安全、受关注的环境，让他们有机会表达他们的担忧和情绪，可以帮助孩子走出悲伤。

兄弟姐妹之死

兄弟姐妹中有人去世也会对孩子产生负面影响，让他们觉得自己也很容易死，尤其是当兄弟姐妹年龄相近时。当一个孩子去世时，亲友的关注和支持都集中在死去孩子的父母身上，而不是孩子还活着的兄弟姐妹。贝蒂·戴维斯指出，相对而言，人们很少关注兄弟姐妹的丧亲之痛。在美国，多数家庭孩子都比较少，兄弟姐妹的死亡可能会使幸存的孩子成为唯一的孩子。兄弟姐妹死亡会带给孩子孤独感。正如一个孩子所说的："我的父母拥有彼此，而我却没有人陪伴。"当父母为失去孩子而悲伤时，幸存的孩子同时可能还会感觉以往熟悉的父母也不见了，因而更加悲痛。

兄弟或姐妹可能是保护者或看护者，也可能是玩伴，活着的孩子可能因为这种独特关系的丧失而悲伤，担心再没有人保护和照顾自己了，但与此同时，也可能会有松口气的感觉，甚至是高兴，兄弟姐妹不在了，以后他或她就是全家关注的焦点了。当孩子面对兄弟姐妹的死亡时，这种混合的情绪可能会引发内疚和困惑。

孩子们通常会向父母寻求帮助，以理解和应对兄弟姐妹的死亡及其对家庭的影响。对失去兄弟姐妹的青少年的研究发现，青少年认为最有帮助的支持是"有人陪伴在身边"。不正常的家庭模式，包括对活着孩子的明显憎恨，或试图在孩子身上重现死去孩子的品质，可能会损害孩子们的应对死亡的能力。父母在承受一个孩子死亡的事实时，可能会无意中减少与活着的孩子的接触。因为看到活着的孩子，他们容易想起死去的孩子。另一方面，也有的父母可能会过度保护活着的孩子。即使在看似成功应对死亡的家庭中，父母也可能或多或少会出现上述类似失调反应。

孩子有兄弟姐妹去世时,必须给予孩子承认和表达悲痛的机会。如果一个孩子说自己感到内疚,你可以问:"你怎样才能原谅自己?"内疚感通常与兄弟姐妹间正常的竞争有关。例如,一个孩子早上冲着姐姐大喊:"我恨你。"下午姐姐就因为自行车交通事故躺在了太平间。小孩子会认为,是因为早上自己和姐姐吵架,导致她死亡的。

这种责任假定通常表现为"原本应该"的愧疚思维。一个 5 岁的男孩和弟弟在外面玩时,弟弟被一辆卡车撞死了。事后,他经常对妈妈说:"我本应该……我本应该……"他认为自己是弟弟的保护者,应该对弟弟的安全负责。妈妈问他:"你本应该怎样?"他回答,"我就是本应该!"

妈妈然后问他:"你的本应该,是什么意思呢?"孩子回答说:"我本应该注意

兄弟姐妹之间的关系十分特殊,既存在竞争,也相互友爱。兄弟或姐妹的死亡切断了这种独特的人际关系。因为和已故兄弟姐妹关系亲密,幸存的孩子对逝者死去的感受会更强烈。他或她也会意识到自己也可能早逝。

351　第十章 / 儿童和青少年对死亡的感受

的，我本应该知道，我本应该……"无数的"本应该"涌现在孩子脑中，提醒他没有尽到做哥哥的保护和照顾责任。妈妈把孩子抱在怀里说："我明白，亲爱的。妈妈也'本应该'，妈妈也有，我们都有'本应该'做而没做的事情。明白每个人都原本可能做一些事情，这很好了，如果可以选择，大家都不希望悲剧发生。"

让孩子参与家庭的事件可以帮助孩子应对危机。这个5岁男孩亲眼看见了自己的弟弟被车撞身亡。他父母赶去医院看弟弟时，把他一个人留在了邻居家里。对这个5岁的孩子来说，被排除在家庭事件外，不知道他的兄弟和父母发生了什么，会加重他的创伤体验。后来，当5岁的小男孩被鼓励用艺术作品来表达自己的感受时，他分享了自己被排除在外的恐惧和愤怒。

对于因兄弟姐妹死亡而承受丧亲之痛的青少年来说，此时他们正处于人生发展阶段，个体对生命意义的认识会影响他们如何应对亲人逝去，同时也会让他们对宗教信仰的价值和上帝的存在提出强烈质疑。戴维·鲍克指出，兄弟姐妹的死亡粉碎了孩子"对一个美好、纯真世界的信任"，对各种问题，如生与死、善与恶、生命意义，有了自己的看法。应对兄弟姐妹的死亡可能会让青少年的认知发展、社会推理、道德判断、身份形成和宗教理解等方面更加成熟。1994年的一项对丧亲青少年的研究发现，他们经常把宗教作为应对失去的重要资源，报告称，悲剧发生后，宗教成为他们寻找生命意义的来源。丧亲青少年报告称，他们感觉和已故兄弟或姐妹之间的联系"依然存在"，可以继续"交谈"，并花时间"交流"他们生活中发生的事情。

重症儿童

患有重病的儿童可能需要"心理急救"，帮助他们应对令人不安的想法和感受。这种帮助可能只需安慰孩子，在他们痛苦时给予支持就可以，也可能需要更多实质性的干预来处理焦虑、内疚、愤怒或其他冲突或未平复的情绪。照顾孩子，方法要灵活。一个孩子如果不知道发生了什么，可能会产生比事实更令人恐惧的幻想。在一种支持性的氛围中，孩子的孤独感和恐惧感会减少。对重症儿童，需要照顾的不仅是他们的身体。一个医学研究小组指出："我们能够而且必须提高对病人的持续有效照顾，不仅要满足他们的物质需要，还要满足他们的情感、精神和文化需要。"

表10-1列举了一些与重病儿童交流的建议。在儿童早期，如果儿童曾患过重病，可能会产生深深的恐惧感，害怕住院，对令人难以理解的痛苦治疗过程感到恐惧，害怕和成年熟人分开，害怕疾病和治疗引发的行动不便，也恐惧和人交流（尤其当父母隐瞒孩子的病情时）。对学龄儿童来说，重病可能导致的问题包括：因为自己得病感到羞耻，降低自我评价，无法与同龄人互动，因病无法正常上学（经常请假，成绩差），治疗的副作用以及和父母关于行动自主权的矛盾。对于青少年来说，他们的担忧可能集中以下几个方面，想要实现独立时被迫依赖别人，外表受损，自我评价降低，无法自由和朋友联系，对信仰产生怀疑，与父母产生分歧或公开抵抗父母。

表10-1 与重症儿童沟通的建议

年龄	方法
0～2	最大限度保证孩子身体的放松，感觉舒适。
2～7	尽量不要让孩子和父母分开，关注孩子是否有愧疚感。
7～11	培养儿童控制力。了解儿童是否有被遗弃或者自己身体不完美的感觉。沟通治疗细节。允许其和同伴保持联系。
12+	直接、坦诚、清楚沟通。支持合理独立行为。尊重隐私。维护自尊和身体形象。允许发泄怒气。允许其和同伴保持联系。建议参加互助小组。

父母和其他成年人发现，重病儿童或青少年提出的某些问题，他们很难给出答案。因为会引起不确定性，所以多数人会采取沉默或回避的态度。对患有大病或危重病的孩子或青少年隐瞒病情是否合乎道德，甚至是可能的吗？这让那些不想让孩子知道病情的家长左右为难，不知怎么办才好。威廉·巴托洛梅说："如果孩子患绝症，其父母和照顾的人面临的最棘手的问题是，他们照顾的这个孩子和他们完全生活在两个世界里。"

儿童对重病的感知

一旦年幼儿童患重病，他们往往对自己的病情十分敏感。玛丽·贝娜迪特·登布尔生动地描写了一个2岁孩子的"死亡意识"。在根据她的描述，当孩子的父母和医生讨论她的预后和她的治疗时，这个孩子明显有所察觉，而且十分好奇。

20世纪70年代，在对白血病儿童的临床研究中，迈拉·布鲁蒙德·兰纳观察到，重病儿童通常能够通过解读人们对他们的行为来猜测自己的病情。亲属哭泣或回避回答问题都能让孩子们意识到自己病得很重。在白血病病区的儿童，大多数是年龄在3～9岁之间的孩子，即使成年人没有告诉他们病情，他们也能够准确地评估自己病情的严重程度。虽然这些孩子有时会和同龄人讨论自己的病情，但不会和成年人讨论。孩子们很清楚，这样的谈话会让成年人不舒服，于是他们只和小伙伴讨论，就像讨论其他不想让成人听到的话题一样。病情这个话题成了他们和成人之间的禁忌。

随着时间推移，孩子对自己病情的理解也会发生变化。一开始，他们觉得自己得了急性病，然后逐渐意识到是慢性病，最后知道是绝症。药物治疗过程也从"治疗药物"变成了"延长生命的药物"。当他们看到药物效果逐渐减小时，从"总是有效"，到"偶尔有效"，最后"根本无效"，他们的服药态度和行为也随之发生变化。

孩子们对医院环境、医生护士、治疗程序以及其他白血病孩子的经历都十分清楚，例如"杰弗里是第一次复发"。同时会注意到其他小朋友的死亡。虽然孩子们可能还不知道折磨自己的疾病的确切名称，但他们对该疾病的治疗和预后有相当多的了解。

虽然孩子们对疾病的了解很可能是源于他们的好奇心和意识，但当前最恰当的方法还是和孩子们坦诚沟通。很多组织主动为父母和保健专业人员提供指导，建议他们以适合年龄的方式与儿童和青少年讨论疾病和治疗。此外，大量认证专业人员的出现，例如儿童生活专家和专业医疗人员，充当医生、父母以及患病儿童之间的联络员，也有助于促进彼此之间的交流和沟通。

在21世纪初收集的青少年和年轻人关于"癌症的故事"中，研究人员说："他们讲述了自己无法做决定的痛苦和愤怒；他们还提到了应对方法，朋友的支持，以及他们在治疗过程中看待自己身体和心理的方式。"

自由绘画和其他形式的艺术疗法非常适合孩子，有助于他们探索和表达暗藏在内心惶恐不安的想法。意大利热那亚的 G. 加斯里尼儿童医院所做的一项研究证实了这一点。研究对象均为 4～14 岁（平均年龄 8 岁）患白血病或其他癌症的孩子。孩子们以绘画为舞台，把他们的需要、愿望、焦虑和欢乐生动地表现出来。这些画描绘了他们与疾病、医院和周围环境之间的关系。研究人员得出结论，艺术治疗对于重症儿童来说是一种极其重要的叙事交流方式，充分展示了孩子们渴望交流、希望知道真相的需求。同时研究人员也表明，这项研究证实了他们的理论，即艺术治疗应该作为住院治疗的重症儿童的整体护理的一部分。

儿童应对机制

孩子对疾病的认知和反应取决于孩子的年龄、疾病的性质和治疗方法、家庭关系和孩子自己的经历。重症儿童主要担心的问题往往和他们对死亡的理解相关。例如，对 5 岁以下孩子来讲，最痛苦的事情是和母亲分离。5～9 岁的儿童往往最担心的是，疾病和相关治疗带来的不舒服，以及身体可能受损。再大一点的孩子在看到其他孩子死亡时，可能会感到焦虑。儿童如何处理这些焦虑，取决于他们对疾病意义的理解，以及对疾病后果的看法。

孩子生病会导致无法上学、家庭模式改变、对他人的依赖性增加以及给家庭带来经济或情感压力。压力和悲伤的其他来源包括医疗问题，例如疼痛的存在，以及疾病或治疗可能产生的明显影响，这可能具有象征意义，取决于儿童的年龄和受影响的身体部位。

解决这些因重病或危重病产生的不安和困惑，儿童需要运用多种应对机制。虽然一个孩子的发展阶段影响其利用内部和外部资源的能力，但即使是非常年幼的孩子也展现出了多种应对能力。有的孩子利用"距离策略"限制与他们有亲密关系的人数，从而减少了令人痛苦的互动机会。这样，孩子就可以在周围环境中只选择那些看起来最不具威胁性的事情或人去面对。利用这种方法，孩子们可以在特定的环境下构建尽可能安全的环境。

孩子们还可能会通过达成一项协议来应对痛苦的医疗过程，即一旦忍受了痛苦，就允许某些愿望得到满足，如"打完针，我可以玩玩具吗？"如果遇到令生病孩子无法承受的事情，孩子的行为模式可能会出现退行表现，回忆起他们生活中令人舒服的美好时光。在压力大的时候，已经会说话的孩子又再次退行回到了咿呀学语的状态，或者已经学会上厕所的孩子，再次忘了如何上厕所。另外，如果孩子因病无法参加竞争性的体育活动，可以通过同样具有竞争性的棋类比赛代替。想象这样一个场景：生病的孩子们在医院走廊里自发组织了一场轮椅比赛，静脉输液瓶在轮椅上晃来晃去。化疗后儿童可能会感到疲劳，会出现情绪低落或其他情绪变化，以及呕吐和嗜睡（频繁打盹）等生理后果。和成年人一样，当儿童因为危及生命的重病感到难受和害怕时，也会使用各种不同的应对机制。即使是很小的孩子在自己得了重病时也会知道，而且他们往往比成年人更清楚死亡。

提供和组织全方位护理

"有人负责你孩子的医疗护理吗？"

"没错，是我负责。在整个护理过程中，最令人沮丧的部分是协调不同的医生、护士和治疗工作。"

上面这组对话发生在医学研究小组和一名重病儿童家长之间。研究小组称：

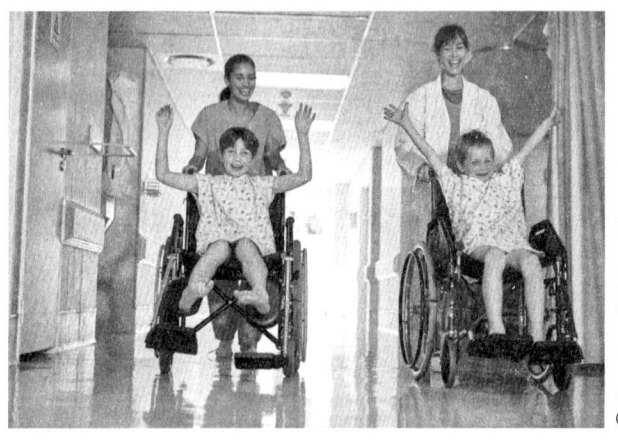

对一些孩子来说，能够玩耍、做一些愚蠢的事、在挑战中竞争，都有助于他们应对更严重的疾病。

"当一个孩子的病情危及生命时，通常孩子及其家人会陷入一个复杂而混乱的世界，到处充斥着现代科技的尖端治疗方法、晦涩难懂的术语以及高度专业化的人员和团队。"

照顾一个濒危的孩子，需要的不仅仅是医疗技术。儿童及其全家都应得到适当的社会、心理和精神关怀。研究人员指出，儿童的精神成长与身体和心理成长同步。最佳照顾的原则是对儿童和成人提供"全方位护理"。医学研究小组发现"患有致命或潜在致命疾病的儿童及其家人很难得到足够的、富有同情心的持续照顾，以满足他们在身体、情感和精神方面的需求。"

儿童临终关怀和姑息治疗

生命垂危的儿童可以在儿童医院、设有儿科项目的临终关怀医院和其他类似机构接受护理，也可以在家里接受护理。当濒危儿童需要更深入的评估病情、症状管理和护理计划，而家庭护理无法满足，又不想住院时，还可以选择住宅临终关怀。斯蒂芬·康纳说："总的来说，专门的儿科姑息治疗服务在美国儿童保健的海洋中就像一座卓越之岛。"

相对而言，专门为濒危儿童及其家庭服务的临终关怀项目还很少。在英国，第一家儿童临终关怀机构海伦之家于1982年成立。1995年，加拿大不列颠哥伦比亚省创建了加拿大关怀之家（Canuck Place）——北美洲第一家独立的儿童临终关怀中心。乔治·马克儿童之家于2004年在旧金山湾区成立，是美国第一家独立的儿科姑息治疗中心。在美国，还有两家儿童临终关怀中心比较有名，分别是弗吉尼亚州的埃德马克儿童临终关怀之家和佛罗里达州的阳光海岸儿童临终关怀之家。通常，临终关怀中心提供的服务涵盖了儿童疾病所有阶段的服务，包括医生和护理支持、疼痛和症状管理、临时看护、音乐和游戏疗法以及临终护理，并向儿童家庭的所有成员提供咨询服务。

正如在第五章中提到的，根据"医疗照顾之临终关怀基金"规定，只有符合下列情况才会对接受姑息照护的临终患者予以经济补偿：(1)医生判断儿童的生命只剩6个月或不足6个月，且(2)病人放弃了治疗。为了解决这个限制，加利福尼亚州最近通过了《尼克·斯诺儿童临终关怀和姑息治疗法案》，该法案要求州卫生服务部门提交一份弃权书，确保生命垂危的儿童能够得到临终关怀和姑息治疗。其目的是促进儿科姑息治疗示范计划的全面发展，以提高濒死儿童和他们家庭成员的生活质量。

在晚期濒危儿童护理中，居家姑息护理是个不错选择。2011年，夏威夷临终关怀中心开展了成人临终关怀服务，最近将服务范围扩大到了身患绝症的儿童。该中心的一名社工说："帮助孩子，你必须想出一些新方法。"护理方面的教育家马婉丽一直倡导临终护理，她指出：

> （向濒死儿童及其家属提供有效护理）的最大障碍是父母、医生和护士难以接受儿童将要死去的事实。没人希望一个孩子死去，所以出现了过度治疗——对孩子病情无用，也没有任何其他益处的持续治疗。

马婉丽也指出："父母可能很难意识到，他们在家里为孩子提供的护理和我们在医院提供的护理一样好——可能更好。"

医学治疗决策

在谈到和自身疾病相关的医疗和社会事件时，患有重病的儿童和青少年不应该只是被动的参与者。根据儿童及其发育成熟阶段的不同，儿童可能对病程和治疗有自己的看法，并希望能够参与医疗决策，一定程度上行使自主权和选择权。研究证实了青少年想要参与临终决定，且具备了相应能力。但是，父母、医务人员和其他成年人可能会不愿意，甚至拒绝让儿童或青少年就事关生死的问题做出决定。

路易斯·A.贾米诺和小哈尔·里特尔指出，根据英国普通法制定的"七项原则"为父母和健康护理员提供了一个评估未成年儿童是否能够参与医疗决策的指南。7岁以下儿童被认为是不成熟的未成年人，没有做出医疗决定的能力。7～14岁儿童可以就一个医疗程序提出反对意见。这个年龄段的孩子正逐渐成为"成熟的未成年人"，认知能力不断发展，应得到应有的尊重。这样，当重要的成人不同意孩子的意见时，就不能以孩子不具备决策能力为借口。最后，对14～21岁之间的青少年或年轻人，需仔细考虑他们的意见，承认他们有能力做出医疗决定。这些人被认为是成熟的未成年人，具备了决策能力，尽管存在无数理由可以推翻他们的决定。一旦尊重孩子或青少年的意愿带来伤害，就会引起强烈反对，造成的伤害越大，反对就越激烈。

贾米诺和里特尔认为，虽然在法律上，儿童疾病的治疗权属于父母，但在提议进行某个治疗程序时，健康护理员也应努力获得儿童的同意。若出现分歧，最终可能引起法律纠纷。正如贾米诺和里特尔指出的：

> 当成熟的未成年人选择的治疗方案与父母的出现分歧时，除了"七项原则"，法院通常还会援引"50%风险原则"。若成熟的未成年人拒绝治疗，且不接受治疗后，造成的各种生命风险小于50%时，法院一般支持成熟的未成年人的决定。另一方面，若孩子不接受治疗时，造成的风险超过50%，那么法院通常会站在父母一边，判定孩子应继续接受治疗。

必须承认，至少在某些层面上，现代青少年比过去更加成熟，因此一些法律分析人士认为，应当通过制定法律来简化青少年决策过程，即"把16岁作为法定年龄，16岁及以上的青少年有权决定他们是否接受常规标准治疗以及外科手术"。当然，当医疗程序涉及危及生命的疾病时，实际情况要复杂得多。

儿科医生兼教授威廉·巴托洛梅说："许多满足濒死儿童的需要的问题也是其相关的'大人'的问题。"成年人有时不知道到底应不应该告诉孩子病情；也就是说，他们不知道，在向孩子坦诚他们身患重病的事实时，什么样的方法是恰当的。有这样的顾虑十分正常，在告诉孩子病情的同时，也要尽量避免给他们增加不必要的焦虑、担忧和恐惧。尊重孩子不意味着毫无保留。巴托洛梅说："承认儿童是发展中的人，应尊重他们理性思考、自主选择、参与治疗决策的能力。"

照顾危重儿童

一项针对照顾危重儿童父亲的研究表明，这些父亲将他们的经历描述为"犹如生活在恶龙的阴影下"和"与恶龙搏斗"。照顾病人是一个长期过程，需要强大的体力、意志力和不懈的努力。在父亲看来，他们（和他们生病的孩子）"正勇敢地与恶龙作斗争，想要打败它"。

儿童因为生病进入医院或其他医疗机构——一个完全陌生的世界。疾病把孩子与他们熟悉的环境和他们所爱的人分开。有时当孩子刚刚习惯了医院内外的生活节奏后，新的疗法或不熟悉的医疗设备或医生再一次让一切变得陌生起来。日常生活的变化可能会让孩子不安，增加他们的焦虑和恐惧。每次回到医院，孩子都会发生变化，处于一个新的发展阶段，恐惧和期待也完全不同。有些孩子适应能力很强，对治疗的压力和导致身体虚弱的副作用，以及疾病的痛苦都能适应，而有些孩子则难以应对重症疾病带来的各种急性和慢性压力。

家庭成员参与某些护理对孩子会有很大安慰作用。虽然专业人员通常能更好地满足孩子的医疗需求，但就非技术方面的照顾，由父母做会更好。父母可以给孩子洗澡，喂孩子吃饭，晚上给孩子披被子，在情感上支持孩子。孩子在接受某些可能导致痛苦的治疗时，父母应谨慎考虑是否陪着孩子，想清楚到底怎么做才是对孩子好。一般来说，父母要专注于扮演好养育者的角色，而不要越俎代庖，扮演护士的角色。

孩子生命垂危可能导致沟通障碍。一个小女孩对医院工作人员说："我知道我快死了。我想和妈妈说说话，但她不让我说。我知道她很伤心，但我快死了啊。"当医护人员把这段对话告诉女孩的母亲时，女孩的母亲生气地回答说："如果你们不和她说，她根本不会想到死。"

母女之间的交流越来越糟糕。一直拒绝讨论女儿的感受，妈妈的交流方式退化为婴儿般的谈话："她今天不太好呀……她不想说话。"没有开放的心态，孩子和父母渴望得到爱和安慰的需求都无法得到满足。

儿童支持小组

社区支持是家庭内部支持体系的重要补充。许多提供家庭援助计划的组织都是面向所有家庭成员的，包括儿童，目的是在人们遭遇重大疾病以及丧亲之痛时提供支持。例如"朋友爱"和"安大略省丧亲家庭互助小组"，不仅为承受丧子之痛的父母提供服务，也服务于儿童和青少年。俄勒冈州波特兰市的多吉悲伤儿童中心不仅在为社区居民提供丧亲支持上取得了很大成功，还在全世界开展了协助者培训项目。

马里兰州弗雷德里克县的临终关怀医院开创了一个全新外展项目,即"杰米营"。在这个项目中,失去亲人的孩子和一群有爱心的成年人形成一对一组合。这些成年人被称为"大伙伴",其中一些人也经历过丧亲之痛,正处于恢复期。杰米营是以一个不到3岁就去世的孩子命名的。建立这个营地的目的是给孩子们提供一个"学习如何应对悲伤的避风港"。在群山环抱中,参加者在进行各种娱乐活动的同时,和同伴以及各自的大伙伴在一个安全的环境中一起探索他们的丧失。除了悲痛教育和支持,参与者也可以做自己喜欢的活动,如钓鱼、团队游戏、做工艺品、展示才艺、徒步旅行、唱歌、围在篝火旁讲故事、举办杰米营运动会。在这里,孩子有机会表达自己,并和他人建立联系。通过与其他孩子和成年人的互动,参与者们了解到在悲伤时自己并不孤独。

在过去的几十年里,美国涌现了很多类似的项目。例如,全美最大的为丧亲者提供服务的免费服务组织"安宁训练营",专门为6～17岁、经历亲人去世的儿童和青少年提供服务。训练营会提供为期一周的传统营地活动体验,同时进行悲痛教育和给予情感支持。"安宁训练营"通过与当地丧亲机构建立伙伴关系组织活动,例如南加州的"悼念之星"。作为一家享誉全美的支持中心,"哀悼之星"主要为悲痛的儿童、青少年和他们的家庭提供支持。在夏季,该支持中心会和"安宁训练营"合作,给予儿童和青少年支持。所有工作人员都是专业的悲伤咨询师,而且参加者无须缴纳任何费用。

除了向丧亲儿童和青少年提供支持的组织外,还有一些组织,专门帮助应对因重病或死亡导致的危机。HUGS由一小群志愿者创立于1982年,原因是他们认识到有重症儿童的家庭面临许多挑战和压力。HUGS组织名称是其主要服务内容的英文首字母缩写,即对夏威夷重症儿童及其家庭提供帮助(help)、理解(understanding)和团队支持(group supprot)。HUGS提供多元化服务,包括危机支持、医院和家庭探视、就医预约、接送、娱乐活动和临时护理。HUGS的使命是"帮助家人齐心协力,共度逆境"。

星光儿童基金会成立于1983年,是一个致力于改善患有慢性疾病和临终儿童生活质量的组织。该基金会在美国各地设有分会和办事处,在加拿大、英国、澳大利亚和日本也设有分支机构。星光儿童基金会的"高科技"和"高接触"项目旨在帮助孩子们更好地理解和管理自己的疾病,并创立一个社区,将具有相似危机的家庭联系起来，通过频繁接触，消除孤独感。基金会通过提供教育、娱乐和家庭活动来帮助患病儿童应对长期疾病带来的痛苦、恐惧和寂寞。该基金会的项目包括"星光乐园"——在医院里开辟一个区域，让患病儿童在住院期间有地方放松、玩耍和与其他儿童交流互动，以及"星光世界"——一个为患有慢性疾病或临终青少年和他们的兄弟姐妹设计的在线社交网络平台。生病的青少年能够与其他在家或在医院的青少年联系。用户可以发布图片、聊天、博客和公告，并寻找新朋友。

还有一类组织，专门满足那些生命垂危或预后结果不确定的孩子的愿望，助他们梦想成真，如成立于1976年的阳光基金会和成立于1980年的许愿基金会。许愿基金会成立后，不仅在美国，世界各地都兴起了许愿的热潮。许愿基金会现在在全美有62个分会帮人们实现愿望，还在全球五大洲的47个国家或地区都开展了业务。在这些组织的帮助下，重病儿童和他们的家人能够一起去度假或实现一些其他的愿望，如果没有外界的支持，有些愿望可能永远无法实现。

20世纪90年代早期，电话支持小组提供的也是一种有组织的社会支持，服务涵盖各类人群（包括儿童）。1953年，伦敦的撒马利亚会首次将电话咨询作为预防自杀的一种手段。后来，国家癌症研究所的儿科分部也创建了一个电话网络，为感染艾滋病毒的儿童提供社会支持。组织者说，电话具有"面对面交流所没有的保密性"，且提供了"一种创造性的治疗方式，帮助感染艾滋病毒的儿童及其家庭成员应对这种疾病给他们生活带来的影响"。随着当前科技的发展，孩子们可以通过社交媒体、网站和智能手机上的应用程序来寻求支持。

帮助孩子应对变化和丧失

当孩子想要谈论一个已经去世的亲密朋友或所爱的人时，永远不要忽视或轻视他们的担忧。鼓励孩子或青少年说出他们关于丧失的感受。希瑟·塞瓦蒂-塞布说：虽然对于青少年来讲，"朋友是生活的中心"，但当朋友去世时，青少年的哀伤"被轻忽或无视，或者被误解"。人们可以根据个体的需要和情况调整干预策略。在事情发生的过程中，如果孩子感觉自己是参与者，他们就更容易处理情感危机。如果他们被排除在外，或者没人回答他们的问题，他们就会产生不确定性，进而产生更多的焦虑和困惑。当一个成年人也在努力应对创伤经历时，再让他向孩子解释这种痛苦是很困难的。孩子的困惑和担忧就会被忽略或无视。即使成年人知道孩子有权知道真相，但他们也不愿意把令人痛苦且不安的消息告诉孩子。他们可能会问自己，知道真相对孩子来说真的好吗？在大多数情况下，孩子天生的好奇心让这些信息根本瞒不住。

孩子天生具有好奇心，满足他们的好奇心，解除他们的忧虑，并不意味着要告诉孩子所有细节，也不意味着要"驳斥"孩子，就好像他们什么都不懂一样。父母或其他想要帮助孩子的人需要考虑孩子感知、体验和应对变化的方式。这意味着要根据孩子的理解能力来回答他们关心的问题。在与孩子讨论死亡时，一般遵循的原则是：任何解释都要简明扼要，坚持基本事实，并核实孩子已经知晓的内容。

阅读疗法，也就是说，用书籍作为应对问题的辅助手段，可以促进成人和孩子之间的讨论，创造机会分享想法和感受（本书第二章介绍了一些关于死亡的书籍，非常适合儿童和青少年阅读）。

在危机发生前讨论死亡

第一，在向孩子解释死亡时，开诚布公最重要。但要注意的是，即使父母明白可以和孩子开诚布公地谈论死亡，但当孩子想要讨论这个话题时，父母会发现自己很烦，不愿谈论，想要回避。如果谈论死亡是正常生活的常见话题，而不是为了应对危机，相信家长一定可以找到合适的时间和孩子探讨这个话题。

第二，不要延迟谈论死亡话题。若在探讨死亡话题前有亲近的人去世，父母就需要在危机中解释。父母因为觉得"死亡离孩子太遥远了"，不幸不会发生，而一直迟迟不和孩子探讨，结果却发现"事情发生了，我必须和孩子聊聊这件事"。在这种情况下，对孩子的解释中很可能包含父母目前的所有情绪，这样很难和孩子清晰沟通死亡的话题。一个不错的方法是在日常生活中寻找"施教时刻"，与孩子谈论死亡问题（详情可见第二章"施教时刻"部分内容）。

第三，对死亡的解释要符合孩子的理解能力。根据孩子的兴趣和理解能力，父母可以提供一个符合孩子特定情况的解释。

与孩子们谈论死亡时，非常重要的一点是，弄清楚他们对你所说的内容有什么看法。让他们说说，从你说的话中他们学到了什么，自己有什么想法。儿童可以从已知的概念中归纳出合适的新经历。这可能导致他们对新信息的理解只停留在表面，尤其是对那些还只是倾向于强调事物具体性的幼儿。认识到这一点，在沟通中，父母就要尽量说清楚，避免引起不必要的联想让孩子更困惑。通过比喻的方法解释死亡，如构建一幅充满童趣的图片，可能有助于理解死亡，但除非孩子可以清楚区分事实和想象，否则对孩子来讲，他们理解的重点会放在那些神奇的细节上，而不是这个比喻想要表达的潜在事实。下面这个故事清楚说明了这一点：一个家长告诉一个5岁小女孩，爷爷的癌症就像一颗长在体内的种子，它越长越大，最后爷爷的身体容不下它，爷爷就死了。她的父母没有注意到，从那以后，在整个童年，她再也没有吃过一颗种子，一颗也没有。即使是黄瓜和西瓜的籽，也从不吃。后来，在她21岁的时候，有人问：“你为什么不吃这些种子？它们怎么了？"她的直觉反应是："吃了它们，你就会死。"时隔多年，她才明白自己不吃种子是不对的。如果在她5岁时，有人问她："如果你吞下了那颗种子，会怎么样？"那么她就不会这么多年都不吃种子了。

在家庭成员身患重病时探讨死亡

当家庭成员中有人得了重病时，家庭的正常生活秩序就会被打断。如果孩子不知道病情的真相，他可能会对家庭日常发生的变化感到困惑。孩子可能会感觉自己被抛弃了，被排除在家庭活动之外，或者无缘无故地大家就不理他了："为什么爸爸妈妈对妹妹那么好，总是不管我？""天啊，为什么不管我做什么都不对，而弟弟做什么都不受惩罚？"因重病或疾病治疗产生的副作用，重病孩子的外貌可能会发生变化，这可能会引起其他兄弟姐妹的恐慌。在某些情况下，儿童重病可能会导致多重丧失，生活变得不可预知，不能上学或被迫休学，因得病感觉耻辱和羞愧，不想让人知道病情等。

虽然和孩子坦诚交流有助于孩子应对危机，但如前所述，解释死亡必须符合孩子的认知能力。对年幼儿童，如果父母一方病重，可以简单告知，如"妈妈肚

允许孩子和家庭中生病的成员互动，有助于孩子们真正理解死亡的意义，并对逝者更富同情心。

子疼，医生正在给妈妈治病"。对学龄儿童，解释可以复杂一些，如妈妈需要治疗，因为她的胃里长出了一些本不属于那里的东西。

父母或兄弟姐妹生病，儿童会感觉焦虑，但表现方式多样。孩子可能会觉得自己被忽视了，也可能会对生活中的变化感到不满。一个孩子可能会因为"妈妈没在"而生气，但又会因为他想象可能自己做错了什么"导致妈妈生病"而感到内疚。要想消除孩子的这种感觉，就要让孩子充分意识到自己是家庭中的一员，鼓励孩子参与到家人应对疾病的过程中来。

儿童可以采取力所能及的行为照顾家里生病的人。例如，挑一束花或画一幅画作为礼物送给病人。通过这种活动，孩子可以向病人表达他们的关心。虽然死亡不可避免会给儿童带来影响，但如果亲人能够及时给予关爱和支持，那么在面临死亡时，他们应对起来就会轻松一些。

丧失发生后探讨死亡

理解别人的经历需要掌握倾听的艺术。不管是和儿童还是和青少年沟通，倾听都很重要，目的是了解对方的想法、感受和信念：他认为什么重要？他的担忧、恐惧和希望是什么？如果他们需要支持或帮助，那是什么帮助呢？在帮助孩子应对丧失时，有必要考虑一下上述问题。罗布·朱克说："悲痛让成年人崩溃，以至于他们忘记了孩子也会伤心，而忽略了应尽的义务。"我们必须主动倾听孩子诉说，接受他们的真实体验。

当死亡扰乱了人们熟悉的生活模式时，往往会导致混乱和冲突，造成难以厘清的情感和思想上的纠结。在这个过程中，成人可能会要求孩子"不要看""不要叫"，但这样做，只会抑制孩子的天性，不利于他们探索和应对变化导致的情感和思想问题。关注孩子的行为，有助于理解孩子们应对危机的体验。例如，哭泣是失去重要人物时的一种自然反应。训诫孩子"要勇敢！"或者"做个小男子汉，振作起来！"这样做不利于儿童正确宣泄情绪。要知道，不哭泣并不意味着不悲伤。

帮助孩子应对丧失时，成年人回答孩子的问题必须坦诚而直接。给孩子解释问题应该实事求是，尽可能具体。告诉孩子她死掉的金鱼"去了天堂"，她可能会想象出一幅精美的画面，包括天堂之门和天堂各处：这里是金鱼的天堂、猫的天堂、人的天堂——这是独属于孩子的思维逻辑。一项对儿童故事书中天堂形象的研究发现，天堂通常被描绘得过于简单。儿童故事一般都介绍了"天堂的一般形象"，并融合了文化信仰，暗示"死亡不是生命的结束，而是生命的延续"。在向孩子保证，他们能够继续与死去的亲人保持联系时，不管是否具有治疗作用，帮孩子克服哀伤，我们都需要小心，在和孩子解释时不要给孩子带来不良影响。

一位女性回忆说，在她三四岁时，突然被告知她心爱的狗"去小狗农场生活了"。直到7岁的时候，她才意识到自己的小狗并没有去什么农场。当她意识到她心爱的狗实际上已经死了，她感到愤怒和难过，因为都没有机会好好地和它说再见。

宗教信仰也在许多家庭理解死亡中发挥了重要作用。当面对亲人或朋友的死亡时，父母希望与孩子分享这些信仰。孩子们可能确实会因为宗教信仰得到安慰，但成年人应该向他们说明这些仅仅是信仰。在和孩子分享信仰时，注意不要误导孩子。例如，父母对来世的概念可能远超孩子所能理解的范围。如果一个孩子被告知"上帝把他爸爸带去了天堂"，他可能会不喜欢上帝，觉得上帝是一个任性的、不顾小孩子感受的人。

同样，在和孩子探讨死亡时，童话、比喻等说辞也要小心使用，因为孩子们可能会从字面上理解死亡含义。例如，9岁的哥哥告诉4岁的弟弟，他们的爸爸去了天堂。4岁的小男孩立刻去找妈妈，并且说："爸爸在屋顶。"妈妈问："为什么？谁告诉你的？"弟弟回答说："安德鲁。"哥哥解释说："我们当时正看向窗外，我告诉他，爸爸去天堂了。"对于一个4岁的孩子来讲，"去天堂"就是在屋顶。如果你告诉一个4岁的孩子，有人去了"天上"，然后你再告诉他，圣诞老人在平安夜降落在屋顶上，他可能会认为圣诞老人和那个死去的人是好兄弟。孩子可能还会编一些故事，讲他们如何一起工作、制作玩具、喂驯鹿等。

下面这位女孩的例子很好地证明了幼儿心中的死亡概念。她第一次接触死亡是在她3岁半的时候，她的妈妈去世了。妈妈似乎只是消失了，她不知道发生了什么。一段时间后，她开始意识到妈妈已经去世了，于是她开始问各种各样的问题。有人告诉她，她的母亲已经下葬了，于是她就想，"为什么他们不把她挖出来？"也有人告诉她，说她妈妈去了天堂，于是她总是仰望天空，希望她出现。在她幼小的头脑里，两种想法萦绕不散，她怎么也想不明白："我妈妈怎么被埋葬在天堂呢？"

当被问到亲人去世的经历时，孩子们通常会说，最困难的时刻是他们什么都不知道的时候。一个孩子被诊断患有重病，但她的家人没有告诉她，后来这个孩子说："以前，大家总是一起做任何事，知道将会发生什么。突然间，一切都变了样。这比我得的重病还让我恐惧。我感觉每个家人都变得陌生了。"家庭交流方式的突然变化会让孩子感到不安，加剧他们对危机的焦虑。不让孩子参加亲密朋友或者亲人的葬礼，他会感觉很伤心，因为错过了生命中重要人物的重要活动。也有些孩子不愿意参加葬礼。然而，那些参加葬礼的孩子往往报告说，葬礼仪式帮助他们理解死亡，给他们机会纪念死者，还让他们有可能得到社会支持和安慰。

要想知道孩子是否做好准备迎接即将到来的痛苦，最好看孩子自己的意愿，问问孩子就好了。以问题作为导向，照顾者可以给出直接的答案，但无关的不利于孩子理解的事情不要提，以免增加孩子的负担。最重要的是，让处于危机状态的儿童感到安心，告诉他们，他们是被爱的。

当我们告诉孩子有关死亡的内容时，孩子往往会指出我们讲述内容中的矛盾之处。一个3岁孩子的玩伴被杀了，他的母亲向他解释说，耶稣来了，把他的朋友带到了天堂。孩子的回答是："好吧，这太坏了，我还想和他一起玩呢。如果耶稣把我的朋友从我身边抢走，他真是太坏了。"在与孩子讨论死亡时，最重要的是要考虑孩子的信仰体系，即孩子理解世界的思维过程。其次，在开始向孩子介绍死亡时，先问问自己："如果我这样解释死亡，孩子会怎么理解它？"

  当孩子直面死亡时，成年人往往会很担心。他们还好吗？他们不会有事吧？死亡对他们来说是不是太难理解了？这件事不会影响他们以后的生活吧？美国心理学家埃里克·埃里克森指出："如果孩子的父母不惧怕死亡，健全的孩子也不会畏惧死亡。"

第十一章

成年人的生命中的死亡

人生最悲痛的事情,莫过于丧子之痛。

花点时间思考一下，在你的生活中曾发生过哪些丧失，无论是在童年时期还是最近。这些经历有何不同？又有哪些相似之处？随着年龄的增长，你对丧失的态度发生了怎样的变化？过去哪些方法帮你积极应对了丧失体验？

儿童和青少年时期会经历各种丧亲之痛，成年后也不可避免会遇到，如父母、兄弟姐妹以及亲友的去世。彼得·马里斯说："在成年人的生活中，丧亲之痛是一次最有价值的创新性学习。"

在这一章中，我们将会讨论成人生活遭遇的朋友、父母死亡，父母的丧子之痛（包括难产胎儿死亡），以及伴侣的死亡。在本章最后，将主要探讨因生命结束而导致的各种丧失。在开始阅读本章前，可以简要回顾一下与成年发展阶段相关的发展挑战（详情见第二章），有助于你理解本章内容。

死亡和大学生

大学生一般处于成年初期（18～25岁）和成年早期（20～40岁）的年龄段。他们开始重视承诺，积极扩展社交圈——恋人、朋友、同事、伙伴和从属关系。也是在这个时候，他们既渴望亲密感，也希望体验孤独，二者开始出现冲突。在《死亡与大学生》（*Death and the College Student*）一书中，埃德温·施内德曼收集了哈佛大学死亡教育课上学生们撰写的关于死亡和相关话题的短文。这堂课安排在只有20把椅子的教室，但第一节课就有200人参加，最后155人完成了该课程。学生上交的论文探讨的主题十分广泛，包括战斗死亡、死亡哲学、詹姆斯·迪恩的死亡崇拜、自我毁灭的动机和自杀。许多文章反映了施内德曼所说的"元危机"，不是学生这个年龄段应该面对的事件导致的危机。翻看这些文章，很明显，死亡在大学生生活中占据很重要的地位。

调查显示，相当多的大学生最近12个月内有家人或朋友去世，大约1/3—1/2的大学生在过去24个月内有过丧亲经历。在谈到糟糕的生活经历时，死亡在大学生中最常见。希瑟·塞瓦蒂-塞布的一项研究发现，经历丧亲之痛的大学生通常会面临着学习成绩下降和辍学的风险。有亲近之人离开的那个学期，学生的平均成绩明显下滑。

年轻人，有时和青少年有些类似，觉得"死亡离自己太遥远"。这可能导致很多危险的行为，如无保护的性行为、滥用药物、酗酒、粗心驾驶。车祸是导致大学生死亡的主要原因。导致车祸的原因主要包括酒驾，或者危险驾驶行为，如开车时发短信。有些时候，是因为年轻人精力过于旺盛，根本不顾正在开车，一味追求"好玩"导致的死亡。总之，车辆交通事故已然成为大学生死亡以及经历丧亲的重要原因。

自杀是导致大学生死亡的第二大原因。大学生正处于风华正茂的年龄，他们的自杀让人们费解困惑：人生还有那么多美好的事物，怎么舍得死去？尽管大学校园努力营造一个安全的环境，但校园自杀率仍然居高不下。理学家托马斯·乔伊纳将校园自杀比作飓风："这是一场灾难。"

> 我清楚记得7月份她躺在病床上的样子。她承受着无法忍受的痛苦。在我们共同相处的21年中，这是她第一次需要人照顾。我父亲无法忍受这种景象，走出病房，在走廊里踱来踱去。我目不转睛地盯着她看。我简直不敢相信，这个此时浑身插满管子、靠药物维持生命的女人，和6个月前在我的婚礼上开怀大笑、跳舞的那个女人是同一个人。
>
> 露丝·克莱默·锡安，《意识的尖叫》

有一种理论认为，年轻人越来越关注金钱、地位和成功，而这些往往会带来压力。虽然大学健康课程会提供一些咨询，但针对学生情感或其他问题的个体咨询时间还是非常有限的。其结果可能就和一般的医疗护理一样，给学生开抗抑郁药或者其他改善情绪的处方药，但此时学生更需要的是疏解开导，而不是药物治疗（详见第十二章对年轻人自杀和可能的干预措施的讨论）。

感染疾病同样也是大学生死亡的原因之一，比如感染细菌性脑膜炎。大学生通常来自四面八方，一起生活在狭小的空间里，细菌很容易繁殖。虽然免疫接种可以有效预防疾病，学生在进校前可能已经接种，但疫苗并不总是百分百有效的。

暴力，不管是随机行为还是故意有针对性的，是另一个威胁大学生生命的重要因素，且防不胜防。因暴力而死亡的受害者，年轻人比例偏高（详见第十三章对暴力和如何减少暴力行为的讨论）。

最后，大学生通常会对传统的宗教习俗和自己的精神发展产生怀疑，经常会提出一些问题：我这辈子要怎么办？我想成为什么样的人？在死之前，我怎么才能让人们记住我？对大多数学生来说，这类问题很重要，而且它们经常涉及死亡，至少是间接地涉及死亡。大学生是由不同种族、不同社会经济地位、不同宗教信仰和政治背景的人构成的多元化群体，在当今校园里，他们最关注的是基本生存问题。

朋友去世

好友去世，我们同样会伤心，就像亲人去世一样，但很少有机会公开哀悼。从这个意义上来讲，朋友去世引发的悲痛是一种"被剥夺的悲痛"（详见第九章）。员工有亲人去世，老板一般都会提供某种形式的丧亲假，但好朋友去世，老板一般不会给你放假，即使员工和死者是多年好友。人们往往会觉得，最重要的人际关系是在家庭内部，而不是家庭外部。但友谊也是一种情感纽带。由于家庭结构的变化、社会和地域流动性增强，以及其他心理或文化因素，友谊对许多人来说越来越重要。

朋友有很多种类型。对大多数人来讲，朋友可分为普通朋友、亲密朋友、最好的朋友，以及"特殊用途"的朋友，比如同事、合伙人和熟人。很多人把伴侣视为最好的朋友。当死亡结束了一段情侣关系时，它带来了双重打击，因为这也意味着生者不仅失去了爱人，还失去了最好的朋友。有些朋友虽不经常见面，但是，当他们相聚时，还会一如既往地亲切。

对于年纪大一些的成年人，友谊可能比家庭关系更重要。例如，虽然很多年纪大的女性独自生活，但她们经常说，她们并不孤独，因为她们有朋友，大家经常联系，彼此互相支持。

友谊很重要。当一个朋友去世时，悲痛很正常。虽然社会倾向于剥夺这种悲痛的权利，但依然有必要哀悼逝去的朋友。

父母一方去世

很多人承认，他们一生面临的最痛苦的死亡就是父母的离世。即使父母久病离世，随之而来的悲痛也包含各种复杂情感：失去亲人的悲痛；父（母）亲痛苦得以解脱的安慰；以及焦虑感，因为亲人离去致使曾经为"对抗死亡"的所有努力似乎都白费了；同时伴有怀念、痛苦和欣慰的情感。在大多数情况下，父母一方的死亡意味着丧失了一种长期的关系——养育和无条件支持关系的丧失。不管我们遇到什么事情，父母都是我们最坚强的后盾。也有可能，父母一方去世意味着一段麻烦或者异常家庭关系的结束。丧亲子女在松口气的同时，也会感觉遗憾，因为再也没有机会和解了。

每个兄弟姐妹对父母死亡的感受可能都不同。米丽娅姆·莫斯和悉尼·莫斯的一项研究揭示了两姐妹关于父亲之死的叙述中出现的几个主题：

1. 在对家庭和父亲的描述中，两姐妹的看法非常不同，同时也都分别否定了另一个人的很多看法。

2. 两姐妹虽然在性格、对待父母的态度，以及对生活的看法上各不相同，但她们彼此关系很亲密，互相关心。

3. 父亲去世，两姐妹理解的意义和看到的事实都不相同，部分原因是她们过去经历的不同。

对于中年人来说，父母的去世是一件极具象征意义的重要事件，很可能会引起一段时间的混乱，导致随后的生活发生改变。大多数人报告说，父母一方的死亡往往改变了他们对生活的看法，促使他们更仔细地审视自己的生活，舍弃自己不喜欢的东西，并更珍惜当下的生活。一项针对中年非裔美国妇女的研究发现，宗教信仰为她们思考和应对母亲的死亡提供了重要的方式。除了帮助应对亲人即将离去的哀伤外，宗教信仰还有助于"形成一种新的联系，在情感上，而非身体上和母亲重新构建联系"。

任何死亡都会提醒我们自己终有一死，但父母的死亡会让一个人意识到，也许是第一次意识到，自己已经长大成人了。另外，如果父母分别离世后，成年人可能会意识到，下一个离去的就是自己这一代人了。因此，父母一方的死亡形成"成熟动力"，让失去父母的成年人变得更加成熟，不再把自己当成孩子。

当父母双双去世时，成年子女的角色可能随之发生变化，他们不再有父母可以依靠，即使只是在想象中。人们常常有这样一种感觉，如果真有麻烦了，孩子可以求助于他的父母。随着父母的去世，这种安全感也消失了。失去父母的成年子女可能会觉得再也没有人愿意无条件地回应他的求助了。一位女性在父母双亡后说，尽管她知道朋友和其他亲戚爱她、关心她，但她觉得父母的爱是独一无二、不可替代的。适应父母的死亡可能包括两方面：坚持和放手，丧亲子女接受父母死亡的事实，同时珍视和父母温馨美好的回忆。

也许一直以来子女的养育照顾主要由母亲负责，因此许多人认为母亲的死亡比父亲的死亡更难接受。另一个因素可能是，从数据上看，父亲往往比母亲早死。但数据显示，事实很可能是因为父亲往往先于母亲去世，母亲去世往往代表没有父母了，同时也触发了子女对父亲离世的悲痛心情。

一般来说，父母一方的死亡对于成年子女不太可能像孩子的死亡那样会引起强烈的悲痛。可能是因为成年子女有了他自己的生活，对父母的依恋感在某种程度上被转移到其他人身上，比如伴侣和孩子。但是，当父母去世的一方感觉自己的伴侣没有提供自己需要或期望的情感支持，或者对方不理解父母离去对自己的打击时，双方的关系就会变得紧张。亲子关系具有独特的象征意义，当父母去世后，子女会因这种特殊关系的丧失而悲痛。

丧子之痛

孩子的死亡代表着潜在未来的提早结束，属于"终极剥夺"。子女的夭折也打碎了老人对晚辈的期望。老年人去世，通常被认为是正常的，但在科技发达的国家，我们期望孩子比父母活得更久。在当今世界的一些地方，依然和过去一样，当一个婴儿出生后，只有当他活得足够长，能够表现出持续存活的可能性时，才被真正地视为一个人。然而，在大多数社会中，儿童的死亡依然被认为是最不自然的死亡。在父母内心深处往往永远铭记着孩子的"形象"，孩子永远活在父母的记忆和信念中。

孩子的存在是父母生命的延续，当孩子去世时，这种延续也就停止了。在父母的设想中，他们的孩子从学校毕业、结婚、生子、养育自己的下一代——一个个人生的重大事件，构成了一个连续的未来。死亡带走了孩子的生命，也让一切计划戛然而止。

无论是从象征意义还是从实际意义上讲，儿童的死亡都与成人养育子女的认知相悖。在人们的认知中，父母的基本职责是保护和养育孩子，让孩子健康幸福地成长，但孩子的死亡阻碍了父母履行职责。养育子女一般被定义为：保护和照顾孩子，直到他能在世界上独立生存。人们可能会据此认为孩子死亡是父母没有尽到保护责任，这对一个"好父母"来说，是最大的崩溃和失败。保罗·罗森布拉特的一项研究表明，孩子死后，父母往往会更加保护他们其他的孩子，表现出更强的警惕性，对各种麻烦苗头反应更迅速，也更明白小孩子的脆弱以及他们易受伤害。在北美洲的克里族人中，婴儿出生后会穿上"驱鬼"软鞋。鞋底会开些小洞，目的是保护幼儿生命。据说当某位祖先的灵魂出现，召唤孩子时，婴儿只要说自己的鞋"需要修理"，就可以拒绝跟祖先走。

丧子之痛可能发生在成年人一生中的任何时候，从20多岁的年轻父母到80岁的年迈父母，都有可能经历。有些父母经历孩子夭折，有的父母中年丧子。一位65岁的单亲母亲，当她35岁的儿子死亡时，她感觉自己丧失了所有的安全感。一位有过类似经历的女性说:"当我老的时候,他原本可以照顾我,但现在我无依无靠了。"无论她的儿子是否会承担她所设想的责任,儿子的死亡代表着她想象的未来的丧失。父母与子女之间的相互依赖关系使孩子的死亡成为一种巨大的损失。

难产胎儿死亡

对成年人来讲,怀孕是人生大事,满心期望能够生出一个活泼、健康的婴儿。流产、死胎或新生儿死亡都不是人们期待的结果。这些丧失都是发生在围产期(指胎儿出生前、出生时或出生后的那段时期)。

流产发生在怀孕前20周。流产又称自然流产,是指"胎儿尚未具有生存能力前终止妊娠"。大多数流产是由于胎儿的染色体异常导致的。死胎,是指在妊娠第20周(怀孕)到婴儿出生之间,婴儿在子宫内突然死亡的现象。流产和死胎的区别在于,理论上怀孕20周后,大多数胎儿离开母体后,是可以存活的。除了自然流产,还有人工流产(也称治疗性流产),二者截然不同。人工流产是有意为之的行为,目的是通过手术方法或药物终止妊娠。

婴儿死亡,是指婴儿满一周岁前的去世,这一死亡又细分为两个阶段:新生儿期婴儿死亡,即出生后28天内死亡;以及新生儿后期死亡,婴儿出生后28天到11个月之间发生的死亡(也有人将这个阶段定为28天到12个月)。稍后我们会详细讨论这些情况。

埋葬老人时,我们埋葬了已知的过去——一段偶尔可能不如我们记忆中那么美好的时光。但不管怎样,过去是我们生活的一部分。回忆是永恒的主题,最终给予我们慰藉。

但我们埋葬婴儿,埋葬的是不可预测的未知,充满希望和可能性的未来,结果我们的美好期待被打断。此时无边无际的悲伤充斥心头,看不到尽头。小小的婴儿坟墓,栖居在墓地的角落和边缘地带,容不下这漫天的哀伤。有些悲伤终生不灭。婴儿还未来得及留下记忆,我们只能在梦中与他们相见。

托马斯·林奇,《殡葬人手记——阴森工作的生活研究》

怀孕、人工流产和自然流产、死胎和婴儿死亡的意义都来自丧亲者的经历以及死亡发生的社会环境……物理现实（死亡时间）、社会现实（死亡的定义以及死亡的意义）和心理现实（死亡引发的哀伤）等，这些都是在各种特定社会环境中构建的。

生育丧失包括不孕和不育造成的损失。不孕是指"生育能力减弱或丧失"，而不育是指由于女性不能怀孕或男性不能诱导受孕而"完全不能生育后代"。尽管治疗不孕不育的相关医学取得了一定进步，但许多夫妇仍然没有孩子，他们强烈想要生育的欲望被不可控的力量摧毁了。

把自己的孩子送给他人抚养，也属于生育丧失的一种。虽然一开始这可能不会被认为是生育丧失，因为送养孩子是孩子父母的选择造成的，但悲痛依然可能存在。可以把收养关系想象成一个三角形，由亲父母（通常是生母）、被收养人和养父母三方构成。每一方都面临着不同的问题。心理学家指出：

在一个将女性定义为母亲、准母亲或无子女母亲的社会里，生了孩子后又将孩子送人由他人抚养，这样的女性让人难以理解。签字放弃对孩子的合法权利，这种舍弃自己孩子的女人通常被认为是没有人性的。但是作为母亲的体验不会随着文件的签署而结束。

广义的生育丧失还包括出生的孩子有严重的缺陷，如先天性残疾或智力障碍。父母可能很难接受这一事实：他们的孩子并不是他们梦想中的样子。他们可能会因为失去"完美"或者"期望中的"孩子而伤心。

各种和生育相关的丧失都可以归到这一类。人们可能会认为，在怀孕初期失去胎儿会让人失望，而不会悲痛欲绝。但对于那些在怀孕前对孩子有过无限幻想的父母来讲，失去孩子是真实存在的，同样会引起他们哀伤、痛苦和困惑。下面，我们具体了解一下流产、人工流产、死胎、新生儿死亡和婴儿猝死综合征等造成的丧失。

流产

父母们可能会被告知，流产只是"自然淘汰"异常基因的一种方式。这种说辞几乎给不了悲痛的父母任何安慰，被自然选择淘汰的是他们的孩子。忽视或否认丧失的冷漠言辞毫无意义。若父母连续遭受流产，丧失也会不断加剧。

父母可能很难准确地识别他们的丧失，或者弄清楚到底发生了什么。一位年轻的母亲在流产后，其哀伤十分复杂，因为她没有孩子的遗骸可以安葬。"我不知道我的宝宝在哪里。"她说。即使流产事件可能已经过去多年，但对未出生婴儿的悲伤可能会随着其他重要的生活事件而再次浮现，例如，当第二个孩子出生时或更年期开始时。有一个特定时间点，比如40岁或者65岁，过去的伤痛可能会再次出现。

人工流产

虽然人工流产也被称为选择性流产，但在许多情况下，它与其说是一种选择，不如说是一种医疗需要。有些人认为选择终止妊娠的女性不会感到悲伤，但事实并非如此。虽然女性在堕胎后会感到放松，但有些人会经历深度悲伤，心情复杂，充满了内疚、愤怒或后悔的情绪。如果一个女人觉得自己被迫性交或堕胎，那么在承受失去孩子的哀痛时，内心可能还会充满仇恨。不管是选择性流产，还是非自愿流产或婴儿死亡，带来的哀伤是一样的。"若一个孕妇觉得这种怀孕丧失是一个悲剧，那就是一个悲剧；若孕妇经历丧失后觉得解脱了，那就是一种解脱。"人们对人工流产的情绪反应各不相同。参与了选择性流产决策的男性也一样。

在某些情况下，这种丧失的影响直到很久以后才会出现。一名女性在年轻时选择了堕胎，因为当时，她和她的伴侣觉得要孩子还为时过早，但后来当他们发现丧失了生育能力后，感到非常后悔。"那可能是我们唯一的机会。"她哀叹道。随后的妊娠失败被认为可能是对早期流产的报应。

关于流产存在的两种互相矛盾的观点，让失去婴儿的父母陷入两难的境地：那些坚信流产意味着丧失的人，不会认可这个行为；而认可该行为的人可能没有意识到，因流产失去孩子的父母也会悲伤，需要一个合法的途径宣泄他们的悲伤。当传统的慰藉和社会支持来源不易获得时，悲伤的并发症可能会加剧，变得越发复杂。

若是因为胎儿健康问题而选择流产，选择固有的冲突可能会增加父母的哀痛。许多遗传疾病都是在怀孕早期通过检测发现的。当检查结果不理想时，终止妊娠似乎是最好或唯一的选择。但有些测试只能在怀孕期间进行，也就是在母亲已经感觉到胎儿在活动之后。做出流产决定的父母，可能担心没有人会理解他们的"选择"，也害怕他们会因此受到严厉的批判。而且，有些时候，夫妇可能面临的不仅是失去这个孩子，可能未来再也不会有孩子了。生物学方面的原因或遗传风险都可能会妨碍再次怀孕的选择。

在日本，镰仓附近的长谷寺和东京北部的紫云山地藏寺等地方，摆放很多名为"水子"的小石像，代表着曾被孕育但从未出生的婴儿。有些石像还戴着围嘴和绒线帽。在一些石像旁边，摆放着玩具奶瓶、娃娃和旋转风车，以及供奉者写的悼文——那些选择流产而没有将孩子生下来的女性所写的悼词。这些雕像每座价值几百美元，是用来存放未出生婴儿的灵魂的。在长谷寺，这些水子由一座9米高的木雕像守护，在日本，这个木雕像被称为"仁慈女神"，她也是安全生育的守护神。

尽管堕胎在日本很常见，但对水子的崇拜依然见证了人们强烈渴望承认未出生的胎儿。

死胎

一位母亲，她的女儿还没来得及出生就死了，她伤心地说："我没有给予她生命，反而让她死掉了。"坟墓代替了摇篮，丧服取代了婴儿毯，没有了出生证明，只留下一纸死亡证明。许多死胎都发生在足月或接近足月时，如果没有死亡，都是有可能健康出生的婴儿。出现死胎后，"一个家庭的心愿、希望和梦想——人们对生活的各种美好期待——都被生活的现实击得粉碎"。

研究人员指出，由于记录不完善以及漏报的情况，死胎发生率的数据可能不准确。过去，医院的标准做法是：取出死胎后尽快带走，以避免或尽量减少父母的心理创伤。正如欧文·莱昂所说，"在是否应该看望死胎的问题上，女性十分相信权威人士的意见"。

在医院里，死胎是一件难以启齿的事件。死婴出生后，大家都沉默以对。死婴会被迅速转移走，父母甚至来不及看一眼。人们告诉他们忘记这一切，很快就会有下一个孩子。如果母亲失控（即因为失去孩子过于悲伤），沮丧难过，医生会给她注射镇定剂。

如今，在大多数医院，情况发生了改变，生育丧失引发的悲痛开始受到尊重。医院的工作人员现在可能会鼓励父母去看看孩子，并抱抱他们。最近一项针对有过死胎经历的母亲的大规模研究发现，绝大多数人看到（95%）和抱过（90%）死产的婴儿。很少有人后悔这么做。研究人员指出，通过一些充满仪式感的动作，如拥抱、爱抚和照顾所爱之人的遗体，确认死亡，表达哀痛，纵观各个历史和文化，是人类普遍使用的方法，被称为"克服无力感的解药"。

孩子的尸检照片也可能有助于缓解悲伤。父母可能会为死去的婴儿举行追悼会，这一选择不仅承认了已发生的事实，也提供了一个机会，通过与他人分享悲痛来寻找意义和安慰。此时，家庭的支持尤为重要。一项研究显示，家庭支持是唯一能够减少死胎后产妇焦虑和抑郁的方法。研究人员注意到，死产发生后，女性往往有被孤立、不被重视的感觉，而且很多丧亲的母亲也得不到"真心实意的社会支持"。

一些医院会给丧亲父母一个文件袋，里面有死胎证明，确认孩子的出生和死亡。与孩子有关的东西，即联系物品（详情见第八章），比如一缕头发、一张照片和婴儿毯，都可以让父母感到安慰。在约翰·德弗兰的一项研究中，近90%的父母为他们的死产婴儿取了名字，不管婴儿的生命多么短暂，都承认他是这个家庭中的一员："给孩子起名可以向他人表明，这个孩子确实存在过，而且对父母来说很重要，不是可以随随便便丢弃或忘记的。"随着时间流逝，虽然悲痛会减弱，但记忆不会。

新生儿死亡

如果一个婴儿出生时活着，但由于早产或先天缺陷患有致命疾病，随之产生的不确定性（婴儿是否能够存活下来）对父母来说无疑是一场噩梦。没完没了地讨论、尝试各种疗法，但依然无果，可能会带给父母巨大的挫折感和无力感。有时，一个患有一种或多种致命疾病的婴儿，在出生伊始就开始了一场持续数周的

在夏威夷一座婴儿墓旁边，摆放着气球、鲜花和婴儿食品，这些代表了父母接受孩子的离世事实，同时表明了对父母来说，虽然他们相处短暂，但彼此之间的关系永存。

生死搏斗。在这段时间里，父母可能不得不艰难做出合乎伦理的选择，而这将决定孩子的生死。与此同时，维持婴儿生命的医疗费用在继续增加。如果婴儿最终死亡，其父母可能会怨恨医院和医护人员，认为自己经历了巨大痛苦，付出了昂贵的代价，最后却毫无效果。

新生儿患有危重病，任何决定都会困扰父母，他们会反复问自己是否做出了正确的选择。新生儿处于重症监护状态时，医生或护理人员很能理解孩子父母每一次痛苦抉择的不容易，会给予他们贴心的照顾和安慰。当危重婴儿的生命依靠医疗器械维持时，终止治疗的决定应根据具体情况尽可能处理得得体一些。一位年轻的新生儿专家指出："对我来说，学到的最重要的也是最难以面对的一课就是：把孩子交给父母，让他在父母的怀抱里离开。"

婴儿猝死综合征

婴儿猝死综合征（SIDS）通常指在1周岁内，外表看起来十分健康的婴儿因不明原因突然死亡。婴儿猝死综合征的危险因素一般包括：出生时体重过低、早产、母亲年龄小于 20 岁、母亲在怀孕期间使用药物或吸烟、环境过冷或过热以及床垫过于柔软。

突发死亡、婴儿去世的年龄、父母的年龄（一般都很年轻，可能是第一次经历亲人死亡），以及死因不明确，致使婴儿猝死成为全家人难以承受的丧失。

由于死亡原因的不确定，以及对儿童可能受虐待的广泛关注，针对婴儿的猝死，执法人员可能会质疑父母是否负有责任。可悲的是，确实有父母会杀害自己的孩子，并试图将其死亡说成是自然或意外死亡。婴儿猝死的原因很难查明。除此之外，也因为 SIDS 支持团体一直都觉得一旦冤枉了丧子父母，会带来很大的负面影响，对哀伤的父母无异于雪上加霜，因此警察和其他调查人员在处理案件时通常都很谨慎。即便如此，父母也可能会严厉地质疑自己：是不是因为自己没有尽到做父母的责任才导致孩子死亡的？孩子的死亡是不是可以避免的？

深入研究婴儿猝死的原因可能有助于避免丧子父母的负罪感。波士顿儿童医院的研究人员发现，死于 SIDS 的婴儿的脑干有缺陷。这些缺陷破坏了血清素的作用，而血清素对人的呼吸和唤醒状态至关重要。其他研究人员警告说，尽管死于 SIDS 的婴儿血清素功能异常，但还有其他大脑化学系统尚未得到彻底研究，可能在婴儿猝死中扮演着同样重要的角色。研究仍在继续。与此同时，由于一直无法解释清楚 SIDS 的性质，丧子父母可能会开始从其他方面探索答案。

女儿去世后，她一味地自责。谁的话也听不进去。她的医生告诉她，她是一位好妈妈，不需要内疚。朋友也劝她不要自责，再这样下去她会疯掉的。所有的劝说都无济于事，她坚信是自己害死了女儿。最后尸检结果出来了，她女儿的医生解释说，孩子是因为得了一种罕见疾病去世的，因为发病十分迅速，除非在孩子出现任何症状之前就送进重症监护室观察，否则很难发现。事实上，即使是最权威的医生也不一定能够救活孩子。由于孩子的死不是自己造成的，茱莉亚松了口气，但她更悲痛了。如果像她女儿这样的悲剧随机发生，那么没有父母能够完全确保自己孩子的安全。现在虽然她无法责怪自己了，但她对孩子们可能面临的无数危险充满了焦虑。

罗伯特·朱克，《跨越悲伤和丧失之旅》

(*The Journey Through Grief and Loss*)

为"不曾活过"的生命悲痛

这里探讨的丧失也包括那些"未曾活过"的生命。朱迪思·萨维奇说:"人们哀悼生育丧失不仅是因为过去的失去,还可能因为未来可能发生的丧失。"人们感到悲伤的不仅是有形的丧失,还包括象征性的丧失。父母哀悼"期待中的孩子,作为他们生命的延续,再也无法出现在这个世界上了"。作为一个荣格学派心理学家,萨维奇在33岁前多次经历亲人逝去(包括她的养父母和亲父母,她的两个兄弟和她的儿子),她这样写道:

想象中亲子关系的奥秘,实际上就是把自我投射到未出生的孩子身上。很明显,主要关系不仅仅由可互换的功能属性和角色组成,还包括由内心深处产生的独特的个人联系,它既是个人灵魂的反映,也是对他人灵魂的准确反映。

重要的是要注意到两个截然不同但又相互关联的现实:亲子纽带的真实关系和象征性质。悲伤的父母经常说他们失去了陪伴,失去了梦想——孩子原本可以让他们的生活变得丰富多彩,但现在都失去了。这种说法就是关于真实关系的丧失。象征性丧失是指附加在真实关系之上的意义,比如一个人通过养育孩子,变成了养育者和支持者。一位丧子父亲说:"我失去了一个可以跟随我脚步的儿子,没有他,我感觉自己好像失去了双脚,无力向前。"对这位父亲来说,承认和哀悼失去儿子的同时,他也承认自己失去了生活的意义和目标。已去世孩子的形象激发了诸多强大联想,有助于引导丧子父母自然地走出哀伤,奔向完整人生。

父母可能会把满心愤怒指向死去的孩子,让自己更加混乱且情绪更加纠结。我们可能会好奇,什么样的父母会对一个无辜的婴儿生气呢?然而,正如库伯勒-罗斯在研究中发现的,愤怒是应对丧失的自然反应。就像一位妇女谈到她胎死腹中的女儿时所说的:"为什么她进入我的生活,又匆匆离开?既然立刻就离开,为什么还要来?"情绪反应可能伴随着幻觉:晚上听见婴儿哭,把父母从睡梦中吵醒;婴儿在子宫里踢腿。但事实,母亲没有怀孕,家里也没有其他孩子。

有些丧子父母觉得其他人既不理解，也不认可他们的丧失。这种看法势必会影响到他们的悲痛。丧子父母报告称经常听到一些冷漠的说辞："还好没有很深的感情，很快就过去了。"一些出于好心的家人或朋友可能会试图通过弱化死亡来安慰丧子父母。他们会说："你们还年轻，可以再生一个。"他们并没有意识到，虽然这可能是事实，但此时说这个并不恰当：其他孩子无法代替逝去的孩子。这种建议和评论对于暂时不想要孩子的夫妇来说更加难以接受——他们会觉得自己被催着尽快再生一个孩子，这会加重丧失体验。

大孩子的死亡

较大的儿童、青少年或年轻人死亡，和其他孩子死亡一样，父母都很伤心，前面我们已经探讨过一些。然而，这种死亡导致的悲痛通常更为复杂，因为父母和孩子之间相处时间长，关系更亲密，有很多美好的回忆。孩子对父母来说代表着很多东西。正如贝弗利·拉斐尔提醒我们的那样，孩子是"自我的一部分，也是爱人的一部分；是过去几代人的生命的延续；继承了祖先的基因；是未来的希望；是爱、快乐，甚至自恋喜悦的源泉；是束缚或负担；有时是自我和他人最糟糕部分的象征"。时间越久，父母和孩子之间的关系也就越复杂。

5～24岁的人的主要死亡原因是意外事故。在人的前半辈子中，致死的最大原因是伤害，被认为是"年轻人死亡的最大元凶"。虽然死于意外伤害的儿童和青少年多于死于疾病影响的儿童，但病重儿童要遭受病痛折磨，更令人痛心。也许我们觉得，无论是否合理，事故只是"偶然发生"的事情，因此不可避免，但对于疾病，我们期望能够通过医学手段治愈。

当一个孩子身患重病时，整个家庭都会受到影响。父母、兄弟姐妹以及其他亲属都参与了与疾病做斗争的过程中（详情参见第十章"照顾危重病儿童"部分）。从孩子确诊到死亡这一漫长的过程中，很少有家庭能够自始至终坦然面对孩子得绝症这一事实。重病儿童有时身体机能表现得很正常，没有特殊症状，日常生活做好医疗护理即可。但当孩子突然发病时，孩子父母和其他家庭成员需要紧急果断进行处理。这对儿童身边的人来说，是一个巨大的折磨，孩子不犯病时他们似乎看到了恢复的希望，但当孩子发病时，他们又再次感受到了死亡的威胁。但不管怎么说，每个人都应尽力以最好的方式支持孩子。

当父母认识到自己不仅仅是孩子的父母，还有其他身份时，也许他们能过得稍微容易一些。换言之，尽管养育子女是他们生活中重要的一部分，但这并不是他们自我形象的全部——自我形象还包括其他成就和价值观。有些父母不仅能应对并走出丧子之痛，还能从这种经历中获得成长。这样的父母能够"重新以更成熟的心态审视自己的生活，认清什么对自己更重要，积极应对孩子的重病"。杰罗姆·舒尔曼说："他们会学着让新的每一天都变得更加充实。"

成年子女的死亡

若父母健在，年轻或中年子女去世，似乎是非常不正常的事情。因为人们会觉得死亡"顺序不对"。因此，丧子之痛会成为一种"永久的痛"，子女去世的父母可能一生都纠结于寻找死亡的意义。

丧子的父母不仅失去了他们的孩子，也失去了照顾他们的人。孩子曾经给予父母的安慰和安全感也随之消失了。丧子父母可能还会有一种"竞争"的感觉，与死去孩子的配偶或孩子竞争"最悲痛亲人"的角色。谁最应该得到安慰和照顾？成年子女死亡后，有时会让父母承担起照顾孙辈的责任，这在情感上和经济上都可能会引起混乱。

成年子女去世后，父母可能会发现自己只能独自应对悲伤。与失去年幼子女的父母或丧偶的人相比，很少有社会支持资源可以帮助父母应对成年子女的死亡。但孩子去世，不管多大，对父母来讲都是沉重的打击。

无数个日日夜夜，我们夜不能寐，辗转反侧，一点点响动都会惊吓到我们，饭菜摆在眼前，却一口也吃不下。仅仅几秒的时间，一切戛然而止。我的第一个儿子，他的出生曾让我欣喜若狂，在产房外的大厅里连蹦带跳，都碰到了天花板——那个孩子，一个学者、牧师，那个爱唱爱笑的男孩，我的儿子——一切都不见了。埃比尼泽如此安静。当教堂里的工作人员得知发生了什么事时，所有人都泪流满面、泣不成声。

马丁·路德·金

夫妻共同应对丧子之痛

　　丧子之痛可能会对夫妻关系产生影响。有些人认为，应对孩子死亡的压力决定一段关系的成败。临床医生有时会发现丧子父母"彻底陷入混乱"，他们感觉自己没有了过去，也失去了对未来的期望。面对这一重大创伤性事件，人们希望孩子的父母——他们自己也期望——彼此互相支持。但孩子的父母在各自应对自己的悲伤时已耗尽了所有的精力，没有了多余的情感支持给予对方。一些丧子的父母报告说，除了失去孩子，他们还一度感到自己失去了伴侣。孩子的死亡有可能改善或恶化婚姻关系。孩子死亡可能产生一种矛盾的效果，既让父母之间产生隔阂，又让他们之间建立紧密的联系。

　　即使父母经历了同样的丧失，但他们表达悲伤的方式也可能不同，这就有可能让每个人都感觉自己孤立无援，只有自己承受巨大的痛苦。在某些情况下，母亲的丧子之痛表现得更具体且不那么抽象，而父亲往往承受更大的心理压力，因为没有保护好自己的孩子而觉得自己无能。此外，个体在价值观、信仰和期望上的差异可能导致在应对方式上的冲突，从而降低夫妻悲伤体验的共同感。父母的悲伤不一定不一致，也不一定就像"坐过山车"一样，但有时他们的确会发现彼此的悲痛存在差异。

　　夫妻双方对悲痛是否具有共同感，和他们是否把他们自己看作"一对夫妇"有关。而且，在孩子去世后，如何恢复生活的稳定性和意义，父母有时也很难达成一致。尽管每对伴侣都渴望和期待一起"走出悲痛"，但悲痛方式的不同可能会致使双方就悲痛行为是否恰当产生矛盾。

　　冲突可能源于一方对另一方行为的误解。为了"用心陪伴"妻子，丈夫强忍悲伤，将痛苦压在心底，但往往被妻子认为冷漠无情。关心和保护妻子的愿望被误解，必然会导致冲突，而不是安慰。关于什么样的哀悼行为是"得体的"，以及选择如何"公开表达哀悼"，夫妻之间也可能产生冲突。

　　要想减少冲突和促进悲痛伴侣之间的积极互动，需要双方都愿意进行开诚布公的交流。这样，双方才能够真正了解彼此真实的看法和情绪。一起哭泣可以帮助解决冲突和应对丧失。接受彼此的差异，懂得变通，也有助于解决冲突。不怎么发生冲突的夫妇有一个显著特点，即他们对彼此以及彼此之间的关系都有着积极看法。

伴侣之间的"桥梁"性质各异。有的犹如钢筋混凝土吊桥一样坚固,有的如木板树皮搭建的小桥,不堪一击。丧子之痛犹如行走在桥上的满载货物的卡车,可以想见,如果桥体摇摇欲坠,那么根本无法承受卡车通过。但即使孩子没有死亡,谁又敢说这种岌岌可危的伴侣关系不会破裂呢?一些夫妻意识到了他们之间的"桥梁"需要升级,并寻求资源和支持来稳定和加强他们的关系。但也有夫妻只会一味地互相指责,导致关系进一步紧张。并不是说孩子死亡就注定会导致父母关系的破裂。事实上,一个由丧子父母组成的自助团体"慈悲之友"组织进行的一项研究发现,失去孩子的夫妇的离婚率(16%)远远低于全美离婚率(50%左右),而且,在孩子死后离婚的夫妇中,只有大约40%的人认为是孩子的死亡导致了他们的离婚。

以积极态度重新理解伴侣的行为,就能更好地接受对方的行为。例如,一个认为哭泣是"软弱"表现的丈夫,可以试着换个角度看看,把哭泣看作情绪的宣泄以及有意义的行为,以积极的态度解释哭泣行为,不要武断地觉得这种行为不恰当,是崩溃懦弱的表现。当把令人不安的行为视为情感宣泄的方法时,可以让人支持伴侣宣泄情绪,而不是试图抑制它。

丧子父母得到的社会支持

丧子父母的亲友可以通过很多方式提供支持,包括简单地倾听、寄贺卡或慰问信、送食物、做家务、照顾家中其他孩子、分享自己的哀痛体验、给孩子父母独处的时间等。孩子去世后,愿意与其父母开诚布公谈论悲痛的人是父母丧子之痛的最重要支持来源。

另外,各种社会援助团体也会给丧子父母提供各种支持和帮助。"慈悲之友"组织在全美各地都设有分会,为失去子女的父母提供广泛的支持。另一个组织"烛光儿童癌症基金会",专注为癌症儿童、他们的父母和其他家庭成员提供支持。"反对酒后驾驶母亲协会"和"全国被害儿童父母组织"将社会支持与政治宣传结合起来。这些有着相似悲惨经历的父母聚在一起,分担彼此的悲痛,被称为"情感共同体"。

重要的是要记住，每个人都是不同的，他们对孩子的依恋也是不同的。不要指望每个丧子父母都"照本宣科"或用所谓的"正确方式"表达伤心。人们在提供社会支持时，应该承认个体差异，真心实意替他们着想。

丧偶之痛

夫妻之间的关系通常是最亲密的，正如贝弗利·拉斐尔所说，一方的死亡可能会"割断另一方的生存的意义"。即使我们明知道夫妻双方一方可能会先于另一方去世，但这种想法往往被我们深埋在内心深处。日常生活中的忙碌分散了我们的注意力，直到有一天这种可能性变成了不可忽视的现实。

有人这样描述丧偶之后的生活："每一天，发生的每件事都在提醒你伴侣离去的事实。坐下来吃早餐或晚餐，打开邮件，听一首特别的歌，上床睡觉，曾经快乐的源泉现在都变成痛苦的源头。每天都让人心碎，度日如年。"

配偶去世后，留下的那一个人需要从有配偶状态调整到单身状态，如果已经为人父母，这一转变可能尤其困难。由于要照顾和养育孩子，单身父亲或母亲的负担无疑会加重。伴侣刚去世，如何适应生活取决于很多因素，包括文化、环境和个人因素。

丧偶之痛的影响因素

尽管在成年时期所有丧失的研究中对配偶死亡的研究最为深入，但研究通常集中在紧随丧偶后的短暂的时间跨度上，很少有人关注伴侣死亡带来的持久影响。同样值得注意的是，对配偶或夫妻之间的丧偶之痛的研究通常集中在异性伴侣关系上，而大多忽略了对彼此许下终身承诺的同性伴侣。在同性关系中，伴侣死亡后的悲伤可能会因与伴侣父母的冲突而加剧，因为他们从未与自己子女的性取向和生活方式达成和解。"如果他们以前是无视我的话，"一位失去伴侣的同性恋说，"那么在我的伴侣去世后，对他们来讲，我就真的不存在了。多年来，他们一直不承认我们对彼此的承诺；现在他们更是通过实际行动彻底驱逐我！他们夺走了一切——爱人的遗体，我们的家，甚至我悲伤的权利。"丧偶之痛和法律以及社会是否承认这段关系没有关系，认识到这一点很重要。

配偶之间的亲密感和互动模式是一个重要因素，决定了幸存一方丧偶之后的体验和感受。有些夫妻从共同的活动中获得主要的满足感，有些夫妻则喜欢享有更大的独立性。有些夫妻之间，孩子是关注的焦点，而有些夫妻则把成年伴侣放在优先位置。此外，一段关系模式往往会随着环境和时间的变化而变化。

想想看，一对共同生活了多年的老夫妻和一对新婚宴尔的年轻夫妻，他们对丧偶的看法很可能不同。老年伴侣的死亡通常伴随着一生的承诺和共同经历的丧失。对老年人来说，配偶死亡并不会让他们感到"震惊"，但往往会"引发一系列错综复杂的老年人特有的情况"。

相比之下，一对年轻夫妇只是打算一起携手打造共同的家，当一个伴侣去世时，另一方必然会修改之前共同制定的目标。从青年到老年，一个人的生活水平和整体生活质量也有可能发生变化，从而影响丧失的意义和事实。

配偶去世也会引发与文化认可的性别角色相关的不同行为。在一种文化中，妻子去世，丈夫不得在大庭广众之下哭泣，否则会被视为软弱和羞耻。相反在另一种文化中，妻子去世后，丈夫必须痛哭流涕来表达他的哀痛，不然会被认为不爱他去世的妻子。正如罗伯特·斯特斯登说的那样："文化建构了生活的方式。"

过着传统性别角色生活的夫妻，在一方去世后，另一方的过渡期会异常艰难。在承受丧偶之痛的同时，幸存者还要学习担负起以前不曾承担的责任，这是一项十分艰巨的任务，无疑会让人更加无助。从未开过一张支票的寡妇或从未准备过晚餐的鳏夫，不仅面对着失去亲人的悲痛，而且还要面对重大的角色调整。他们必须学习新技能来应对日常生活的需要。和那些生活角色较少的人相比，生活中一直担任多种角色的人，如父母、雇员、朋友、学生、业余爱好者或社区、政治和宗教组织的参与者，更容易应对丧偶后的生活。

在配偶死亡后的第一年，寡妇和鳏夫的患病率和死亡率都较高，老年人面临的风险尤其大。通过观察发现，部分原因是个人在照顾生病的配偶时往往忽视自己的健康问题。此外，幸存者在照顾配偶时，与外界的联系可能会减少，间接导致了丧偶后找不到人陪伴，增加了孤独感。一项对超过5.5万名寡妇的研究发现，"与丈夫去世时间相对较长的女性相比，丧偶不到一年的女性，在抑郁症、社会功能、心理健康和总体健康等方面的情况都要差得多"。但3年后，这些寡妇的身体机能有了明显的改善，研究人员将这归功于"老年女性的恢复能力"和她们重新融入社会的能力。

配偶死亡的负面影响似乎在鳏夫中更为普遍，这或许是因为一直扮演传统性别角色的男性发现很难做好家务——这些过去都是已故妻子来做的。和丧夫女性相比，男性失去配偶后，很少向他人求助，这种"自我依靠"的特点可能和男性的性别角色有关。正如朱迪思·斯蒂廉指出的："长期照顾生病伴侣的男性，如果他们的社会特性阻止他们寻求帮助、宣泄压力，甚至在某些情况下，阻碍他们承认并与专业人士探讨自己的感受，那么他们在伴侣去世后，应对丧亲导致的各种正常生理和心理问题时，可能会非常不利。"

虽然配偶去世后的解脱感很少被讨论，但是长期照顾生病配偶的人都可能深有体会。在这种情况下，死亡会被视为一种解脱，结束了爱人的痛苦煎熬。当与配偶的关系不好而配偶死亡时，就会将这视为一个很好的结局，这在社会上不太会被接受或认可。

据统计，由于女性的寿命比男性长，3/4的已婚女性会在某一时间失去丈夫。丧偶女性再婚不仅面临社会压力，要找到合适的伴侣也不是一件易事。然而，有人认为，和男性退休后的生活相比，女性丧偶独居反而没有那么困难。这是因为还有许多其他丧偶女性，大家可以共享闲暇时间和参加各种活动。因此，女性的地位在孀居后反而可以得到提升，而男性的地位在退休后反而下降。

丧偶一方得到的社会支持

配偶的死亡不仅可能会让另一方失去主要社交圈，也可能改变一个人在社区中的社会角色。有一个稳定的社会支持网络，对丧偶的人来说至关重要，有助于他们调整适应已发生改变的社会身份。丽贝卡·乌兹和她同事的研究发现，丧偶者将社会活动"作为一种积极策略，应对丧偶带来的消极影响"。非正式的活动，如与朋友聚会和电话联系，在日常生活中特别重要，因为这些方面会受到晚年丧亲之痛的影响。一些非正式活动，如与朋友聚会、电话聊天，对晚年丧偶的人非常重要，对他们的日常生活有益。研究人员得出结论，正式的社会活动可能无法像非正式活动那样提供他们所需的情感和物质支持。因为友谊是建立在共同的兴趣和生活方式之上的，与朋友保持联系就显得尤为重要。与朋友一起参与休闲活动，可帮助丧偶人士应付角色转变，并在艰难的生活变化中保持良好的心理素质和积极的生活态度。

> "杰克，你早餐想吃什么？"葬礼后的第二天，也就是星期天早上，我问了我的女婿。
>
> "一个煎鸡蛋就可以了。"他回答道。
>
> 非常简单的一件小事，但我从没做过。
>
> 我们经常在周末早上吃煎蛋，但都是我丈夫做。而我在楼上楼下来回忙，把衣服放进洗衣机，用吸尘器打扫房间，所有的家务都在等着我做，虽然我也是一个职业女性。
>
> 我站在那里，一手拿着煎锅，一手拿着鸡蛋。
>
> 以后我还会有多少次发现自己就这样站在这里？还有多少事情是我从未做过的？有多少事情是我一直觉得理所当然的呢？
>
> 马克辛·多德·詹森，《冬天的温暖》(*The Warming of Winter*)

相反，家庭关系也可能对丧偶老人构成潜在的心理威胁，因为家庭关系包含成年子女与年迈的父母之间的角色转换因素，即丧偶后老人对子女表现得更加依赖。另外，成年子女失去父亲或母亲的体验，与父亲或母亲的丧偶体验完全不同，和子女相比，丧偶的人遭受到的打击更大，对他们的身心健康影响也更强烈。

对最近丧偶的人来说，最珍贵的支持来自和他们有相似经历的人，也就是同样丧失伴侣的人，在接下来的时间里可以以他们为榜样，学着调整自己。向榜样学习，接受事实，即使哀伤痛苦，生活依然要继续，换个角度重新看待发生的一切。

衰老和老年人

一提到老年人，人们就会想到皮肤干燥、满脸皱纹、头发灰白、秃顶、视力衰退、听力障碍、关节僵硬和全身虚弱等特征。事实上，衰老的生理迹象，或者说变老的过程，与人的机体衰老有关（衰老意味着人体变得脆弱，疾病或受伤死亡的风险随着年龄的增长而增加）。大多数老年人或多或少都有一些慢性病，大致可分为三类：非致命性慢性病、严重且最终致命的慢性病和身体衰弱。

常见的非致命性慢性疾病包括关节炎、听力或视力问题。常见的致命慢性病是癌症、器官衰竭、阿尔茨海默病和中风。衰弱是指随着年龄的增长，疾病增多，精力不足，多个身体系统功能减退。衰弱是一种致命的慢性疾病，稍有不适就会引起一连串的健康问题。

通常，人一旦过了50岁，生活中面临的各种丧失逐渐增多，很多疾病和身体功能障碍也会随之而来。但对某些特定个体来讲，不能单纯以年龄来判断。

老年人若多参加活动，提高生活质量——锻炼大脑、保持身体健康、合理饮食、减轻压力等——就会增加他们"抗衰老"的机会。老年人可以生活美满，不断自我完善，也可以整天对生活不满、绝望，充满厌恶。当一些老年人晚年生活幸福，享受自己变老的过程时，另一些人可能会同意一位作家的说法："变老就像一种惩罚，虽然我们无罪，但我们所受的惩罚越来越重。"在最令人无望的时候，很多人宁愿选择死亡，而不是活着（详情见图11-1）。一些老年人把自杀视为一种理性的选择，因为自杀可以让他们从严重的疾病或其他苦难中解脱出来。影响老年人自杀的一些因素将在第十二章中讨论。

死亡总比无法活动好。
死亡总比变得毫无用处好。
死亡总比成为负担好。
死亡总比痴呆好。
死亡总比身体健康状况恶化并伴随身体不适的生活好。

图11-1 老年人接受死亡的理由

老年人会面临很多挑战，丧偶就是其中一个重要压力源。随着年龄的增长，我们不仅越来越频繁地经历别人的死亡，我们自己也越来越接近死亡。一位哲学家这样写道："对老年人来说，死亡一直近在咫尺。很多人可能不愿意面对，但大多数人都很清楚死亡将至。虽然和年轻人一样，无法确定哪一天死亡，但老年人更有可能意识到自己可能在下一个瞬间死去。"

阿尔茨海默病是一种与衰老有关的疾病，显著特征是智力衰退。据估计，2016年全美国有400万～500万人患有阿尔茨海默病。大多数人都是在80岁出头时确诊的。阿尔茨海默病引发大脑退化，影响记忆、语言、判断和行为，可能还伴有情绪问题和性格变化。以德国神经学家名字命名的阿尔茨海默病，它是一种进行性的智力衰退，表现为记忆力和计算能力的丧失、思维混乱和方向障碍。它通常在成年中晚期或晚期发病，并在5~10年内导致死亡。这种疾病在女性中更为常见，"部分原因是女性的预期寿命更长"。近几十年来，阿尔茨海默病的死亡率稳步上升。随着"二战"后"婴儿潮"一代开始步入老年，阿尔茨海默病患者的数量预计会大幅增加，这迫切需要适当的诊断技术和治疗进一步发展。总统生命伦理委员会报告称："我们将进入有史以来'最大规模的老年社会'"（老年医学是医学的一个分支，研究老年人的衰老和治疗老年人身心疾病的科学）。委员会主席说："这对老年人来说是最好的时代。"21世纪是一个老龄化的世纪。也有人把社会老龄化称为"银色海啸"。

什么是"老"？儿童时期，觉得21岁的人很老，40岁的人更老，随着我们庆祝的生日越来越多，我们对衰老的感知逐渐减弱。在同学聚会上，每个人都觉得其他人比自己看起来要老很多。当一个人在高兴地庆祝他30或40岁的生日时，可能会发现，这些人生里程碑会让人想到变老的意义，以及因为选择不同人生道路而错失的机会。

衰老不是从50岁、65岁或85岁开始的。每时每刻，我们都在变老。有趣的是，大多数人对变老的预期与实际体验有很大差别。年轻人通常会把老年问题严重化，但对于真正遭遇这些问题的老年人来讲，事情并没有那么严重。伯尼斯·诺嘉顿报告说，1952年，当她第一次开设"成人发育和衰老"课程时，"人们普遍认为，人到了所谓的成年期，即进入了一个稳定阶段，这个时期一直持续到65岁，然后悬崖式下降"。全美老龄问题委员会根据老年人健康状况的变化，对老年人进行细分：60～75岁称为"初老期"老人，75～85岁被称为"中老期"老人，而超过85岁的被称为"年老期"老人。最后一个群体是老年人口中增长最快的群体。作为一个"高度精选"的幸存者群体，他们往往与传统中老年人脆弱和依赖性强的固有印象完全不同。

大多数人共同的目标是：提高生活质量，降低发病率或疾病，延长健康预期寿命。在最理想的状况下，我们能活多久？寿命是指在最佳环境下，根据人体最大潜能，从理论上推断出的预期生命的长度，但从更实用的角度来看，寿命应该是指健康寿命，即一个人总体上来讲没有慢性或严重疾病的健康生命周期。缩短衰弱患病期，使人们享有良好的健康和保持活力，直到他们的生命接近尾声。也许，我们应该考虑的是"圆满的人生"，而不是"自然寿命"。

与大众认知的固有印象不同，老年人比其他年龄段的人更有个性：他们有更多的时间来创造独特的生命历史（需要记住的一点是，老年人彼此并不相同，即使是在同一年龄范围内）。诺嘉顿说："人属于'开放的系统'，需要和周围的人互动。他们所有的经历都会留下痕迹。"相互尊重、相互信任、与他人交流、关心生活中存在的问题，对老年人的福祉至关重要。除此之外，"有相当多的证据表明，精神方面的关注、体验和发展在许多人的中老年生活中变得越来越重要"。

在89岁时写的回忆录中，黛安娜·阿西尔说：

> 现在回头看看，虽然人的一生在浩瀚的宇宙中转瞬即逝，但生命本身是如此波澜壮阔，蕴含了无数的矛盾冲突。人的一生可以包含平静与混乱、心碎与快乐、冷漠与温暖、索取与付出，也可以包含更多的对立，如人有时会神经质地认为自己是个失败者，而有时又会坚信自己会成功而自鸣得意。

在总结中，她补充道："尽管每个个体，每个'自我'都是微不足道的，但正是他使生命得以表达，并为世界做出了贡献。"

丹尼尔·卡拉汉指出，老年人之间的确存在个体差异，但更重要的是欣赏老年人的"共同特征，这些特征让人们把老年人作为一个群体来探讨，并把老年作为人生的必经阶段，也正是这些特征让讨论变得更有意义"。在探寻卡拉汉所说的"老龄化"的"公共意义"时，我们需要反思"我们自己想成为什么样的老年人，以及我们想提倡和支持什么样的理想性格特征"。

老年，是时候完成人生计划了，若未完成，托付给比自己年轻的人，此时也是进行反思和总结，并为自己的死亡做好准备的时候了。杰伊·罗森博格说："我们每个人终有一天都会死去，这一事实塑造并影响了我们的意识。"理性的人的一个显著标志是：坦然面对即将到来的死亡——对于转瞬即逝的人生，不否认、不抱怨，庄重而优雅地接受人生从年轻到年老的必然进程，除了这些短暂的外在标志，他还谨慎地为自己的死亡做了计划和安排，并且在自己力所能及的范围内，为那些在他死后继续活着的人的幸福和安康做了安排，然后才走向自己生命的终点。

  偶尔，我们会读到或听到这样的故事：老人们被"留下"，独自死去，仿佛他们被遗弃了（在第五章，我们探讨了亲人和临终关怀在安慰濒死之人时的作用）。然而，有些人自己选择这样死去。选择一个人面对死亡和孤独死去完全不同。有些老年人在生命结束时，想要独自离开，不希望得到社区的注意，但很少有人考虑这种想法。很少有人认为这些"拒绝服务的人"只是想要在最后时光一个人独处。事实是，有些人宁愿独自在家里死去，也不愿让医务工作者或社区成员干扰自己的生活，他们也不想被送入医疗机构。对这些人来说，一个人安静地离开，让他们感觉有尊严，他们并不想在冰冷的医疗器械的包围中死去。

  若把老年视为一种病态或一种可以避免的痛苦，那么衰老的积极形象和意义就会被削弱。在一些社会中，老年人拥有特殊的地位，被视为社区的"长者"。例如，在非裔美国人社区中，年长妇女地位特殊，因为她们担负着文化传承的责任，通过口述形式把文化传递给后代。在美洲土著民族中，对长者的尊重也同样存在。从大环境来看，人们都希望"优雅地老去"。

  尽管人们觉得许多患有严重疾病的老年人生活"如履薄冰"——生命可能只剩几年或不到一周，但衰老本质上并不是一个"医学问题"。罗伯特·巴特勒说："没人知道我们是否已经度过了人生中最美好的时光，也不知道最美好的时光是否即将到来。但是，直到生命的尽头，人类仍存在最大的可能性，即爱与感觉、协调和解决的可能性。"作为人类生命的最后阶段，老年或成熟时期是一个适当的时间，集中精力完成人类旅程中特定的任务。巴特勒说：

  一个人如果活得有意义，死亡对他来讲，可能就不那么恐怖。因为我们真正害怕的不是死亡，而是毫无意义且荒谬的人生。我相信如果大多数人在没有被欺骗的前提下，能够接受每一代人在地球上轮流生活这一基本的公平。

第十二章

自杀

对那些企图自杀的人来说,旧金山的金门大桥曾是受欢迎的地点之一。2017 年,大桥两侧安装了防护网,以防止有人跳桥。

利他主义的自杀，即为他人或更大的利益献出自己的生命，自人类第一次形成部落以来就存在了。想象这样一个场景：一个人自愿去吸引兽群的注意力，以便狩猎队的其他成员更容易捕捉到动物。在一群动物的追击下，这个人幸存的可能性很低，但好处是整个部落可以存活下来。

在游牧民族中，年老或体弱多病的人的自杀也被认为是利他主义的自杀，因为，他们自杀是为了维持整个部落生存所需的迁徙行动。意识到自己即将死去，自愿离开群体，独自去面对死亡，这种自杀被视为一种光荣。纵观各个人类历史文化，自杀也被视为一种表达，是对道德或哲学原则的终极承诺的方式。

这些利他主义自杀的例子可能打破了大多数人对"自杀"这个词的认知。尽管自人类有历史记录以来就有关于自杀的记载，但正如朱迪斯·斯蒂廉所说："自杀可以说是人类所有行为中最复杂、最无法理解的行为。"

为什么有人会结束自己的生命？我们每个人都有权决定自己是否继续活着，人们对这个可怕事实提出了质疑。要想理解自杀和其他自我毁灭行为，关键是要弄清楚意图和选择的问题。通常没有单一答案可以解释一个人为什么自杀。凯·雷德菲尔德·贾米森说：

> 自杀不同于其他死亡，活着的人会饱受自杀事件折磨，带来的痛苦也是前所未有的。人们在震惊之余，会不停地责问自己"如果……会怎么样？"自杀留给人们愤怒和内疚，时不时地还有一种可怕的解脱感。关于自杀，包

括说出口和未说出口的，其他人总是有无数个为什么；活着的人无言以对，他们惊恐、无措，甚至无法拼凑出一纸悼词，因为没法接受，也无法做出评论；无论是他们自己，还是其他人，都认为也许多做一些就可以避免悲剧的发生。不管是自己还是他人，都陷入了一种假设，也许原本能够做更多事情。

自杀是一种复杂的人类行为，其动机和意图多种多样。

理解自杀

当你思考一个人为什么自杀时，你可能会觉得"没有什么能让我主动结束自己的生命"。对于那些相信自己有能力满足生活所需的人，自杀似乎确实是一个激进的解决方案。要想寻找自杀的答案，首先我们必须找到一个框架，对自杀的复杂性进行梳理，使之成为易于处理的形式。表12-1中给出了四种自杀的定义，有助于建立基本框架，解读自杀。请注意，每个定义都强调了自杀意图和行为的某些方面。权威辞典中给出的定义虽然很模糊，但确是理解自杀的一个很好的起点。再次回顾自杀的不同定义，请注意观察它们是如何解释自杀的动机的。请注意，自杀行为可能是即时的，也可能是长期的。还要注意，自杀行为可能是突发的，也可能是预谋已久的。酗酒被认为是一种自杀，为解决现存问题，使用了长期服用会带来致命后果的东西。认真思考一下，这个定义包含了哪些人类行为？自杀是一种特定的行为，还是一种行为过程？自杀的背景是什么？它是在什么情况下发生的？

表12-1 自杀的定义

自杀是：
- 自愿或蓄意结束自己生命的行为或事件，尤指一个具有良好判断力且头脑健全的成年人实施的行为。(《韦氏新大学辞典》)
- 由于没有能力或拒绝接受人类生存条件而自杀。(罗纳德·W.马里斯)
- 一切试图以生命为手段，寻求并找到现存问题的解决方案的所有行为。(让·贝希勒)
- 伤害自己身体、终止自我意识的人类行为。(埃德温·施耐德曼)

自杀行为包括三种类型的自我毁灭：（1）自杀成功；（2）试图自杀；（3）自杀姿态（有自杀的想法和计划，也被称为自杀意念）。第一种的后果是死亡；第二种实施了自残行为，但没有导致死亡；第三种死亡的可能性很小，如割伤手腕，但伤口很浅，或者吃过量维生素。做出自杀姿态，通常是那些仍然希望活下去的人在发出求救信号，应该认真对待。

统计问题

1994年音乐家库尔特·科本自杀，2014年演员罗宾·威廉姆斯自杀，2017年歌手切斯特·本宁顿自杀，2018年时装设计师凯特·斯帕德自杀，他们每一个都功成名就，但依然选择了自杀，这无一不在提醒国家应该重新审视这一棘手的社会问题和个人问题。2016年，自杀在美国所有死因中位列第10位。那一年，自杀人数（44 965）是他杀人数（19 362人）的两倍还多。自杀是10～34岁个体死亡的第二大原因，在35～54岁个体死亡的原因中位列第四。男性的自杀率几乎是女性的4倍，这一比例多年来一直保持稳定。女性自杀率最高发生在55～64岁之间，而男性在过了65岁以后最容易自杀。从种族的角度看，美国印第安人原住民、阿拉斯加原住民自杀比例最高。

除了会付出生命的代价，自杀不仅让活着的人痛苦，也带来了巨大冲击。自杀学之父埃德温·施内德曼说：自杀的人"在活着的人内心深处留下了一个心理伤疤"。据估计，每一起自杀至少会影响6个人，包括家庭成员、朋友、其他重要人物和爱人。在美国，平均每18分钟就有一个人自杀，这意味着每18分钟至少有6个人受影响。"生者会因他人自杀产生内疚和愤怒感，想要努力从糟糕的记忆中搜寻一些好的回忆，还要努力说服自己理解这种令人费解的行为。"

每年因自杀死亡的真实人数可能远远高于统计数字。普遍认为，官方统计的自杀人数可能少了一半。只有以下情况才会被认定为自杀：验尸官或法医怀疑死者有自杀倾向或自残行为，死者留下遗言，或死亡情况明确指向自杀。"因此，自杀分类既不是排除问题，也不是默认选择。相反，这是一种必须有明确证明的死亡方式，也被称为'51%自杀规则'。"

例如，某些情况下，在对车祸现场进行详细调查的过程中发现：表面看起来是一场车祸，实际上是一场伪装的自杀。事实上，一些权威人士认为，如果把这类撞车自杀事件加入已知的统计数据中，那么自杀就是年轻人的头号杀手。

当死因可疑（意味着死因不确定或不清楚），并且对死亡方式是自杀还是意外有疑问时，除非经仔细调查证明为自杀，否则很可能被归类为意外死亡。一位调查人员说："当一个案件不是非黑即白，而是性质模糊时，我们永远不会把它列入自杀范畴。这是你应该给予死者和死者家属的。"

受害者引发的他杀也可能是为了掩盖自己的自杀意图。有人故意挥刀、持枪或以暴力相威胁的方式刺激他人，试图在他人不知情的情况下激怒对方回击自己，杀死自己。偶尔有人会创造一个暴力情景，然后"英勇赴死"。受害者引发的他杀中有一种情况是"利用警察自杀"，即个体威胁他人生命或实施其他犯罪活动，迫使警察开枪打死他们。研究人员称，"利用警察自杀"大致可分为两类：一类是"逃跑的重罪罪犯"，试图逃跑，一旦走投无路，便决定在"荣耀的火焰中死去"；另一类是情绪失常的人，把被警察击毙看作摆脱精神痛苦或生活失败的一种方法。二者有明显区别，必须承认，杀死一个"坏人"是一回事，杀死一个"悲伤的人"是另一回事。研究指出，还有一些人谋杀他人，希望被判死刑，把死刑作为自杀方式，这种情况被称为谋杀-自杀综合征。受害者引发的他杀导致的死亡，被划分到了不同类别：他杀、自杀或待定。

要想得到准确的自杀统计数据存在很多困难，施内德曼说：

> 由于宗教和官僚偏见、家庭敏感性、验尸官听证和验尸检验程序的差异，自杀和意外难以界定。简而言之，人们不愿接受事情真相。在现代社会，从某种程度上来讲，人们不仅对自杀认识不足，同时还低估了自杀的普遍程度。

心理解剖

1961年，由诺曼·法伯罗、埃德温·施内德曼和罗伯特·利特曼共同发展的心理解剖法，是由行为科学家进行的一项公正调查，旨在寻找不明死亡案例中死者的动机或意图。心理解剖指试图再现死者的个性和生活方式，以及死亡的已知情况，进而查明死因。它主要通过访谈、文件和其他材料中收集的信息确定死亡方式：自然死亡、意外死亡、自杀或谋杀。掌握了这些信息，"再根据从数据中得出的过去的个人整体状况，就可以弄清最有可能的死亡方式"。

其中尤其重要的是，从与死者的亲友以及社区其他成员的访谈中拼凑起来的信息。主要包括了解现在和以前的压力源、精神病史和一般病史、死者的日常生活，以及和自杀意图相关的任何事情。调查人员试图描绘出死者的性格、个性和精神状态时，会仔细考虑死者生前几天和几小时的日常生活，然后对收集到的所有数据进行评估，进而判断死亡方式（见表12-2）。

表12-2 心理解剖的四大目的

1. 有助于阐明死亡方式：自然死亡、意外死亡、自杀或谋杀（四种死亡方式的英文首字母缩写为NASH，代表了一个分类体系）。请注意，死亡方式与死因不同。尽管死因可能很清楚，但死亡方式不一定明确。

2. 确定死亡发生在某一特定时间的原因，换言之，研究个体心理或精神状态与他的死亡时间之间可能存在的联系。

3. 获得能够预测自杀和评估自杀者杀伤力的有用数据，从而帮助临床医生和其他人确定自杀行为倾向和高危人群。

4. 获得对丧亲者有治疗价值的信息，帮助他们应对自杀后出现的情绪混乱和因所爱之人自杀引发的各种问题。

1989年"艾奥瓦号"航空母舰发生爆炸，造成47名船员死亡。事故调查中使用了心理解剖，由此引发了公众对心理解剖越来越多的关注。根据美国联邦调查局进行的"可疑死亡分析"，美国海军将这起悲剧归咎于炮手克莱顿·哈特维格涉嫌自杀。由于对调查存在疑问，众议院军事委员会召集了一个由著名心理学家组成的小组，对联邦调查局的报告和海军随后的结论进行了同行评审。在认真评估各种证据之后，委员会驳回了海军关于哈特维格故意制造爆炸的指控；他们将联邦调查局的这次调查定性为"一次失败的调查"，尤其是在分析方面。后来的检测表明，爆炸可能是由机械故障引起的。美国海军最终撤回了对哈特维格的责任指控，海军作战部长也向哈特维格的家人正式道歉。

在"艾奥瓦号"案时，委员会的心理学家指出了重建心理程序的几个局限性，包括联邦调查局模棱两可的死亡分析和心理解剖结果（见表12-3）。他们的结论是，根据这种心理重建，"无法准确断言行为人死亡时精神状态或行为可疑"。

目前，司法机构似乎尚未决定是否接受心理解剖作为证据，但已有一些法庭承认它们为证据，而另一些则拒绝使用。

表 12-3　心理解剖的局限性

1. 缺少标准化的程序：已经提出了进行心理解剖的若干指导方针，但尚未形成一套标准化的程序。因此，批评者质疑心理解剖的可靠性和有效性。另外，支持者认为心理解剖需要更大的自由度来适应各种特殊情况。
2. 追溯性：调查员需要对一个人过去的精神状态提供观察报告和意见。
3. 信息失真：第三方可能会出于各种原因做出歪曲死者的陈述。每一个参与心理解剖的人都与结果存在一定利害关系。朋友或亲戚提供的信息可能有偏差；公共机构可能会根据某些预先设想的内容，先入为主，自行编造故事。
4. 难以获得。心理解剖的最大限制就是，调查时找不到利益相关者。
5. 相关研究太少：很少有研究检验通过心理解剖获得的数据的可靠性和有效性。

哈特维格的案例表明，由于缺乏科学的精确性，根据心理解剖收集的信息可能会导致错误结论。但心理解剖调查的支持者也指出，医学解剖也不一定百分百准确，但依然被认为在澄清死者状况方面具有巨大潜力。

最近有人指出，心理解剖并不能诊断个体是否患有精神障碍，研究人员也同意应该放弃在这方面的努力。尽管如此，他们依然支持使用心理解剖来分析自杀，这也更符合这个方法的初衷。作为一种调查方法和研究工具，心理解剖的使用有可能加深我们对自杀和自杀行为的理解。

自杀的解释性理论

自杀研究主要遵循两个理论：(1) 社会学模型，它以19世纪法国社会学家埃米尔·涂尔干的工作为基础；(2) 精神分析模型，它以维也纳精神分析学家西格蒙德·弗洛伊德的研究为基础。大多数学者希望找到一种综合方法来理解自杀，结合社会学和心理学的方法。此外，戴维·莱斯特指出，有一些证据表明，西方学者提出的自杀理论可能不适用于其他国家和文化。因此，他问道："在特定文化中，忽视了哪些重要的种族变量？"莱斯特指出："要想了解非西方社会中自杀的观点，并且从这些观点中发展出全新的不同假设，甚至是全面的自杀理论，需要完成大量工作。"虽然下面的讨论可以提供一个很好的基础，但要完全理解自杀，还有更多的事情要做。

自杀的社会背景

社会学模型，顾名思义，关注的是个人与社会之间的关系。人们生活在由家庭和整个社会构成的社会关系网络中，社会力量对自杀环境有很大影响。涂尔干的理论认为，这些社会力量表现为特定社会中存在社会融合和规范程度。

社会融合程度

一个人参与（融入）他所属社会的程度是很重要的。在一个极端的情况下，个人感到自己与他所处的社会制度和传统格格不入，这种情况被称为低融入感和低归属感。个体与他所在社区联系太少，无法与所在社区建立足够联系，就会过度依赖自己的资源。在这种社会环境下发生的自杀，被称为利己主义自杀。一个人差不多把全部心神集中在自我身上，社会反对自杀规则对其根本无效。人若被剥夺了公民权利或生活在社会边缘，那么他可能就没有理由秉持积极肯定的价值观，因为他感受不到自己和社区联系的意义。在涂尔干看来，当一个人游离在社会之外时，个人人格就会凌驾于集体人格之上。利己主义自杀是一种源于过度个人主义的自杀。

相反，当一个人有很强的社会联系和融合度时，他可能就会认同社会价值观或社会事业，自我认同感减弱。在某些情况下，群体的价值观或习俗可能会要求人们自杀。这就是涂尔干所谓的利他主义自杀或制度性自杀，它被定义为"社会要求的自我毁灭……作为成为该社会成员需要付出的代价"。

例如，在日本封建时期，武士牺牲自己的生命来维护他们领主的荣誉，他们的自杀被视为英雄行为。在日本，不仅文化上承认"切腹"的英雄行为，而且还对这种行为充满期待，并有特定仪式。若一名战士在战争中名誉受损，切腹则是重获荣誉的一种方式。切腹显示了对上级的忠诚，武士可能会在他的主人死后切腹以表忠心。而另外一些时候，一个武士可能通过切腹自杀公开声明自己不和腐败的上司同流合污，这种行为被视为一种荣耀。这些行为因为基于真实的道德意图，受到日本人民的广泛尊敬。越南战争期间也发生过抗议性自杀事件，当时一些佛教僧侣为了抗议政府的政策而自焚。涂尔干认为，高度融合的社会自然会鼓励利他主义和宿命式自杀。

同样，从历史上看，印度社会某些上层种姓要求妻子遵循"殉节风俗"，即所谓的"自焚殉夫"。丈夫的尸体在火堆上焚烧时，要求"忠实的妻子"与丈夫一起火化。这种自焚或殉葬行为得到了宗教和文化信仰的纵容。不愿殉葬的女性反而会遭到社会唾弃。事实上，一个寡妇如果不愿意，很可能会被"帮助"，她会被强行投到燃烧的柴堆上。除了切腹自杀和自焚殉夫，类似的例子还有很多，如"二战"期间日本空军敢死队飞行员的自杀和具有献身精神的船长随船沉没。讨论利他主义自杀时，涂尔干在提到战斗中的死亡时引入了英雄式自杀的概念，用来指在战争中为国捐躯，以及被追授荣誉勋章的人生前舍己救人。

集体自杀，是指一个社会群体里的成员同时自杀，也会发生在高度融合的社会环境中。研究人员总结了两种类型的集体自杀：其一，他诱集体自杀，通常发生在战败方和殖民地的人群中；其二，自我诱导自杀，动机与对现实的扭曲评价有关。公元前 219 年，迦太基的指挥官汉尼拔洗劫了萨贡托城。萨贡托的一些重要人物宁愿死也不愿被捕，一起自杀身亡。这就是典型的他诱集体自杀，因为意识到必输而选择集体自杀。

自我诱导自杀在最近几十年变得很常见，尤其见于一些邪教组织中，如教派内盲目狂热崇拜导致的一群信徒的自我毁灭，以此作为自我肯定的方式。1978 年 11 月 20 日，在圭亚那的"琼斯镇"，一处以前很少有人注意的丛林空地上，900 多名信徒集体自杀，被认为是有史以来最大规模的集体自杀。牧师吉姆·琼斯坐在人群上方的宝座上，用催眠的语调，指示"人民圣殿教"信徒喝下了含氰的水果饮料，众信徒在彼此的怀抱中死去。1993 年，在得克萨斯州的韦科镇，大卫教教主大卫·科雷什的 75 名追随者纵火焚烧了他们的营地，全部死于大火中。1997 年，在圣迭戈郊区，39 名天门邪教成员想要离开地球，在"平行维度"中更好地生存，选择了集体自杀。

社会规范程度

在涂尔干的模式中，社会监管不足为"失范型自杀"创造了条件。一些典型案例的特征是，个人与社会之间的关系突然破裂或中断。有一个专门的社会学术语来描述这种社会疏离的典型特征，即失范（源自希腊语，意为"无法无天"）。在社会经历迅速的社会变革、人们失去传统价值观和生活方式的基础时，这种情况就会发生。全球青年自杀的部分原因是文化的变化，个人主义和自由意识往往会削弱个人和社会之间的联系。失范（缺乏监管）和利己主义（缺乏整合）会相互强化彼此。

突如其来的创伤或灾难也会削弱个人与社会之间的联系。失业、截肢、挚友或家人的死亡，任何一个这样的丧失都可能会导致失范事件。任何具有破坏性的变化，无论是积极的还是消极的，都可能导致一种失范状态。

但若监管太严，就会走向另一个极端——社会管制过度。在这样的社会中，缺乏自由和选择，会让人产生一种宿命论的感觉——一种无路可走、无能为力的感觉。由此产生了涂尔干所说的"宿命式自杀"。监狱里的自杀部分是由于这种环境中的严格监管。在关塔那摩监狱里，当3名囚犯用衣服和床单做成绞索上吊自杀时，另一名囚犯的话解释了他们自杀的原因，他说："与其毫无人权地在这里苟活，我宁愿去死。"

从社会的角度来看，自杀是由个人与社会的关系受到干扰导致的。社会规范或社会融合程度的不平衡，或两者兼而有之，会增加自杀的可能性。因此，根据社会学的解释，每一种形式的自杀——利己主义的、利他主义的、失范的、宿命式的，都与社会和个人之间某种特定的相互作用有关。

关于自杀的精神分析

根据西格蒙德·弗洛伊德提出的理论，自杀的精神分析模型将注意力集中在了个体内心的精神和情感过程上，包括有意识的和无意识的。该模型假设一个人的行为是由过去的经验和对当前现实的主观感知所决定的。其中主要观点如下：

1. 严重的自杀危机持续时间相对较短。也就是说，会持续数小时或数天，而不是数周或数月，虽然可能还会发生。一个人处于极度想要自我毁灭的心态一般时间很短，他要么会及时获得帮助，冷静下来，要么就会死亡。

2. 自杀的人很可能对结束他的生命感到矛盾。一个处在自杀边缘的人既想死，又不想死。在制订自我毁灭计划的同时，也幻想着能够得到帮助和救援。

3. 大多数自杀事件是二元事件，也就是两人事件。在某种程度上，既包括有自杀倾向的人，也包括其他重要的人。

从精神分析的角度看，自杀包含强烈的无意识敌意。在巨大的压力下，促使一个人走向自我毁灭的内心压力就会激增，达到摧毁自我或自我防御的程度。反过来，这又导致回归原始的自我状态，蕴含强大的攻击力量。谋杀是对他人的攻击，而自杀是对自己的攻击。从这个角度，可以把自杀看作旋转180°的谋杀。在德语中，自杀（Selbstmord）就是对自我的谋杀。

然而，即使唤醒了攻击力量，也默许了自己杀死自己，同时也会升起强大的自我保护欲望。于是，另一个心理过程——矛盾心理开始发挥作用。通过对自杀行为的分析，我们发现存在两个相互冲突的力量，互相争抢一个人的心理能量份额。想要自杀的人往往会犹豫不决。他们甚至期望可以得到救助。施内德曼说，自杀者的典型特征是想"一边割喉，一边大声呼救"。即使当一个人表现出要自杀的意图时，自我保护的本能也不会让他接受自己的死亡。生死意志进行着殊死搏斗。"大多数人故意做出一些自我毁灭的行为，不是想死，但也不想好好活着，而是处于矛盾中。"

生与死之间的平衡极其微妙，一点小事就能打破平衡，使其偏向一方。虽然总有一方占优势，但弱势一方依然会影响人的行为。自杀行为类似于冒险和赌博。自我毁灭的冲动和维持生命的渴望之间相互冲突，其结果取决于多种因素，其中有些因素是个人无法控制的。

综合解读自杀

在一篇关于苏格拉底之死的研究中，萨姆·西尔弗曼回顾了可能促使苏格拉底决定喝下别人给他的毒芹（一种有毒的药草）的因素。这个研究十分具有启发性。

这些因素包括苏格拉底对衰老的意识、他与他人关系的恶化、他的婚姻和家庭生活、那个时代的政治背景和他在其中的地位。"事业不顺和年老体衰，已经让他疲惫不堪、心灰意冷。"此外，他的支持系统也正在土崩瓦解。由于苏格拉底认为自杀是不被允许的，所以自杀不是一种选择。西尔弗曼认为，苏格拉底还是做了选择，让他的雅典同僚组成的陪审团决定他的命运，本质上来讲类似于"利用警察自杀"。

> 理查德·科里
> 不管何时，理查德·科里来镇上
> 总引得众人驻足观看
> 从头到脚，尽显绅士风范
> 衣着干净利落，身材颀长。
> 排队时，静谧安详
> 说话时，平易近人
> 一句"早安"，让人心潮澎湃
> 他犹如行走的发光体，熠熠生辉
> 他有钱，没错，富可敌国
> 而且，知识渊博，风度翩翩
> 在我们眼中，他人生完美
> 人人都想成为他
> 于是，我们努力工作，期待神迹
> 不识肉味，面包果腹，诅咒不公
> 然而，在一个宁静的夏夜
> 理查德·科里
> 回家后，把子弹射向了自己的头部
>
> 埃德温·阿林顿·罗宾逊

自杀具有多维性和多元性特征，因此需要从社会和精神两个方面理解自杀，采用综合方法来解释。20世纪40年代到80年代，埃德温·施内德曼对自杀进行了学术研究，他将自己的研究结果凝练成一句话：自杀源自心理疼痛。施内德曼说："自杀的核心原因就是心理疼痛，心里不痛苦，就不会自杀。"但施内德曼也指出，超过 99% 患有严重心理疼痛的人不会自杀。他同时也说："心里很痛苦不一定自杀，但心里不痛一定不会自杀。"

"心理疼痛"一词指的是人们最重要的需求无法满足而产生的无法忍受的精神痛苦。这些重要需求因人而异。施内德曼认为，大多数自杀案例，往往是因为下面四种重要需求中的某种未被满足：

1. 爱情受挫，不被接受以及找不到归属感。
2. 失控、无助和沮丧。
3. 自我形象被侵犯，遭受羞辱、打击，感觉丢脸和被耻笑。
4. 重要关系破裂，随之感到伤心欲绝和失落。

最近有研究称，自杀是"在非常糟糕的一天做出的非常糟糕的决定"。自杀是一个人渴望减少无法忍受的痛苦的结果。一个有自杀倾向的人很可能处于一种孤立无援的绝望状态，深陷黑暗深渊，看不到任何解脱的希望。不管采用哪种方法自杀，自杀被普遍视为应对生活中无法逾越的困难的最终形式。

自杀通常是一系列因素相互作用的结果，包括大脑中的生化失衡、人格因素以及生活压力。大多数自杀的人大脑都出现了功能紊乱，如抑郁、焦虑、精神分裂症、双相情感障碍或其他一些情绪障碍。例如，抑郁症通常包括强烈的悲伤、自责和绝望感。有一些人格障碍的人，如边缘人格和反社会人格，若再滥用药物（酒精或药物滥用是导致许多自杀的原因之一），自杀风险会更高。而精神疾病一直都是导致自杀的风险因素，自杀的具体时间选择往往与紧张的生活事件相关。而且，几乎所有死于自杀的人在死亡时都出现了一种或多种精神障碍的症状或特征。

对自杀身亡和自杀未遂的人的研究显示，大脑中似乎存在一种生物学因子，该因子能够降低血清素（一种关键的神经递质）的分泌和使用。自杀未遂者大脑中血清素含量较低，而且对自杀身亡者的尸检也表明，他们前额皮质的血清素活性降低。血清素或其神经递质代谢物水平低可能会导致自杀。大脑中，血清素在大脑中似乎起着镇静情绪的作用，当水平低时，自杀的风险就会增加。随着科学家对血清素等生物标记物作用的了解越来越多，就可以通过识别个体自杀风险并提供适当的治疗，降低自杀发生率。

许多人并不清楚大脑化学物质在自杀中扮演的角色。因此，他们倾向于将自杀视为一种耻辱，是对自己生命的不负责。这种错误的态度严重妨碍了人们对自杀的理解。事实上，认为大脑功能障碍和自杀之间存在密切关系，无疑是对传统观点的挑战，即认为自杀是一个人自由做出的理性选择。

几种自杀的类型

为了更好地理解自杀的文化和个人含义，自杀被分为不同类型（见表12-4）。为了更全面地了解自杀和其他自我毁灭行为，有必要更仔细地观察几种典型的自杀类型。但要注意的是，一起自杀案例可能涵盖了多个类型的因素。

表12-4 自杀的意义

自杀的文化意义
自杀是一种罪恶：自杀违背自然规律，且打乱宇宙预定秩序。
自杀是犯罪：违背现存的联系，即社会中人与人之间的社会契约关系。
自杀代表懦弱或疯狂：人处于崩溃边缘（"他一定疯了"或"他不堪重负"。）
自杀是"牺牲"："切腹自杀"和"殉夫"等文化仪式认可的自杀方式。
自杀是一种理性选择：利弊权衡后的结果，在评估情况后做出的最佳选择。

自杀的个人意义
自杀是为了和逝去的亲人团聚：与爱人共生死的方法。
自杀被看作休息和庇护：摆脱压力和抑郁的方法。
自杀是一种报复：因被拒绝或受伤而表达怨恨和报复的一种方式。
自杀是对失败的惩罚：因未能达到自己或他人期望而产生的失望和沮丧的反应。
自杀是一个错误：以自杀的方式寻求帮助，并不是真的想自杀，但是没有得到及时救援或干预，导致死亡。

逃避型自杀

自杀被视为结束剧烈身体疼痛或精神痛苦的一种手段。这种情况被称为"解脱式自杀"——逃避无法忍受的生活。患有严重衰竭性疾病或绝症的人可能会将自杀视为一种摆脱沉重痛苦、获得解脱的方式。在这种情况下结束生命有时也被称为理性自杀，因为所用推理——死亡可以带走所有痛苦——符合正常逻辑。此

这幅名为 Nachdenkende Frau 的平板画由德国的凯绥·珂勒惠支制作，深刻描绘了一个人的沮丧、无助、绝望和心理痛苦。这种极度悲伤是由于一个人最重要的需求受挫而引起的，同时它也是自杀的一个主要风险因素。

类自杀最典型的例子就是"医生协助死亡"（详情见第六章）。

另外，有些人想要通过自杀逃避痛苦是因为思维逻辑出了问题。一个人对自我概念或身份认同产生困惑，且因为这种困惑导致与他人交往困难时，就可能会产生错误的自我认知，把自己看作失败者。在这种情况下，自杀被称为牵涉自杀，类似于一处身体疼痛，离痛源较远的地方也会感觉到疼痛。如肝脏发炎，可能会感觉双肩痛，在生理上，这被称为牵涉痛，同样道理，牵涉自杀的深层原因与最终结果——自杀——也只存在间接联系。此类自杀者结束生命的意图不是基于对形势的冷静或理性的评估，而是因为对自己的选择感到极度痛苦和困惑。

在中国，自杀已成为年轻人的主要死因，每年有 25 万人死于自杀，有 300 万人企图自杀。很多自杀者都是大学生，在留下的遗书中，很多人对自己未能满足父母的期望而感到愧疚。这些期望可能和某个身外之物相关（"如果我不能做一个让父母满意的好女儿，不如死了"），也可能由挫败感导致（"每个人都觉得我做得还不错，但我感觉糟透了"）。没有满足他人期望或角色定位出现问题，会引发自我概念的危机，从而导致想要逃避这种令人不满意状况的欲望。

逃避的欲望可能源于感觉不到生活的意义。尽管取得了不错的成就，但一个人可能仍然觉得："好吧，现在怎么办？"为了成功，不停地努力奋斗，虽然获得无数次成功，但感觉不到相应的成就感，似乎所有的努力都白费了——"如果这就是成功，根本不值得付出这么多努力"。由于达不到标准或满足期望，于是形成连锁反应。个体开始否定自我，意识变得消极。极端的方法似乎可以接受，自杀成为寻求解脱的最终选择。

求助型自杀

把自杀看作求助手段，目的是改变现状。自杀的目的不是寻死，而是解决问题。自杀，或自杀威胁，被视为解决问题的一种手段，至少是暂时的。自杀行为实际上是在传递一个信息"生活中某些东西必须有所改变，我不能再这样生活下去了"。要想区分自杀威胁和自杀企图，先要弄清楚二者的概念：

> 自杀威胁是"不包含任何直接自残成分的人际行为，不管是口头的还是非口头的，一个理性的人会将其解释为沟通，或是一种暗示，即自杀行为可能在不久的将来发生"。自杀企图是一种自我施加的、具有潜在伤害性的行为，其结果不是致命的，并且有证据（明示或暗示）表明有自杀意图。

一些专家表示，自残，如割腕或过量服用药物，可以被视为一种"自我保护"甚至是"自我主张"的行为。从这个角度来看，年轻人的自残行为可以被视为一种应对情绪困扰的方法。有研究证明，这代表了青少年所能采取的最好的应对方式。由此看来，可以采取一些措施帮助年轻人远离自残行为，寻求更安全、更健康的方法应对问题。自杀的意图可能是想要表达不满或获得关注，但自杀者不知道这样做很可能是致命的。很多企图自杀的人实际上渴望交流，并且告诉人们："我是认真的，你最好注意点儿。"这种交流，可能是和自己的，也可能是和他人的。

可能会有两种不同的个体会有自杀行为：尝试者（反复尝试自杀行为但都不致命）和成功者（初次尝试自杀就导致死亡）。尝试者和成功者采取自杀行为的目的可能完全不同。"自杀时，可能想死，也可能不想死，可能想给自己带来伤害和痛苦，也可能不想。"一些自杀研究人员认为，若以常识性自杀为标准，那么自杀成功就应该被视为行为失败，即一个人不恰当地死亡。

不管是企图自杀还是威胁自杀的人，都是想通过自杀寻求帮助，和那些真正自杀的人完全不同。通常，那些威胁自杀的人，致命性很低（致命性是指导致死亡的能力）。此类自杀行为似乎是为了告诉他人自己的绝望和痛苦。然而，当低致命性自杀行为遭受到他人的防备和敌意，或者试图将其严重性最小化时，自杀的风险可能会增加，未来再次尝试自杀时很可能会带来致命后果。在回应人们的求助时，最重要的是认识到问题的存在，并采取措施加强沟通，同时提出补救措施。心理解剖表明，一些自杀身亡的人在自杀之初并没有打算死，但救援没有及时赶到，最终导致了死亡。

尝试自杀的人数远远超过了自杀身亡的人数。2016年，980万成年人报告称曾认真考虑过自杀，130万成年人自杀未遂，近4.5万人通过自杀结束了自己的生命。女性自杀未遂人数多于男性，而男性自杀致死人数高于女性。之所以出现性别差异，部分是因为自杀方法。2016年，男性倾向于开枪自杀（占56.6%），而女性选择服毒自杀（占33.0%）和开枪自杀（32.1%）的可能性几乎持平。酗酒，也是男性自杀的高危因素。此外，男性可能认为自杀"未遂"是懦弱或缺乏男子气概的表现，因此会特别努力以保证"成功"。除了这种"自杀成功综合征"，和女性相比，男性很少会和别人说自己有自杀企图，或者寻求帮助。感到绝望无助时，男性通常的做法是隐藏，因此他们不太可能寻求帮助，进行自杀预防或者危机干预。

自杀未遂，侥幸活下来的人可能会把继续存活当作第二次生命或者"额外的生命"。如果这个机会利用得好，这个人可能会获得更积极的自我认知，增强自我认同感，并找到方法摆脱导致自杀企图的痛苦。若改变痛苦处境或者人生态度，求助型自杀很可能带来建设性改变，并自我治愈。

蓄意和慢性自杀

根据埃德温·施内德曼的定义，蓄意死亡是指"一个人在加速自己死亡的过程中起到了部分的、隐蔽的、有意或无意的作用"。据报道，有些死亡事故中，受害者冒着不必要和不明智的风险导致了死亡，这种行为可能被视为粗心或鲁莽。然而，深入调查事故原因就会发现，事故的发生有时就是自作自受。类似地，在调查他杀案件时，有时在证据中会发现，受害者存在某些蓄意挑衅行为，导致自己被他人杀害致死。

除了蓄意自杀，施内德曼还描述了另外两种由行为导致的死亡模式：故意死亡和无意识死亡。表 12-5 对这三种死亡模式进行了简要概述。注意，在每个类别中，针对死亡，个体可能会展现出不同的态度和行为。读图时，问问自己：我属于哪种？面对生死，有哪些观点与我的看法相符？

"慢性自杀"由精神科医生卡尔·麦林格提出，意指由吸毒、酗酒、吸烟、不知节制的生活方式等导致的自我毁灭。虽然通过慢性自杀缩短生命的个体可能意识到了自杀的想法令人反感或无法接受，但分析发现，他们的生活方式往往揭示他们出现了"死亡的渴望"。

表 12-5　与死亡相关的行为和态度模式

故意死亡：由自杀者直接、有意识的行为导致的死亡。各种态度和动机都有可能导致故意死亡。
一心求死者：希望结束意识，以一种不太可能被救援的方式实施自杀行为。
发起死亡者：希望在不久的将来死亡，并希望选择死亡的时间和地点。
忽视死亡者：坚信死亡只是结束肉体的存在，而且人会以另一种方式继续存在。
挑战死亡者：拿死亡做赌注，就像施内德曼所说的，"以性命为赌注，专门押注一些存活概率非常小的事件上"（例如通过玩俄罗斯轮盘赌定生死）。
蓄意死亡：死亡是由一个人的生活管理模式或生活方式造成的，虽然个体不是有意寻死，死亡结果也不是行为直接导致的。
死亡冒险家：虽然和挑战死亡者有很多相似之处，但他们可能希望更大的存活率。
加速死亡者：可能因药物滥用（毒品、酒精等）或未能保障健康（例如，营养不足、忽视预防，或有病不治）而加速死亡。
促进死亡者：对死亡几乎没有抵抗力，个体疾病精神不济或"活下去的意愿"很低时，很容易死亡。
投降死亡者：通常极度恐惧死亡，蓄意导致了自己的死亡。类似于伏都死亡（相信自己被魔鬼附体，恐惧焦虑下最终致死），也和相信生病住院必然会死亡的情况类似。
死亡试探者：主观意识上并不想死，但却生活在社会边缘，通常因为吸毒等行为"意识不清醒"，在这种情况下，他们可能会变得麻木，并不在乎生死。
非故意死亡：死者并没有在死亡的因果关系中扮演重要角色。但是，对死亡的不同态度会影响濒死体验。
欣然赴死者：虽然不会主动加速死亡，但会期待死亡的到来（例如当老年人无法管理自己的生活时）。
认命死亡者：听天由命，接受死亡的态度可能是被动的、冷静的、逆来顺受的、英勇的、现实的或慎重的。
抵制死亡者：希望尽可能推迟死亡。
藐视死亡者：根据施内德曼的说法，"对任何有助于阻止死亡的事情都嗤之以鼻"。
恐惧死亡者：惧怕死亡，甚至已经达到病态程度；憎恨死亡，一直与之奋斗。
假装死亡者：假装有生命危险，或者在没有实际危险的情况下假装采取自杀行为，可能是为了引起他人注意或操纵他人。

影响自杀的危险因素

增强我们对自杀理解的另一个方法是：分析影响自杀和自杀行为的因素。在本章前面，我们已经探讨了社会学、心理解剖和神经生物学因素对自杀的影响，在这里，我们一起来看一下文化、个性和生活情境等因素对自杀的影响。通常，特定自杀行为中包含各种因素，各个因素相互交叉并相互影响，才导致了自杀。

文化因素

文化中对自杀的接受度可能会影响一个社会群体中成员的行为类型。例如，一个社会或群体可能认为，若身患绝症，身体饱受病痛折磨，那么通过自杀结束生命是可接受的，但若以自杀来逃避精神痛苦或其他生活问题，则不太被接受。有人指出，自杀在不同文化中具有不同含义。

文化破坏和压力似乎是导致美洲原住民自杀的原因之一。北美的原住民被迫迁移到保留区，文化遭到严重破坏，生活颠沛流离。传统的生活方式与当代白人社会的生活方式之间冲突不断，这让这些原住民充满了无力感和焦虑感。生活在大城市的原住民缺乏支持系统、家庭纽带，传统习俗丧失，对他们来说更是雪上加霜。巨大的压力，再加上酒精和药物滥用等不良行为，大大增加了自杀的风险。

凯瑟琳·欧文研究了社会因素对男女同性恋自杀的影响。同性恋人群中自杀率升高的原因主要是基于个体心理学理论。然而最近普遍认为男女同性恋自杀是由社会文化模式导致的，即社会各种力量对同性恋的歧视和压迫。社会因素在同性恋自杀中起了重要作用，甚至可以说是决定性的作用，认识到这一点可以有效平衡个体心理因素对同性恋自杀的解释。

在非裔美国人社区中，许多年轻人认为通过自杀解决问题，是一种胆小、懦弱的表现，他们的长辈也多是这么认为的。非裔美国人的自杀率比美国白人低，这一现象至少从某种程度上表明，非裔美国人普遍认为自杀是"白人的事"。凯文·厄尔利和罗纳德·埃克斯报告说，在面对各种社会力量时，非裔美国人的宗教和家庭扮演了重要角色，起到了"保护"作用，否则他们的自杀率会大大增加。

厄尔利和埃克斯还发现，非裔美国人普遍认为自杀"和黑人经历存在固有矛盾，彻底违背了黑人的信仰和文化"。

把暴力作为解决问题的手段，是增加自杀风险的又一文化因素。轻易能够获得致命武器，再加上媒体对暴力的大肆宣传，让人们形成了一种错觉，面对无法控制的局面时，可以通过暴力解决。枪支合法化也是导致儿童和年轻人自杀的一个重要因素，越来越多的人开枪自杀，而且很少有人失败。在我们的生活中，随着人们对暴力行为认可度的提高，人们对致命行为的态度很可能也会随之改变。

考虑到文化传播的特性，自杀可以传染的观点由来已久。1774年，歌德的《少年维特之烦恼》出版后，很多年轻人自杀，于是人们认为这本书刺激了年轻人。对自杀行为具有暗示性影响作用的现象也被称为"维特效应"。这种"传染"效应或模仿效应是否真实存在，仍然存在争议（稍后本章将探讨集群自杀）。可以肯定的是，社会环境对自杀和自杀行为有重大影响。

布莱恩·巴里强调称，影响自杀的文化因素"在任何特定时间内，都起到了促进支持生命和支持死亡的力量之间平衡的作用"（详见表12-6）。在巴里看来，和上一代人相比，现代社会中，人们已彻底接受了关于生活的两种基本假设：第一，相信我们应该在工作、婚姻和整体生活中取得重大成就；第二，我们相信，与其接受不可改变的环境，我们不如按照自己的意愿生活和死亡。换句话说，我们不仅渴望美好的生活，而且深信自己有权拥有它。如果这种权利意识没有实现，我们可能会觉得，通过将自己从无法忍受的生活中解脱出来进行抗议是恰当的，即使最终结果是死亡。

表12-6 求生力量 vs. 求死力量

相信问题促进发展	相信问题是无法容忍的
认为有能力解决生活问题	认为生活中的问题棘手，难以解决
如有必要，愿意奋斗和吃苦	觉得自己理应过上有意义的生活
理性看待死亡及其后果	把自杀视作解脱手段

自杀式爆炸袭击也反映了一种理解，即文化集体——宗教、教派和民族——比个人更重要。由此恐怖分子相信他们正在进行一场值得尊敬的斗争，把自杀牺牲看作可行且必要的手段（详情见第十三章）。

个人因素

有人天生乐观，有人天生悲观。这种个性差异会对自杀念头的出现产生影响。个体对死亡的恐惧或焦虑也会影响自杀行为。较高程度的焦虑可能会抑制自杀行为，而将死亡视为一种美好的未来则可能会推动自杀行为。因此，对死亡意义的认知可能会影响个人对自杀可能性的评估。导致自杀想法和行为的个人因素包括：无助、自卑、绝望、不善与人相处、缺乏应对技能、一事无成等。

一个人对死亡的"神秘感"痴迷，尤其是"一意孤行地"寻死，会增加自杀风险。有些人似乎觉得自杀死亡"浪漫"而又有"诗意"。1770年，17岁的托马斯·查特顿自杀，一些浪漫主义者以他为榜样，把死亡看作"伟大的鼓舞者"和"伟大的安慰者"。换句话说，死亡被看作一个值得追求的情人。诗人西尔维亚·普拉斯曾写道："我要嫁给代表黑暗的死神，白昼的盗贼。"欧内斯特·海明威、安妮·塞克斯顿和普拉斯等作家的自杀事件，是反映了他们拥抱神秘死亡的渴望，还是平凡人类经历的结果呢？深入研究会发现，找不到生活的意义和无法正确应对人际关系是自杀的常见原因。正如有人所说："爱的死亡唤起了对死的爱。"

个人生活情境

文化与人格的交融创造了一个人独特的人生境遇。每个人都受到一系列环境因素的影响，它们包含不同程度的自杀风险。这些因素主要包括：存在于整个社会内部的社会力量，以及与个人的家庭、经济状况等相关的特定情况。

生活中的压力事件往往也会增加自杀的风险。例如，若亲人自杀死亡，那么这个人自杀的风险会增加。在自杀危机中，最常见的例子是，青少年在他的生活中经历了创伤性事件，比如失去亲人或者在学校受到欺凌。

随着伊拉克和阿富汗战争的爆发，美军中的自杀率迅速上升，超过了整个社会的自杀率。2012年，军队中死于自杀的人数超过了死于战争的人数。更令人不安的是，由于军方计算自杀率的方法，军中自杀人数可能被大大低估了。军人家属自杀的人数也在增加。军官不得不召开电话会议，讨论自杀的原因以及解决方法，期望减少自杀事件。导致军人自杀的原因，除了身为军人本职"深陷战争"带来的压力，还包括超时工作和孤独；筛检时忽略心理健康问题；未能识别个体抑郁迹象；心理测评过时；为了应对压力，饮用加了药物的高能饮料（每罐饮料含有100毫克咖啡因，比红牛多25%，是一罐健怡可乐的3倍）。人们迫切希望调查清楚军人自杀的原因，递交了无数报告，军方在研究和预防自杀上也投入了大量资金，但专家承认，军队自杀率上升如此之快的根本原因依然无法确定。

研究人员之间逐渐形成的共识是，就像平民一样，军事自杀通常也是由一系列极其复杂的因素造成的，包括心理疾病、性虐待或身体虐待、成瘾、人际关系不佳和经济困境。最近的一份报告发现，半数自杀的士兵有过失恋经历，大约1/4的士兵经诊断证实滥用物质。医学研究所的一项研究报告称，士兵被部署到战区可能会产生许多不良后果。现代兵役导致越来越多自杀意念、自杀企图和自杀行为出现在军中。报告指出，被部署到战区的个体自杀的相对风险高于从未被部署到战区的个体。报告说："有些风险因素可以缓解或预防，但其他一些因素，如被部署到战区和直接参加战斗，在军队中很难预防。"

最近，美国中年人的自杀率呈现出急剧上升的趋势。增长最快的是50多岁的男性和60岁出头的女性。一些观察家指出，导致这种现象的原因之一可能是自杀者不愿接受衰老的现实。"对于那些在五六十年代成长起来的人来说，美国似乎曾承诺给他们无限的可能性"，以及"拥抱新生活的自由"。但现在，这种有无限可能性的幻想被无情击碎，因为他们认识到，期待"过上美好生活根本不可能。""婴儿潮"一代的自杀率上升可能与社会或历史事件相关，即所谓的"时期效应"。从历史上来看，"婴儿潮"一代的男性自杀率保持平稳，而女性则开始下降。面对在人生的巅峰时期自杀这种情况，人们不禁要问：是什么样的社会和历史事件造成了20世纪末和21世纪初的"时期效应"？而且，在我们的主流社会，我们不像某些文化那样尊崇长辈。所有这些因素都可能是导致年龄处于中年晚期的人自杀率上升的原因。

医生是另一个需要关注的自杀风险较高的群体。2008年的一份报告显示，美国每年自杀死亡的医生人数相当于医学院一整个年级的人数（多达400名）。抑郁症是医生自杀的主要原因，而且医生对各种自杀知识和方法了如指掌。报告指出，尽管女性医生企图自杀的数量远低于一般人群中的女性，但她们自杀致死率与男性医生相同，因此远远超过一般女性的死亡率。

同伴也会影响个体的自杀风险，尤其是在青少年和年轻人中。一项关于密克罗尼西亚年轻男性自杀的研究发现，在20年间，自杀出现了"流行性"增长，像传染病一样。这一时期的显著特征是，社会文化模式发生翻天覆地的变化，传统的生活方式被资本主义经济和现代形式的教育、就业、保健服务和技术取代。调查人员发现，自杀事件之间存在关联，例如在几个月内，一个很小的朋友圈中发生了多起自杀事件。也有人因朋友或亲戚自杀而决定自我毁灭，甚至有时两人或多人约定一起自杀。综上所述，这些现象指出了一种"自杀亚文化"的存在。在这种亚文化中，一次自杀会导致另一次自杀。在一个普遍熟悉和接受自杀想法的环境中，自杀已成为一种文化模式，从某种程度上来讲，成为应对个人困境和问题的共同反应。

最后，孤独感也是导致自杀的重要因素。对一个人来讲，重要的不是一生中有多少支持他的人，而是个人对支持的感知。托马斯·乔伊纳认为，人们（尤其是男性）会过于关注地位、金钱和成功，以至于忘记了自己是孤独的。事实上，他们也许会推开那些他们感觉会威胁或干扰到自己的家人和朋友。然而，被问及时，这些人（似乎又是这样，尤其是男性）并不承认他们自己是孤独的。乔伊纳得出结论："孤独是一个邪恶的杀手。它特别喜欢跟踪男性。就像他杀的受害者一样，等孤独的受害者意识到时，为时已晚。"

人生不同阶段的自杀观

在人的一生中，发展阶段不同，面临的环境也不同，自杀的危险因素也随之变化。例如，青少年自杀的原因往往与老年人不同。在研究生命各个阶段的不同风险因素时，需要注意的是，哪些因素对所有年龄段的人都有影响，哪些因素往往只对特定年龄段的人产生影响。

儿童

虽然幼儿自杀报告很少见，但许多研究人员和临床医生认为，在非常年幼的儿童中也发现了自杀行为。小时候有过自杀企图的人，长大后自杀时致死率更高，而且曾有过自杀意念或自杀企图的儿童，自杀想法和行为很容易复现。

研究人员认为，如果对儿童事故的意图进行更仔细的检查，会发现儿童的自杀率比想象的高。一些儿童因在汽车前奔跑或在塑料袋内窒息而死亡，有些很可能是故意这样做的，而不是意外。尽管儿童通常无法像老年人那样了解复杂的自我毁灭手段，但他们仍然会实施自残行为，有些人甚至自杀死亡了。然而，在儿童事故中，给死亡贴上自杀的标签可能会引起质疑，问题在于，一个小孩子是否拥有成熟的死亡概念，从而清楚意识到自己的行为后果（具体内容可参考第二章有关儿童发展的讨论）。有证据表明，企图自杀的儿童，尤其是处于儿童期和青春期之间的儿童，倾向于处于具体运算思维和形式运算思维之间的过渡阶段，这可能让他们更容易产生自杀意念和行为。

青春期和成年早期

在 10～14 岁的年龄段，青少年开始出现自杀现象，青春期后期和成年早期自杀人数明显增多。2016 年，10～14 岁年龄组有 436 人自杀，15～24 岁组有 5 723 例，25～34 岁组为 7 366 例。这也许暗示发育性变化发挥了一定作用，即与认知发展和死亡概念化有关。

社会混乱是导致青少年实施自我毁灭行为的一个重要因素。精神病诊断、人格障碍和心理社会问题也会增加自杀的风险。青少年自杀与人际冲突（与父母、男朋友或女朋友）、人际关系丧失（失恋或与其他人分离）和外部压力（最突出的是违法乱纪行为，往往因冲动之下参与暴力活动导致）有关。被欺凌或遭受网络暴力，或从事危险的性行为，尤其是在年轻的时候，似乎也会增加自杀的风险。

家庭问题也是导致青少年自杀的重要原因。有自杀倾向的年轻人或多或少都有如下经历：遭受家庭暴力，和父母决裂，缺乏家庭支持，遭受身体虐待，父母自杀，生活不稳定，遇到其他与家庭生活有关的急性和慢性压力源。面对生活的一团糟，年轻人可能会展现出各种不良情感和认知状态，如愤怒、无助、绝望、内疚、愤恨、自我惩罚和报复性自我放逐。有自杀倾向的年轻人和他们的家人中，物质滥用是一个常见问题。经常滥用物质，再加上心情抑郁以及很容易获得枪支，都增加了自杀风险。

家庭生活和生活方式巨变都有可能增加年轻人的压力。于是自杀就成了一种控制或逃避令人困惑和不安事件的方法。正如保利娜·克恩贝格所说：

> 自杀的重要意义在于：对于那些正在遭受痛苦，对自己和生活丧失掌控力的人，自杀被视为一种控制行为，一种终极控制行为，一种个人能力。自杀，在某种程度上，就是终极"控制点"。

物质滥用、犯罪和自杀等一系列"逃避行为"，环环相扣，年轻人借此逃避抑郁和绝望的感觉。对于那些不在意自己生死的年轻人来说，冒险行为可能代表了一种出路。无视死亡，不停地向死亡发起"挑衅"，根本不考虑后果。若物质滥用和危险行为也不足以让年轻人摆脱痛苦时，他们很可能会选择通过自杀来结束痛苦。

青少年和年轻人很容易被"传染"，即一个人的自杀会引发另一个人的自杀。所谓的"群体性自杀"通常是指发生在同一地点，时间相近以及方法相同的自杀行为（集体自杀可以被看作特殊形式的群体自杀）。"模仿自杀"一词也可以被用来描述群体性自杀，特别是当自杀行为模仿了媒体报道的某次自杀行为时。对得克萨斯州两起群体性自杀事件的研究显示，自身存在自杀倾向的人如果看到自杀报道，可能会增加其自杀风险。耸人听闻或带有传奇色彩的媒体报道不仅会增加那些想要自杀寻死的人兴趣，还会给他们带来名人的光环。对那些可能自杀的个体而言，可能会产生这样的印象：自杀会引起家人和同龄人的特别关注，尽管是在死后。

与群体性自杀类似，自杀协议是指两个或两个以上的个体商量后，决定在同一时间，通常也是在同一地点一起自杀。新泽西州的四名青少年，两个男孩和两个女孩，决定一起赴死。他们选择在一个上锁的车库里，发动汽车，一起坐在车里等死。据报道，自杀是因为他们的一位朋友去世了，他们悲痛欲绝。第二天人们发现他们时，他们已经死亡。两天后，在伊利诺伊州，另一份自杀协议夺走了两名十几岁女孩的生命，她们以类似的方式自杀身亡。

> 罗密欧与朱丽叶的故事带给人们一种错误认知：为爱自杀的伟大。但似乎那些为爱情而死的人之所以成功多是因为阴错阳差或运气不好。据悉，伦敦警方在从泰晤士河打捞出来的尸体中，总能分辨出哪些人是为爱而死，而哪些人因还不起债务而自杀。因为恋人们坠河总想要抓住桥墩自救，所以他们的手指几乎无一例外都划破了。相比之下，欠债的人跳河时，犹如巨石落水，径直坠向河里，不见丝毫挣扎和悔意。
>
> A. 阿尔瓦雷斯，《凶残的上帝》(*The Savage God*)

另一个签订自杀协议共赴黄泉的是一名男孩和一名女孩。据报道，他们自杀是因为相信能够重新转世投生。他们开车直接撞进中学旧校舍，男孩当场死亡。

在协议自杀中，有一种不同寻常的单向契约现象，即病态的悲伤反应导致丧亲者在已故亲人的墓前自杀。墓地象征着生者和死者的团聚之地，而在墓地自杀类似于两个人签订了死亡契约，其中第二个人的死亡是对第一个人的死亡的反应，而第一个人对此完全不知情。

在日本，心理健康机构对网络自杀现象表示担忧，即通过互联网相识的两个陌生人订立自杀协议。类似的协议自杀在其他地方也有发生，但很少，不过在日本，平均每年协议自杀有60起（包括20例网络协议）。随着大众媒体的普及，越来越多的人访问自杀网站，这导致了连锁自杀的二次效应，即一个自杀促进了后续自杀的发生（即前面探讨的"模仿自杀"）。

虽然青少年自杀的动机通常与家庭和同伴关系有关，但对年轻人来说，自杀的危险因素往往与学业成绩、爱情、家庭和职业有关。追求完美，无论是来自社会的要求，还是自我强加的，当结果无法达到预期理想时，就有可能产生自杀的想法。一项研究发现，20～34岁新近丧偶的男性自杀率极高。

目前，减少年轻人自杀最有效的方法主要有两种：第一，对引发自杀风险的功能障碍加强治疗，如抑郁症、物质滥用和家庭冲突；第二，针对高危人群开展预防工作，比如出现情绪失调的年轻男性，主要行为表现为物质滥用和反社会行为。可采取的治疗方案包括：住院进行心理评估，后期经常门诊随访，远离枪支，家中不备致命药物，以及治疗任何相关的精神障碍。

成年中期

中年人，年龄大约在 35 或 40 岁到 65 岁之间，这个年龄段一直被称为人类寿命的"未知之地"。这一时期的人极富创造力，能够大力回馈社会在其生命早期给予的养育和支持。这也是一个转变期，人们从重视体能转向重视智慧，新旧关系更替，同时，生活中人也变得更加灵活，懂得变通。但这段时期也被称为"烦恼中年期"，这意味着，对许多成年人来说，中年可能会像青春期一样动荡不安。

这也是一个梦想破灭、理想尽失、不得不面对现实的时期。人们开始意识到，自己可能永远无法成为伟大的艺术家、作家或公司总裁了，或者永远实现不了自己早年的憧憬，甚至可能无法拥有完美的婚姻或培养出一个杰出的孩子。

任何方面的压力都可能引发自杀行为，如婚姻不顺、家庭不睦、职业挑战和障碍、经济压力和个人身心健康状况。影响中年人自杀的主要因素通常包括消极生活事件的积累、情感性精神障碍（特别是抑郁症）以及酗酒。

成年晚期

尽管媒体更多关注的是青少年自杀，但老年人比其他年龄段的人自杀的风险更高，特别是年长的白人男性，尤其是鳏夫。主要风险因素包括离婚或丧偶、独居、精神疾病或身体疾病。与年轻人相比，老年人很少表达自己的自杀意念或自杀企图。研究人员一般都觉得：试图自杀的老年人是真的想死，而年轻人的自杀尝试往往是在向他人发出求救信号。

出现自杀念头

在我们探讨这个主题之前，请记住，及时获得帮助可以预防自杀。没有人能对自杀免疫，无论是我们自己的想法，还是我们在意的人的表达，都有可能影响到我们。美国国家预防自杀的免费热线电话是：1-800-273-8255，全天 24 小时提供服务，网址为：www.suicidep-reventionlifeline.org，为寻求帮助的人提供了更多的资源，也为那些想帮助他人的人提供了机会。

想象一下，一个意图自杀的人的想法的形成过程。假设在某些情况下，自杀似乎是唯一的手段，或者至少是一个值得进一步考虑的选择。那下一步可能是在网上搜索自杀计划并（或）构想一些自杀的方法。此时，意图自杀的人可能还没有确定方法，但考虑了各种可能性。

很多人都这样做过。对一些人来说，一旦意识到自己竟然有过这样的念头，震惊之余可能会采取积极行动，肯定生命的意义。而对另一些人来说，下一步很可能就是自杀，这就大大提高了自杀意图的致死率。

这一阶段包括确定自杀方法，使自杀成为可能。有句话很好地反映了这个阶段，即"一心求死的人一旦找到实施方法，就会自杀"。中途不想自杀也是有可能的。否则，就会走到自杀的最后一步：用获得的自杀手段实施自杀行动。

自杀致死过程，根据描述，是一步步按照明确顺序发生的，但对自杀者本身而言，其体验可能毫无逻辑和顺序而言。但认识自杀必经的步骤，有助于理解自杀中当事人所做的长期努力以及某些重要关键时刻，进而抓住关键点，改变自杀者的想法，或进行外部干预。

有时，自杀者会根据自己想象，选择特殊方法自杀。有人把溺水想象成梦幻般的死亡方式，觉得可以重新融入宇宙。也有人可能会把过量服用安眠药自杀与电影明星的死亡联系在一起。不管个体想象出了什么样的特殊自杀方法，事实往往是另外一回事。服药自杀的人希望能够平静安详地死去，但实际上，服药过量往往会导致痛苦挣扎，远谈不上平静。

有时，自杀者选择某种特定自杀方式是期望对生者产生影响。一项关于自杀遗书的研究发现，使用可怕方式自杀的人经常说，被拒绝是他们决定自杀的一个关键因素。如果一个人想要他人真正"为他们给我造成的所有悲伤付出代价"，他可能会选择一种形象的方法表达这种愤怒。不想"引起轰动"的人可能会选择一个不那么令生者困扰的方法自杀。

生活经历和对自杀手段的了解程度也会影响自杀方法的选择。一个有经验的猎人，可能倾向于开枪自杀，因为他手里有枪，并了解枪支。熟悉药性的人可能会选择服药自杀。自杀的方式往往反映了一个人的经历和精神状态。自杀方式的选择可能是自发的,身边任何随手可得的致命工具都可能导致死亡,也可能是个体深思熟虑甚至研究后做出的选择。

> 一旦你扣动扳机,一切就都结束了。你再也没有改变主意的余地。
>
> 这不像游离海岸、服药、把头闷在干洗袋里、把排气管插进车窗,然后坐在车里或用刀子、剃须刀自残,所有这些方法都允许你重新思考:我在做什么?在自杀的过程中,你可能会开始考虑紧急救援计划。从海里游回来、催吐、打开袋子、打开车门下车、用止血带止血,然后拨打911。
>
> 即使是跳楼也有犹豫时间(即使下面并没有救援,但在下落的过程中你可能会非常后悔)。
>
> 当你把枪放在舌头上时,行动和结果几乎同步发生。
>
> 一旦行动,没有任何挽回的余地。
>
> 琼·威克沙姆,《自杀索引》(The Suicide Index)

选择一种自杀的方法类似于安排一次跨越全国的旅行。一个人想要从美国西海岸到东海岸旅行,首先必须考虑交通工具——汽车、火车、飞机等,有的速度很快,而有的则相对缓慢。例如,如果你选择飞机,一旦登机,飞机从跑道上起飞后,在到达目的地之前,你没有任何机会改变目的地。然而,如果你选择骑行从西海岸到东海岸,那么你中途会有无数次转换目的地的机会。

同样地,有些自杀方法,个体一旦实施后,就再无机会改变了。对准太阳穴的左轮手枪一旦扣动扳机,死亡几乎是必然的结局。然而,若选择割腕或服用过量药物自杀,自杀者可能有时间通过寻求医疗帮助来改变致命的后果。如果没有及时得到帮助,可能也会像开枪自杀一样最终死亡,但依然存在干预可能。不同的自杀方法,致死程度是不一样的。

遗书

自杀遗书被称为"错误旅程的神秘地图"。这类遗书一般是在自杀前几分钟或几小时内写成或通过电子方式记录下来的。美国国家暴力死亡报告系统对2011—2013年自杀事件进行调查，结果发现，31%的人曾留下过自杀遗书。相比较而言，药物或其他物质中毒自杀的人比开枪自杀的人更有可能留下遗书。遗书记录了自杀者的部分心理状态，引起了学者和救助专家的极大兴趣，更不用说死者家属了。想象一下，什么样的处境会让你写下一份自杀遗书？在遗书中，你想对活着的人说些什么？

自杀遗书真实揭示了和自杀相关的各种信息和意图。有些遗书向亲友解释了自杀原因。也有人通过遗书表达愤怒和谴责。与此相反，还有一些遗书强调自杀"不是任何人的错"。自杀遗书包含各种各样的信息，有人在遗书中陈述自己对自杀的哲学态度和信念，也有人详细列举了自己死后需要注意的家庭琐事。例如，一封遗书提到："下周二，带猫去看兽医。不去会罚款。汽车周五送去维修，大概要一周时间。"遗书代表了自杀者"最后处理事务的机会，决定谁会得到什么，以及告诉亲友自己对葬礼的愿望"。

自杀遗书可能包括各种情绪，如爱、恨、羞愧、耻辱，对精神错乱的恐惧，感情受挫的体验；也包括对自杀行为的解释或捍卫自己终结自己生命的权利；指明自己的死亡和任何人无关；分配自己的财产和所有物。遗书内容表现出典型的两面性，对他人的敌意中夹杂着自责，一边指名道姓给予生存者各种指示，同时坚定自杀的决心。自杀遗书通常表达了对生者强烈的爱恨矛盾心理，就像下面这封简短的遗书所表达的：

> 亲爱的贝蒂：
> 　　我恨你。
> 　　　　　　　　　　　　　　　　　　　　　　　　乔治

这封遗书的矛盾性也说明了自杀会涉及两方面——这里指丈夫和妻子。自杀遗书能够提供导致一个人出现自杀意图的线索，但很少讲述完整的故事，而且遗书中提出的问题往往比回答的问题更多。遗书中的信息可能会让生者感到惊讶，因为他们并未察觉到死者有过这样的情绪迹象。遗书可能会对生者产生重大影响。不管最后的遗言是表达爱意还是谴责，生者都没有机会回应。自杀死亡代表了"最后一句话"。

自杀预防、干预和事后处理

从1953年开始,英国国教牧师查德·瓦拉在伦敦开展了一项电话服务,主要员工是志愿者,目的是帮助"自杀者和绝望的人"。这项被称为"撒马利亚"的慈善服务已经成为一项国际运动,而瓦拉被誉为"自杀防治之父"和"最伟大的自杀防治践行者"。

1958年,诺曼·法博罗和埃德温·施内德曼在美国创立了洛杉矶自杀预防中心,这是一个具有里程碑意义的重大事件。

洛杉矶自杀预防中心在自杀救助史上具有举足轻重的地位。该中心工作始于施内德曼和他的同事,后来,在施内德曼担任国家精神健康研究所自杀中心主任后又进行了扩展。这项工作改变了全美对自杀和自杀行为的看法。最重要的变化是,人们不再把自杀视为一种精神病患者的行为,而是视为一种对生活感到极度矛盾的人采取的行为。

洛杉矶自杀预防中心的活动说明了自我毁灭行为有很多种,自杀只是其中一种,所有毁灭行为都需要密切关注。

典型的自杀预防中心类似于电话服务中心,24小时为处于危机中的人提供服务。热线主要为准备自杀的人提供短期服务,尊重来电者匿名的要求,对他提出的帮助请求,无条件提供援助。工作人员——其中一些是专业人士,许多是接受过培训的志愿者——利用危机干预策略减轻来电者的痛苦。自杀预防中心遍布全美,各区域甚至地方都设有预防中心。目前,服务模式也有了更多选择,包括在线资源、短信、社交媒体和智能手机应用程序等。对于那些正在寻求帮助的人,一部智能手机或电脑可以迅速让他们与训练有素的专业人士取得联系。

自杀预防

不管什么样的自杀预防计划,教育都是必不可少的。以下经验教训非常重要，可以让一个人受益终身。首先，必须承认一个事实：生活复杂多变，每个人在生活中都不可避免地会有失望、失败和丧失的经历，认识到这一点很重要。其次，我们可以通过掌握适当的应对技巧（包括批判性思维技巧），学会处理这些经历。若一个人习惯从不同角度分析情况、适当提问、善于检验自己想法的真实性，那么他的认知就不太可能陷入僵化，认定自杀是解决问题的方法。在这些应对技巧中，对幽默感的培养必不可少，特别是自嘲和面对生活问题一笑置之的能力，以及面对各种不利情况时都能笑对人生。同时，学会设定适当和可实现的目标也很重要。积极的自尊是制止自杀的有效手段。研究还表明，虔诚（即一个人的宗教信仰程度）可能是防止自杀行为的又一保护性因素。但宗教的影响往往被忽视或淡化。

另一项预防自杀的方法是：在自杀高发区域设置屏障。华盛顿特区的艾灵顿桥，是一座三拱形混凝土结构桥，两边的人行道一直是公认的自杀圣地。在10天内连续发生3起自杀事件后，当局下令建造一堵2.5米高的围墙。然而，该围墙遭到了附近居民和美国历史保护基金会的反对，因为围墙不仅阻挡人们欣赏美景，还影响大桥的建筑美观。此外，还有人认为，这种保护性围墙并不能防止自杀。但不得不承认的是，护栏安装完毕后，在随后的4年里，在艾灵顿桥上只发生了一起自杀事件。相比之下，附近的没有安装护栏的塔夫脱桥，4年内发生了10起自杀事件。虽然安装围栏后，自杀事件确实减少了，但仍有太多的变数和未知因素，因此无法确定围栏是否真的起到了作用。有可能原本想从艾灵顿桥上跳下来的人找到了其他替代方式。对一个想要自杀的人来说，大桥围栏意味着什么？它能够缓解有自杀意图的人的危机感吗？我们很难针对这些问题给出准确答案，但在自杀危机期间进行干预确实可以降低其杀伤力，并给想自杀的人一个机会，重新审视自己的痛苦，也许能找到一个更有建设性的、更健康的解决方案。

自杀干预

自杀干预的重点是对当前一心想自杀的人进行短期护理和治疗，目的是降低自杀致命性。尽管许多自杀干预计划号称以"自杀预防为中心"，但运用的通常是危机干预的常见理论和技术。安东·林纳斯指出：

自杀干预的最佳实践是各个领域的人齐心协力，共同努力，即使非专业救援人员也可以参与……帮助意图自杀者走出危机，应集众家之长，采取一切可能的方法。

过去的几十年里，对自杀干预者的培训取得了很大进展。1994年发表的一项研究中，通过对自杀干预者的研究发现，在应对自杀者时，绝大多数干预方式是："别这样，事情没那么严重。"或者"你说你想自杀。到底有什么想不开的？"时至今日，干预方法已经有了很大不同。

当个体表达自杀想法或表现出自杀意念时，从下面几个方面探索，可能会提供一些帮助：

1. 危机感。这个人多久后会自杀？是将来想自杀还是现在就在计划？
2. 触发点：现在到底发生了什么让自杀成为可能？这个人又遇到新的危机或问题了吗？
3. 计划。这个人制订自杀计划了吗？计划制订得完善吗？
4. 方法。这个人找到完成计划的方法了吗？在这种情况下，这个人会自杀成功吗？

干预最基本的原则是"做点什么"，如问一些基础问题。"你哪里难受？""我能为你做点什么？"因此，自杀干预包括：（1）慎重对待自杀者发出的威胁；（2）寻找自杀意图和行为的线索；（3）通过提供支持、理解和同情回应自杀者的求助；（4）以提问方式回应自杀者问题（"你想要自杀？"），不要害怕和困境中的人讨论自杀问题；（5）寻求专业帮助应对危机；（6）提供建设性替代解决方法。在自杀干预中，谈话法在解决危机中具有积极意义。

自杀事后处理

"自杀善后"一词是由埃德温·施内德曼提出，是指为所有自杀幸存者提供服务，包括：自杀未遂者，自杀者的家人、朋友和同事。一个人自杀死亡后，其亲友通常会感觉非常内疚和自责。活着的人通常会问这样一个问题："她还有其他选择吗？"如果答案是肯定的，那么自杀者不可饶恕。如果答案是否定的，那么问题就变成了"我们怎么能责怪受害者呢?"琼·威克沙姆的爸爸死于自杀,她父亲似乎留下了这样一条信息:"我走了,你可能都不知道走的那个人是谁,因为你从来没了解过我。"目睹他人自杀的幸存者可能会面临特殊的挑战(有关自杀者亲属的悲痛问题详见第九章)。可见,自杀善后工作往往在预防未来自杀企图方面发挥重要作用。

帮助有自杀倾向的人

一个人想要自杀,会有很多先兆。埃文斯和法博劳指出,自杀意图主要表现为四种方式:(1)直接言语("如果你离开我,我就自杀");(2)言语间接表达("没有爱,活着还有什么意义?");(3)直接行为(例如,慢性病患者囤积药片);(4)间接行为。在第四类预兆中,埃文斯和法博劳提到如下具体行为:

1. 把自己珍贵的财物送人,立遗嘱,或做其他"最后"安排。
2. 饮食习惯或睡眠模式突然发生极大变化。
3. 疏远朋友或家人,或其他主要行为发生变化,并伴随抑郁情绪。
4. 学习成绩或工作表现出现变化。
5. 性格变化,如紧张易怒,不关心健康和形象。

当有人威胁说要自杀时,不仅当时要注意,此后很长时间都要密切关注。在紧急情况缓解后,朋友和亲人最好帮助有自杀企图的人寻求专业帮助。

6. 滥用药物和酗酒。

最近有亲戚或朋友自杀，或以前曾有过自杀企图，也应该被视为有自杀风险的先兆信号。

关于自杀，以及哪些人容易走向自杀，逐渐出现一些观点和说法。不幸的是，这些说法中的许多是错误的、有害的，因为它们让自杀者得不到所需的帮助。例如，"总吵吵自杀的人不会自杀"被称为"伟大古老的自杀神话"。当一个人没有及时回应一个自杀者的求助时，就可能以此为借口为自己开脱，甚至有人在用言辞或者行动鼓励他人自杀后，以此为自己辩解。当一名青少年在网络上宣称自己想要自杀，并直播自己服用致命的混合药物自杀时，网络上其他人可能会嘲笑他，甚至催促他快点自杀。

事实上，大多数想要自杀的人确实通过暗示、直接威胁、自杀准备或其他自毁行为等方式向他人传达过他们的自杀意图。若朋友、家人、同事或卫生保健人员对此置之不理，那么最终悲剧就会发生。

如果有人说"我想自杀"，千万不要掉以轻心，或者干脆回答"哦，没事，你明天就不会这么想了。"对于有自杀倾向的人来说，明天似乎也是一片灰暗，看不到任何希望。一定要注意他们话语中传达的信息。

同样，当有人说想自杀时，不要用挑衅的语气回应——"你不敢自杀"。或者带着一种道德优越感语气说——"不要说这种丧气的话！"像这样的回应只会让情况恶化，而不是缓解危机。长篇大论，向自杀的人灌输为什么不应该自杀的"好理由"同样也不会起到什么作用。

更有效的方法是仔细倾听对方到底在说什么；敏感的倾听者能够从自杀者说话的语气和陈述的内容中察觉他的某些真正意图。很多人在说想自杀时，给人的感觉只是随口一说："如果我得不到那份工作，我就自杀。"很可能他就是故意这样说的，就像有时开玩笑会说这样的话："再这样，我就杀了你。"在一个言语廉价、百说不如一干的文化中，这样的话语往往不被人重视。必须认真对待自杀威胁，否则就会陷入"总嚷嚷自杀的人根本不会自杀"的谬论中。了解自杀行为的模式可以帮助我们区分谬误和事实。

虽然认真对待自杀威胁、仔细倾听当事人诉说、了解自杀预警信号十分重要，但大多数人并不愿意帮助那些想要自杀的人寻求短期或长期的专业咨询。了解到有人想要自杀后，一定要鼓励当事人寻求帮助。

最后，必须明确的是，没有人能够对另一个人终结自己生命的决定承担终极责任。这可能违背我们拯救生命的初衷，然而，帮助一个处于危机中的人时，他人的能力是有限的。从短期来看，阻止某人自杀是可能的。当出现严重的自杀危机时，时刻保持警惕，小心照顾可以防止自杀。但从长期来看，承担预防责任、预防他人自杀是不可能的。一个病入膏肓、饱受病痛折磨的男人对他的妻子说："你最好把我的药放在我够不到的地方，我感觉自己坚持不下去了。"妻子必须决定自己是否能够担负起这个责任，让他继续带着痛苦活着，还是让他服用过量药物结束自己的生命。经过深思熟虑后，她得出结论，尽管她心疼丈夫遭受的痛苦，但她还是不能把药藏起来，然后每次只给他一粒药，随时担心丈夫找到药物并试图自杀。她无法承担这个责任。

不承担责任并不意味着一定要走向另一个极端："好吧，如果你想自杀，那就赶紧去吧。"尽管一个人对另一个人的保护是有限度的，但提供肯定生命的支持和同情总是可能的。意图自杀的人可能希望有人帮助。在这种情况下，提供帮助的人必须让意图自杀者知道这样一个事实：除了自杀，还有其他选择。维持和激发一个人的求生欲望，是至关重要的。

帮助有自杀倾向的人，一个重要方法就是，帮助他们找到他们在乎的东西，不管它看起来多么渺小或微不足道。找到对这个人重要的东西是很重要的。为什么这个东西对他一直很重要？询问想要自杀的人，他们觉得什么重要，弄清楚这一点可能会让他们找到活下去的理由。在短期内，外部支持有助于在自杀者意念强烈时保住性命。

自杀的想法和行为的出现，往往代表了自杀者对自己在意的人彻底失去了信心。于是他感觉一切都无关紧要了，生活也一团糟，但实际上，这种感觉本身并不是自杀的诱因。更重要的是，自杀者觉得"我无所谓了"。这两种想法结合在一起，即认为外部形势不尽如人意，以及个体本身也觉得不重要、不想改变，很可能带来致命后果。有一点必须记住，"自杀只能解决眼前的问题，并不是长久之计"。

第十三章

风险、危机以及创伤性死亡

虽然酒驾依然是导致交通事故的一个主要原因,但目前分心驾驶也成了一个日益严重的问题。很多人在开车时吃东西、发短信或与导航系统互动,无法专心驾驶,进而导致了事故。

1721年，小说家丹尼尔·笛福写了一本《瘟疫年纪事》，小说描述了1665年肆虐伦敦的大瘟疫。受害者出现了与黑死病瘟疫相似的症状——黑死病是一种致死流行病，在14世纪横扫欧洲。根据新闻报道和童年的记忆，丹尼尔·笛福形象地描绘了一个瘟疫肆虐下的城市，以及在瘟疫笼罩之下，市民的恐惧和无助。是什么促使笛福记录了这样一场发生在两代人之前的瘟疫？因为他感觉将有一场瘟疫再次威胁整个欧洲——这场瘟疫可能会再次造成巨大死亡和破坏，其规模堪比1665年的大瘟疫。他写这部小说是想提醒大部分冷漠的民众注意这一威胁，提高警惕，防止灾难再次发生。

　　为什么要对这个历史教训保持警惕？今天，我们已经不再惧怕黑死病。而且，不管是作为个人还是社会，我们现在面临的风险和危险并不亚于笛福时代更易于识别的瘟疫。散文家E. B. 怀特曾写道："面对死亡（不管以何种形式）就是理解受害者，承认那些令人不安且发人深省的东西。"

　　当我们忙着实现人生追求时，如工作、娱乐或其他活动，可能会遇到一些微妙的、有时甚至是重大的危机，让我们面临受伤或者毁灭的风险。"危机"（peril）一词源于13世纪，意指受伤、毁灭或丧失的风险。在意外事故、自然灾难、暴力、战争、恐怖袭击、新型流行病和其他创伤性死亡事例中，很容易出现危机。安东尼·吉登斯说："在我们生活的这个世界中，我们自己制造的危险和来自外部的危险一样多，其危险性甚至高于外部风险。"有时，危机会造成大量人丧失性命，这种死亡被称为"百万人死亡"。没人能对风险免疫。

> **快节奏的代价**
>
> 我从自行车上狠狠摔了下来，正面撞向了一辆厢式货车。这一撞在我脸上留下一道长长的疤痕，从发际线开始，一直延伸到前额，穿过左眼，最后到鼻梁位置，就像《加勒比海盗》船长杰克的疤痕。非常酷！
>
> 还记得有一次在斯帕格饭店外排队时，因为餐厅安排其他人在我前面就餐，我冲着他们大发雷霆。当我到达的时候（没通知），有10个人正在排队等候，我希望立刻就餐，排第二都不行。这就是我的价值观。我觉得这很重要，而且觉得有趣。我以为那就是权力。
>
> 现在，我每天花15分钟，做50次练习，尝试把一根手指弯曲2度，这是我物理治疗的一部分。显然，现在的我再也不在意在斯帕格饭店就餐排队的顺序了。
>
> ——斯蒂芬·圣克鲁瓦，《快节奏生活》

在一次课堂讨论中，大家就各种各样的活动发表了看法，一个学生说："我们差不多可以这样认为，我们做的每一件事都有风险。即使一根织毛衣的针也可以把我们刺伤。"也许吧，但在大多数人看来，和驾驶方程式赛车或去喜马拉雅山探险相比，织毛衣时从摇椅上掉下来刺伤自己的风险要小得多。

意外事故和受伤

与故意伤害——由自己或他人故意造成的伤害——不同的是，意外伤害是指各种意外事故而引起的人体损伤，非人为故意的。这类伤害是因为"命中注定"还是仅仅因为"运气不好"？事故一般指由偶然或未知原因导致的事件，但从广义来看，由于粗心大意、缺乏意识或愚昧无知而引发的事件，也可以被归为事故。假设某人拿回家一支枪。因为枪的存在，武器意外走火的概率从零开始增大。当然，也可能从来不会出意外。但如果家里没有枪，就不存在意外走火的概率。

保罗·因塞尔和沃尔顿·罗斯告诉我们，"大多数伤害是由人为和环境因素共同造成的"，并补充说，"最常见的人为因素是冒险行为"。我们将在本章后面讨论暴力和故意伤害。在这里，我们关注的焦点是意外伤害，主要类别包括：车祸受伤、居家受伤（摔倒、火灾、闷死和窒息、枪支）、休闲伤害（运动、娱乐）、与天气有关的伤害（热、冷、风、闪电、洪水）和工作中受伤等。

人们所做的选择会影响事故发生的概率。司机喝酒比不喝酒更容易出事故。司机喝酒越多，判断力和行为能力越差，二者呈负相关，而他们喝酒越多，越容易高估自己的驾驶能力。2016 年，在交通事故导致的死亡中，有 28% 和酒驾有关。2016 年，在一项针对严重车祸的分析中，司机血液中酒精含量 ≥ 0.8% 就有可能导致严重车祸，26% 的案件的肇事者是 21～24 岁的年轻人，另有 27% 的案件是由 25～34 岁的年轻人导致的。除了酒精以外，约有 16% 的交通事故与吸食毒品（合法的和非法的）有关。

另一个备受关注的机动车事故原因是分心驾驶。开车时，做任何让你的眼睛离开路面、手离开方向盘，或者注意力不集中的事情，都被认为是分心驾驶。开车最常见的分心的例子是发短信、吃东西，以及在开车时使用导航系统。2015 年，有 3 477 人在因司机分心驾驶导致的车祸中丧生，有 39.1 万人受伤。

环境中的不安全因素有时被称为"早晚要出事"。这种情况可能是由于疏忽，或仅仅是不知道威胁存在。想象一个无人看管的游泳池，孩子们很容易靠近。如果一个蹒跚学步的孩子碰巧经过，掉入池中淹死了，那么泳池的主人和孩子的监护人可能会被判定疏忽大意。

过失致死是指一个人因另一个人、公司或实体的疏忽或不当行为而死亡。过失致死的诉讼可能由死者的直系亲属提出，通常是配偶和子女，有时也可能是父母。过失致死索赔的起因很多，如车祸、飞机失事，或遭遇其他危险。"过失"意味着当事人若采取不同行为或选择，死亡本可以避免。因此，在过失致死的案件中，总有人要承担责任。

环境中的不安全因素往往与责任人、某个团体或整个社会的态度和价值体系有关。如果觉得可以完全消除生活中的风险，那未免有些过于天真。不过风险虽然不能完全消除，但可以最小化。在纠正不安全状况时，缺乏采取必要行动的决心，容易引发这样一个问题："意外"死亡人数和"谋杀"死亡人数旗鼓相当，这个社会是得有多疏忽、不负责任？

冒险

我们所能承担的风险程度取决于我们对生活的选择。从这个意义上说,"风险指的是根据未来可能性,主动评估的危险"。我们冒险的意愿受到媒体和流行文化传播的形象的影响。嗨飞乐(嘻哈音乐的一种)的爱好者热衷于表演特技,在汽车行驶过程中,司机从车里钻出来,爬到车顶随着嘻哈音乐节奏跳舞。这种被称为"鬼影驾车"的危险行为在 2006 年导致多人受轻伤和两人死亡。

在某些情况下,面对风险,我们需要根据其性质和程度做出慎重选择。想想你自己的生活。在你的工作、休闲活动和生活方式中,会面临哪些风险?这些风险有没有潜在的生命危险?你愿意承担"预期"风险吗?有哪些风险是可以避免的?

有些职业本身就存在危险性,如果可以选择,很多人都不会去做。这样的工作包括:高层窗户清洁工、电影特技演员、试飞员、爆破专家,以及警察和消防员。此外,还包括处理有害物质的科学家、矿山工人、电工、重型设备操作员和喷洒农药的农场工人。请注意,判断一个工作是否具有危险性,要看它是否涉及突然死亡(如爆炸或从高层建筑上坠落)的风险,或长期暴露在危险物质或条件下。有时,可能造成伤害或死亡的风险是潜在的,只有在接触数年后才会显现出来。而也有人把风险视作"预料之中的事情",就像在足球比赛等运动中受伤

这名跳伞者以时速 200 千米的速度下落,为了避免在高空翻滚,在打开降落伞前,他正展开双臂和双腿来控制自由降落。虽然生活中存在各种风险,但很多风险,是我们自己选择的结果。

第十三章/风险、危机以及创伤性死亡

的情况。

根据日本法律，工作压力被视为致死原因之一。"过劳死"一词最早出现于20世纪70年代，是指过度工作导致的猝死。几乎在每一个职业类别中都可能出现过劳死现象，它多发生在工作黄金时期的男性身上。过劳死的特征是"长时间的工作明显超过了正常的生理限制"，个人身体正常运作的自然规律被打乱（主要因为出差或长途通勤），以及其他与工作相关的压力，导致体内疲劳蓄积，达到致命状态。全球贸易的发展（和与之相随的时差），迫使人们下班后，晚上依然要继续工作到深夜。过劳死的出现，让人们越来越认识到，长期超负荷工作引起的疲劳，甚至会伤害或杀死最健康的人。据报道，2013年7月，一名31岁的记者在一个月内连续加班159小时后死于心力衰竭。2015年圣诞节，一家广告公司的一名24岁的年轻女孩在连续加班105小时后于圣诞节当天自杀。

娱乐活动也可能导致死亡，如登山、跳伞、水肺潜水、摩托车比赛等。从事这类活动的人很多是为了寻求刺激，尽管这句话表明了参与者可能并不觉得自己在有意这么做。但一个登山者也曾这样说过："没有死亡的威胁，也就不能称之为冒险了。"

登山存在风险是显而易见的，但不同登山者应对的方法不同，主要有两类。一类登山者恣意妄为，不顾后果，似乎登山就是向死亡发起挑战。而另一类登山者在决定登山之前，会花很多时间来接受培训，准备登山设备，锻炼体能，并向有经验的登山者咨询意见。总之，他们要把风险降到最低。一项活动对某些人有吸引力，可能恰恰就是因为其固有的风险性。而另一些人虽然也喜欢冒险，但他们参加活动不仅仅是因为刺激，还有很多其他原因吸引了他们。当从事危险活动仅仅是为了寻求刺激，或者作为"笑对死亡"的一种表达方式，那么这可能代表一种想法——试图否认对死亡的恐惧或焦虑。巴鲁克·菲舍霍夫和约翰·卡德瓦尼评价说：

> 人们总觉得，青少年盲目认为自己刀枪不入。这似乎可以解释为什么青少年经常做一些令人无法理解的危险决策。"他们觉得自己不会出事。"但有证据表明，真正原因要复杂得多。
>
> 与大众认知相反，青少年并不觉得自己无坚不摧，相反很多人认为自己

活不长，所以他们才会冒险。他们是不想活了，而不是因为不想死。

有人因为从事高风险运动或类似活动死亡时，对其他从事相同活动的人可能产生巨大影响。除了对最直接相关人（例如租设备给死者或培训死者的人）产生影响，死亡的影响可能会扩大到更大范围，影响该项运动的其他群体。死亡打破了人们理所当然的想法，即"足够小心谨慎，充足训练可以保证安全"。于是就会有传言说，死者之所以死是因为没有采取必要的预防措施或采取了不明智的行动。这样的谣言可能有助于减轻因未能阻止死亡而产生的罪恶感。"指责受害者"不失为一种应对方式，让那些明知有危险，但依然继续冒险的人稍感心安。

灾难

2011年3月11日，9.0级的东日本大地震引发了大规模海啸。从日本东北地区到关东的广大地区都遭受了前所未有的破坏。这被认为是日本有史以来最强烈的地震。虽然日本的灾害地图标明了可能会被海啸淹没的地区，但由东北地区地震引发的海啸"所淹没的地区比地图上预期的范围要大得多"。海啸浪高达40多米，并向内陆蔓延了10千米，沿途无一城镇幸免，到处一片汪洋。此次灾害共造成1.6万人死亡，6 000多人受伤，近2 700人失踪。

而此次灾害最严重的后果是海啸对日本核反应堆的破坏，尤其是福岛第一核电站的熔毁、爆炸和放射物质的泄漏，致使20多万居民被疏散，在灾难发生数个月后，依然有大量"核难民"存在。检测显示，因为刮风，放射性粒子传播范围比最初想象的要远得多，这导致人们认识到"辐射的大规模扩散"。据专家说，这是历史上第二严重的核事故（仅次于乌克兰的切尔诺贝利核事故）。

2008年发生在中国四川青藏高原边缘的地震也是毁灭性的。四川大地震震级达里氏8级，约有4 600万受影响人，超过6.9万人在地震中丧生，1.8万多人失踪，近37.5万人受伤。这是自1976年唐山大地震（据报道，唐山大地震至少造成24万人死亡）以来，中国发生的最严重的地震。持续的暴雨和山体滑坡影响了救援工作。主震过后，强烈的余震持续了数月。数千所学校在地震中倒塌，许多父母失去了他们唯一的孩子。由于这次灾难规模巨大，丧生人数超乎想象，很多丧葬仪式和礼节不得不被放弃，很多幸存者甚至无法认领逝去亲友的遗体。

虽然，从广义上讲，"灾难"一词可以用于指任何会带来消极后果的事件，但通常情况下，灾难是指会对许多人生命产生威胁的事件，此类事件通常在很短的时间内，带来突然的或巨大的不幸。地震和飓风通常会带来重大的灾难，而洪水和火灾也可能是引起灾难的原因。

无论是受害者本人还是受灾地区以外的人，对灾难的同情反应，导致媒体报道有时忽略了对救援的关注。例如，卡特里娜飓风过后，与媒体对犯罪活动的报道和其他对新奥尔良人（尤其是那些最脆弱的人）的负面描述形成鲜明对比的是，"内部消息"显示，幸存者表现出了在新闻报道中很少见到或听到的深度同情和自省。对灾难幸存者来讲，他们的故事是他们所剩为数不多的宝贵财富之一了。许多从废墟中走出来的人，除了讲述自己的回忆以及描述英勇主义和忍耐力，就一无所有了。

灾难既可能是自然原因导致（如地震，海啸等）的，也可能是人为原因导致的。后者主要包括化学泄漏、建筑物倒塌、核污染、火灾和飞机失事等。1911年纽约市的三角内衣厂发生了重大火灾，造成146名年轻女性死亡，至今仍被列为美国最严重的工业火灾。这是一场具有毁灭性的人为事故。最严重的工厂火灾发生在1993年，泰国的一家玩具厂发生大火，造成188名工人死亡，另有469人严重受伤。实际的死亡人数可能更高，因为玩具厂四层建筑倒塌了，而且许多人的遗体被烧得面目全非，有些人的尸体再也没有找到。据报道，这两场灾难主要是因为工厂老板、管理人员以及相应主管（负责公共安全和卫生标准）的失职，致使生产环境存在安全隐患导致的。

2013年4月24日，孟加拉国首都一栋八层大楼倒塌了。搜救工作结束后，死亡人数超过1100人，主要是制衣工人，管理者无视前一天大楼发现裂缝的警告，命令工人返回工作岗位。此外，大楼上面的四层属于违章建筑，是在未经许可的情况下私自建造的。而且建筑师曾提醒，底层结构不够坚固，无法承受重型机械的重量和振动。但大楼的主人无视了所有这些警告。

对于最近发生在澳大利亚、孟加拉国、中国和日本这些事件，你有什么看法？从这些灾难以及灾难应对方法中，有什么是值得我们借鉴的？

风险理论家指出，现代科技系统复杂难懂，出现故障的方式很难预料，多个小问题综合到一起，相互作用，经常会导致出人意料的大问题，查尔斯·佩罗把这称为"正常事故"。正如一位作家总结的那样："我们构建了这样一个世界，在这个世界里，高科技潜在的灾难已经渗透到了我们日常生活的方方面面。"有专家表示，当今世界，灾难越来越频繁，现在每年大约发生1 000起。气候变化可能是一个因素。灾难的毁灭性不断加剧，再加上全球人口的增长，致使越来越多的人被灾难影响。

降低灾难的影响

社区可以通过采取预防措施，减少潜在灾害的影响，从而降低受伤和死亡的风险。由于贪婪、政治上的权宜之计、对威胁的性质和程度的不确定性，或对引起恐慌的担忧，对即将发生的灾难即使给予了充分警告，也可能会被人们无视。1902年，西印度群岛马提尼克岛的佩利火山爆发，造成了巨大伤亡和损失。而悲剧产生的原因恰恰是因为对预警信息处理不当，进而导致了重大伤亡。附近圣皮埃尔社区的官员们已察觉到火山爆发的可能性。但是，由于担心民众一旦得到通知会引起恐慌，从而阻碍即将举行的地方选举，因此官员们没有对民众发出危险警告。结果就是，该社区中，几乎所有的居民都被烧成灰烬。1980年5月华盛顿州圣海伦斯火山的喷发，则与此形成了鲜明对比。尽管圣海伦斯火山喷发规模更大，但与佩利火山爆发造成的30 000人伤亡相比，这次喷发只造成了60人丧生。造成这种差异的部分原因是，官方对危险提前做出了预警，并及时划定了危险区域，禁止民众进入。

生活在灾害（例如地震或飓风）频发地区的人，可能会把危险合理化，视作"玩百分比游戏"。同理，对潜在灾难的预测往往会有这样的反应："以前我从未受过影响，这次为什么要担心？"这反映了一部分人的态度，即使听说海啸即将到来，依然会奔向大海。他们似乎根本看不到即将面对的风险。人们并不总是能够得到及时充分的预警。例如2004年在印度尼西亚苏门答腊岛附近发生的9.0级地震引发的印度洋海啸。海啸以800千米/小时的速度在印度洋沿岸地区掀起巨浪，造成十几个国家23万多人死亡。其中印度尼西亚、斯里兰卡、印度和泰国灾情最严重。救援人员必须把食物、水和医疗用品运到道路被毁的边远地区，同时还要确认死者和失踪者的身份。当时由于大量游客在该地区度假，这让救援工作变得更加困难。随着预警系统变得越来越完善，专家们总结说，疏散和救灾系统还需要进一步完善和提高。

2005年8月，卡特里娜飓风登陆路易斯安那州南部，对疏散和救灾提出了同样的要求。此次灾难造成1 500多人死亡，成千上万的人无家可归，23万平方千米的土地被夷为平地，美国最具传奇色彩的城市之一被彻底摧毁。风暴潮淹没了沿岸所有生活区。风暴过后，幸存者连续几天甚至数周生活依然无法保障。参议院的一项调查报告显示："各级政府在计划、准备和积极应对风暴方面都存在失误。"

> 飓风来袭的前一天，电话铃响了。一个男人的声音响起，感觉他有一个金属喉咙，声音类似于电脑合成音。我记不清通话的具体内容，但大体内容如下：强制撤离警告；飓风明天登陆；如果您选择待在家里，届时依然不撤离，我们将不负责；无视警告，后果自负。还有一个清单。我不知道他是不是这么说的，但总的感觉就是：你会死的。
>
> 这是飓风成为现实的时候。
>
> 杰丝米妮·瓦德（Jesmyn Ward）《拾骨》（*Salvage the Bones*）

灾后救援和安置

灾难来袭时能做些什么？灾难后需要哪些帮助？想象这样一种情况：有人受伤，有人失踪，还有人死亡。灾难过后，幸存者可能会经历一场生存危机，他们经常会感觉极度的空虚和绝望。幸存者不仅自己惊魂未定，还时刻担心亲友的安全，也有对未来的焦虑。社区悲伤可能是一个复杂的过程，需要数月或数年才能完全解决。一位作家这样建议："提供咨询的地方，应重点提供信息和支持，帮助社区自己康复。"

在灾后救援中，一开始就需要同步进行的核心行动应包括心理急救。灾难发生后，地方、区域或国家当局的行动集中在三个领域：(1) 营救和治疗幸存者；

（2）修理和维护基础服务设施；以及（3）找回并处理遇难者遗体。满足幸存者当前生存需求最重要，如提供食物和住所、医疗照顾、恢复重要的社区服务等。在全力满足幸存者生理需求的同时，也要关注他们的心理需求。为了满足这些需求，可以成立一个小组，寻找失踪人员，帮助减轻幸存者对亲属安全的担忧。

寻找和照顾死者是帮助幸存者应对灾难创伤的一个重要方面。对死者的人道主义照顾和治疗，对任何灾难发生后社区的恢复都有重要的影响。一名救援机构的工作人员说：“把死者挖出来，然后再埋葬，这并没有太大意义。”这样的话无疑暴露了这位工作人员对关于死者遗体安置的人类情感的一无所知。大多数灾难救援的努力都集中在紧急或危机时期，但恢复情绪稳定可能需要数年时间。帮助幸存者走出灾后创伤的应援小组一般存续时间都很短，紧急时期结束后，很快就会解散。

灾后救援通常需要设定优先级、限额配给和伤病员鉴别分类，此时有必要采取强制措施，牺牲个人自由和财产。当灾害导致创伤性死亡，采取干预策略时，必须牢记以下最低目标：

1. 局势正常化
2. 尽可能缩短恢复时间

Source: National Oceanic and Atmospheric Administration

卡特里娜飓风登陆后，由于未能得到联邦政府支持，路易斯安那州各地伤亡惨重。飓风过后的新奥尔良市，街上随处可见死难者遗体，有的甚至暴尸街头数天。大多数美国人从未想过这一景象会发生在他们的国家。

3. 减轻痛苦

4. 恢复社会功能

5. 调动资源

同时也要关注那些为幸存者提供帮助的人。因为近距离接触了人类的苦难和悲剧，他们很可能也会成为"幸存者"。下面是堪萨斯城的一位医生的经历：到达酒店事故现场后，在楼下大厅中，因露台坍塌造成的废墟中，死者身首异处，即使活着也四肢不全。他看着一名重伤男子的腿被一根倒下的横梁夹住，最后不得不用链锯锯掉。当事情差不多恢复正常时，他说，作为幸存者，他觉得有必要花一段时间远离灾难的回忆，以应对自己的经历。

> 最近的一项研究发现，人类拥有的基因数量仅是果蝇的两倍，这一发现打破先天与后天辩论的平衡，优势再次回到了后天培养上。根据这项证据，是我们的文化、历史和信仰体系造就了我们。观察自然界，我们会发现，食肉动物会为了吃而杀戮，但不会有斑马组队向角马开战。只有人类，似乎天生就善于制造政治和信仰的差异，然后因为分歧而互相残杀。这是一个巨大的悲剧，但更为惨烈的是，人们的信仰基础越薄弱，就越急于坚持自己的信仰，维护信仰的手段也就越暴力——也就越乐于为捍卫信仰而杀戮和牺牲。
>
> A.C. 格雷林（A. C. Grayling）《性、生活和思想》(*Life, Sex, and Ideas*)

一场暴风雨袭击了加利福尼亚州的沿海地区，一夜之间降雨量达到了将近 51 厘米。居民们第二天早上醒来时听到的消息是：22 人丧生，100 多个家庭失去了家园，3 000 多个房屋被严重破坏。几天后，一个临时组织成立，帮助幸存者应对失去亲人带来的心理创伤。该组织被称为 COPE（紧急情况下向普通人提供咨询），目的是为灾难受害者提供咨询，协调了一百多名心理健康专业人员提供服务。咨询师发现，那些失去亲人或财产的人的悲伤反应，会因为突如其来的、反复无常的损失而加剧。当其他人失去家人时，只有财产损失的人会因此而感觉愧疚。也有些人对自己在灾难中幸存下来感到内疚。因暴风雨失去家园的人感觉孤立无援。政府救援的拖延，保险公司和政府机构的消极怠工，让人们感到愤怒和沮丧。灾难受害者感到焦虑、脆弱和沮丧。也有一些人在灾难过后，再次感受到了久违的人际交往问题。

COPE 制订了很多计划来应对这些问题。在他们的帮助下，幸存者明白自己的反应是正常的，悲伤是合理的。咨询师帮助他们厘清优先处理事项，引导他们着手开始解决灾难造成的问题。紧急救援人员和救灾工作人员也积极提供帮助。尽管我们不能消除灾难带来的死亡，但我们可以采取措施减少灾难的影响，保护生命，对幸存者给予同情。

暴力

暴力可能是我们与死亡交锋时面临的最危险因素之一。即使我们没有遭受暴力，但它也可以影响我们的思想和行为。任何人都有可能成为暴力的受害者。2017 年，美国联邦调查局报告称，美国的暴力犯罪已连续两年呈上升趋势。2016 年，超过 1.7 万人被杀，谋杀案件数量比 2014 年增加了 8.6%。

随机暴力

最具威胁性的暴力行为是那些无缘无故发生的暴力行为。受害者似乎是加害者随机挑选的，因此加剧了人们的担忧，因为不知道谁会成为暴力行为的受害者。2012 年 7 月，科罗拉多州奥罗拉市一家电影院发生了大规模枪击事件，造成 12 人死亡，70 人受伤。同年 12 月，在康涅狄格州纽敦，一名男子闯入桑迪胡克小学，枪杀了 20 名儿童和 6 名成年工作人员。人们认为个人安全受到了威胁，因为这些暴力犯罪"近在咫尺"。

后来，又发生了许多令人心碎的案件，无辜的受害者只是在错误的时间出现在错误的地点。美国近年来最致命的大规模谋杀发生在 2017 年 10 月 1 日，当时内华达州拉斯维加斯正在举办一场户外音乐会，一名持枪男子向人群射击，致使 58 人死亡，近 500 人受伤。在此之前，2016 年 6 月 12 日，一名枪手在佛罗里达州奥兰多的一家夜总会开枪，造成 49 人死亡，至少 50 人受伤。

连环杀手和大规模谋杀者

"连环杀手"是指凶手在一段时间内夺走了几位受害者的生命。相比之下，"大规模谋杀者"是指在一个地方，如学校或工作场所，凶手一次性杀死许多受害者。回顾连环杀手的动机，达纳·德哈特和约翰·马奥尼总结说："连环杀手最令人不安的一点是，几乎每个人都有被杀的风险。即使是再小心的人在连环杀手面前也不能幸免；受害者不需要激怒凶手，甚至不需要认识凶手。"

2007年，一名23岁的弗吉尼亚理工大学的大四学生，在相隔约两个小时的两次单独袭击中，于布莱克斯堡的弗吉尼亚理工大学校园内杀死了27名学生和5名教师，并在打伤多人后自杀。据报道，这起谋杀是美国历史上由一名持枪者造成的最致命的枪击事件。凶手赵承熙（Seung-Hui Cho）被认为是"埃里克和迪伦的殉道者"，即1999年哥伦拜恩中学枪击案的肇事者。赵承熙此前曾因严重焦虑症接受过治疗，但由于联邦隐私法，该大学没有被告知这一诊断结果。这一事件，就像之前和之后的所有类似事件一样，引发了关于美国法律和文化的激烈辩论，特别是对枪支暴力、枪支法律、隐私问题和精神健康问题的讨论。

在美国，校园枪击威胁或暴力事件频发，若未造成严重后果，已经很难引发媒体关注了。2018年1～6月，就在我撰写本文期间，已经发生了23起校园枪击事件，有人受伤或死亡，平均每周发生一起悲剧。下面两起导致重大伤亡的案件的发生，终于引起了全国对校园安全的关注。2018年2月14日，佛罗里达州帕克兰市马乔里·斯通曼·道格拉斯高中发生了枪击案，造成17人死亡，7名青少年受伤。就在3个月后，2018年5月18日，一名枪手在得克萨斯州圣菲高中枪杀了10人，打伤了10人。美国国家以及当地社区将如何应对此类恐怖事件，大家都在拭目以待。

家庭惨案

家庭惨案是指家庭成员被其他家人谋杀。换句话说，家庭惨案是指有多个受害者的凶杀案，凶手的配偶或伴侣以及一个或多个孩子被杀害。与其他大规模谋杀不同的是，受害者是家庭成员，而不是凶手不认识的人。大多数家庭凶杀案凶手都是男性，他们在凶杀案发生后选择了自杀。女性在谋杀家人后，往往也会选择自杀。

发生家庭惨案的主要原因有以下几种：离婚后的监护权纠纷；父亲或母亲希望阻止孩子遭受家庭暴力或性虐待所造成的痛苦；因失业或无力供养家庭成员而产生的羞耻感；其他经济困难；有精神疾病史，包括抑郁症和精神病或情绪障碍。

最近一项针对1976—2007年的杀人案的调查发现，家庭惨案每年大约发生500起。在被自己父母杀害的儿童中，近72%的儿童只有6岁，甚至更小，其中约1/3的受害者是不到1岁的婴儿。这些案件中的凶手，57.4%是父亲，42.6%是母亲。在90%的案件中，凶手是亲父母。这些孩子多因被殴打、窒息或溺水而死。

对于那些有心理障碍、与现实脱节的人，整个世界都是灰暗的，他们自己饱受痛苦折磨，致使他们相信自己的孩子也正在遭受痛苦。于是，凶手可能认为他们在天堂会过得更好。这种谋杀看似出自无私的爱，是为了减轻孩子的痛苦，但却带来了可怕的结果。

精神病让行凶者相信杀害儿童的目的是结束儿童的痛苦，或者让行凶者认为孩子被魔鬼附身了。在第二种情况下，凶手杀死孩子并不是结束孩子承受的痛苦，而是为了消灭恶魔。为了保护他人，这个孩子必须死。

近年来，校园枪击事件的增加令人震惊。防止在校期间的因暴力死亡已经成为一个全国性的讨论话题。

"家庭惨案"也包括杀害父母和其他亲属，如兄弟姐妹、姻亲或祖父母等。弑父是指子女（多数指儿子）杀死父亲的行为，通常与妄想或错误的心理过程有关。其他和家庭谋杀相关的专业术语包括弑子女、杀夫或妻，以及手足相残。

如何减少暴力

"心理操纵"一词被用来描述诱导谋杀和其他杀人行为的因素（见表13-1）。多读几遍这个表格，你会发现很多有趣的地方。第一，思考这些因素对你生活的影响。请注意，这些因素对我们自己和他人的破坏，有时甚至比公开杀人行为更微妙。第二，注意这些因素对社会的影响，它们是如何助长个体之间和群体之间的暴力的。第三，思考一下，这些心理活动对国家冲突的作用，它们是如何导致国家功能失调的。

表13-1　助长暴力的因素

- 任何在生理上或心理上能够将潜在杀手和受害者分开的事物。例如，枪支的使用导致人们将注意力集中在手段（扣动扳机）上，而不是最终结果（个体死亡）上。当凶手认为受害者与自己不同时，就会产生心理分离。
- 任何可以让凶手将谋杀定义为其他事物的行为。例如"以儆效尤""为了全人类的民主和安全""终极审判"或者"消灭恐怖分子。"
- 任何助长"不把人当人看，视人如死物"的事情。当受害者成为"案例""对象"或"数字"时，以及远距离杀人时，如高空轰炸或水下作战时，就会发生这种情况。
- 任何通过责备别人来逃避责任的行为："我只是在执行命令。"
- 任何贬低自己或把自己批评得一文不值的话："既然我觉得我像老鼠，我就得像一个老鼠。我还有什么可以失去的？"
- 任何会降低自控力或有此类效果的东西：如酒精、致幻药物、催眠术、群体疯狂，等等。
- 任何迫使人仓促做决定、不留"冷静"时间的事情。即出现某种情况需要立刻决定开枪还是不开枪，没有思考时间。
- 任何诱使某人觉得自己凌驾于法律之上或法律之外的事件：地位、声望、财富等诸如此类的东西都有可能促使一个人为所欲为，以为杀了人也可能"逍遥法外"。

受害者的言行有时会"鼓励"对方对自己施暴。凶杀调查人员发现，受害者并不总是像最初设想的那样无辜。看一下这个例子：一位男子，他的妻子总是挥舞着一把上了膛的手枪威胁他。而他的反应是："来吧，你最好现在就杀了我。"若他最后真的被杀了，有没有他自己的原因呢？再看一个例子：一个女孩，无意中听到父母吵架，她想劝架，但她妈妈说："没关系，亲爱的，有本事就让他杀了我。"在女孩离家寻求帮助后，她的父亲从另一个房间拿了一把左轮手枪，杀死了女孩的母亲。

调查人员注意到，在家庭冲突中，妻子们会说："你想干什么，想杀了我？"有可能还会扬言："你根本没有那个胆儿。"这些言论都包含了"诱惑和致命的元素"。

没错，受害者有时确实诱使了暴力行为的发生，但在指责受害者时，我们应该谨慎对待。卢拉·雷德蒙强调了这样一个事实：给受害者贴上各种负面标签——坏人、粗心大意、诱惑人的、"交友不慎"，或者"自找的"，否认了每个人都容易受到伤害的现实。指责受害者，虽然不对，但却是一种省事的方法——帮助个体克服自身脆弱感，重新获得个人安全感。如果找到恰当"解释"将受害者的死亡合理化，尽管这些解释可能毫无根据，但似乎有了它们，就有了令人信服的证据，证明类似的遭遇我们绝不会遇到。

比责备受害者更有效的方法是，了解诱发暴力的因素，并采取行动减少我们自己生活中以及整个社会中的暴力行为。无论在家庭里、在社区里，还是在全世界，找到打破暴力恶性循环的方法很重要。

在家庭中传播积极的社会价值观，消除社会隔离感，有助于减少暴力行为。研究表明，当社区居民共同努力创造一个安全有序的环境、当邻居们主动采取措施维护社会秩序时，暴力就会减少。科恩和斯威夫特认为："要想有效预防暴力行为，需要有足够多的人愿意大声疾呼，齐心协力，改变塑造我们生活的结构和方法。"

战争

普通人之间的人际交往中，根据我们的道德和法律准则，杀人是绝对禁止的。然而，在战争中，杀戮不仅被接受，而且可能被视为英勇的行为。战争废除了对杀戮的常规制裁，取而代之的是一套完全不同的传统和道德标准。期望一个人会为自己的国家杀人，必要时，为国家奉献自己的生命，这是战争的必然。正如阿诺德·汤因比所说："战争的基本假设是，在战争中，杀戮不等于谋杀。"

起初，对许多人来说，第一次世界大战不过是一场游戏，几乎是田园诗般的，甚至是庄严而美丽的。当然，这种情绪没有持续多久。战争造成的巨大破坏性影响显而易见，尤其是对欧洲的影响。"一战"被称为世界历史上的转折点。

在达尔顿·特朗博的经典反战小说《约翰尼上战场》中，我们发现了一位"没有胳膊、腿、耳朵、眼睛、鼻子、嘴"的老兵，他设计了一种与外界交流的方式，用头在枕头上"敲打"信息。他要求人们把他带到外面去，让自己成为一个"有教育意义的展品"，告诉人们"战争到底是什么"。他心想："把战争缩影在一个残破的身体上，展示给人们看，那将是一件伟大的事情。让人们看到报纸头条和自由公债驱动下的战争与孤独地在某处泥泞中进行的战争之间的差异，这是一个士兵和榴弹之间的战争。"

在全球，儿童直接参战的国家有20多个。据估计，有20万～30万儿童在武装冲突中同时为叛军和政府军服役。2003年联合国的一份报告显示，这些儿童兵，女孩和男孩都有，被强行招募为战斗人员，他们不仅被剥夺了童年，还经常遭受可怕的暴力。骑士作战的概念，即全副武装的士兵在杳无人烟的山丘或平原上英勇地集体作战，在现代已经被大规模科技战争所取代。

技术异化

回顾阿喀琉斯和阿伽门农史诗般的战斗，或者亚瑟王和圆桌骑士的精彩战斗传奇，又或者中世纪日本武士的战斗时，我们发现，战争被视作英雄史诗。他们尊重对手，与之进行的是"一种形而上学"的斗争。当代战争中，这种骑士精神基本上不复存在。现代战争强调的不是个人的主动性和勇气，而是官僚主义的合作和算计。1984年，吉尔·埃利奥特指出，技术异化是现代机器战争的最典型特征。想想我们今天的技术战是多么的复杂和隐蔽。

直到第一次世界大战，平民才开始被大规模卷入战争。1937年4月，在西班牙内战期间，在对格尔尼卡的巴斯克城镇的空袭中，不分男女老少，大量平民丧生，举世震惊。到第二次世界大战结束时，因战争而失去性命的平民人数甚至超过了参战士兵人数。据估计，"二战"期间各国平民丧生人数如下：英国（7万人），法国（39.1万人），日本（95.3万人），德国（200万人），苏联（770万人），中国（2 000万人）。在最近的伊拉克战争中，据估计平民死亡人数可能占总死亡人数的90%。

早期的战争武器弓箭、枪弹和炮弹有局限性。1945年8月美国在日本广岛和长崎投掷原子弹，自此传统的战争局限性彻底被打破。

> 目标精准定位、瞬时产生巨大影响（大规模破坏）的战争特点意味着城市的选择和受害者的身份都变得完全随机，人类技术已经达到了自我毁灭的高度……在广岛和长崎，"死亡之城"的说辞终于从一个隐喻变成了现实。

在广岛，原子弹落在了城市中心附近，爆炸后释放的热量和辐射一下子吞没了整个城市。一个士兵这样描述爆炸后第二天的广岛：

> 放眼望去，除了一大片烧焦的废墟和残骸，什么都没有了。昔日的广岛哪里去了？……流经这座城市的七条河流布满了尸体、煤烟和烧焦的浮木，黑漆漆一片。整座城市被夷为平地。

人类对这种大屠杀的典型反应是精神麻木。面对大规模的死亡，出于自我保护的本能，人会变得麻木和无情。"喷气式飞机飞行员冷漠地向他们从未见过的人投掷炸弹，根本不在乎炸弹爆炸的后果。""而当我们在电视上看到这样的爆炸时，虽然会有所触动，但只不过是另一种麻木罢了。"

由于爆炸带来的极端恐怖效果，广岛原子弹爆炸被视为历史上对一个城市最严重的攻击。但是，正如沃德·威尔逊指出的那样："在常规袭击中，1945年3月9日—10日对东京的夜袭，仍然是战争历史上对城市最具破坏性的一次袭击。"

面对具有大规模杀伤力的现代武器，我们有必要记住达尔顿·特朗博叙述的那个老兵的故事，他想要成为一个活生生的展品，展示战争带来的毁灭性影响。

在那个故事中，老兵的请求被拒绝了，因为"他是未来的真实写照，而他们不敢让任何人看到未来是什么样子"。死尸、垂死的人、瘦骨嶙峋的人、惊恐的儿童、被摧毁的城市，这些形象似乎不符合早期战争崇高奉献的准则。

向日本投下原子弹那一刻，似乎标志着解除了一切道德约束。战斗人员和非战斗人员之间的区别即使没有消除，也已经变得模糊。根据国际红十字会统计，在现代战争中，90%的伤亡者是平民，包括男人、女人和孩子，他们被杀仅仅是因为"他们阻碍了某些人的战争"。

格伦·弗农指出，"对那些曾被教导不要杀人的人来说，对抗战时的杀戮可能是最痛苦的经历之一"。

士兵的变化

战争有自己特殊的道德标准，使个体在心理上违背了他们过去习得的是非对错观念，无视正常社会的道德准则。战斗人员只要"多多少少遵循公认的准则"，汤因比说，"大多数人就愿意改变他们的道德观念，将战争中的杀戮视为正义"。汤因比指出，战争中穿军装是一个惯例。军装的心理效用在于它"象征着废除了不得杀害同类的道德禁忌：它用消灭敌人来掩盖杀害同类的禁忌"。

也许我们所有问题的根源，即整个人类问题的根源，在于：为了否认死亡这个我们唯一拥有的事实，牺牲生命中所有的美好，将自己禁锢在图腾、禁忌、十字架、血祭、教堂、清真寺、种族、军队、旗帜、国家之中。在我看来，一个人应该为死亡而欢欣鼓舞——事实上，应该满怀激情地去面对生活中遇到的难题，从而迎接自己的死亡。一个人要对生命负责：生命是那可怕黑暗中的小小灯塔。我们从黑暗中来，也终将回归于黑暗。为了我们的后来者，我们必须尽可能高尚地通过这条通道。

詹姆斯·鲍德温

战斗的紧张和过度警觉会产生一种令人上瘾的"快感"。一位参加过海湾战争的海军陆战队士兵描述了开战前一刻的感受：

我们都很害怕，只不过各自表现的方式不同：极端冷漠、假装轻松、故作勇敢。我们都很恐惧，但这并不意味着我们不想战斗。我突然想到，我们将不再年轻……显然，那些所谓的反战电影没起作用。现在，我要进入最新的战区了。

另一位退伍老兵乔尔·巴鲁克说："性格和情绪的变化根源于战场的特殊氛围。这些变化非常狡猾，让人防不胜防，以至于很多人发生变化而不自知。"战争规则会改变人的想法和个性。下面是巴鲁克对他在战场上第一次遭遇死亡时的描述：

他，已死去多时。双眼大睁，空洞无物。嘴角处还残留着血渍。胸口被射出两个大洞，右腿没了一半。这是我在战场上遇到的第一个死人。这个人已经毫无生命迹象，就在不久前，这还是一个鲜活的生命，心脏还和正常人一样以 70 次/分钟的频率跳动。听到死亡是一回事，目睹死亡发生完全是另一回事。我走到最近的一棵树前，呕吐不止，感觉胃都要吐出来了。

然而，下一次在战场上看见伤亡时，巴鲁克开始怀疑自己是否已经变得麻木不仁、冷酷无情："即使是战友的死亡我也变得无动于衷，而且，我否定自己有可能死掉。"

因为生活的社会环境不同，我们每个人的行为方式也会不同。和亲戚朋友之间相处的行为模式与和陌生人或商业伙伴之间相处的行为模式存在很大不同。通常情况下，这种差异很微妙，很少会有交集。然而，对于战斗中的士兵来说，如果价值观存在矛盾，则需要具备这位老兵所说的"更彻底的'精神分裂症'"。

身处战场，你真的不记得回归一个憎恨杀戮的社会会有什么感觉。而且，当你回到家，除了做噩梦，你可能也不记得战争时的事情了。

一位曾在伊拉克战争中与第一步兵师并肩作战的士兵说："我认为无论出于什么原因，我们都不应该在那里打仗，但是……当战争真正发生的时候，当你不得不与某人互相开枪时，已经与政治无关了。想成为英雄和爱国情怀可能是穿上军装的原因，但在战斗中，活着可能才是重点。"

当社会对他们参战提出质疑时，他们经常用爱国主义、为国家而战的英雄主义、保卫他们所珍视的东西来为自己辩解。然而，听到那些亲自拼杀过的人说话，我们看到了一种完全不同的价值体系在起作用。他们就是为了生命在战斗。

应对战争后果

离开战区或者退伍，不一定能够解决参战人员因战争产生的创伤。他们可能会做噩梦，回忆起曾经带给他们创伤的事件。许多老兵都经历过麻木、易怒、抑郁、无法与人正常相处等问题，还有幸存者因别人没能活下来而感到内疚。

在第五版《精神障碍诊断和统计手册》中，创伤后应激障碍被列入创伤和压力相关障碍的范畴，用以描述相关症状，又被称作延迟悲伤综合征或创伤后悲伤障碍。创伤后应激障碍在第一次世界大战期间被称为炮弹休克症，在第二次世界大战期间被称为战斗疲劳症，在越南战争之后，越来越多的人认识到创伤后应激障碍的严重性。

精神病医生乔纳森·谢伊发现，现代战争中老兵经历的悲伤和愤怒，与荷马在《伊利亚特》中描述的三千年前特洛伊战争中的战士经历的症状类似。在《伊利亚特》中，阿喀琉斯在得知他的朋友普特洛克勒斯战死后，在狂怒中犯下骇人听闻的暴行。谢伊说："技术有了变化，人类的思想、情绪和灵魂却没有变化。"谢伊同时指出，从《伊利亚特》中学到的一个教训是，应该允许士兵为牺牲的战友哀悼："把战士的尸体从战场上偷偷带走，装在黑袋子里送回美国的太平间，不允许战友悼念逝者，这对幸存者是一种极大的伤害。"

战斗留下了难以消除的回忆。战火结束后，大脑必须对几乎无法理解的战争事实进行整理。一名直升机炮手第一次看到敌军的尸体后，告诉他的朋友们，不要再吹嘘自己造成的伤亡率高了。他说："当你看到他们的脸，看到鲜血从伤口中流出，你就不会这么说了。"

退伍军人管理局有一个词来形容这种感觉：道德伤害。即使杀戮在战争中是必要的，但夺走他人生命依然是被强烈禁止的，不管什么时候，杀人都是违背常理的。

美国退伍军人事务部报告称,创伤后应激障碍的发病率因作战情况而异。在从"伊拉克自由行动"和"持久自由行动"归来的退伍军人中,11%~20%患有创伤后应激障碍,而在海湾战争(沙漠风暴)和越战中约12%的人被诊断为创伤后应激障碍。早期报告显示,军队对患有创伤后应激障碍的退伍军人的需求反应迟缓。另外,退伍军人会把心理健康问题视作耻辱,这种感觉会阻碍他们寻求帮助。目前,人们已经在努力消除这种羞耻感。退伍军人回国后,往往会发现"公众对他们参与的战争并不关心",这加剧了他们的孤独感和疏离感。心理健康专家正在努力寻找传统和非传统的方法来帮助患有创伤后应激障碍的退伍军人。冥想、百里"最后巡逻"走、蒸桑拿、参加纪念舞会,以及其他传统和新奇的活动,都有助于一些退伍军人接受他们的经历,走出战争创伤。在爱达荷州有一个飞蝇钓鱼营,非常独特,营地的名字叫作"飞蝇垂钓康复计划",旨在帮助遭受严重脑外伤的退伍军人恢复身体技能,重新找回信心和独立,融入他们的社区。一些伊拉克退伍老兵参加了这个项目。在去营地前,治疗师会咨询每一位老兵,帮助他们确定目标并制订相应计划。之后,他们对这些退伍军人进行了为期3年的跟踪调查。通过学习,这些退伍军人找到了引发他们压力的原因,也知道了如何通过娱乐来缓解压力。一位老兵说:"我失去的一切,他们10倍地偿还给了我。"

除了创伤后应激障碍和其他精神健康问题,成千上万的退伍军人带着灾难性的伤害返回,如没有了双肢,有的只留下了一条胳膊或一条腿,也有人遭受了严重的脊髓损伤。简易爆炸装置导致脑外伤的增加,这已经被视为这些战争的"标志性伤害。"

军人家属付出的代价无人问津。回忆起她作为海军陆战队军官妻子的经历时,玛丽安·诺瓦克说:"我看着我的丈夫为战争而训练;我等了13个月,期望他能从战场回来;但15年过去了,我只等回了他的遗体。"战争造就了一支由配偶、子女、父母和朋友组成的"幽灵军队",这些人在家里隐形服役。李·伍德拉夫的丈夫在伊拉克战争中受了重伤,她这样说:

> 当人们安慰我时,总是会说"任何事情发生都是有原因的",或者"上帝不会让你承受更多的苦难了",每当听到这些话,我就怒不可遏。这样的

安慰和问候没什么差别，我所承受的一切都被轻飘飘的一句安慰带过了。

"附带损害"不仅包括发生在战区的平民死亡，也包括因战争而受伤或死亡的军人家属遭受的痛苦，以及战争带给他们生活的灾难。

位于华盛顿特区的"越战纪念碑"上镌刻着 5.8 万多名越战中阵亡者姓名，如今这座纪念碑已经成为一堵"哭墙"，经常有阵亡者亲友以及幸存老兵来此吊唁。许多参观者留下了纪念品，从纪念碑落成后不久就在其底部发现了旧牛仔靴、泰迪熊、棒球帽、剪报、日记和沾有泪水的信件等。在最早的信件中，有一封是一位陆军中士的母亲留下的，当时距她儿子离世已经过去 15 年了。在信中，她描述了第一次找到儿子名字的情景：

找了大约半个小时后，你父亲平静地对我说："亲爱的，在这里。"我看向他手抚触的黑墙位置，看到了你的名字：威廉·R. 斯托克。

我的心似乎停止了跳动，呼吸似乎也停止了。一切就像一场噩梦。我感觉自己好像冻僵了。牙齿直打战。上帝啊，太痛苦了！

战争与和平

关于战争和恐怖主义威胁，威尔顿·S. 狄龙写道："理解并不意味着原谅和忘记，而是一种方法，通过真正地了解自己和他人，为我们制定策略提供信息，同时准备发动战争，最终实现和平。"

战争被定义为对立势力之间的敌对冲突，每一方都认为自己的切身利益受到威胁，并试图通过武力控制对方。在 19 世纪关于战争的经典著作《战争论》中，作者卡尔·冯·克劳塞维茨认为战争是政治政策的延续，是政治的又一种手段。约翰·霍根说，"战争一旦被发明出来，就成为一种传统、一种习俗、一种习惯，以及它自己的起因"。

人类可能有一种天生的倾向，习惯将世界分为"我们"和"他们"。

从一开始，在大脑中还没有武器概念时，我们就创造了敌人。我们

生命中最惨痛的丧失是在战争中痛失亲友。位于华盛顿特区的越战纪念碑承载了个人和国家的伤痛。对于老兵以及其他幸存者，这种痛苦深入骨髓。参观者对着刻在纪念碑上的名字陷入哀伤。黑色墙壁倒映出参观者悲伤的身影，凸显了失去亲人对个人的影响。

"想"把别人杀死，于是发明战斧或弹道导弹来真正杀死他们。宣传走在技术前面……除非我们理解政治偏执狂的逻辑，理解为我们的敌意辩护的宣传过程，否则我们似乎不太可能在控制战争方面取得重大成功。

丹尼斯·克拉斯是一位研究悲伤以及丧亲者与死者之间持续联系现象（详见第九章）的专家，他指出，这种联系并不总能带来和平与和谐。"我们只需要看晚间新闻，就能看到与死者的联系在漫长而痛苦的战争中扮演着不可或缺的角色。"

与他人一起对抗共同的敌人，创造了一种集体感和归属感。通过对新闻报道的分析，德布拉·恩步森和克里斯廷·亨德森就媒体报道如何在极力否认死亡的同时，赢得公众对战争的支持上提出了四个主题：（1）利用修辞手法，让读者忽视死亡，并鼓励否认死亡的事实；（2）官方拒不承认应对战争伤亡负责，并向公众保证死亡人数将减至"最低"；（3）发表言论，让公众为战争中的死亡做好准备，把死亡看作正义行为；（4）拒绝公布战争的真正死亡人数，信息模棱两可。

一旦我们对其他人怀有敌意，即使是模棱两可的行为也可能被视为威胁。当我们采取行动保护自己免受这种感知到的威胁时，他们的反应证实了我们最初的假设（见表13-2）。然而，有时我们对敌人的感知是正确的，认识到这一点很重要。萨姆·基恩说:"除了理想国,哪里都可能有真正的敌人。认为合理思考、良好意图和更好的沟通技巧就可以化敌为友,这未免过于天真,无异于自我保护的奢望。"不过,最好还是尽量"不造成伤害",换句话说,"无论我们做什么,都不应该把情况变得更糟"。

表 13-2 敌人形象

- 敌人是陌生人。"我们"对"他们"。
- 敌人是侵略者。"善"对"恶"。
- 敌人是身份不明的人。"人类"对"没人性的野蛮人"。
- 敌人是上帝的敌人。为了神灵而战,"神圣"对"邪恶"。
- 敌人是野蛮人(对文明造成威胁,异教徒或者无宗教信仰者)。
- 敌人是"野心家"(想要称王称帝)。
- 敌人是罪犯、施暴者和酷刑者(无政府主义者、恐怖分子、不法分子)。
- 敌人是施酷刑的人或虐待狂。
- 敌人是强奸犯,亵渎妇女和儿童("女人是诱饵和战利品")。
- 把敌人视为野兽、爬行动物、昆虫、细菌("准许消灭")。
- 把死亡视为敌人("最大威胁")。
- 敌人是值得尊重的对手("英雄事迹和骑士精神"),例如阿喀琉斯和阿伽门农史诗般的战斗、亚瑟王和圆桌骑士、中世纪日本的武士。

从象征意义上看,战争允许我们通过杀死敌人(即死亡)确认自己的不死。这和一些宗教宣传的信仰不谋而合,即在战斗中倒下的战士会直接去英烈祠或天堂。基恩说:"战争带来了死亡,既让人恐惧,也让人狂喜。"

骇人的死亡

丹尼尔·莱维顿和威廉·温特用"骇人的死亡"一词来描述"一种早逝形式,这是一种人为的、丑陋而粗暴的、完全没有必要的死亡,正如他们所说的色情文学,毫无社会价值。通常会导致大量人死亡"。这种死亡通常由战争、谋杀、大屠杀、恐怖主义、饥饿和环境污染造成,典型的骇人的死亡包括杀人、致残、伤害和折磨致死,或以其他方式摧毁另一个人。这些行为往往由受辱个体实施,他们的身份从受害者转变为了犯罪者。莱维顿说："关于骇人的死亡的概念，涉及可预防的死亡和预防的过程。既要解决原因，也要解决症状。"要消除或至少减少"骇人的死亡"，首先就是要正视"否认死亡事实的愿望"。莱维顿进一步指出：

> 假设濒死和/或死亡的类型或方式越可怕，人们对死亡的恐惧就越大；恐惧越大，否认就越激烈；越是不承认，采取行动消除造成这种痛苦死亡根源的机会就越小。

核毁灭的威胁就属于这一类。放射性尘埃掩体和学校"卧倒—藏好"训练现在被视为过期的残余。许多人认为，随着冷战的结束，核毁灭的威胁也消失了。斯蒂芬·扬格对这种看法给出了一个理由：

> 很大一部分美国人（包括许多国会议员）是在冷战结束后成长起来的。对他们来说，核武器是时代的错误，是历史书上或电影里才能看到的冲突遗留下来的东西。

有时，就像核威胁一样，骇人的死亡被视为异常或反常，但这意味着现在和未来的几代人将付出巨大的成本。

新型传染病

"Pestilence"（瘟疫）一词源于拉丁语"plague"。最早出现在14世纪。当时黑死病肆虐欧洲，残酷恐怖的主题在文学作品中变得很常见，比如杰弗里·乔叟的《宽恕者的故事》（*The Pardoner's Tale*）。今天，新型传染病再次出现，对人类的威胁不亚于黑死病（传染病是指迅速传播的疾病或症状，而大流行是指大范围内广泛传播的疾病）。

1918年，由一种流感病毒引发的传染病席卷全球，全世界多达4 000万人死亡。当时在美国，1/4的人口感染了流感，超过50万人死亡。当时恰逢"一战"，成千上万的年轻人登上军舰离开美国，他们中许多人刚刚患上流感。在大西洋上航行一周后，军舰抵达法国，船上生病军人达到了数百名，还有很多人死在了途中。

在20世纪早期，传染病是主要的死亡原因之一，流行性传染病造成了全球性的灾难。此后，由于公共卫生和医学方面的巨大进步，发病率和死亡率大大降低，以至于许多人变得过于自信，无视传染病的威胁。然而，病毒学家担心，会出现比1918年的流感病毒更大的威胁。

根据世界卫生组织的定义，"新发疾病"是指首次出现在人群中的疾病，或者以前可能存在但现在发病率或传播范围迅速增加的疾病。这些新发和再次出现的流行病对全球卫生安全构成持续威胁。禽流感和其他形式的流感、裂谷热、SARS（严重急性呼吸综合征）、冠状病毒感染、天花和病毒性出血热发烧（埃博拉、马尔堡、拉萨、克里米亚-刚果出血热等），我们需要时刻警惕这些疾病。

艾滋病（获得性免疫缺陷综合征）可能是一个预兆，未来几十年还会有其他新发疾病威胁全世界人类健康。联合国的一份报告显示，艾滋病是有史以来最具破坏性的流行病之一。2016年，全球约有3 670万人感染艾滋病，其中约210万人年龄在15岁以下。据估计只有60%的人知道这种病。撒哈拉以南非洲地区受影响最严重。据预测，自艾滋病出现以来，约有3 500万人死于与艾滋病有关的疾病。在美国，从2008年到2014年，新感染艾滋病毒的人数下降了18%。据预测，美国有110万人感染了艾滋病毒。异性恋者、同性恋者和双性恋者的感染比例在下降，降幅最大的是注射毒品的人群（下降了56%）。

如何应对艾滋病

在20世纪80年代，对很多人来讲，艾滋病就是死亡的代名词：一种可怕的疾病，具有传染性和流行性，是一种现代瘟疫。从历史的角度，查尔斯·罗森博格这样评价艾滋病：

> 死亡是我们身体的一部分，是生活的必然结局，也是我们在这颗星球上

的归宿。艾滋病以及其他流行病，无一不在提醒我们终将走向死亡。

20世纪90年代，罗伯特·卡斯滕鲍姆在反思时写道，艾滋病的象征意义代表了早期濒死最糟糕的状态：毁容、痴呆、骨瘦如柴。艾滋病具有多重含义，表达了人类虚荣与骄傲、神的惩罚、来自人体内敌人的攻击、对生的渴望、对死亡的无能为力、在辉煌而美丽的青春时期必死的结局。

早期，在对公众进行教育时，重点强调了艾滋病和导致艾滋病的人类免疫缺陷病毒（HIV）之间的区别。虽然通过血液检测可以筛查HIV感染，但感染病毒的人通常直到多年后出现明显症状时才意识到。感染HIV病毒后，是如何发展到艾滋病的，目前还不完全清楚。但几乎所有HIV感染者最终都会患上艾滋病，这一点基本达成共识。近年来，在美国，受艾滋病影响最大的是非裔美国人和西班牙裔美国人。2016年，非裔美国人占美国人口的12%，但在艾滋病诊断人数中占比达44%。西班牙裔/拉美裔人占美国人口的18%，艾滋病诊断占比为25%。

带着艾滋病生活

20世纪90年代中期，在美国，由于公众对艾滋病的了解、医疗专业人员之间的交流以及治疗的进步，感染艾滋病毒或患艾滋病后，死亡不再是必然的结局。一些感染艾滋病的人发现，在他们耗尽或放弃所有资源，以为会很快死去后，却发现他们还有很多年的生命。

2018年，对美国艾滋病患者来说，是充满希望的一年。虽然艾滋病是一种严重的疾病，但许多人正通过抗反转录病毒治疗（ART）来控制自己的病情，以减缓艾滋病的发展，保护自己的免疫系统。和几年前相比，很多艾滋病患者不再觉得自己得病是一件丢人的事，也更愿意参加面对面和在线支持小组。这些团体不仅提供精神支持，还开设论坛，就生活、医疗、法律和经济问题交流信息。在全球范围内，艾滋病情况正在缓慢改善，2017年有2 090万艾滋病毒感染者接受了抗反转录病毒治疗，与2010年接受抗反转录病毒治疗的750万人相比，向前迈进了一大步。

艾滋病提醒我们，传染病仍然是一种威胁，人类仍然没有把握彻底打败流行病。面对传播方式未知的新疾病时，人们难免变得焦虑和恐惧。随着最初的恐慌消退，深思熟虑、采取有益措施是关键。

新兴疾病的威胁

在共同了解和应对艾滋病的过程中，我们学到了哪些教训？最重要的有三点：(1)及早诊断高风险人群；(2)重视社区和公共卫生；(3)必须关注全球健康问题。近几十年来，出现了一些地方性流行的新发疾病，其中许多与出血热病毒有关，如马尔堡病毒、埃博拉病毒、拉沙病毒、汉坦病毒，以及黄热病、猪流感（H_1N_1病毒）、军团病（军团菌）和霍乱。巴黎巴斯德研究所的伯纳德·勒格诺说：

> 出血热病毒是颇具威胁性的新发病原体之一。它实际并不是新病毒。已知病毒突变或基因重组可以增加毒性，虽然看起来是新的病毒，但通常已存在了数百万年，只有当环境条件发生变化时才会暴露出来。这种变化导致病毒能够在宿主体内繁殖和传播。于是，新的疾病就有可能显现出来。

圣迭戈海军医疗中心的流行病学家帕特里克·奥尔森推断，根据雅典将军兼历史学家修昔底德的报告，公元前430年袭击希腊雅典的瘟疫是由致命的埃博拉病毒（以刚果的一条河命名）引起的。奥尔森发现对那场瘟疫的描述和现代的埃博拉病毒有很多相似之处，主要症状均为发烧、腹泻和严重虚弱。和雅典瘟疫一样，几乎所有感染埃博拉病毒的人都很快失去了生命，大多数感染者会在两周内死亡。埃博拉病毒的暴发通常只持续几周，因为感染者死亡的速度比传播病毒的速度快，病毒会消失一段时间，之后又会卷土重来。

为了更好地理解人与瘟疫之间的相互关系，流行病学家通过研究虚拟网络游戏中的"疫情"暴发情况来收集数据。在线游戏"魔兽世界"中，一种类似病毒的传染病可以导致游戏中的人物死亡，流行病学家研究了玩家在无意中遭遇瘟疫时的风险反应,以获取人类在面临威胁时的行为信息。

在研究新兴疾病在城市社会的传播过程中,罗德里克·华莱士和德博拉·华莱士得出结论,身体功能紊乱和社会的破坏为传染病快速传播提供了生理和环境条件。一些城市中心的废弃导致了两位华莱士所说的"城市沙漠化"或"社会死亡学"。对于城市内部地区的破坏和崩解,有人这样描述,"在一个现代工业化国家中,除了全面战争的后果,这种破坏和解体是前所未有的"。对于弱势群体,重点市政服务的欠缺导致出现了美国疾病控制和预防中心的理查德·罗森伯格所说的"危险行为的转移"。

一些专家认为,许多病毒存在于禽类身上时是无害的,偶尔会感染猪,在猪身上会转变成一种新的可以感染人类的病毒形式。由于失去了天然宿主,一些微生物开始在人类身上寄居,但在人体内无法达到平衡状态。"正如我们看到的埃博拉和艾滋病病毒",威廉·克拉克说,结果"可能是灾难性的"。自从青霉素问世以来,人们对传染病防治变得过于自信,认为流行病不再是威胁。艾滋病的流行表明,过于自信是不明智的。

创伤性死亡

就创伤(trauma)一词词根的含义而言,创伤被定义为伤口,身体被刺破。在心理学术语中,创伤指的是由严重的精神或情绪压力导致的心理或行为上的紊乱状态。杰弗里·考夫曼说,人类对创伤的反应是"自我凝聚力被击垮,出现多种症状,并对生活诸多方面重新定义的结果"。本章中的多个主题都涉及创伤性死亡,包括灾难、杀人、种族灭绝、战争、恐怖主义和流行病,以及在前几章中讨论的主题,如自杀(见第十二章)。

创伤性死亡通常具有多种特点,如突发性和缺乏预料性,可预防性和/或随机性,暴力、伤残和破坏程度,以及多人死亡的事实。莉莲·兰奇说,这样的死亡"非同寻常,具有亲身经历的特点,会给个体生存和自我保护带来威胁"。简而言之,创伤性死亡摧毁了我们的假设世界。兰奇指出,其结果是"个体面对自己的死亡,认识到自己作为物质生命的脆弱性"。

风险和危机——灾难、暴力、杀人、战争、恐怖主义、流行病——影响着我们的日常生活。死亡的到来，有时很隐蔽，无从察觉，而有时又很明显，需要我们采取行动来应对。正是因为未能找到适当的方法应对死亡，死亡才对社会以及个人的生存构成威胁。

14
第十四章

超越死亡/来世

图为印度教湿婆神的宇宙之舞，千变万化的舞姿中，宇宙不断诞生，又不断地毁灭，体现了生与死之间的基本平衡，即表象背后的真实。作为舞蹈之王，湿婆一只脚踩在愚蠢的恶魔身上，另一只脚正准备踏出下一步。

© LACMA-Los Angeles County Museum of Art

人死后会发生什么？

不同的人有不同的回答，有人会立刻说："死了就是死了，一了百了！"也有人认为："经历轮回转世，在另一个身体里重生。"或者说："死后去天堂。"每一种回答都代表了人类对存在意义的特定理解。关于死后生命，有多种信念，有人认为死亡意味着结束，有人觉得死后"灵魂"或"自我"以某种方式继续存在。"死后会发生什么？"关于这个问题，人类自有意识起，就一直在寻找答案。

我们研究古埃及人的死亡习俗，发现了一种专注于为来世做准备的丧葬文化。肉体会消失，但在肉体里面，包含有两种有不朽的元素：Ba 和 Ka。Ba 指灵魂，Ka 指代表了生命的创造和持续的力量。人死后，Ka 到来世，而 Ba 留在身体里。作为灵魂的永久居所，逝者遗体被做成木乃伊，装入木棺保存，也可以选择石棺或石灰石棺材。为灵魂 Ba（通常被描绘成一只鸟，盘旋在死者上方）提供一个家，确保逝者能享受来世。然而，如果灵魂被摧毁，逝者就会遭受"第二次死亡，即真正死亡，魂飞魄散"。因此，保存实物形态，如木乃伊或雕像，是来世生存的必要条件。

对永生（即肉体死亡后的生存）的关注，与对生命的意义以及由此引发的问题（一个人要怎样生活？）其实是同类问题。对这些问题的回答反映了一个人对人类经验和现实本质的价值观和信念。安德鲁·格里利说过："我们生来就有两种不可治愈的疾病：一种是向死而生的生命；另一种是希望，它告诉我们，死亡也许不是终结。"

对人类来讲，死亡是一个十分微妙的话题。鲍勃·迪伦说，他的专辑《心灵终止》(*Time Out of Mind*)的评论家们都知道，这张专辑是关于死亡的，但没有一个评论家觉得和自己有关。迪伦说，就好像"任何评论这张专辑的人都得到了永生，只有唱片歌手没有"。我们的人生观会影响我们对死亡的看法。另一方面，我们对死亡及其意义的理解影响着我们的生活方式。

苏格拉底说过："没有自省的生活不值得过。"这里的自省包括一个人对死亡后果的探索。伯特兰·罗素讲过一个故事，恰当地描述了人们对死后生存信念的矛盾心理：一位女性，她的女儿刚刚去世，有人问她，她觉得女儿的灵魂去哪里了。她这样回答，"我想她正在享受永生的幸福，但我希望你不要谈论这个令人不愉快的话题"。

我们理解生与死的目的的方式常常受到宗教信仰的影响，无论是我们自己的信仰还是我们社会中占主导地位的信仰。皮尤研究基金会在全美范围内进行的一项大规模调查发现，2014 年，约 70.6% 的美国人自称为基督徒，其中 20.8% 的人是天主教徒。在非基督教信仰中，犹太教徒占 1.9%，穆斯林占 0.9%，佛教徒占 0.7%，印度教徒占 0.7%。在被调查者中，22.8% 的人认为自己没有宗教信仰，3.1% 的人认为自己是无神论者，4.0% 的人认为自己是不可知论者。剩下的选择是"没什么特别的"或"我不知道"。

探索永生的信念可能不会让你更容易接受死亡，也没有必要一定非得如此。毕竟，并不是所有人都期待永生。然而，这样的探索有助于形成一种更连贯的生死哲学，使希望和感知之间取得一致成为可能。即使我们已经建立了一种信仰体系，接触其他观点不仅能帮助我们理解人们对死亡的不同反应，也有助于坚定我们自己的信仰。在本章中，我们将通过研究东西方文化对"死后会发生什么"这个问题的回答，来探讨死亡的意义。了解不同人对这个问题的回答，有助于我们进一步思考对人类的终极关怀。

关于来世的传统观念

人死后生命仍以某种形式存在的观念是人类古老的观念之一。在远古的一些墓穴中，考古学家发现了手脚被捆绑成胎儿姿势的骨骼，这很可能表明人们相信死后会重生，以其他形式继续存在（重生，即以不同形式继续存在，一直被认为是"宗教史上最持久的来世形象"）。在古代社会，死亡代表着状态的改变，从生者国度到死者国度的过渡。

> 奇妙的是，自从创世以来，已过去了五千年，但至今仍没有人确定人死后灵魂曾经现身。所有证据都表明这是子虚乌有的事，但在所有的信仰中，灵魂都是真实存在的。
>
> 詹姆斯·鲍斯韦尔，《约翰逊传》(Life of Johnson)

人死后会发生什么？对于这个问题，很多信仰都包含一个关键特征：审判。例如，在夏威夷人关于来世的传统信仰中，有一种观念认为，冒犯了神或伤害了他人的人将遭受永恒的惩罚。卑劣的灵魂将变成孤魂野鬼，"永远无家可归，永远挨饿"。祖宗神灵有权力惩罚或奖励被释放的灵魂，甚至把它们送回身体。当一个人既没有亲人来照顾他的遗体，也没有祖宗神灵的守护，帮助他找到通往灵魂世界的路时，不幸就会发生。生前值得尊重的人死后依然受欢迎，而那些做了坏事但不知悔改的人则会受到惩罚。对夏威夷人来讲，一生行善积德的回报就是，死后可以和自己的祖先团聚。

要想理解这种永生观点产生的意识形态，就必须暂时把西方文化中的自我概念放在一边。不强调个人身份和自我，群体认同是一种包罗万象的心态。家族、氏族、民族代表了集体意识凝聚之地，个人的思想和行为都包含在其中。因此，传统信仰不太关心个人的生存，而更关心社区及其共同传统的延续。在群体的生活中，个体是群体最终命运的一部分，而群体命运是超越死亡的。

犹太人关于死亡和复活的信仰

虽然《圣经》对待死亡很严肃，但它并没有提出一个关于死亡或来生的神学系统。圣经故事介绍了一群专注于共同命运的人。每个人都是一出正在上演的戏剧中的演员，他们的结局最终都在耶和华的预言中应验。这群人信念坚定——相信以色列人民是一个有着共同命运的团体，相信耶和华，他给予的承诺将在神圣计划中实现。例如，先祖亚伯拉罕弥留之际，他最后的愿望是希望他的后代能存活下来，因为他许愿了，所以愿望得以实现。圣经中的英雄们一个接一个重申了以色列的共同命运，亚伯拉罕异象再次出现。在这个命运做出贡献的过程中，正义的人作为整体的一部分延续生存。"根据犹太人的传统，我们的生命是由我们的行为和我们是否充分发挥了自身潜力来决定的。"

> 树若被砍下，还可指望发芽，嫩枝生长不息。
> 其根虽然衰老在地里，干也死在土中；
> 及至得了水汽，还要发芽，又发枝条，像新栽的树一样。
> 但人死亡而消灭，他气绝，竟在何处呢？
> 海中的水绝尽，江河消散干涸。
> 人也是如此，躺下不再起来，等到天没有了，
> 仍不得复醒，也不得从睡中唤醒。
> 　　　　　　　　　　　　《圣经旧约·约伯记》（14:7–12）

在约伯遭遇苦难的故事中，死后几乎没有生还的可能性："云彩会消散，同样，人死也不能复生。"顺从死亡的观点在很多凝结了人类智慧的书籍中多次出现，包括《箴言》《传道书》和一些赞美诗，这些都体现了古代希伯来圣贤对人类命运问题的思考。之所以倡导正直行为，是因为它能促进当下生活的和谐，而不是因为它能保证个人将来得到回报。

但从约伯时代到后来的先知时代，人们对死亡的看法逐渐发生了变化，从听天由命开始转向充满希望。在一些先知（如但以理和以西结）所写的启示录或预言著作中，我们发现了一些关于身体复活的思想线索。在但以理设想的未来中，"沉睡的"逝者必会苏醒，"有人得永生，而有人永世受罚"。希伯来先知对死亡看法的这一发展极大地影响了基督教神学理论。总的来说就是，这种观念坚信"在时间尽头，死者尸体从坟墓中复活"。

随着时间的推移，希伯来语单词"She'ol"的含义也发生了变化，从中也可以看出一些端倪。在早期，"She'ol"用来指所有逝者的归宿——阴间，一个到

处是鬼魂的地方（类似于希腊神话中的地狱）。在一个关于巫术的故事中，扫罗国王要求恩多女巫召唤死去的先知撒母耳的灵魂。当扫罗国王问女巫看到了什么时，她回答说："我看见一个幽灵正从阴间出来。"随着对这些概念的进一步细化，阴暗的地下世界被分为两个截然不同的领域：地狱和天堂。

总的来说，虽然在先知的著作中出现了关于身体复活的说法，但人类作为一个不可分割的心理生理统一体，这一本质认识并没有被改变。惠勒·罗宾逊说："在希伯来文中，个人是作为一个有生命的实体而存在的，而不是显形的灵魂。"换句话说，并不是说灵魂拥有一个身体；相反，是身体具有了生命。身体和灵魂共同构成完整的人，哪一个都不能被单独抽取出来。

《圣经》中一直传递的观念似乎是："我们因上帝而存在，如果有来世，是上帝的恩赐。为什么要担心死亡呢？关键是活着时要正直。"以色列的信仰是通过minyan（举行正式礼拜仪式的法定人数）、诵读kaddish（一种对上帝的赞美仪式，是一种"纪念祈祷"）以及shivah（正式哀悼时间，一般为7天）等习俗来维持的。kaddish是一种由阿拉米语写成的赞歌，本质上是一种誓约，即活着的人许诺把自己的生命奉献给生命之神。悼念者会在人死后的第11个月和周年祭时吟诵kaddish赞歌。在犹太教，传统的哀悼仪式帮助死者家属正视死亡的现实，给予死者荣誉，并对逝者生前的一切再次给予肯定。

古希腊人的永生概念

人死后会发生什么，对此古希腊人有很多不同看法。但总的来说，来世对希腊人并没有什么吸引力。冥界，通常被描绘成一个阴暗的地方，住着没有血色的幽灵，到处充斥着绝望。希腊戏剧中的英雄常被描绘成与死亡抗争的形象。

在雅典民主时期，重要的是城邦的生存，城与邦共存亡。个人的不朽只有在影响到社会的存在时才重要。一个人可以通过做一个好公民，即为公共事业奉献自己，来实现社会不朽，因为整个社会都会铭记一个人的英雄事迹，使其英勇行为流芳百世。

> 英雄死后被世人铭刻在心间，他们的名字并不是只存在于故乡的纪念碑上，在故土以外的地方，人们胸中都铭记着他们的无字丰碑。英雄永远活在人们心

> 中，而不是刻在石头上。
>
> 修昔底德《伯罗奔尼撒战争史》

在早期希腊哲学家中，大多数人把生与死视作一个永恒变化的主题。他们通常认为，灵魂非常重要，在人死后会以某种方式继续存在，但他们并不认为灵魂是一个独立存在的实体。如果类似"灵魂"的东西在人死后继续存在，那么它就会与宇宙物质融为一体。

后来，毕达哥拉斯指出，人生前的行为决定了人死后灵魂的命运。通过磨炼和涤罪，可以影响轮回转世，也就是说，在一次次的生死轮回中，灵魂从一个身体或状态迁移到另一个身体或状态，最终与神性或宇宙物质相结合。这些信仰来源于古希腊的奥尔甫斯神秘宗教（献身于英雄奥尔甫斯，强调净化和来世的思想），其渊源可以追溯到对希腊酒神狄俄尼索斯的崇拜。

一个人生前的行为在某种程度上会影响来世的命运，这一观点与主流观点形成鲜明对比。当时的主流观点认为，不管生前行为如何，都会无差别永生。最终，基督教盛行之前，毕达哥拉斯及其追随者的信仰被广泛接受，但形式上发生了一些变化。在基督教发展的最初几个世纪中，正义行为和永生不朽之间的关系得到了进一步的完善。

苏格拉底指出，越来越多迹象表明，以公共利益为基础的社会不朽的观点正逐渐被死后个体可能存在的信仰所取代。尽管苏格拉底明确指出了灵魂在肉体死亡后仍能存活，实际上，他的看法依然不明确。临终之时，他表达了自己希望死后与伟大灵魂交流的期待。但在《申辩》中，苏格拉底指出，死亡要么是永恒的幸福，要么是无梦的睡眠。在《斐多篇》中，柏拉图提出了许多"证据"，证明灵魂是永恒的，并且在死亡时灵魂会从肉体中解脱出来。这种说法强调了肉体和灵魂的二元论，并区分了它们各自的命运：因为身体必死，所以容易腐败；而灵魂是不朽的，因此不会死亡。

> 不要随意谈及死亡，我求求你，哦，伟大的奥德修斯。宁愿在人世间做他人奴隶……也不愿去做鬼魂聚集之地唯一的国王。
>
> 荷马，《奥德赛》

> 若生前是一个真正的哲学家，那临死时，他应该感到高兴，因为死后，在另一个世界，他有希望获得巨大的好处……因为真正的哲学信徒……毕生都在追求死和濒死。如果这一切都是真的，一生都在渴望死亡的降临，在一直追求和渴望的东西的到来时，他有什么可抱怨的呢？
>
> 柏拉图，《斐多篇》

基督教的来世观

犹太和基督教的重要思想有两个主要前提：第一，"人类是由尘土和上帝的气息混合而成的生物"；第二，他们是以上帝的形象被创造出来的，拥有超越其有限地位的命运——一种高贵尊严。在《圣经新约》中，有关死亡和死亡的著作均源于犹太传说，以耶稣的死亡和复活为基础。耶稣的生、死和复活是基督徒的终极信仰，而基督的复活根基在于信徒的虔诚和忠心。奥斯卡·卡尔曼写道，只有真正正视死亡的人，"才能理解最初基督教团体的耶稣复活的狂喜，才能理解复活信仰支配了《圣经新约》的整个思想"。在使用"正视死亡"这一说法时，卡尔曼将基督教的复活观与不朽永生的观点做了对比，后者"只是一个否定的断言：灵魂不会死亡"。然而，复活是一个"积极的断言"，在这个断言中，"真正死去的人通过上帝再造，重新获得生命"。

博尼费斯·拉姆齐表达了类似的观点："无论早期的基督徒如何哀悼他们的死者，无论他们多么恐惧死亡，但他们对待死亡的基本态度与异教徒截然不同。"博尼费斯认为，异教徒对死亡的观点充满了宿命论、悲伤、绝望以及无法弥补的失落感。

对于早期基督徒（例如使徒保罗）来说，基督的复活代表着死亡被征服了。"正如保罗认为的那样，基督徒对生命的肯定来自这样一个事实：基督徒的救世主能够死而复生。"在保罗的著作中，复活被认为是一种特殊的身体存在，但它也有象征意义或精神意义。在希伯来经文中隐含的永生承诺，在基督教观点中被定义为"精神和肉体死而复生"。伊格内修斯是基督教早期的大主教，他称圣餐是"永生之药，死亡的解药"。

与此同时，希腊人对身体和灵魂的理解也对早期基督教思想产生了深远的影响。根据希腊人的看法,灵魂是不朽的,是人死后无实体状态存在的一部分。在基督教的形成时期,这种理解也受希伯来思想影响很大。米尔顿·盖奇这样评论这一时期:

> 复活和天选之人的观念依然是主导。但是来世灵魂无实体的观点也很流行,由此出现灵魂和肉体的分离和结合的来世观点。把死亡看作睡眠的开端,神复活,唤醒沉睡的人。死亡是身体的沉寂,而灵魂永存,不过灵魂的本质到底是什么,暂不清楚。

> 我如今把一件奥秘的事告诉你们:我们不是都要睡觉,乃是都要改变。
> 就在一霎时,眨眼之间,号筒末次吹响的时候:因号筒要响,死人要复活成为不朽坏的,我们也要改变。
> 这必朽坏的总要变成不朽坏的,这必死的总要变成不死的。
> 这必朽坏的即变成不朽坏的。这必死的即变成不死的。那时经上所记,"死被得胜吞灭了"的话就应验了。
> 死啊,你的毒钩在哪里?死啊,你得胜的权势在哪里?
> 《圣经新约·哥林多前书》(15:51-55)

慢慢地,教会教义开始接受这样一个观念,即在死亡和复活之间存在一个净化期,目的是为"充分享受与神永世合一"扫清障碍。

这个净化期通常被称为炼狱——临时惩罚所。在但丁和托马斯·阿奎那的著作中,早期关于死亡的概念,强调的是身体的最终复活,显然是属于死后灵魂不朽这一类观点的。杰里·沃尔斯说:"(但丁的诗《炼狱》)对炼狱教义的存续具有深远意义,绝不是夸大其词。"雅克·勒·戈夫写道:"但丁不仅把炼狱和13世纪教会的阴间地狱区分开来,而且,在把炼狱变成另一个世界的中间地带方面,他的作用也远大于其他人。"

安东尼·西塞尔顿有一个非常著名的观点:"《新约》的重点不在于个人的经历,而在于上帝最后的伟大神迹,即基督的归来(在希腊语中通常称为帕鲁西亚)、最后的审判和死者的复活,以及这些'最后的事情'之后发生的事情。"卡罗尔·扎尔斯基说：

> 经由无数教义问答和忏悔，传统基督教观点认为，死后得到祝福的灵魂会直接升入天堂，在那里他们直接觐见上帝，加入天使礼拜，并照顾那些向他们祈祷的活着的人的需求……他们等待基督再临，死人复活，万物复兴。他们获得完美幸福，各从其类，各得其所。但直到灵魂重归它的身体，基督彻底复活，完美之中似乎依然存在缺憾。

在康涅狄格州纽黑文的一个公墓中，人们发现了两块殖民时期的墓碑铭文，它们很好地说明了复活和不朽概念之间的相互作用。第一块墓碑的碑文写道："沉睡，但终有一天会与造物主相见。"第二块墓碑上刻着："去往永恒的奖赏。"第一个铭文暗示了一种"灵魂睡眠"的中间状态，之后身体会在未来某个时候复活，而第二个铭文暗示了灵魂的不朽，即使身体死亡，灵魂仍然存在。若你想到这两个人是夫妻，并排埋葬，那么这样两段对比鲜明的铭文会让人感觉非常不协调。一个灵魂"沉睡"，而另一个"已离去"。在这些墓碑碑文中，我们看到了一个奇怪的现象，截然相反的观点竟然可以同时出现。

事实上，在今天，这两种关于来世的观念依然有迹可循。尽管相对而言，只有少数基督徒相信人死后"灵魂沉睡"或等到世界末日，才会经历天国的赏赐。而主流观点一般认为：

> 人死后，灵魂与肉体分离，随后，无形体的灵魂经过中间状态，即净化，然后复活，接受审判；在复活和审判之后，面临两种永恒状态：天堂或地狱。

至于天堂或地狱的本质，可以分别用"神圣耶路撒冷"或"大灾难"来形容，这种比喻的说法只是用来表达人死后灵魂的状况，而不是确切的描述。作为一群徘徊在基督升天和天国实现之间的"朝圣者"，基督徒们把自己视为人类历史之初"希望故事"的一部分——这是一段信仰之旅，死亡可以被理解为"回家"。

伊斯兰教传统中的来世

与犹太教和基督教一样，伊斯兰教也秉持着一神论传统，真主通过先知降下启示，并在审判日对逝者进行裁决。Islam 意为"和平"或"顺从"（和平来自对超现实的顺从）。伊斯兰教信徒统称为穆斯林，即顺从真主并和真主和平相处的人。伊斯兰教的五项主要职责（即五功）主要包括：念功（念诵清真言、作证词）、礼功（每天礼拜五次）、斋功（成年穆斯林斋月期间从黎明到日落禁食）、课功（施舍），以及朝功（去麦加朝圣）。伊斯兰教由穆罕默德创传。公元610年，穆罕默德在40岁左右时，受召唤成为先知。这被记录在《古兰经》（"古兰经"的意思是"读物"）中。根据穆斯林的说法，《古兰经》并"没有废除犹太和基督教所保存的经文，而是对它们进行了修改"。弗里肖夫·舒昂指出，伊斯兰教义坚持两种说法：一是"唯一神格论"，二是穆罕默德是神使（代言、媒介或显灵）。

《古兰经》教义中关于死亡的一个基本前提是，真主安拉决定了一个人的寿命：真主安拉创造了人，也决定了他的死亡。人归真后，真主阿拉审判亡人的行为。记录善恶行为的契约书被打开，每个人据此或被赋予永恒幸福，或受永世之苦。对穆斯林来说，现世生命是永恒未来的温床。

> 水滴的幸福就是死在河里。
>
> 安萨里的格扎尔（一种轻古典音乐体裁）

伊斯兰教对来世的看法既有关于精神上的，也有关于肉体上的。约翰·埃斯波西托说，因为在最后审判日肉体将复活，因此人们将会充分体验天堂的快乐和地狱的痛苦。天堂是一个"和平幸福的永恒乐园，有潺潺流水，美丽花园，可以和配偶（伊斯兰教允许多个婚姻伴侣）以及漂亮的有着深色眼睛的天堂女神享受生活"。地狱的恐怖也被用语言做了生动描述。

一些穆斯林认为，一个人归真后，"两个黑脸蓝眼睛的天使，即蒙卡尔和纳基尔会来到坟墓前，询问亡人的信仰和生活中的行为"。根据亡人的回答，他将会得到安慰或惩罚。因此，在穆斯林的葬礼上，哀悼者可以走近即将入葬的埋体，为回答这些问题，低声给出指示。一些穆斯林还认为，在送葬队伍中，任何人都不应该走在尸体前面，因为只有死亡天使才能走在尸体前面。

当归真临近时，人们可以给临终之人阅读《古兰经》中的段落，帮助他保持平和的心态，顺利获得解脱。人归真后，要进行清洗仪式，但殉道者除外，"因为血迹是殉道者的标志"。葬礼上一般不举行复杂仪式，只需把埋体用白布包裹，然后放入一个简单的、没有标记的坟墓里。也没有棺材，这样尸体可以直接回归大地。一些穆斯林认为，坟墓应该足够深，以便亡人在接受最后的审判坐起来回答问题时，但他的头不会露出地面。墓穴位于南北轴线上，亡人的脸转向东方，即圣地麦加城，象征着礼拜状态。穆斯林在归真后应立刻被安葬。在听到某人的归真的消息时，人们通常会说"安拉·卡里姆"：我们从真主那里来，必归向他。

在穆斯林看来，归真是对超现实的顺从，意味着亡人通过了今生的考验。归真的那一刻被认为是礼拜者得到了召唤。"基本的信念是，一个人应该并且能够得到安慰，因为他知道生与死都是真主的旨意，灵魂回归真主，社会支持丧亲者。"

亚洲宗教中的死亡和永生

西方思想通常会通过对比找出差异。通过分析经历，划分类别。生死对立，死是生的敌人；生为"善"，死为"恶"。相比之下，在亚洲文化中，其独特的思维方式主要强调的是整体的完整性，而不是各组成部分之间的区别。西方思想"非此即彼"，而东方思想则把这些区别包括在一个"亦此亦彼"的整体观中。

在东方经文中可以看到这种对现实的看法。例如，在中国传统中，亚洲最伟大的著作之一《易经》，就假设了宇宙变化的基本情况；生和死是不断变化的现实的不同表现。正如"道"（万物变化的自然过程）所描述的，现实各方面相互融合、渗透。因此，生死并不是相互排斥的对立面，而是生、衰、死的基本循环过程中互补的不同方面。就像一个弧形运动钟摆，一个周期的结束预示着另一个周期的开始。庄子的观点表达了中国人对待死亡的传统态度：

> 死生，命也；其有夜旦之常，天也。

观察这个过程，可以看出，东方的圣人发展了轮回或转世概念（死亡时从一种存在状态转移到另一种存在状态，或灵魂从一个身体转移到另一个身体）。有些人从实体形态的角度理解这个过程："在我现在的身体死亡之后，我将在另一个身体中重生。"换句话说，转世意味着个人身份从一个化身到另一个化身的延续。另一些人不赞同实体形态的看法，在他们看来，事实上没有"我"可以重生。某些东西确实可以从一种状态转移到另一种状态，但这种东西是不具人格的、无形的、无法形容的。

在中国，儒学关注的是外部世界的政治和社会互动，而道学关注的是内心世界的精神探索和转化。通过修习各种各样的精神技巧，人们认为高级修行者能够逐渐净化和转化他们的身体，这是一个消除杂质的转化过程，最终获得不朽的身体。

印度教义中死亡和重生概念

印度教是指从印欧语系民族文明发展而来的信仰、习俗和社会宗教制度，这些民族在公元前两千年的最后几个世纪定居印度。在印度教中，死亡被称为"时间的化身"和宇宙道德秩序（法则）的基础。印度教的显著特征之一是信仰灵魂的转世，这种轮回转世是指"游荡""旅行"或"通过"一系列转世经历。将这些经历联系在一起的是"业"，"业"可以大致定义为因果报应的道德法则。过去的思想和行为决定了现在的存在状态，而现在的选择又反过来影响着未来的状态。因果报应过程涵盖了每时每刻不断变化的经历，以及连续的生死轮回。当前每一时刻都决定着下一刻的状态，业力支配生命轮回转世。在《薄伽梵歌》中，克利须那神对阿朱那（印度史诗《摩诃婆罗多》中的王子）说：

> 人生下来，死亡是注定的，
> 对死去的人来说，出生也是必然的。
> 因此，对于不可避免的事情，无须悲伤。

尼基拉南达评论这段话时，补充说："为仅仅是因果结合的生命而悲伤是不恰当的。"

个体存在明显分离的背后，是一个统一的现实。正如海洋是由无数的水滴组成的，在人类的经历中，无差别的存在以明显不同的自我表现出来。潜藏个性一旦被激活，就犹如一个永不枯竭的宝库，拥有无限的认知和幸福。这个无限的生命中心，这个隐藏的自我或阿特曼，比梵这一神体毫不逊色。

印度教相信，我们可以把自己从独立自我的幻觉中解放出来，其间会伴随着痛苦。坚信或认同"自我"概念的独立与不同，会导致晋升的苦难，陷入无尽的生死轮回，导致业力之轮永世长存。从命运和历史的轮回中解脱，需认识到，生与死超越了这种自我认同的错误观念。"一个获得了解脱的人可以看到永恒的现世和现世的永恒。"《薄伽梵歌》中提到：

衣服旧了，身体脱下；
身体衰败了，灵魂也会离开。

尼基拉南达说："在放弃旧身体或进入新身体的过程中，真实的自我不会经历任何改变……梵，通过其不可思议的让人产生幻觉的法力，创造了一个身体，将她和自己同一，视为一个个体或具化的灵魂。"

死亡是无法避免的。生者终将逝去。然而，对一个人来说，如果认识到"万物皆有始终，感觉就会平和"，也就"没有理由为生而欢喜，为死而悲伤"。

为了帮助人们理解生死真谛，印度教提供了各种仪式和实践。例如，想象死亡和身体命运，在土葬或火葬中尸体回归到自然。或者，时时刻刻密切关注自身存在瞬息万变的本质。另外，可以在坟墓、火葬堆或者尸体前进行冥想。通过有意识地面对死亡，一个人可以重新定位现世的超自然维度，目的是放弃有条件的存在。这是"战胜死亡的死亡"。

佛教对死亡的理解

佛教是由佛陀（"觉醒者"）乔达摩·悉达多创立的，他于公元前6—前4世纪左右在印度传教。和印度教一样，佛教教义中，宇宙是因果报应的产物，目的是逃离轮回（即生死轮回）的痛苦，最终实现涅槃。这意味着"灭绝"，就像火焰在燃料耗尽时熄灭一样。涅槃被定义为"一种超越生死的无为状态，消灭一切无知和渴望，灭除生死因果，远离一切业果，不再续生"。

在这种观点中，没有"自我"可以在死后生存或重生。一切都是短暂无常的，万事皆苦、不可意，诸法皆无我，一切都不受控制。在佛教徒看来，因果报应被视为因果关系的普遍原则，是"心身"事件的基础。佛教曹洞禅宗的创始人道元禅师说："不管我们愿意与否，生活每时每刻都在变化。没有片刻停顿。因果不断，轮回不止。"这种轮回可以被比作在蜡上印标志，或者类似于台球比赛中主球击中一组球时传递的能力，进而产生新能量。"重生不涉及物质的转移，而是一个过程的延续。"卡尔·贝克尔说，佛陀谈到"重生，而不是转世的概念，转世可能意味着一个灵魂在几个身体中连续转世。而重生表明了一次出生和下一次出生之间存在因果连续性，而无须将两次出生的人确定为同一个人"。

从佛教的角度来看，可以说死亡有两种：连续的和定时的。连续死亡是现象经验的"昙花一现"，不断地生起又消逝，每时每刻都在进行。定时死亡，又叫肉体死亡，是指身体重要功能停止，生命结束。"智者接受死亡。仅此而已。死亡和其他事情没有不同。"

佛教的冥想在某种意义上被认为是一种死亡仪式，尽管很少这样称呼它。冥想时需全神贯注，静坐，领悟生死之间的鸿沟，生虽好，但不留恋，死虽恶，不逃避。道元禅师说："彻底澄清生与死的意义，这是佛教徒最重要的问题。"

像印度教一样，佛教教导我们必须放弃那些维持独立自我错觉的欲望和渴望。当所有的依恋都被抛弃时，生—衰—死连续的生死轮回就会失去动力。一个人如何才能意识到这个实相，实现涅槃？"禅宗强调要为死亡做好准备，这种准备是指精神上的准备，包括承认一切都是无常的。"道元禅师说，"只有明白生死本身就是涅槃，才会不惧生死，也不会渴望涅槃。这将是你第一次超越生死。"

道元禅师关于生死的矛盾论述，以及把死亡作为唤醒真理的重要手段，和日本临济宗白隐禅师的观点不谋而合。对于那些想要探究自己本性的人，白隐禅师建议冥想"死"这个字。

> 头骨和骷髅是禅宗绘画中常见的主题。这些形象有时幽默,有时令人震惊,引发艺术家和观众思考物质存在的无常性。在佛家看来,只有直面无常,深刻理解无常,自由、极乐、开悟才有可能成为现实。
>
> 菩提达摩

> 虽然生命短暂
>
> 但蝉鸣声中
>
> 不见丝毫迹象
>
> 松尾芭蕉

善终指镇静祥和、活在当下,有勇气独立面对死亡。在死亡时保持平静冥想的精神状态十分重要,这不仅为了意识的轮回,更简单来说,是为了获得"善终":一种祥和而非充满斗争焦虑的死亡。

人刚死后的这段时间被认为是获得洞见的绝佳时机。例如,在佛教的葬礼上,僧侣会直接与死者交谈,阐述存在的真实本质。菲利普·卡普劳说:"葬礼和随后的仪式代表了'一生只有一次'唤醒死者的机会,将他从生死的锁链中解放出来。"

像大多数宗教一样,佛教包含不同的习俗和教派,认识到这一点很重要。例如,空海(774—835)创建的真言宗;由法然(1133—1212)创建的净土宗;包括临济宗和曹洞宗的禅宗;由亲鸾(1173—1262)创建的净土真宗(又名真宗);以及由日莲(1222—1282)创建的日莲宗(又名连日莲宗)。如,"净土真宗"是净土宗的一种形式,被称为"坦途",信仰阿弥陀佛的力量和念佛(阿弥陀佛的名字)乞求解脱。

尽管不同的教派之间存在差异,但几乎所有的教派都举行葬礼仪式,假定人死后仍然存在。这样做,实际上背离了佛陀的教义。乔治·田边指出:"释迦牟尼教导灵魂不存在(无我),没有了灵魂,人死后也不会留下什么值得纪念的东西。"他补充道:"人类的情感使日本葬礼的核心元素不受佛教正统观念的影响。最终,支配理论和实践的是爱和情感。"

伊文思·温兹指出，"佛教徒和印度教教徒都认为，临死前的最后一个念头决定了下一个化身的性格"。关于这一点，佛陀说：重生源于两个原因：前世最后思想是指导原则，前世的行为是重生的基础。最后一个念头的停止被称为死亡，第一个念头的出现被称为重生。

宗教的慰藉

从上述对各种传统宗教关于死亡和来世信仰的调查来看，很明显，对许多人来说，传统宗教提供了理解和应对濒死和死亡的途径。从这个意义上说，"死亡的宗教文化"提供了一个解释框架，在这个框架内，我们可以在一个负面或悲剧的事件中找到积极的意义。在应激情况下，宗教通过信任和敬仰神灵来培养自尊和控制感，来增强应对资源（应对资源是指遭遇压力事件时，可以用来掌握、对抗和减轻压力的一切能力和事物）。即使在所谓的世俗社会，宗教在人类对待死亡的态度和行为中也扮演着重要的角色（见表14-1）。

露西·布雷格曼指出，死亡意识运动从它与宗教和精神的联系中获益良多。布雷格曼说：精神信仰和实践为死亡过程提供了一个解释，有助于超然存在的发展，并为垂死的个人及其家庭成员提供安慰。

表14-1 宗教的四大社会功能

1. 宗教提供共同的信仰、价值观和规范，围绕这些，人们产生了共同的身份认同感。因此，宗教是一个联合者，"是社会黏合剂，通过赋予一个群体共同的价值观把大家凝聚在一起"。
2. 宗教就人类存在和目的的"大问题"提供了答案。它解决了生与死的问题，概述了人们期望过的生活，并向人们解释了死后会发生什么。
3. 宗教往往为社会的规范和法律提供基础。当法律中融入宗教价值观时，法律也获得了道德和法律的双重力量。
4. 宗教是人们情感和心理支持的源泉，尤其是在危急时刻。

对于垂死的人和他们的家人，宗教可以提供安慰，暗示死亡的意义，并提供有助于减轻悲痛的仪式。弗农·雷诺兹和拉尔夫·坦纳指出，宗教致力于"服侍垂死的人，让他为即将到来的世界做好准备，一般不仅关心他的生理需要，还会关心心理感受，同时也会帮助他的亲人"。

美国宗教社会学家迪布瓦的一个重要观点是，宗教机构所做的不仅仅是将人与上帝联系起来，同时也需要将人与人联系起来。

有必要区分两个相关概念，即宗教性和灵性。尽管灵性的部分定义是"关注宗教价值观"，但主要是指对生命终极意义和目的的追求，可能与特定的宗教传统直接相关，也可能无关。"它在自我选择和/或赋予生命意义的宗教信仰、价值和实践之间建立了联系，从而鼓舞和激励个人实现他们的最佳目标。"它强调"个人寻求与更大的神圣性的联系"和"与他人的联系是无法割断的，即使是死亡"。

宗教或精神取向的慰藉很可能取决于一个人生活中对这种取向的利用方式。例如，一个人参加宗教仪式主要是为了获得与社会互动的机会，而另一个人参加宗教仪式是因为他在宗教教义和信仰中找到了深刻的个人意义，那么这两个人的体验可能非常不同。在这个意义上，宗教性主要包含了几个方面：

1. 体验性宗教信仰（与宗教情感联系）
2. 仪式化宗教信仰（参加宗教仪式）
3. 意识形态上的宗教信仰（宗教承诺）
4. 重要的宗教信仰（某种程度上，与个人日常生活融为一体）
5. 知识性宗教信仰（了解宗教传统、信仰和实践）

当一个人面对死亡或丧失亲人时，上述任何一个方面或所有方面，都有可能对人的应对行为产生影响。例如，一个年轻的菲律宾裔美国人，他的父亲去世了，谈到家人在教堂为父亲举行的葬礼弥撒时，他感到很安慰。他说："你知道，我从来没有想过那些祈祷是什么意思，但是圣歌的舒缓节奏和焚香产生的刺鼻气味让我觉得，我的父亲在某种程度上仍然受到了照顾，他一切安好。"这个年轻人的经历包括经验性的、仪式化和具有重要性的宗教信仰。

世俗对永生的理解

"只要我们愿意，我们可以从死亡中了解很多生命的真谛。"临终关怀医生艾拉·比奥克说："死亡告诉我们，无论一个人是否有宗教信仰，人的生命本质上都是有灵性的。"

在以技术为导向和经济为驱动力的社会中，不管是东方还是西方社会，生命目的或死亡意义的传统宗教观念和哲学信仰无法再像过去（社会和社区更加团结时）那样得到普遍认可。很多人已经不再相信死亡的宗教或神话内涵。世俗化是"现代社会过程，在面对科学和其他知识时，宗教思想、实践和组织失去了它们的影响力"。在强调理性主义和科学方法的社会环境中，传统信仰的重要性逐渐减弱。科林·默里·帕克斯认为："世俗主义本质上是理性的。它是一种信念，我们必须依靠我们的理性来解决所有问题，且在认识现实的过程中，必须以理性为优先。"神学或哲学上关于来生的讨论，类似一个著名的争论：大头针头上能容多少天使跳舞？（一个无解的辩论）关于死亡和来世的传统观念的残余，在我们现代人的意识中依然存在。

犹太教、基督教和伊斯兰教都呈现了人类历史发展的线性图景，描述了一系列事件的发展进程，从创造开始，结束于时间尽头，终极的问题得以解决。这种取向导致了对末世论的兴趣，即终极状态的图景。在西方社会，人们主要根据犹太—基督教传统和希腊思想来源，在面向未来的历史背景下构建他们对来世的信仰。西方文化中的主流观点是，人生只有一次；死后灵魂依然存在，也许处在一种无实体的状态；在将来的某个时候，每个人都要接受审判。而且，根据一个人生前的行为，死后或去地狱遭受折磨，或去天堂享受幸福。现代人对生死观的思考，对这种观点提出了挑战。

对宗教传统冲击最大的要数人文主义、实证主义和存在主义。人文主义（一种以人类利益或价值为中心的态度或生活方式）强调人类的智力和文化成就，而不是神的干预和宗教的超自然主义。人文主义持有的是一种无神论的立场，认为人类是衡量一切事物的标准。实证主义是一种与科学相关的思想流派，它反映了这样一种信念：宗教或形而上学的认知模式是不完美的，而"实证知识"是建立在可以直接观察到的自然和人类活动基础之上的。存在主义代表的是一种智力和艺术运动，它也影响着人们对生死的世俗态度。在探索人类经验的意义时，存在主义否认宗教或社会习俗会给人安慰的观点。相反，它直接聚焦于我们的个人责任，只有我们自己才能决定我们是谁，以及我们将成为什么。"人类的困境"在于人生有很多选择，其中一些很重要，塑造了我们的存在，虽然有时很难做出抉择，但我们必须自己决定，因为这是我们不能逃避的责任。肯尼思·麦克利什指出：

> 我们是能够创造自我的生物：我们可以选择自己想成为什么样的人，然后努力达成。选择那一刻，创造存在，处于两个固定的点之间：我们来时的虚无和死后返回的虚无。我们自豪能够自己做出选择，但痛苦的是我们必须做出选择。

一个人同时持有几种不同的世界观是很正常的，可能是将童年时期遗留下来的宗教信仰因素与刚才讨论的一种或多种世俗观点和态度融合在了一起。

世俗（或非宗教）对死后生存问题的回答往往反映出某种象征性永生的观念。这种观点包括生物学上的延续性，由子女延续一个人的遗传基因，从而赋予了一种个人的永生。创造性的艺术作品、对知识领域的贡献甚至英雄或奉献行为，这些也犹如一个人的"孩子"，可以象征性地延续一个人的不朽。为了医学研究，安排死后捐献遗体的人，因为对培养新医生或医学发展做出了贡献，获得了一种"医学上的不朽"。我们都是人类的一员，这一事实意味着，我们所做的好事和我们对他人福利的贡献，在我们死后会延续下去，超越了我们的死亡，从而赋予了一种"社区不朽"，因为我们的善行会继续对人类产生积极影响。

尽管宗教的保证可以让人感到安慰，但西蒙娜·韦尔提出了另外一种说法：

> 不要相信灵魂的不朽，人难免一死，时刻为迎接死亡做好准备；不要相信上帝，而是要永远爱宇宙，将它视为家，即使是在极度痛苦中，即使无神论也可以有信仰。它与在宗教象征中闪耀着光辉的信仰并无差别。

古罗马斯多葛学派的马可·奥勒留生活在公元2世纪，他也表达了类似的观点。"对死亡的不断回忆，"他说，"是对人类行为的考验"。

永生和"来世生活"的问题一直困扰着我们。当宗教的答案不足以解决问题时，我们就希望找到科学证据来回答这些"超现实"的问题。对濒死体验的广泛兴趣说明了人们对寻找一个满意答案、想要了解死后生活的渴望。

濒死体验：在死亡的边缘

不管在哪种文化中，都可以读到在另一个世界旅行的故事。旅行者可能是英雄、先知、国王，甚至是普通的凡人，他穿过死亡之门，给生者带来另一个世界的信息。例如，奥德修斯和吉尔伽美什史诗般的地狱冒险以及女神伊娜娜下冥界。

卡罗尔·扎莱斯基指出了到"另一个世界"旅行的三种形式：(1)冥界之旅；(2)高等世界之旅；(3)奇妙之旅。扎莱斯基指出，所有这些旅程的共同线索是"故事"，它不仅由象征经验的普遍规律构成，而且是由特定文化的经验塑造的。从历史上看，相信有来生的观念是建立在宗教体验基础之上的；今天，濒死体验给了人们理由相信这种观点。濒死体验是"具有超然和神秘元素的深刻心理活动，通常发生在个人即将死亡或身体和情绪感受到严重威胁的情况下"。

1975年，雷蒙德·穆迪的著作《生命不息》(*Life After Life*)出版，进一步激发了人们对到另一个世界旅行的兴趣，更具体地说，是对濒死体验的兴趣。这些从死亡边缘回来的人描述了一个超自然的或科学上无法解释的存在秩序，这个秩序似乎超越了生物生命的极限。一些人认为，濒死体验证明了人的人格在死亡后依然存在。另一些人则认为，濒死体验是由心理或神经生理原因引起的，他们将其描述为面对生命危险时的自然应激反应。那么，一次真实的濒死体验到底是什么样的？

濒死体验：合成图

假设在一场可怕的意外或严重的医疗事故中，你突然发现自己正面临着巨大的死亡威胁。也许，你下意识地觉得，自己可能不行了，快要死了。

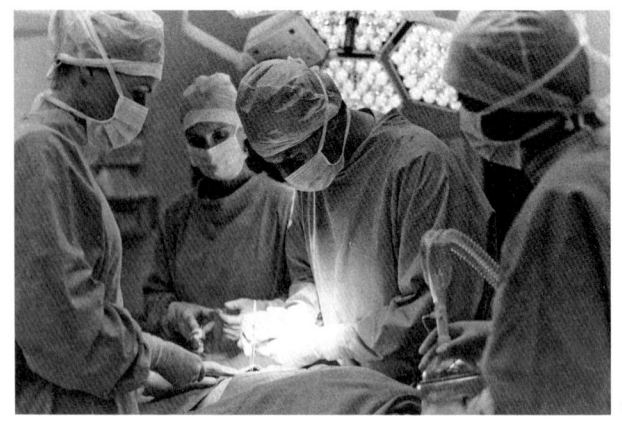

濒死体验通常出现在抢救出现危机时。

感觉像做梦一样，但这种经验似乎比平时意识清醒时更真实。你的视觉和听觉都变得非常敏锐。不仅感知增强了，思维过程也变得非常清晰、理性。不知什么原因，你不再受身体上的束缚。意识到这一切时，实际上，你已经离开了自己的身体，正自由地飘浮着，当你俯视那支离破碎或受苦受难的身体时，你知道，那是你的身体。

虽然飘在空中时，周围一片祥和，内心前所未有的宁静，但依然会感觉有些孤独。似乎没有时空的限制，一切变得那么不真实。当你脱离已经死去的身体，离开熟悉的世界，你在黑暗中进入了一个隧道，这只是你旅程开始的过渡阶段。

这时，你注意到一道光，比你活着时想象的要灿烂耀眼得多。它召唤着你，指引你向前，金色的光芒预示着你即将到达彼岸。过往的一切在一瞬之间不停地在眼前闪回，曾经的生活、事件、地方和熟悉的人，一帧帧、一幅幅，投影在透明屏幕上。

当你开始进入光中时，一个难以想象和无法形容的辉煌美丽的世界呈现在你眼前。有人在迎接你。

濒死体验的维度

许多人有过濒死体验后，对生命有了更大的感激之情，也更加珍惜眼前的机会。他们往往也变得更自信，积极面对生活中的困难。经历过生死，人际关系变得更加重要，物质享受反而不重要了。濒死体验研究者肯尼斯·林说，典型的濒死体验"让体验者明白人生什么最重要，而且，在此后的人生中，为了心中重要的事情努力奋斗"。濒死体验者报告说，他们对死亡的焦虑和恐惧大大减少，人生目标和价值观也发生了改变，更注重健康、幸福和安宁，对生活充满了热情。经历濒死体验的人表现出的很多特征，与宗教中改变生活的"皈依"体验有很多类似之处。

  总而言之，我们想象中的濒死体验体现了那些有过濒死体验的人报告的典型特征。濒死体验主要包括四个核心要素：（1）这个人听到自己死亡的消息；（2）这个人离开自己的身体；（3）这个人遇到其他重要的人；（4）这个人返回自己的身体。然而，这种典型的濒死体验是因人而异的。一次调查结果显示，只有33%的被调查者感觉到了自己与身体分离，23%的人感觉自己进入了黑暗的通道或过渡阶段，16%的人说自己看到了明亮的光线，只有10%的人感觉自己真正进入了光中（仅仅只是"窥视"一下那个不为人知的世界）。疾病导致的濒死体验比事故导致的濒死体验更有可能具备所有这些核心要素。然而，超过一半与事故有关的濒死体验包括了全景记忆的体验或生活回顾，相比之下，在因疾病或企图自杀导致的濒死体验中，只有16%的人有类似体验。

  人生回顾本身就是濒死体验极具魅力的特征，一个人的整个人生，或"人生最精彩的片段"在一瞬间如影像一般在眼前闪过。人生过往的经历，可能会按顺序逐渐展现，也可能会"一下子"都涌出来。不管哪种，都是不受体验者意识控制自主发生的。生命"回顾"可能包括对未来的想象，体验者想象他们的死亡、朋友和亲戚的反应，以及葬礼上发生的事情。

  濒死体验的另一个显著特征是"隧道"体验，即与某个人邂逅，可能是已逝的亲友，也可能是某个重要的宗教名人。这个人常常被理解为"更高自我"的表现，但事实并非总是如此。威廉·谢尔达赫利介绍了一个8岁男孩的濒死体验，他感觉"遇见了家里因事故已经去世的两只宠物，它们给予了他安慰"。这种邂逅有时和返回的决定有关，目的是结束濒死状态。一些体验者认为，回归尘世的决定是邂逅者为他们做的；另一些人则报告说，他们是自己做出这个决定的。通常，返回世俗社会的决定，在某种程度上，与他死前必须处理的未完成的事务或责任有关。

大多数人在濒死时体验到的是快乐、和平和宇宙统一的感觉,但也有人感觉到的是痛苦和恐惧。这些"地狱般的"濒死体验可能包括痛苦的意象和声音,以及恶魔的存在。在某些情况下,最初的恐惧之后,迎来的是一片安宁祥和。但在某些情况下,濒死过后,只留下了空虚和绝望。在另一些情况下,会出现一个仁慈的向导陪伴这个人度过这段不安的时光。一些学者认为,地狱般的濒死体验可能是删节版,其余美好的部分被忘记了,也就是,这种濒死体验是不完整的。不得不说的是,许多圣人和神秘主义者,例如圣女大德助撒和圣十字若望,在进行深层祈祷或冥想时也报告称见到了可怕的幻象。因此,地狱般的濒死体验可能是一种"净化体验"、一种"灵魂的暗夜",就像圣十字若望描述的他的痛苦的宗教体验一样。那么,我们该如何看待濒死体验?又应该如何解释这种体验呢?

解读濒死体验

濒死体验令人着迷。对一些人来说,濒死体验暗示(或证实)了来世或永生的可能性。另一些人认为,濒死体验是一种心理现象,可以告诉我们一些关于人类意识本质的东西。对持这种观点的人来说,濒死体验不是对来世的惊鸿一瞥,而是对人类内心世界的洞见。对另一些人来说,濒死体验与自我受到死亡威胁时出现的心理动力学过程有关。濒死体验是在一个人相信自己即将死去的情况下出现的,不管他是否真的接近死亡。表14-2列出了相关理论,解释濒死体验。

表14-2 濒死体验理论解读

1. 神经心理学理论
(1)颞叶发作或边缘叶综合征:颞叶部位(多在边缘系统)突然出现类似于癫痫发作一样的神经放电。
(2)大脑缺氧:大脑供氧不足。
(3)内啡肽释放:内啡肽是一种具有镇痛(止痛)效果以及与心理健康感相关的神经递质。
(4)大量皮质抑制解除:对中枢神经系统的随机活动失去控制。
(5)错觉:产生于大脑和神经系统结构中的梦幻意象。
(6)药物:副作用。
(7)感觉剥夺。

续表

2. 心理学理论
（1）人格解体：心灵脱离身体，是对感知到的死亡做出的防御性反应。可能伴有过度紧张。
（2）积极幻想：一种"防御性"幻想，基本上认为体验者感觉可以逃脱死亡，是因为他们渴望活下来。
（3）原型：与濒死体验相关的诸多因素通过想象"连线"到我们的大脑，形成了人类共同的神话原型。

3. 形而上学理论
（1）灵魂旅行：灵魂或精神到另一种存在方式或实相领域（如"天堂"）的过渡之旅；死后还有生命的证明。
（2）心理幻想：瞥见另一种实相模式，但无法证明死后灵魂依然存在。

早期的夏威夷人相信，若有人"假死"，或灵魂"短暂离开身体"，是得到了祖先神灵的指引。每个岛上都有一个特殊的海角，可以俯瞰大海；这是灵魂或精神在通往祖先王国旅行时的跳跃点。灵魂在去跳跃点的路上，会遇到祖先的神灵，若祖先把他送回，身体就会复活。若祖先之神把它安全地引到跳跃点，完成跳跃，一旦越过障碍，灵魂就到了另一个国度，和祖先在一起了。

出于各种各样的原因（通常但不总是与一个人的行为有关），祖先之神可能会推迟一个灵魂进入永恒国度的时间。例如，如果一个人在尘世的事情还未完成就去世了，那么祖先之神就会让这个人还魂复活。"有时候，还没到死亡的时候，"玛丽·普奎说，"亲戚（祖先）会拦在路上，让你回到尘世。"然后随着一连串的"嗯嗯啊啊"的声音，身体恢复了呼吸。

艾伯特·海姆是瑞士的地质学家和登山者，他被认为是第一个系统收集濒死体验数据的人。在20世纪早期，海姆采访了大约30名滑雪者和登山者，他们都曾遭遇意外事故，有过超自然的体验。海姆的采访对象中，有人经历了灵魂离体，有人经历了全景式记忆，也有人回顾过往生活。

随后，精神分析先驱奥斯卡·普菲斯特在对海姆收集的数据评述时解释说，濒死体验是临死前，由休克和人格解体引起的。换句话说，当一个人的生命受到威胁时，心理防御机制可能发挥作用，从而产生与濒死体验相关的现象。当代研究人员对普菲斯特的解释做了进一步阐述，他们认为解释濒死体验与死后生活的假设无关。

罗素·诺伊斯和罗伊·克莱蒂认为，当自我面临致命危险时，防御性反应可能会导致人格解体。他们提出一个濒死体验范式,这可能是迄今为止关于濒死体验最全面的心理学解释,主要分为三个阶段:(1)抵抗;(2)人生回顾;(3)超然存在。第一阶段的抵抗,包括认识到危险,与之斗争,最后接受死亡的迫近。这样的接受,或称为顺从,标志着第二阶段的开始,这一阶段的特点是人生回顾。当自我从身体中脱离时,全景记忆就会发生,并且似乎涵盖了一个人的整个人生。回顾人生,往往伴随着对自身存在意义的肯定,同时也是对这个人融入事物普遍秩序的肯定。第三个阶段,超越存在,此时自我进一步脱离个体存在。这个阶段的特点是产生了超越自然或宇宙的意识,摆脱了自我身份的限制。

冷静超脱的心态、高度的感官知觉、人生回顾或全景记忆,以及神秘意识,这些现象都与自我在面对自身可能死亡时产生的自我保护反应有关。换句话说,死亡的威胁刺激了各种心理过程,目的是让自我或体验自我"逃离"死亡威胁。因为这些心理过程将体验自我与身体分离,所以死亡只被认为是对身体构成威胁,而不是对感知到的"自我"的威胁。需要注意的是,对濒死体验的心理学解释并不是说要否定与濒死体验相关的任何可能的精神意义。

在寻找濒死体验的意义时,一些研究人员遵循了19世纪晚期通灵者提出的研究思路。这些研究人员说,要想充分理解濒死体验,人们必须跨越科学探究的通常范围。简而言之,我们必须准备接受这样一种可能性,即濒死体验实际上就像它看上去的那样,是无法被科学证实的,也就是说,濒死体验是意识状态的有效体验,超越了肉体死亡的限制。根据这个观点,濒死体验告诉我们,死亡表象和死亡体验不是一回事。卡里斯·奥西斯和爱兰德·哈拉德逊在对濒死体验进行跨文化研究后得出结论称,这些证据有力地证明了人死后还有生命。他们报告说,"无论是医学、心理,还是文化因素,都不能解释临终前的幻觉"。有些人在濒死时出现了与自身愿望相反的一些幻想,这给上述结论提供了有力支持,例如出现"感觉某个人还活着,但实际上他已经死了"的幻想,或者一个濒死的孩子出现了违背文化习俗的幻象,如"天使没有翅膀"等。濒死体验强烈地暗示,甚至证明死后还有生命,这一观点似乎与许多人产生了共鸣。在全美范围的调查中,当被问到"你相信有死后生活吗?"大多数美国成年人的回答是肯定的。

总之,对濒死体验有两种不同的解释。一种解释认为,濒死体验提供了死后生存的证据。濒死体验表现的就是死后的生活体验。另一种解释认为,濒死体验是对死亡威胁和自我毁灭的一种反应。这种反应集中在大脑或神经系统上，是对危及生命的情况的自我防御反应。

每一种解释都对"世界如何运转"提供了一种范式或描述。路易斯·阿普比在《英国医学杂志》上撰文说，针对濒死体验提出的解释都有一个共同点：每一种解释都需要一种信仰形式。你最容易接受的，必然是最适合你自己对事物运作方式的理解的解释。然而，也有人觉得也许这两种解释都是正确的：存在死后的生活，也有涉及各种防御机制的心理现象，在从一种状态过渡到另一种状态的过程中，人格发生了根本性的改变。卡罗尔·扎莱斯基认为，"在两种极端解释——将濒死体验视为'不过如此'和将其视为'证据'——之间，我们需要找到一个中间点"。

"濒死体验"一词的提出者雷蒙德·穆迪更喜欢将濒死体验描述为"超自然死亡综合征"，其中包括濒死个体经常报告的"临终护送"幽灵。多年来，人们对他的"濒死体验"研究结果的解读方式让穆迪感到不安。他发现，人们在谈论濒死体验时，似乎把这些体验当作了死后仍有生命的证据或认为它们提供了证据。穆迪指出，找到死后生命存在的科学证据是"不可想象的"。对穆迪来说，濒死体验代表着"共同进入了一个过去一直对我们封闭的领域，在过去几十年里，因为心肺复苏技术的发展，这个领域向我们打开了大门"。那些经历过濒死体验并分享他们故事的人，让我们所有人都有可能"能跨越意识的边界"。

在如何可以更好地解释濒死体验这个问题上，赫尔曼·费弗尔的评论十分中肯：

> 让人有些不安的是，有些人声称濒死体验是来生存在的证据和证明。人死后很可能还有生命，但仅凭人们讲述的濒死体验就得出这样的结论，更多反映的是一种信仰，而非明智的科学评估。绝不是想贬低濒死体验对体验者的重要现实意义。我只是认为，在权衡相关证据时，能够采用合乎情理、简明扼要的科学准则解释这些现象。在这个信仰动摇的时代，在灵魂出窍的报道中让我印象深刻的是人们对生命意义和目的的寻找。

罗伯特·卡斯滕鲍姆告诫我们，不要轻易接受大多数来世生活报告中提到的"奇妙旅程"。他指出：

"从此过上幸福生活"的说法非常具有威胁性，它可能会让人们在死亡前的几天、几周和几个月里，把注意力从垂死者、他们所爱的人和照顾他们的人的现实生活中移开，只关注死后幸福。在从生到死转变的过程中，一切都变得不重要了。这真是太不幸了。毕竟，死亡降临前发生的一切，才是实实在在存在的。

最后，我们来看一下查尔斯·加菲尔德的观点，他一直从事临终病人的治疗工作：

1. 并不是每个人都能欣然接受死亡。
2. 在改变状态的体验中，情境是一个强大变量。对于濒死者，支持环境是非常重要的因素，它决定了临终者在最后时刻是否能够有一个积极的体验。
3. 当临终者真正需要的是人们在当前时刻对他的关心和在意时，那种死后从此过上幸福生活的态度可能代表了对临终者的一种否定。

加菲尔德说，无论一个人对死后的生活持有何种信念，"我们要敢于承认，死亡都是一颗难以下咽的苦果"。

梦境体验中的死亡主题

关于来世可能性的迷人的"暗示"，可能是通过"死亡梦境"传递的，也可能是服用迷幻药或改变心智的药物产生的经历传递的。"梦境生动地展示了我们对死亡的认识，表达了生命有限这一残酷事实带给人们潜意识的恐惧、愿望和渴求。"

玛丽-路易丝·冯·弗朗兹说，濒死体验往往很简略，且和文化传统息息相关，与之相比，梦境中的死亡意象通常内容更加丰富，细节更加微妙。在老年人中，梦境通常是在心理上为即将到来的死亡做准备，象征性地表明"人死后肉体消亡，而精神生命会延续下去"。潜意识以梦为媒介，传达安慰信息，即有来世。

> 所有和死亡相关的梦境都表明潜意识中……在做思想准备,不是为了一个确定的死亡结局,而是为了一次重大转变和一种生命过程的延续,虽然,这对日常意识来说是无法想象的。

死亡梦境会出现各种各样的炼金术和神话主题,例如,植物生长,灵魂与宇宙的神圣结合,穿越漆黑狭窄的通道,或穿越水火到达新生,残破的身躯被牺牲或发生转变,自我或灵魂完成转变,再次复活。

穿过黑暗通道走向"隧道尽头的光明"的旅程,不仅出现在梦境和濒死体验中,在许多传统神话中也曾多次出现。事实上,许多神话在提到死亡之谜时,都会拿太阳运行轨迹来类比。例如,在埃及,太阳被视为灵魂死亡之旅的最终目标。太阳象征着意识的源泉,人类可以从中获得意识。弗朗兹说,"在太平间、坟墓点燃蜡烛燃烧的习俗就是源于此"。这样做"就好像施了魔法一样,通过燃烧的蜡烛,死者被赋予了新的生命,新的意识觉醒了"。

死亡信仰:墙还是门?

一位作家评论说,"尽管有来世的神话,经文也郑重承诺,信徒也坚信有来世,但没有人真正知道死后会发生什么,如果真有来生,那么在哪里?又如何去呢?"归根结底,对于个人不朽或来世,我们应该相信什么呢?我们能否期待在死后终将有一段令人满意的体验,就像在濒死体验报告中所说的那样?抑或濒死体验仅仅是心理上的一种映射,满足愿望的幻想,目的是掩盖自己对死亡的恐惧?另外,关于各种宗教的理解,我们如何对待呢?它们关于来世的概念在现实中有什么依据吗?或者,针对这些问题,我们需要采用科学方法,严肃对待吗?关于死亡和来世的两种基本哲学观点可以概括为:死亡要么是一堵墙,要么是一扇门。

可以想象,关于死亡后会发生什么,这两种观点会有很多不同之处。事实上,各种宗教的教义和对超自然经历的解释也千差万别。例如,从基督教的角度来看,我们可以说死亡似乎是一堵墙,但在将来的某个时候——在复活时——它会变成一扇门。印度教的轮回观念认为死亡是一扇门，而不是一堵墙。佛教徒可能会回答说，死亡既是一扇门，又是一堵墙，也可能两者都不是。在解释濒死体验时，心理学标准认为，死亡是一堵墙，而人们的死亡体验就像一扇门。也许，墙和门只是同一现实的两种不同体验方式。

最后，死亡、濒死和丧亲问题国际工作小组发表的一项声明，可能给我们提供了最佳指南："死亡不仅仅是生物学上的一种现象。它还是一个人类、社会和精神事件，（但）病人的精神层面经常被忽视。"自古以来，信仰与健康就有着密切的联系。护理人照顾病人时应关注精神层面的护理。应该向那些希望得到精神抚慰的人提供适当的资源。每个人的精神信仰和喜好都应该受到尊重。

我们对死亡和来世的信仰会影响我们或他人在濒死时采取的行动。如果我们秉持唯物主义的观点，把死亡看成一堵墙，我们会尽一切努力维持生命。相反，如果我们相信人死后还会继续存在，那我们可能更愿意利用生命的最后几个小时为向来世过渡做准备。同样，丧亲者也会在濒死者对来世的信念中找到安慰。同样濒死之人对死亡的信念，也会给予丧亲者慰藉。将死亡视为终结的人可能会感到安心，因为所爱之人的痛苦会随着死亡而终结。而相信有来世的人也会安心，因为所爱之人的灵魂会再生。了解自己对死亡的看法，"当我们所爱之人迎接死亡时，不管死亡是墙还是门，我们就可以给予彼此更多的关爱"。

第十五章

前路：个人和社会的选择

前路有时似乎很明确。然而，展望未来，似乎又看不到终点。远方下一个拐弯处会出现什么？个人和社会对濒死和死亡的选择，就如前方的道路，不久的将来要如何走，似乎很清楚，但很多时候很难抉择。

© Albert Lee Strickland

中国有一个民间故事,叫作《凡人之王》。这个故事告诉我们:"永生本身具有强大的诱惑力。"有一天,一位国王在巡视他的王国时,突然想到有一天他会死去,失去一切。"我希望我们都能长生不老,"国王说,"那该多好啊!"在臣子的逢迎下,国王开始幻想自己江山永固、长生不老。在所有大臣中,只有一个人不认可这种美好。而且,他向国王鞠躬,并说道,"如果真如您所说的,大家都长生不老,那么历史上所有的英雄豪杰会一直活到现在;与他们相比,我们也只适合犁地种田,或到地方上当一些小官了。"

对我们来讲,这个中国民间故事有什么意义吗?承认生命终有一死,能够让我们更加珍惜当下的生活。在日本经典作品《源氏物语》中,"mono no aware"一词通常被翻译为"人类存在的悲哀",但唐纳德·基恩指出,把这个词翻译成"对事物的敏感"可能更好,即对美和人类幸福的易逝性的一种认识。

在前面几章中,我们探讨了对死亡和濒死的不同态度。在我们与死亡的关系中,我们既是幸存者又是体验者。一位学员说:"面对死亡让我了解了生命的意义。"

想想你自己和死亡的关系。死亡在你的生命中处于什么地位?死亡对你有什么意义呢?死亡和濒死是否各自属于不同类别?还是它已成为你人生经历的一部分?

在对死亡和濒死进行研究时,一个学员评论道:"过去,一想到死亡就会感觉非常恐惧;现在我发现,探索我自己对死亡的感受以及社会与死亡的关系是一件很有趣的事情。"另一个学员说:"我现在明白了,在家人去世时,否认和伪装是多么重要；死亡这个话题一直是个禁忌。"

读完本书对死亡的各种探讨和理解，对死亡，你的理解是什么？有什么发现？对死亡的了解是否改变了你对死亡的态度？是否让你视野更开阔？现在，看到"死亡"和"濒死"这两个术语，你的想法、感受还和以前一样吗？

死亡是对人类虚荣心和自负的终极挑战。"归根结底，"社会学家戴维·克拉克说："人类社会不过是男人和女人团结起来共同对抗死亡的联合体。"死亡可以被贬低，甚至曾被否认，但无法逃避。

探索死亡和濒死

"过去，当我想到自己的死亡，"一个学员说，"我会下意识拒绝，觉得自己还有很多想做的事情没有完成。但现在，想到死亡，我变得比较冷静，也能够平心静气地考虑死亡了。"另一个人说："在我参与死亡研究之前，我并不太能接受死亡，尤其是我自己的死亡，更是不敢想，尽管我没怎么经历过死亡。但现在我觉得，和他人去世相比，自己的死亡，事实上，也没有那么难面对。"对一些人来说，对死亡和濒死的研究可以让他们更准确地认识到一个人可以做些什么来保护自己或对他人负责。一位家长说："我学会了放手，让我的孩子去做自己喜欢的事情。无论你多么不想放手，你无法永远为你的孩子保驾护航。"

对此，另一个学员说，"我明白了当你和他人相处时，欣赏对方的优点很重要"。了解死亡，有助于人们集中注意力处理未竟事情，说出该说的话，不庸人自扰、担心不必要的事情。正如一个学员所说，了解了死亡和濒死后，她深刻体会到了生命的无常。

正如托马斯·阿提格指出的，接受自己生命有限，终将一死，是一个令人悲伤的过程。这种自我哀悼过程会持续终生，是一个与人类固有的无常、不确定、脆弱本质不断妥协的过程。

深入了解死亡，增强对死亡的认识，有助于驱散长期以来因所爱之人死亡产生的内疚或自责。对死亡和濒死的研究也有助于我们重新审视过往令人不安的经历。了解死亡，能带来全新的可能性，创造更多可能，进一步加强和他人或自身生活和谐相处的能力。

> 在上"死亡和濒死"的课时，我刚刚辞掉了全职工作，打算全心全意照顾我的父亲。他身患癌症，并且中风了。多年以来，他一直相信自己随时都可能死去，最终他离开了我们，比任何人（包括他！）预料的晚了两年多。
>
> 您的课让我获益匪浅。当我得知"丧亲"一词词根意为"剪掉"时，我就下定决心，在他死后，我要把我的头发都剪掉。在那时，我就像一只刚剪了毛的小羊。
>
> 现在，我的头发长到了耳下，还没有长到肩膀上。头发的生长和悲伤，都需要一段时间。
>
> "死亡和濒死"课程学员

有一位男士，他的兄弟已经去世 25 年了，但他一直对兄弟的死亡感到沮丧、愤怒和内疚。学习死亡只是让他有机会探索自己没有表达出来的、无法释怀的悲伤。当"隐忍已久的泪水"终于滑落，他总结了自己探索死亡的好处："摆脱痛苦的感觉真好。"

研究死亡和濒死，对与死亡相关的职业也有很大好处。一位护士说："当病房有人去世时，人们常常会想，'哦，你是个护士，你已经见惯了死亡'。但事实上，病人死亡依然会困扰我。我会怀念那个病人。那是一个真实存在的丧失。"急诊室的一名工作人员描述她与幸存者联系时，方法很贴心：

> 我的办公室和急诊室在同一个地方，经常碰到逝者家属。过去看到病人去世，我经常会胃痉挛，因为不知道该怎么安慰逝者家属。我觉得自己应该想办法安慰他们，用言语鼓励他们。但现在我不这么想了。我明白了倾听是多么重要，我只要在那里陪伴，给予支持就好，无须费尽心思试图寻找一些宽慰的话，消除他们的痛苦。

从学术角度研究死亡和濒死非常有趣。例如，了解日本封建时代死亡的意义，为理解日本文化提供了一个超越审美和历史局限的鉴赏机会。一个社会愿意为了公民的福祉而从事一些风险活动，这在某种程度上反映了该社会对人类生命价值的共识。一个社会中对临终关怀项目的关注可以反映其对生命的态度。丧葬习俗能反映一个社会对亲密关系的态度。对于一个深思好问的人来说，调查社会和死亡的关系有助于进一步了解该社会与死亡相关的信仰和行为。

文化素养

死亡研究得出的一些"成果"依然是基于白人中产阶级的。达雷尔·克拉斯问了这样一个问题："黑人也难免一死，不是吗？"在一个文化多样化的环境中，这个问题也适用于来自其他种族背景的人。近几十年来，对死亡研究最有见地的研究成果和理论均来自那些能够从广泛的跨文化角度看待死亡、濒死和丧亲之痛的学者。

刻板印象总会让人犯错。要理解一个特定的文化群体，并没有现成的方法。信仰和仪式的概括总结会有很大帮助，但"地图不是领土（即对事物描述并不等于事物本身）"，概括性规范只能作为指导。你不能假设某一特定宗教、种族、文化或民族的所有人都有相同的信仰。每个人都是独一无二的。

与其对一个人的态度和信念做出假设，还不如保持好奇心，注意倾听。即使坐在你旁边的人看起来和你有相同的背景，如果你没有好奇心，也不会了解彼此之间的异同。了解一种文化需要了解一个人如何定义他的传统。例如，在谈及死亡、濒死和丧亲时，肤色可能并不是什么关键因素。你还必须考虑其他因素，包括地理位置、农村或城市环境、家庭影响以及是第几代移民，移民到了哪个国家。了解文化传统最好的方法是探索文化联系、精神信仰和社会阶层。当谈到文化问题时，最重要的是要以开放和好奇的态度对待每个人。

另外，还要具有收集有关习俗、仪式和信仰模式等信息的能力。与其"获取"答案，不如暂时搁置假设，问一些和态度、信仰和仪式相关的问题。提问时选择开放性问题，例如"这对你有什么帮助"，如果没有帮助，那就听听原因是什么。只有这样，才能达到倾听的最佳效果。

我们采用了各种术语描述我们所需的技能：文化适应能力、文化多样性、文化敏感性和文化能力。"文化素养"被定义为"一个过程，在这个过程中，对来自不同文化、语言、阶级、种族、民族背景、宗教以及具有其他多样性因素的人们，个人和社会体系承认、肯定和重视不同个体、家庭以及社区的价值，并保护和维持它们的尊严"。

考虑文化的冰山理论也很有帮助。根据这个理论，绝大多数的文化都隐藏在表面之下。我们最初看到的艺术、服装、音乐、文学、食物和庆典，只是冰山一角。要想了解深层文化，我们需潜入水下。在接近海平面的地方，我们只能了解诸如养育孩子和社交文化、决策模式和世袭传统等方面的知识。再深入一点，或者我们应该说，潜入水底，你就会发现情绪应对模式、各种环境下的对话模式、身份地位概念，以及友谊的本质。在这个海平面之下，有太多东西等待我们去探索。

下面来看一个小故事：

关掉摄像机后，采访者转过身来，轻声问道："盎格鲁的葬礼为什么这么庄严肃穆？"要想恰当回答这个问题，需要具有探索、思考和应对文化差异的能力。以这位记者为例。注意，她用了盎格鲁这个词。考虑到她的用词、她的名字和她的外貌，你可能会猜她是西班牙裔。她对"庄严肃穆"一词的使用也值得关注。

给出答案前，最好先收集信息。回想一下记者的问题。怎么回答才能更有助于她理解自己的传统呢？下面这个问题可能会有所帮助："你参加过盎格鲁的葬礼吗？"她可能不是在问英式盎格鲁-撒克逊葬礼。很可能，她问的是美国白人葬礼，而不是她自己家族或种族的葬礼仪式。根据她的措辞以及"盎格鲁"一词的使用，综合来看，她可能还会提供更具体的信息。她描述了最近经历的两起死亡事件，一起是白人同事的，另一起是家庭成员的。这两场葬礼仪式之间的差别让这位年轻女子感到十分困惑。白人同事的葬礼采用的是新教仪式，在太平间举办的。这位年轻记者介绍了她在同事葬礼上的经历。她到太平间后，发现同事的遗体停放在一个空荡荡的小房间里。进门后，她看到了一本吊唁簿，来访者签名用的。她在上面签了自己的名字，瞻仰了一下逝者遗体，然后就离开了。整个葬礼期间，逝者家属都坐在紧闭的帘布后面，没有陪在棺材旁，也没有和前来吊唁的人见面。

她叔叔的葬礼在佛罗里达州迈阿密的教区教堂（天主教）里举行，那里的居民主要是古巴移民。在举行葬礼之前，会在殡仪馆举办送行仪式，瞻仰逝者遗体，所有家人，包括小孩都要出席，一般会持续几天。送行仪式上，会播放古巴音乐，参加仪式的人讲笑话和回忆逝者生前的故事。整个过程有泪水，也有笑声，逝者亲属一一接待前来吊唁的其他亲友。

她在谈到葬礼仪式的不同之处时，使用了"庄严肃穆"这个词。关于激发她好奇心的文化差异，现在我们有了进一步的了解。这两场葬礼之间明显存在差异，正如那位记者看到的，其中一场似乎比另一场庄重。我们的文化体验决定了我们对待熟悉的那部分传统的态度。关注人们如何使用语言有助于更好地理解个体以及文化对死亡的态度。

通过比较美国各民族和其他文化群体的丧亲习俗，可以发现，"这些群体在适应西方文化模式的同时，依然遵循着自己文化的丧亲程序"。虽然死亡从根本上来说是一个生物学事实，但社会形成的观念和假设赋予了死亡意义。

死亡学研究新趋势

死亡学家的第一个任务就是为人们提供材料，加深我们对死亡的理解。第二个任务就是激发对死亡领域相关问题态度的思考。这两项任务的目的是在死亡学的情感和认知，或情感和智力方面取得平衡。死亡学的另一项任务是采取行动，提高文明生活的质量，特别是在战争和环境灾难等事件和经历方面。

死亡学是一个多样化的、不断发展的，逐渐走向成熟的研究和实践领域。在本节中，我们将简要地介绍一下与死亡学发展趋势相关的一些问题。我们探讨的重点包括：（1）获得全球视野；（2）缩小理论家、研究者和实践者之间的差距，使研究成果更好地被应用到实践。

获得全球视野

21世纪初，如果你生活在德国，你可能会收到一份邀请，去参观一个展览，该展览旨在让人们更加关注并意识到自己的死亡。弗里茨·罗斯把死亡、垂死和丧亲之痛，以及根据他独特的丧葬理念建立的"安葬中心"——比作旅行，他想知道，不同的人在最后一次旅行时行李箱里会装些什么。于是他邀请了来自德国各地的一百多个人做了个实验，包括知名人士、艺术家、年轻人和老年人，安葬中心给他们每个人准备了一个旅行箱。

他们的手提箱里会装些什么呢？每个人装的东西是类似呢，还是完全不同？是寄托情感的物品还是实用的东西？是人生回忆还是最后旅程所需的必需品？根据指示，每个人整理好自己的箱子。通过箱子里的物品可以窥视到每个人对有限生命的看法。希望"最后一趟旅程的行李箱"会像参与者的世界观一样丰富多样。当箱子被送回安葬中心时，的确都不相同。有些人还了空箱子，解释说任务太艰巨了。也有人故意没有放东西，但留言说明了他们这样做的原因。但大多数箱子都装满了东西，而且每个人不仅介绍了放的物品，还解释了蕴含的意义。

弗里茨·罗斯对最后行囊的好奇心引发了人们对死亡的艺术探讨。由此菲利普·恩格斯拍摄了一部电影《来生与归来》，并在德国电视台播出。此外，还出版了一本书，即《超脱与回归：最后的行囊》，书中通过照片让人们看到了大家的不同选择，并做了相应介绍。

国际死亡学研究领域有很多先锋人物，他们致力于以各种方式改变人们对死亡的态度和做法，例如，成立组织、带头承接政府项目和提供教育服务。其中一些研究与北美的研究结果相似；有的项目很独特，比如德国手提箱项目。

来自新西兰奥克兰大学的玛格丽特·阿吉教授说，当地葬礼习俗正受到原住民毛利人传统习俗的影响。如白种人（尤指欧裔新西兰人）的家庭在葬礼前会把遗体放在家里，就像毛利人一样，在守丧期间（一个持续数天的纪念过程），毛利人逝者遗体也会放在家里或毛利会堂。而且，葬礼一般是由帮忙的人主持的，而不是专职牧师。在长期共同相处中，白种人逐渐适应并接受了当地习俗。

在爱尔兰的利默里克，人们用历史上的语言和习俗来描述临终关怀。辛妮·唐纳利讲述了姑息治疗服务如何使用"meitheal"一词来描述多学科方法。Meitheal是一个爱尔兰语词汇，传统上指农村的一群邻居聚集在一起，帮助完成一项特定的任务，例如收割或修剪草坪。该词不仅强调了昔日情感，也突出了社区支持的重要性。

多洛雷斯·杜利介绍了爱尔兰共和国的26个郡是如何就死亡和濒死过程展开"全国性大讨论"的。讨论的主题包括如何理解善终，医院如何提供更好的临终关怀，患者得知最终病症信息的偏好，患者是否想要预设医疗指示（是指人在有认知能力时，预先订立其临终时希望接受的护理形式），是否进行疼痛管理，或采用延长生命的技术，患者是否需要医生辅助死亡，以及死亡学其他方面的问题。

香港大学教授周燕雯表示，在香港，几乎所有关于死亡和濒死的课程都人满为患，大多数中国人都愿意与他人（如家人、朋友或同事）分享丧亲之痛。很多传统和仪式，如祭祖、鬼节和复杂的道教葬礼仪式，都给丧亲之痛的体验带来了一种神秘感。

在意大利，弗朗西斯科·坎皮奥内在博洛尼亚大学开展了一个关于濒死、死亡和丧亲的硕士项目，他还编辑了两本系列丛书。他希望这两本书能够为意大利的死亡研究做出贡献，并打算翻译一些相关国际著作。坎皮奥内还成立了一个组织，利用互联网帮助儿童应对死亡和丧亲之痛。在线咨询人员都是经过培训的心理专家，善于与家庭和儿童沟通。弗朗西斯科说，意大利最大的问题是克服文化上对谈论死亡的忌讳。然而，他相信，关于如何与儿童讨论死亡的问题，人们很愿意咨询专家来寻求建议，这就是他建立这个组织的原因。

2018年，巴巴多斯姑息治疗协会董事会主席戴安·索伯斯表示，她领导的项目是整体性疗法的一部分，包括心理、社会、身体和精神护理。工作人员来自各行各业，如社会工作者、护士、医生、神职人员、消防人员、警察、教育工作者和殡仪馆馆长等，目的是为遭受死亡、离婚、火灾和自然灾害等不幸的人提供咨询服务。该项目还包括专门支持组织，帮助诞下死胎或婴儿出生后立即死亡的父母。近2 300名志愿者接受了培训，为丧亲者提供帮助。现在，该项目已经延伸到了医院、教育部学生服务处、巴巴多斯癌症协会、癌症支助服务处、政府和非政府雇员援助方案以及神职人员。

早期的澳大利亚人被描绘成吃苦耐劳、足智多谋的一群人，在荒凉而又陌生的土地上，他们一心致力于开荒建城，无暇悲伤或流泪。虽然现在依然有人持这样的态度，但越来越多的人更愿意以开放心态接受和承认丧失的存在。罗斯·库珀报告说，近几十年来，澳大利亚一直在大力发展丧失、悲伤和死亡学领域的教育。尽管澳大利亚人经常遭受自然灾害，但促使丧失教育和相关支持服务形成的却是一次火车失事事件。1977年1月，在悉尼西郊的格兰维尔，一列通勤列车出轨，撞毁了一座桥的桥墩，导致83人死亡。因为这次火车事故，澳大利亚于当年晚些时候成立了全国损失与悲伤协会（NALAG）。目前，NALAG在澳大利亚大陆各州都开展了业务，提供社区教育和咨询师认证服务。

在澳大利亚悉尼，马尔·麦基索克和迪·麦基索克的丧亲护理中心正在招收第一批学生参加专门从事丧亲咨询研究的硕士荣誉课程。该丧亲护理中心成立于1981年，为丧亲成人和儿童提供丧亲护理服务，包括咨询、教育课程、书籍和DVD以及其他信息和资源。

墨尔本的维多利亚科技大学于1995年开设了首个死亡学课程——"丧失与悲伤咨询"硕士文凭课程。澳大利亚悲伤和丧亲中心位于墨尔本，于1996年成立，是澳大利亚最大的悲伤和丧亲教育机构，提供一系列咨询培训计划、专家短期课程和行业咨询。

来自哥伦比亚首都波哥大的心理学家胡安·卡米洛·阿尔加拉·普赖尔介绍了伊萨·德·哈拉米略在哥伦比亚的贡献，称她为哥伦比亚的"死亡学之母"。除了创立欧米茄基金会，哈拉米略还出版了大量作品，最近出版的是《优雅赴死》。欧米茄基金会提供了大量支持，帮助来自哥伦比亚全国各地的专业人士和非专业人士召开研讨会。胡安说："很遗憾，在我们这样一个充满暴力、饱受战争蹂躏的国家里，心理学领域的专业人士背弃了与死亡有关的工作。在我们学校，心理学专业有100个学生，但只有我对此真正感兴趣。我不得不向欧米茄基金会和伊萨·德·哈拉米略的书寻求帮助，希望获得指导。"

另一个组织，爱生命基金会致力于为身患绝症的儿童、父母和家庭、自杀幸存者、兄弟姐妹、寡妇和鳏夫以及分居的人提供个人治疗和小组支持。他们还设计了一个项目，在哥伦比亚的停尸房提供悲伤咨询和支持。

1982年，耶稣会牧师兼哲学家阿尔方斯·德肯在日本创立了死亡教育和悲伤咨询协会。在此之前，医生最关心的问题是如何延长病人的生命，而临终病人的生活质量往往无人问津。今天，日本社会对死亡、濒死、临终关怀、丧亲之痛和悲痛的关注和理解发生了深刻的变化。

如今，死亡学研究引起了全球关注。很显然，各个国家的死亡研究人员正努力开展独特的人文探索，适应历史和文化习俗，增加学术论文和专著出版，承接政府和非政府项目，普及丧亲和临终服务，以满足不同个人和家庭的需要。

理论联系实际

在 20 世纪 80 年代，许多研究死亡学的人经常怀疑，自己的研究是否对医疗专业人员和护理人员有帮助。罗伯特·卡斯滕鲍姆认为，研究人员和临床医生的世界是平行的，几乎没有互动。到了 21 世纪初，在越来越多人的努力下，理论和实践的鸿沟逐渐缩小，情况得到很大改善。对过去 20 年发表在《死亡研究》和《欧米茄》学术期刊上的 1 500 篇文章的分析显示，就研究方法而言，定性研究或叙事性研究有所增加，而就研究内容而言，人们越来越关注悲伤和丧亲之痛。同样在过去 20 年里，诸如死亡教育和咨询协会（ADEC）和死亡、濒死和丧亲问题国际工作组（IWG）等组织正在与从业者合作，制定伦理和姑息治疗领域以及其他临床领域的专业标准。

创建富有同情心的城市

社区让个人的存在有了根，赋予个体场所意识和归属感。艾伦·凯莱赫说，"为临终关怀及时提供社会支持，无论任务多么复杂艰巨，社区护理都可以给出答案"。2001 年，几位学者撰文预测，在 21 世纪，我们的"身份阶层将沿着本地到全球的统一连续体划分"。随着人们分享的共同点越来越多，国家边界的意义将会越来越小。这种身份是指"在地方和全球能够适应民族和文化差异的能力"。

这对于死亡、濒死关爱以及创建"富有同情心的城市"的目标有着重要的意义。"富有同情心的城市"一词由凯莱赫创造，指的是"一种公共卫生模式，目的是鼓励社区参与所有类型的临终关怀"。姑息治疗和临终关怀医生艾拉·比奥克支持凯莱赫的设想，希望建立一个"充满关怀的社区"。这种关怀并不局限于临终关怀或姑息治疗。

每天都有人死于交通事故、自杀和他杀，一次灾难便会造成成百上千个人死亡。除了因衰老而死亡，世界还有很多人因政治和社会因素而死亡。内战和驱逐给健康带来了很大的不良影响，对于因此而死亡和丧亲的人，我们的关怀还远远不够，有待加强。

凯莱赫说："这些关于死亡以及随之而来的丧失体验，是人际关系和国际关系中最重要的潜在基础。"

此外，它们也最有希望成为创新的公共卫生方案的重要基础，该方案不仅强调了社区参与的必要性，而且把死亡看作生命一部分的事实。那么，"富有同情心的城市"有哪些特点呢？

（1）满足老年人、危重症患者以及遭受丧失之痛的人的特殊需要。

（2）认定并计划照顾经济困难的人，包括农村和边远地区人口、原住民和无家可归者。

（3）保护和促进社区精神传统以及非物质文化传承人。

（4）承诺尊重和保护社会和文化差异。

创建"富有同情心的城市"，我们需要做什么？首先，要对每个人进行死亡教育。21世纪初，"寻找人生路：美国人生死大事"系列文章（共15篇）刊登在美国160家报纸上，影响了美国数以百万计的人。这些文章涵盖了姑息治疗、预先指示、悲伤、葬礼、照顾老人以及其他和死亡相关的内容。可能，我们已经开始了。

"富有同情心的社区"的一个特点是为老年公民和正在寻求治疗危重症治疗方案的病人提供护理，包括咨询和支持小组。

罗伯特·戈斯和丹尼斯·克拉斯指出，人与人之间联系形成的基础是基于共同的痛苦，"这很难被消费资本主义所接受，因为在这种文化中，幸福被视为人类正常的状态"。

因此，对死亡学和公共卫生来说，创造富有同情心的城市的理想仍是一个挑战。但过去的经历给了我们很大鼓励，主要有两点：首先，对家庭和社区来讲，照顾濒死者是一种普遍的常规行为。其次，过去的社区护理模式说明了社区关系在护理中的重要性。随着我们越来越依赖专业人士照顾濒死者和应对死亡，社区关系的重要性被严重忽略了。也正是因为如此，死亡知识变成了专业知识，而不是个人常识。

赫尔曼·费弗尔呼吁人们注意，有必要"将现有的关于死亡和悲伤的知识整合到我们的社区和公共机构中"。从事死亡教育、咨询和护理的人必须参与相关领域公共政策的制定。费弗尔承认，死亡学（以及所谓的死亡觉醒运动）这一仍然年轻的领域面临着许多任务，但同时也表示，它已经为我们的集体福祉做出了许多重大贡献：

> （死亡）运动已经成为我们进一步理解疾病现象学、促进医疗关系和卫生保健人性化，以及提升濒死者权益的主要力量。这极大地增强了人类应对灾难和丧失的能力。此外，它还有助于我们整合对死亡的零星理解，形成对死亡的完整认知。也许更重要的是，它唤起了我们共同的人性，而这种人性在当今世界中几乎被侵蚀殆尽。这样说可能有点夸张，但我相信，我们如何看待死亡，如何对待濒死者和幸存者，是一个文明社会的意图和目标的主要标志。

在他们把你安葬前，你想说些什么？
你会说：
"我本来会……"
"我本来能够……"
"我本来应该……"
或者你会说："我死而无憾。谢谢大家，晚安。"

吉恩·西蒙斯

在评论伊丽莎白·库布勒·罗斯、西西里·桑德斯女爵士和加尔各答的特蕾莎修女提出的观点时，罗伯特·富尔顿和格雷格·欧文指出，她们的观点涵盖了"基本的宗教信仰和精神价值，超越了照顾濒死者的直接目标"。对死亡的认识激发了人们"服务时的同情心"，进而肯定了每个个体的身份和存在价值。

与死亡和濒死共存

在了解死亡和濒死的过程中，你接触到了各种各样的观点，现在花点时间，认真评估思考一下，你觉得哪些对你特别有意义？通过研究其他文化对死亡的看法，你有什么收获？在了解儿童对死亡的反应时，你儿时或成年后的经历是否影响了你对死亡的态度？对冒险行为，你有什么新的看法吗？在葬礼仪式、临终关怀、维持生命的医疗技术方面，你现在会做出什么选择？总而言之，问问你自己，"当有人离世时，作为幸存者，我学到的东西对我自己有什么帮助——当我自己死亡时，学到的一切又有什么用？"在思考死亡和与他人讨论死亡时，你是否变得更坦然了呢？

在思考和探索死亡意义时，要想从中有所收获，需要关注死亡和濒死研究对你心智和情绪的影响。你可能也注意到了，你对死亡的探索产生了涟漪效应，已经影响到了你的社交圈和与他人的关系。在深入了解死亡后，你和家人、朋友、街坊或社区商店的人的关系是否发生了质的变化？阿尔弗雷德·基里利亚说："不要把死亡看作一种威胁，它不会剥夺生命的所有意义，相反，了解死亡有助于人们进一步感激生命，更懂得尊重他人的生命。"

死亡和濒死的人性化

美国社会对死亡越来越开明的态度似乎鼓舞了很多人。有迹象表明，某人死亡后，在处理死亡相关事宜时，掌控权再次回到了逝者亲近的人或其家族成员手中。传统习俗以新的方式开始复苏。

死亡教育和死亡学的课程也在不断完善和探索新的方向。但关于死亡教育的目标一直在讨论中。死亡教育的目的应该是减轻对死亡的不安和焦虑吗？如果人们觉得接受死亡"优于"否认死亡，那么需要进一步调查和证实。

此时，不妨思考一下如下问题。对死亡的开明态度是不是偶尔出现的一个幻觉？在电视节目中随意（或耸人听闻地）谈论死亡，是不是对死亡价值的贬低和无视？对死亡的"开明"态度所有人都赞同吗？或者这种态度仅仅是为了"死而无憾"而给自己强加的借口？若在描述死亡时，仅限于美好的预测和幻想，那么我们永远不可能完全理解死亡。

死亡是一种强烈的人类体验，心态开明地对待死亡，才能减轻恐惧。我们可以理解悲痛的原因。在自己和他人的生活中，我们需要给丧失预留空间，允许改变的发生。不要总是把死亡看作与我们本性格格不入的东西，也不要把死亡看作一个要与之战斗到底的敌人。克里斯托弗·亚历山大与他人合著了一本书，即《建筑模式语言》。在书中，他提出："任何背弃死亡的人都不可能活着。在为人民谋福利的社会中，去世的人永远活在人们心中，这很正常。"

对待死亡，我们应该小心，不要过于随便。否则，我们可能会发现，我们面对的只是对死亡的幻觉，而不是死亡本身。在现代社会，人们对死亡变得越来越漫不经心。想象一下，越来越多的死亡通知上写着"无服务计划"的声明。但很少有人死亡后，其相关丧亲者不遭受丧失之痛的。死亡是个人事件，还是公共事件？我真的可以说死亡是"我自己的事"吗？还是说死亡是集体事件，具有涟漪效应，不仅会影响到朋友和亲人的生活，甚至不知为什么，对偶然认识的人甚至陌生人也会产生影响。

定义善终

关于"善终"并没有统一定义。看护者和其他提倡姑息治疗和临终关怀的人通常将善终定义为"平静地死亡"。在古希腊，在充满创造力的青年时期去世被认为是非常幸运的。然而在现代社会，早逝被认为是不幸的。一个刚刚开始独立生活的年轻人，或者正值壮年的人死亡，似乎是一个巨大的悲剧。"人们普遍存在的幻想是，健康地活到八九十岁，然后在睡梦中死去。但是，这与流行病学显示的实际情况大不相同。"

善终可以有很多不同的定义。对于一位人类学家，如果他对生命庆祝仪式感兴趣，那么对他来说，"善终就是优雅离世的仪式。通过仪式化的方法，死亡的必然结局转化成了庄严的标准范式"。与此相反，宗教上对善终的定义是"一个人以一种得体的神圣的状态离世"。在你看来，善终是什么？考虑一下所有你认为和善终相关的因素，如年龄、死亡方式、周围环境等。你和其他人是否对善终有着相同的定义？有些人可能会质疑是否真有所谓的"善终"。"死亡从来不是好事，"有人可能会说，"它只会造成痛苦和悲伤。"

罗伯特·卡斯滕鲍姆列举了一些善终的因素，下面一起来看一下：

1. 在生命尽头，身体、心理和精神上不应再承受任何极端痛苦。

2. 善终应是所属社会最高价值观的体现。"当人们以相同方式离开人世，共同的价值观就得到了肯定。"

3. "善终"是对我们重要人际关系的肯定。

4. "善终"是一种美化。"一个人经历了一种顿悟——对美、爱或理解的深刻感受……死亡的那一刻成为生命的巅峰体验。"

5. "善终"只是美好生命的最后阶段。"人们应该像活着一样死去……为什么要在最后一刻重塑一个人的生活？"

6. "善终"具有连贯性。"它是一个故事、一个有意义的戏剧，满足了我们对结局的需求。"

在表15-1中，也列举了另一个善终定义的构成要素。请注意，该定义曾刊登在医学期刊上，强调照顾者的任务就是让每一个濒死的人都能得到善终。与卡斯滕鲍姆列举的善终要素对比一下，我们将两者结合，看看是否会得到一个更完整、全面的关于善终的定义。

斯图·法伯和他的同事们也对"善终"下了个定义。他们提出了"尊重死亡"一词，把善终定义为"当事人之间的无偏见的关系"。这是一个"在逝者临终时，满怀敬意探索病人和家属目标和价值观的过程，而不是成功实现善终的方案"。与表15-1所列各组成部分一样，尊重死亡的概念强调照顾者和病人之间的关系。

还有人用"得体的死亡"来描述善终。是什么让一些死亡看起来比另一些更合适？我们的答案往往会受到文化价值观和社会环境的影响。艾弗里·魏斯曼介绍了当代社会中构成"得体的死亡"定义的一些因素。

表 15-1　善终的构成要素

1. 疼痛和症状管理。提供足量镇痛剂或采取其他方式止痛，最大限度地减少因疼痛或遭受"爆发性疼痛"死亡的可能性。

2. 清晰的决策过程。通过努力在患者、其家人和医疗团队之间进行清晰沟通，保障临终者的权利。在危机发生前或情绪不稳前，讨论临终的重要问题。

3. 为死亡做准备。在生命的最后阶段，弄清楚随着死亡临近，身心会发生哪些变化。做好死后安排。探索自己对死亡的感受。

4. 结束。承认精神和其他意义创造途径的重要性，包括生活回顾、解决冲突、与家人和朋友共度时光、准备一些重要的文化仪式、和大家告别。

5. 为他人做贡献。通过有形或无形的方法与大家共享自己人生有意义的方面，例如岁月累积的经验、对他人的关心，以及个人反思心得。

6. 对完整个体的肯定。不是把濒死者看作"病人"，而是要以他的生活、价值观和喜好为依据，去看待这个人。

首先，适当的死亡相对来说没有痛苦，痛苦被控制在最低限度内。临终者的社会和情感需求得到了最大程度的满足。不存在关键人力资源的匮乏。即使身体缺陷会导致一些限制，濒危者依然可以拥有自主意识，独立活动，享受自由。此外，临终者能够认识到并尽可能解决所有遗留的个人和社会冲突。在自身状况允许的情况下，允许临终者以符合其自我认同和自尊的方式满足自身愿望。

随着死亡的临近，临终者有权选择放弃对自己生活各个方面的控制，把控制权交给自己信任的人。临终前，人们也有可能选择寻找或放弃与其他重要的人的关系。换句话说，临终者在与他人社交时，自己心里舒服最重要。

魏斯曼说，要想获得"得体的死亡"，我们必须首先摆脱"死亡从来不适"的观念。这种信念就像一种自我实现的预言，会阻止我们创造更"适当死亡"的可能性。

为了使得体的死亡成为可能，必须保护垂死的人免受不必要的、不人道的和有辱人格的事情的伤害。应当尊重患者个人喜好，例如对疼痛控制和感觉的偏好，以及想要独处或者交往的偏好。"得体的死亡，"魏斯曼说，"如果可以，一个人可以自己选择自己怎么死。"

最后，我们来看一下著名死亡学家和自杀研究者埃德文·施内德曼对"善终"的标准理解（详情见表 15-2）。这是他在 89 岁高龄提出的，其观点不仅代表了他深思熟虑的成果，同时也体现了对美好生活的回顾。虽然该观点承认"善终"具有连续性，涉及家庭和后代，但把重点放在了临终者身上。从这个意义上说，"善终"不仅仅是一个文明得体的临终场景；它包含了垂死者的"身后自我"，即留在记忆和社会中的那个自我。施内德曼说："让自己死得有尊严，让死亡成为你人生中最精彩的一幕。"

表15-2　善终的十大标准

自然死亡：非意外、自杀或他杀死亡。
成年死亡：老年人，接近思想的巅峰，不过年龄也足以代表他们阅历丰富，品味过生活。
预料之中的死亡：不是突发或意外死亡。死前出现预兆。
受人敬仰：充满敬意、满是赞誉的讣告（传递敬意）。
做好准备：安排好身后事以及相关法律事宜，如葬礼、遗嘱或信托等。
欣然接受：愿意履行义务。死亡不可避免，坦然接受。
文明告别：亲朋好友在场；鲜花、美丽的图画和喜爱的音乐扫除了临别的阴云。
传承智慧：把家族智慧传递给下一代，分享记忆和历史。
表达遗憾：感觉伤心和遗憾，但不会情绪崩溃；依然有一些心愿未完成；告诫人们"没有完美无缺的人生"。
心态平和：临别之际，周围洋溢着爱与祥和，身体再也感受不到疼痛。

　　查尔斯·林德伯格的死很好地体现了"善终"或"得体的死亡"的诸多特征。林德伯格被确诊患有淋巴瘤。直到去世前两年，他依然生活得积极乐观，四处旅行，宣传环保事业。当化疗无效时，林德伯格安排了自己的后事，希望自己最终埋葬在他深爱的毛伊岛。随着病情恶化，他住了几个月的院，虽然他的医生尽了最大的努力，也无法改变最后的结局。林德伯格最后希望能够在毛伊岛上找一间小木屋度过最后的日子。他飞去了那里。在被称为"毛伊岛之家"的小木屋里，他与医生、两名护士和家人一起，在自己热爱的环境中度过了生命的最后8天。

　　在最后的几天里，林德伯格对他的墓地建造和葬礼做了安排，并希望人们穿着工作服参加葬礼。林德伯格的医生米尔顿·豪厄尔后来回忆这段日子时说"这段时间，充满了回忆和欢声笑语"。

　　最后，林德伯格陷入昏迷，12小时后去世。根据他的遗愿，在弥留之际，没有做任何无谓抢救。豪厄尔医生说："死亡只是他生命中的另一个事件，就像

深入思考死亡以及死亡的意义，将决定我们和我们的孩子在未来几十年里对死亡的看法和行为。

72 年前他在明尼苏达州出生一样自然。"

或许善终是以美好的生活为前提的。纵观历史，在描述美好的生活品质时，哲学家们提出了宗教和世俗两种模式。在谈到生命短暂时，中世纪禅师兼好在其作品中这样写道：

> 看到人们为了出人头地而努力奋斗，不禁让我想起有人在春天堆雪人，用贵重的金属和宝石装饰它，然后为了安置它，又建了一个大厅。

正如卡斯滕鲍姆所说，如果善终只是美好生命的最后阶段，那么此刻，我们应该考虑为善终做充足的准备。

未来的死亡

在过去的一个世纪中，生活条件改善和对传染病的有效治疗大大延长了人们的寿命，但也正是因为如此，与老龄相关的疾病，如心血管疾病、癌症和其他退化性疾病，呈现上升趋势。对于那些有机会获得最新医学成果的人，21 世纪医学新发现、新发明和新技术的应用让他们可以活得更长。能够活到100岁以上的人（即百岁老人）身体更健康，或因为遗传，或因为生活习惯，抑或仅仅是因为运气好。对于达到平均寿命的人来说，老年疾病发作得越早，持续时间就越长。美国国家卫生统计中心最近出版的一份刊物指出，如果去掉心脏病发作导致的死亡，出生时的预期寿命将增加近4年，而消除癌症死因，预期寿命将增加3年以上。那么未来人们的预期寿命是多少？未来，人们对于生命本质的理解必然也会发生改变，包括我们应对疾病、变老和死亡的方式。

想象一下50年后死亡和濒死的社会模式。回顾一下前几章中讨论的问题，思考当前的现实和可能性。到21世纪中叶，我们与死亡和濒死的关系将发生怎样的变化，你有什么推测？展望未来，关于死亡和濒死，你认为个人和社会需要关注什么问题？考虑下老龄化人口带来的影响。据估计，到2025年，美国65岁及以上的人口将增至近6 400万，到2050年这个数字将超过8 370万。在长期城市化的发达国家，平均生育率降至每名女性生育1.56个孩子，在一些地方，甚至低于1.2。布兰德称这类数字为"灭绝数字"。老龄人口不断增多，而新生代人口越来越少，不仅老人没人照顾，由于年轻劳动力的缺乏，国家经济势必走向衰亡。那么，是否可以设想一下，若企业扩大它们的角色，充当老年人和临终者的代理照顾者，临终关怀产业将会发展成"大生意"？

想想几十年后，会有哪些葬礼仪式？在描述南太平洋地区社会快速发展时，罗恩·克罗科姆评论称，他们举办葬礼、结婚、出生和其他社区庆祝活动的时间明显减少了。越来越多的仪式活动被从白天移到了晚上，或从工作日推迟到了周末举行。罗恩说："过去大多数传统仪式都需要一定时间，但现在被大大缩减了。一方面是因为人们都很忙，另一方面是因为大家时间上很难统一。"虽然关于时间分配问题，很大程度上取决于我们的价值观和判断，但我们做决定时依然无法摆脱社会规范和社会习俗的束缚。如果葬礼安排在工作日，与我们的工作时间冲突，如果不是近亲，一般都不愿意请假。随着对社区仪式和时间利用观念的改变，什么样的葬礼习俗和服务才能适应上述变化呢？在参加葬礼、表示哀悼的方式上，网络技术会有哪些影响呢？

环境的变化会对传统遗体处置方式产生什么影响？还有足够的土地进行土葬吗？或者墓地也会被用来建成高楼，与活人生存空间共存，成为城市一景？在日本，像东京这样的城市，由于墓地价格异常昂贵，已经出现类似的墓地了。随着墓葬形式的创新，葬礼仪式也会发生变化。

在未来的几年里，会有哪些社会服务来帮你面对亲人的死亡？像"遇害孩童父母协会"或"反醉驾母亲协会"这类提供专门服务宣传和支持的团体还会继续出现吗？近年来，互联网上出现了很多新的社会支持形式和资源，帮助人们了解和应对死亡、濒死和丧亲之痛。在未来的几年里，丧亲、悲伤和哀悼还会发生哪些变化？

近几十年来，人们也越来越重视丧亲后的心理咨询或治疗。未来会出现"悲痛诊所"处理紧急情况吗？这些诊所会不会像现在的医疗机构一样，在重大死亡周年纪念日前，发出提醒，让个人来做丧亲悲痛情况检查？治疗是在面对面的环境中进行，还是在线上，或者通过虚拟小组讨论？也许在不久的将来，寻求专业帮助应对悲痛会成为一种常态。对我们来说，这是好事还是坏事呢？

如果癌症、心脏病等危及生命的疾病在未来都变成能够进行常规预防的疾病，并可治愈，那么还有什么疾病会危及我们的生命呢？随着医疗创新的快速发展，你认为在未来十年内会发生什么样的变化？可能只需几年时间，一种疾病的预后会快速由坏变好。但与此同时，以前未知的疾病也会带来新的威胁。例如，谁会想到人类会饱受艾滋病的折磨呢？从公众的恐惧和不确定性方面来看，艾滋病完全可以与中世纪的大瘟疫相提并论。未来出现新疾病或威胁是否会带来类似的困扰？

很难想象一个没有疾病威胁生命的时代。然而，科技的重大进步使得我们拥有了更长的寿命，采用的方法是我们的前辈完全无法想象的。也许，当传统治疗方法无效时，可以通过移植"现成的"可替换的器官让生命得以维持。如果我们的未来出现了仿生人类，那么这些技术的使用应该遵循哪些价值观，由谁来决定？

在达蒙·奈特的科幻小说《面具》中，一名身体遭受严重伤害的男子用人造器官修复了身体。虽然机械维持了他的生命，但也让他开始质疑，是什么构成了一个活生生的人。在罗宾·库克的小说《昏迷》中，一些"接受手术的病人经历了可疑的麻醉事故后，出现脑死亡，随后身体被堆放在神秘的'杰斐逊研究所'等待被捐赠出去"。

医学科学家是否能开发出一种新技术，更精准地预测一个人的死亡时间？在基因层面更好地理解健康和疾病，进一步了解 DNA 序列，未来的常规检测是否会提供"基因决定的"寿命？DNA 改变会发生吗？克利福德·西马克的《死亡场景》和罗伯特·海因莱因的《生命线》都对这一主题进行了探讨。这些故事表明，一个人的死亡时间还是保密为好。虽然科幻小说中的推理情节都发生在遥远的未来，处于和我们完全不同的环境中，而且经常包含幻想元素，但探讨的主题关系到了当前的可能性和当前道德选择的困境。

医疗护理系统可能会发生什么变化？什么叫作有质量的生命和濒死？在《金色土地》这篇小说中，基特·里德设想了这样一个未来：养老院的管理者为了给新来的老年人腾出空间，可以随意决定其他老年人的生死。"金色土地"为入住老年人提供了一切，除了按自己意愿生活的可能性。故事的主人公是一个老年人，他拒绝接受社会对老年群体的忽视。正如主人公描述的那样，"金色土地"是"一个巨大的墓地"。这种凄凉冷酷的描述是否也道出了我们自己社区的老年人面临的前景呢？

全球变暖会给人类带来什么威胁？全球性灾难又会带来什么？一位科学家写道："彗星是一个真正的麻烦，它的破坏力不亚于小行星……必须慎重对待，常年追踪这些彗星的我们感觉非常不安，它们的巨大破坏性，让我们时刻处于危险中。"他继续说道：

> 1972 年 8 月 10 日白天，一颗"火流星"从怀俄明州的大提顿山脉上空掠过，然后经由加拿大上空返回太空，幸运的是，没有造成任何伤害。该物体直径约有 183 米。不管它在哪里着陆，都将留下一个直径 800 米宽的陨石坑。毫无疑问，一旦它落到居住区，人们根本无法得到任何预警，也无处可逃。

从死亡和濒死中，我们了解到生命是宝贵的，但也是无常的，同时，我们必须认真考虑，如何表现我们的同情心，运用我们累积的知识和经验帮助整个星球上的生命。美国诗人加里·斯奈德写道：

每个物种的灭绝（每一个都是历经了40亿年进化的朝圣者）都是不可逆转的损失。一路走来，陪伴我们一起走过了无数岁月的很多物种的消失，带给我们深切的悲伤和痛苦。死亡是可以接受的，在某种程度上是可以改变的。但种族灭绝、后代无法延续则是不可接受的，必须想尽办法，坚决制止。

附言及告别

死亡教育有时会产生立竿见影的实际效果。在一门关于死亡和濒死的课程结束时，一个学生说："这门课程教会了我和我的家人如何应对母亲的重病。"对另一些人来说，可能没有那么快就应用到实际中。然而，正如一个学生所说："我学到了很多有用的信息，虽然现在可能还用不到。但我现在知道了，原来还可以得到这类信息和帮助，我以前并不知道这一点。"

很多人在上完关于死亡和濒死的课程后发现，他们对死亡的探索对他们的生活产生了重大影响，这是他们在第一次报名参加这门课程时没有想到的。一个学生说："对我来说，这项研究关注的不仅仅是死亡，还让我更懂得生活，就像一门哲学课。"另一个学生表示，她的死亡探索价值在于"增强了我对人类精神适应性的信心"。在描述了几个人如何面对濒死后，桑德拉·伯特曼得出结论，濒死时，一个共同的主线是归属感，和所有人都存在联系，无论是过去和现在，还是生与死。

当然，对死亡和濒死的研究包括信息和数据的收集，其中也包含了人类遭遇死亡时产生的智慧。这种智慧包含了"一种不同的认识，一种综合方法，即一种不愿忽视人类真实处境的不确定性和最终死亡的方法"。可以肯定的是，死亡教育关注的是遭遇死亡时，个人和社会心理的真实反应。但不仅仅如此。对死亡和濒死的认识让人们能够从一个全新的维度体验生活。通过各种或普通或不凡的经历，死亡告诉我们要活在当下，理解生命的宝贵和脆弱，明白同理心的价值。